中等职业教育专业技能课教材
中等职业教育建筑工程施工专业规划教材

建筑 CAD

（第 3 版）

主　编　张丽军　傅文清
副主编　未　巍　宋红宇

武汉理工大学出版社
·武　汉·

内 容 提 要

本书结合建筑工程制图的实际情况，面向实际应用，面向初学者，较详尽地介绍用计算机绘图软件 AutoCAD 2024 绘制建筑工程图纸的方法。全书分为初级篇、进阶篇、高级篇 3 部分，共计 7 个模块。初级篇包括：模块 1 和模块 2。模块 1 介绍 AutoCAD 基础知识，模块 2 介绍二维图形的绘制与编辑。进阶篇包括模块 3、模块 4、模块 5。模块 3 介绍图形注释，模块 4 介绍图形的重复利用，模块 5 介绍三视图及轴测图。高级篇包括模块 6 和模块 7。模块 6 介绍建筑施工图的绘制，模块 7 介绍三维建筑建模。

本书在编写过程中借助思维导图清晰的结构、易记忆的图文帮助学习者思考和理清学习思路。本书还提供配套操作视频等相关资源，以加深学生对相关知识的理解。

本书可作为大中专院校建筑工程技术、建筑工程施工、建筑工程造价等建筑相关专业的教学用书和培训机构的课程教材，也可作为建筑师、施工管理人员和专业工程技术人员的自学参考书。

图书在版编目(CIP)数据

建筑 CAD / 张丽军，傅文清主编. -- 3 版. -- 武汉 ：武汉理工大学出版社，2024. 6. -- ISBN 978-7-5629-7106-1

Ⅰ. TU201.4

中国国家版本馆 CIP 数据核字第 20243SX026 号

项目负责人：高　英　丁　冲　　　　**责 任 编 辑**：丁　冲
责 任 校 对：余士龙　　　　**版 面 设 计**：正风图文
出 版 发 行：武汉理工大学出版社
社　　　址：武汉市洪山区珞狮路 122 号
邮　　　编：430070
网　　　址：http://www.wutp.com.cn
经　　　销：各地新华书店
印　　　刷：荆州市精彩印刷有限公司
开　　　本：787×1092　1/16
印　　　张：19.5
字　　　数：487 千字
版　　　次：2024 年 6 月第 3 版
印　　　次：2024 年 6 月第 1 次印刷
印　　　数：46001—49000 册
定　　　价：40.00 元

凡购本书，如有缺页、倒页、脱页等印装质量问题，请向出版社发行部调换。
本社购书热线电话：027-87391631　87523148　87664138

中等职业教育建筑工程施工专业规划教材

出版说明

为了贯彻《国务院关于大力发展职业教育的决定》精神，落实《教育部关于进一步深化中等职业教育教学改革的若干意见》，适应中等职业教育对建筑工程施工专业的教学要求和人才培养目标，推动中等职业学校教学从学科本位向能力本位转变，以培养学生的职业能力为导向，调整课程结构，合理确定各类课程的学时比例，规范教学，促使学生更好地适应社会及经济发展的需要，武汉理工大学出版社经过广泛的调查研究，分析了图书市场上现有教材的特点和存在的问题，并广泛听取了各学校的宝贵意见和建议，组织编写了一套高质量的中等职业教育建筑工程施工专业规划教材。本套教材具有如下特点：

1.坚持以就业为导向、以能力为本位的理念，兼顾项目教学和传统教学课程体系；

2.理论知识以“必需、够用”为度，突出实践性、实用性和学生职业能力的培养；

3.基于工作过程编写教材，将典型工程的施工过程融入教材内容之中，并尽量体现近几年国内外建筑的新技术、新材料和新工艺；

4.采用最新颁布的《房屋建筑制图统一标准》、《混凝土结构设计规范》、《建筑抗震设计规范》、《建设工程工程量清单计价规范》等国家标准和技术规范；

5.借鉴高职教育人才培养方案和教学改革成果，加强中职、高职教育的课程衔接，以利于学生的可持续发展；

6.由骨干教师和建筑施工企业工程技术人员共同参与编写工作，以保证教材内容符合工程实际。

本套教材适用于中等职业学校建筑工程施工、工程造价、建筑装饰、建筑设备等专业相关课程教学和实践性教学，也可作为职业岗位技术培训教材。

本套教材出版后被多所学校长期使用，普遍反映教材体系合理，内容质量良好，突出了职业教育注重能力培养的特点，符合中等职业教育的人才培养要求。全套教材被列为教育部“**中等职业教育专业技能课教材**”，其中《**建筑力学与结构**》被评为“**中等职业教育创新示范教材**”，《**建筑材料及检测**》等10种教材被评为“**‘十二五’职业教育国家规划教材**”。与此同时，随着各学校课程改革成果的完成，也对本套教材进行了必要的扩展和补充，并逐步涵盖建筑装饰、工程造价和园林技术等专业课程。

中等职业教育建筑工程施工专业规划教材编委会

武汉理工大学出版社

2016年1月

中等职业教育建筑工程施工专业规划教材

编委会名单

第 3 版前言

本书根据国家对中等职业教育教学改革的要求编写，以满足应用型和技能型人才培养的需要，提高学生 AutoCAD 绘图操作技能和应用能力。

本书的主要特点：

① 明确定位、精选内容。围绕 AutoCAD 在工程施工中的实际绘图过程，按照初级篇、进阶篇、高级篇一步步深化绘图技能的学习，围绕建筑图中的构件讲解基本知识点，精选典型案例（样板别墅）作为知识与技能实操的载体。

② 模块引领、项目教学。运用思维导图提供项目导读，以知识导航的方式对所学知识点进行系统化，从而使知识系统化。

③ 示例导学、任务驱动。通过示例和任务引导学习者进行探究式学习。在淡化理论知识的同时，突出职业能力的培养。

④ 立德树人、课程思政。采用扩展阅读的方式融入课程思政元素，落实立德树人根本任务。

⑤ 教学立体、配套资源丰富。本书配有示例与任务操作视频、教学课件、工程图纸等多种数字化资源。

本书包括初级篇、进阶篇、高级篇 3 部分，共计 7 个模块：

初级篇包括模块 1 和模块 2，介绍 AutoCAD 基础知识和二维图形的绘制与编辑，主要包括 AutoCAD 用户界面与视图调整、命令使用与对象选择、坐标定位与辅助绘图工具、二维图形绘制与编辑、参数化绘图。

进阶篇包括模块 3～5，介绍图形注释、图形的重复利用和三视图及轴测图的绘制，主要包括文字与表格、引线与标注、图块、外部参照及资源管理、图层与创建样板图、三视图和轴测图以及坡屋顶的绘制。

高级篇包括模块 6 和模块 7，介绍绘制建筑施工图和三维建筑建模，主要包括建筑平立剖施工图的绘图环境设置、绘制方法和技巧、大样详图的绘制、建筑施工图的布局与打印。三维建筑建模主要涵盖了三维坐标系与三维查看工具、创建三维实体、三维实体的编辑和操作、三维建筑建模。

本书附录 1 为建筑制图的规定，可方便学员按照国家制图标准绘图；附录 2 为 CAD 常用快捷命令，可供读者学习记忆使用；附录 3 提供了本书建筑施工图图纸，供学员学习使用，使学员能更系统地学习建筑平面图、立面图、剖面图以及详图的绘制；附录 4 为参考课时安排，可为教学安排提供参考。

本书特别适合作为各大中专院校的土木工程类相关专业的教材、其他专业的计算机绘图教材，同时也可作为建筑设计工程技术人员的参考书。

本书由河北省唐山市劳动技师学院张丽军、河北省石家庄市城市建设学校傅文清担任主编。河北省唐山市建筑工程中等专业学校未巍、唐山市市政建设总公司宋红宇担任副主编。具体的编写分工为：模块 1、模块 2、附录 2、附录 4 由张丽军编写；模块 3、附录 1 由宋红宇编写；模块 4、模块 5 由未巍编写；模块 6、模块 7、附录 3 由傅文清编写。

书中图的源文件可联系出版社索取，联系邮箱：306696305@qq. com。

由于编者水平有限，书中难免有不足与不妥之处，恳请广大读者批评指正，以便进一步修改完善。

编　者

2024 年 2 月

见此图标 微信扫码
加入建筑CAD线上研修班

目　　录

初　级　篇

进　阶　篇

高 级 篇

《建筑 CAD》(第 3 版)数字化教学资源(二维码)目录

初　级　篇

进　阶　篇

高 级 篇

初 级 篇

模块 1　AutoCAD 基础知识

模块导读

AutoCAD 基础知识主要包括 AutoCAD 用户界面、视图调整、命令使用、对象选择、坐标定位与辅助绘图工具。本模块提出了 AutoCAD 软件基本选项设置参考；详细讲述了视图的缩放与刚性平移；以执行命令的优缺点阐述命令的选择；用比较的方式进行对象选择的学习；在探讨精确作图的坐标系与坐标值的基础上学习辅助绘图工具——极轴追踪、对象捕捉、对象追踪等。

模块导学图如图 1.1 所示。

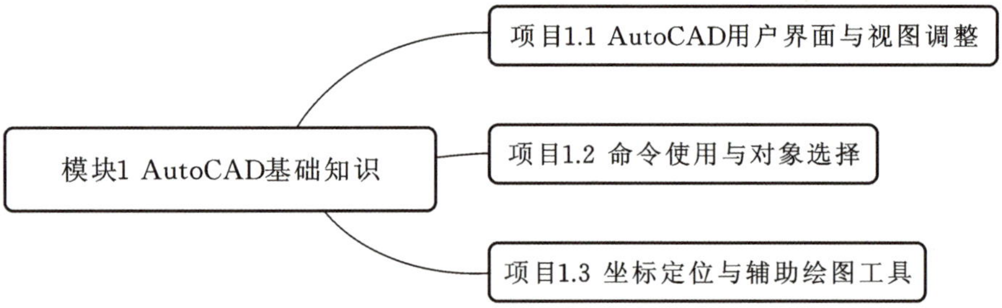

图 1.1　模块导学图

项目 1.1　AutoCAD 用户界面与视图调整

项目导读

AutoCAD 用户操作界面是显示、创建、修改图形和出图的区域。用户界面提供了视图缩放和视图平移功能，供用户在绘图过程中不断地对视图进行调整，以方便用户观察和编辑图形对象。本项目导学图如图 1.2 所示。

学习目标

素质目标

（1）能够熟练进行图形的显示、创建等操作；

（2）能够养成良好的用户界面设置习惯；

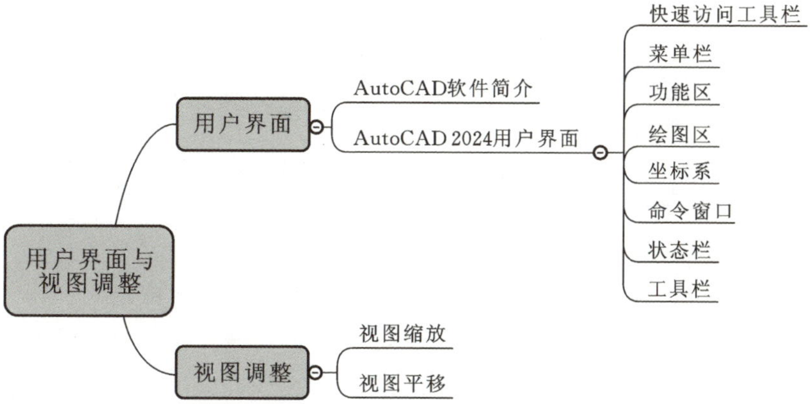

图 1.2　项目 1.1 导学图

(3) 能够熟练操作用户界面和进行视图调整,提高观察和编辑图形对象的能力;

(4) 通过"拓展阅读"和技能训练,提高使用 AutoCAD 软件的自信心。

知识目标

(1) 能够熟练进行 AutoCAD 软件的启动、退出;

(2) 能够利用所学知识进行图形文件管理;

(3) 能够利用视图调整命令观察和编辑图形。

技能目标

(1) 能够启动和退出 AutoCAD 软件;

(2) 能够新建、打开和保存图形文件;

(3) 能够利用所学知识,对图形文件进行视图的平移和缩放等操作。

知识导航

1. AutoCAD 软件简介

AutoCAD(Autodesk Computer Aided Design)是 Autodesk(欧特克)公司于 1982 年开发的自动计算机辅助设计软件,用于二维绘图、详细绘制、设计文档和基本三维设计,现已成为国际上广为流行的绘图工具。

AutoCAD 具有良好的用户界面和广泛的适应性,通过交互菜单或命令行方式便可以进行各种操作,在各种操作系统支持的微型计算机和工作站上均可运行。目前 AutoCAD 被广泛地应用于机械、建筑、电子、航天、交通、兵器、轻工、纺织、广告以及工业造型设计等各个行业,并因其具有绘图效率高、速度快、精度高、易于修改、便于管理和交流的特点发展极为迅速。

2. AutoCAD 2024 用户界面

AutoCAD 用户操作界面是显示、创建、修改图形和出图的区域。启动 AutoCAD 2024 后的默认界面如图 1.3 所示,主要由以下几个部分组成:

(1) 快速访问工具栏

包含一组常用的工具,如新建、打开、保存、撤销、发布、打印等,可以控制下拉菜单的显示和隐藏,可以自定义一些常用工具按钮,提高绘图效率。

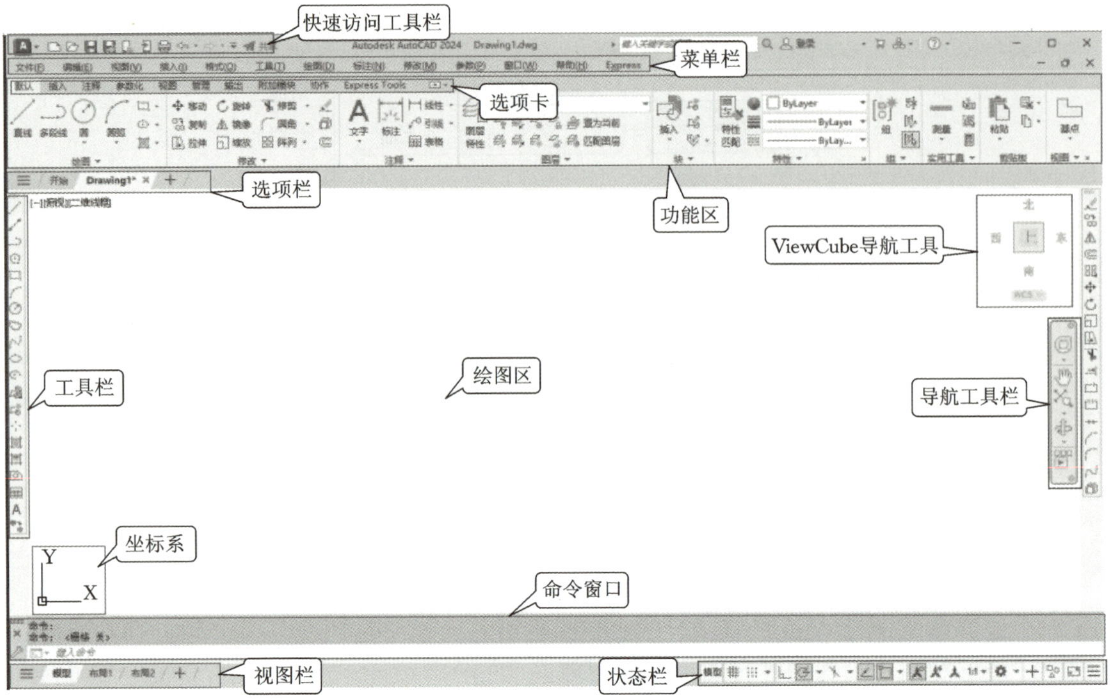

图 1.3　用户界面

(2) 菜单栏

包括十三个主菜单项,大多数菜单项都代表了相应的 AutoCAD 命令,带有省略符号“…”的菜单项在命令激活后会弹出一个对话框;带有符号“>”的菜单项有下一级子菜单项。

(3) 功能区

① 选项卡

选项卡(图 1.4)是命令组织中的最高级形式,不同选项卡下有各自特有的命令。

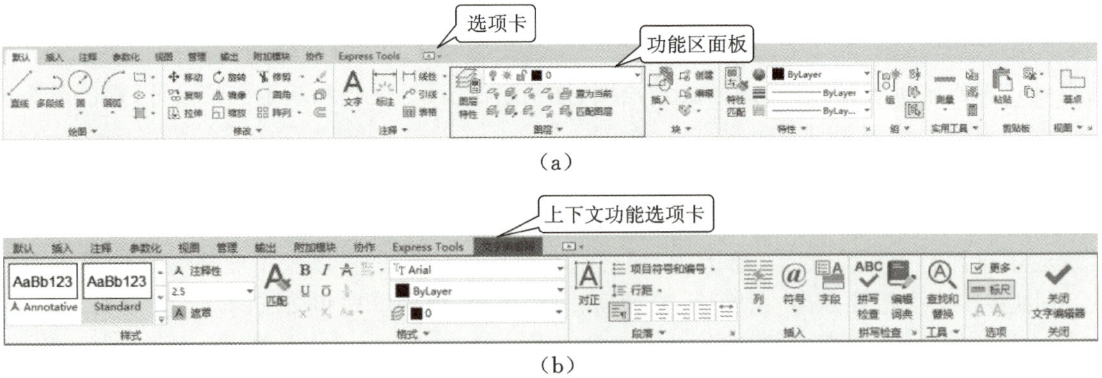

图 1.4　选项卡

② 上下文选项卡

在使用某些工具或选择图元时,上下文选项卡的功能区中会显示与该工具或图元相关的工具,退出该工具或清除选择图元时将自行关闭,不同命令的上下文选项卡的内容是不同的。

(4) 绘图区

绘图区是用户界面中最大的一块区域，是绘图的工作窗口。窗口含坐标系、滚动条、视图栏等元素。

(5) 坐标系

坐标系位于绘图区的左下方，指示了绘图的方位，指出了 X 轴和 Y 轴的方向。

(6) 命令窗口

命令窗口用于输入命令、显示正在执行的命令及相关信息。

(7) 状态栏

状态栏显示当前操作状态、绘图工具以及会影响绘图环境的工具。

(8) 工具栏

工具栏是 AutoCAD 中一种代替命令的简便工具。用户可以显示或关闭相应的工具栏。

3. 视图调整

AutoCAD 提供了视图缩放和视图平移功能，供用户在绘图过程中不断地对视图进行调整，以方便用户观察和编辑图形对象。

(1) 视图缩放(表 1.1)

表 1.1　视图缩放命令功能

图标	名称	功能
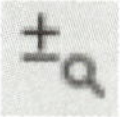	实时缩放	视图会随着鼠标左键的操作进行缩放。按住鼠标左键向上移动将放大视图，向下移动将缩小视图。此时光标将变为带有加号(+)或减号(−)的放大镜
	前一个视图	缩放显示上一个视图。最多可恢复此前的 10 个视图
	窗口缩放	指定一个要放大的区域的角点，AutoCAD 将快速地放大包含在该区域中的图形
	动态缩放	使用矩形视图框进行平移和缩放。视图框表示视图，可以更改它的大小，或在图形中移动。移动视图框或调整它的大小，将其中的视图平移或缩放，以充满整个视口
	比例缩放	使用比例因子缩放视图以更改其比例。输入的值后面跟着 x，根据当前视图指定比例，输入值并后跟 xp，指定相对于图纸空间单位的比例
	中心缩放	缩放以显示由中心点和比例值/高度所定义的视图。高度值较小时增加放大比例，高度值较大时减小放大比例
	对象缩放	缩放以便尽可能大地显示一个或多个选定的对象并使其位于视图的中心
	放大	放大显示对象的外观尺寸
	缩小	缩小显示对象的外观尺寸

续表1.1

图标	名称	功能
	全部缩放	在视图中显示整个图形的全貌,显示用户定义的图形界限和图形范围
	范围缩放	在视图中以尽可能大的包含图形中所有对象的放大比例显示视图,视图包含已关闭图层上的对象,但不包含冻结图层上的对象

(2) 视图平移

当图形窗口不能显示所有的图形时,需进行平移操作,以便用户查看图形的其他部分。点击工具栏中的“实时平移”按钮,此时在绘图区光标变成手形光标,用户可以按住鼠标左键向各个方向拖动,就能对图形对象进行实时移动。

任务驱动

任务一:AutoCAD 选项优化设置(参见视频“1.1.1 任务一”)

1.1.1

在命令栏输入“oops”命令或调用菜单“工具”/“选项”,进行优化设置。

(1) “打开和保存”选项卡

将图 1.5 中的“AutoCAD 2018 图形(*.dwg)”改为“AutoCAD 2004/LT2004”,解决版本兼容问题;去掉勾选“自动保存”和“每次保存时均创建备份副本”。当图纸较大时,系统自动保存会导致卡顿,且备份副本的作用不是很大,因此,建议养成手动存盘的习惯。

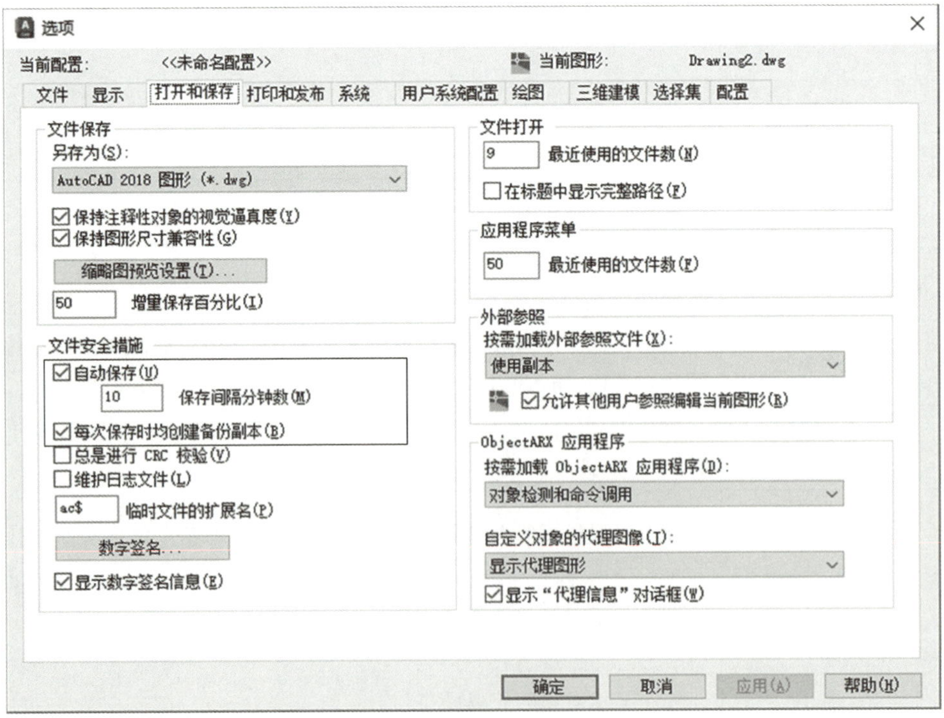

图 1.5 “打开和保存”选项卡

(2)“绘图”选项卡

去掉图 1.6 中的“显示极轴追踪矢量”“显示全屏追踪矢量”“显示自动追踪工具提示”勾选。此三项选项全部打开时会显示方框提示等,影响电脑运行速度。

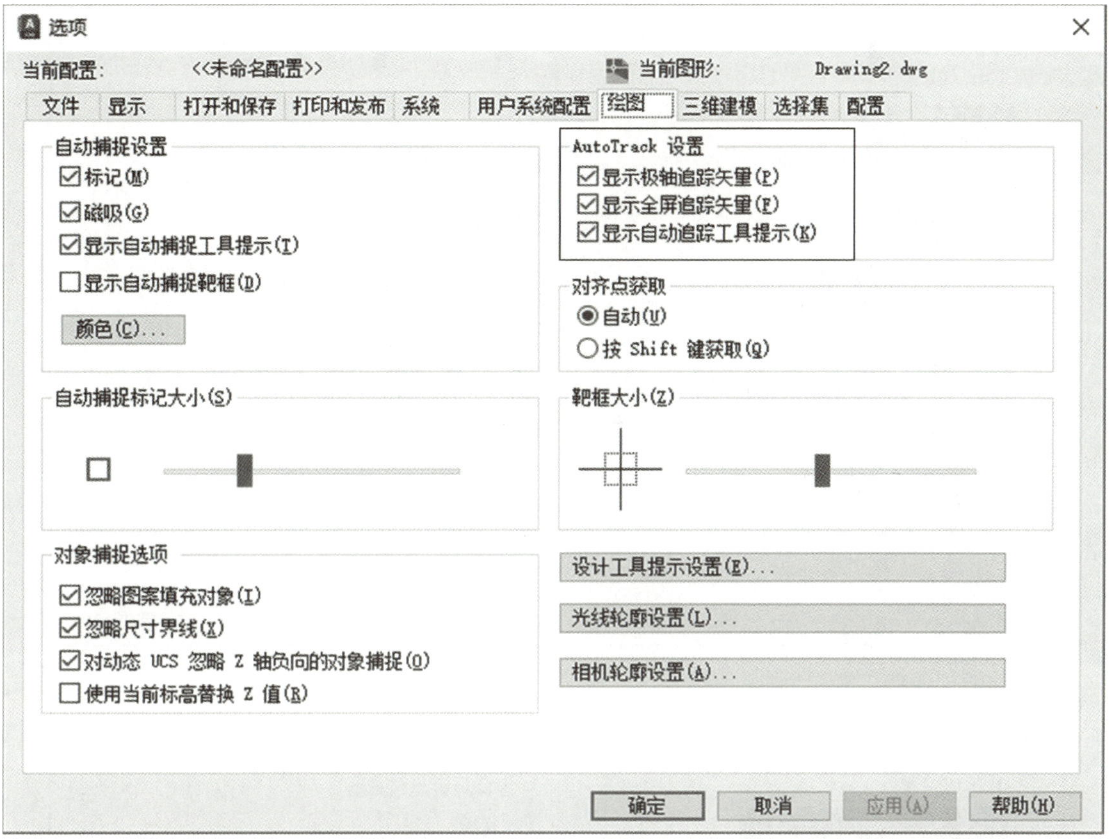

图 1.6　“绘图”选项卡

(3)“选择集”选项卡

单击图 1.7(a)中“视觉效果设置”即会弹出“视觉效果设置”对话框[图 1.7(b)],在对话框中,去掉图中“指示选择区域”的勾选,否则图纸越大选择的东西越多,绘图越不流畅。

任务二:“动态输入”优化设置(参见视频“1.1.2 任务二”)

1.1.2

去掉“草图设置”中“动态输入”选项卡(图 1.8)中的四个勾选项,操作命令时鼠标就没有那么多提示,会提高运行速度。

任务三:图形文件管理与视图调整(参见视频“1.1.3 任务三”)

1.1.3

新建图形文件“建筑图”,保存后重命名为“建筑平面图”,打开重命名后的“建筑平面图”,进行视图调整和平移命令操作并保存。

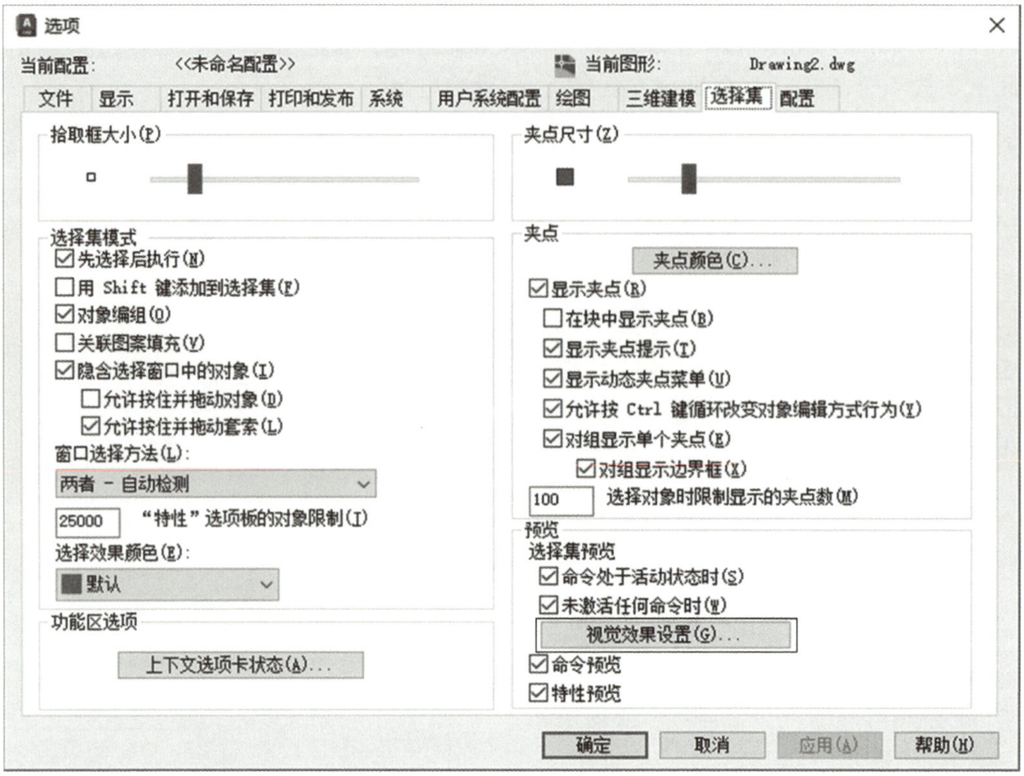

(a)

(b)

图 1.7 “选择集”选项卡

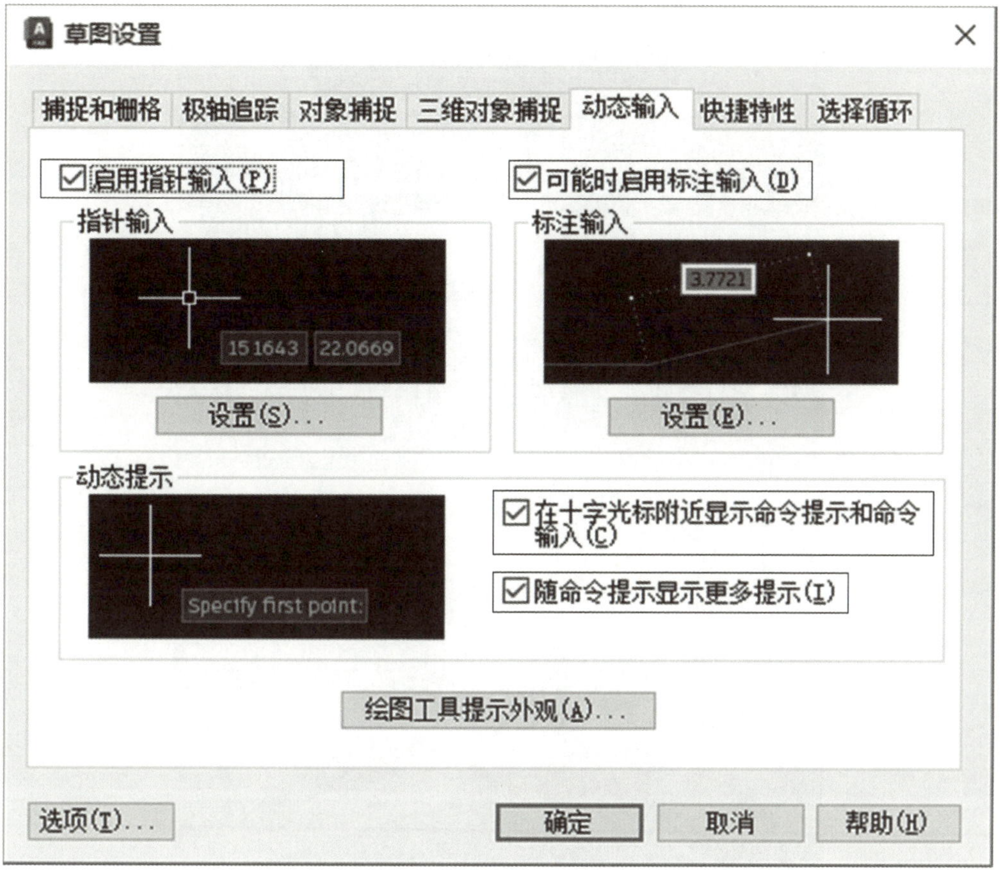

图 1.8　“动态输入”选项卡

项目小结

本项目主要讲解了 AutoCAD 用户操作界面与视图调整。通过用户界面的优化设置、图形文件视图的调整与管理，方便用户观察和编辑图形对象。

拓展阅读

京东第一寺——净觉寺

净觉寺(图 1.9)位于河北省唐山市玉田县蛮子营村，始建于唐朝(618—907 年)，清雍正元年至光绪二十一年(1723—1895 年)进行了大规模修缮，建筑面积 18540m^2。

净觉寺坐北朝南，中轴线上建筑依次有牌楼、门殿、碑楼、正殿、大雄宝殿，东西两侧有钟楼、鼓楼及配殿。牌楼四柱三间。门殿为砖石结构的无梁建筑，又名无梁殿。单檐歇山顶，覆黄色琉璃瓦，面阔三间，进深一间。前后檐当心间为石券大门，两侧石砌圆窗，殿内供奉木雕弥勒佛及泥塑哼哈二将。碑楼为歇山顶，面阔三间，进深一间，当心间两层，两次间一层。当心间

(a)

(b)

图 1.9　净觉寺

第二层原为藏经阁,下层竖石碑六通,其中一通为清代书法家王敬德以大草体书的《重修净觉寺碑记》,别具一格。

净觉寺正殿(即香阜宫)为重檐歇山顶,面阔、进深皆为三间,前出抱厦,面阔三间,进深两间。殿内供奉千手观音菩萨像。正殿与配殿连接处(即通往后殿的两座门楼)分别雕龙、凤形石刻,称为龙门、凤门。这两座门楼为外石内木结构,从南看,见石不见木,从北看,见木不见石,构思巧妙。大雄宝殿为歇山顶,面阔三间,进深两间,前出廊,四根石柱上有蟠龙浮雕,梁柱上既有沥粉贴金,又有苏式彩画。殿内正中及周边有巨石雕成的仰莲须弥座,上供奉释迦牟尼佛及十八罗汉坐像。

净觉寺的抱厦由 8 根石柱支撑,前檐上伸出 12 个斗拱,斗拱的端头雕琢成十二生肖的模样。雀替上镶嵌着红木精雕而成的佛门八宝:轮、罗、伞、盖、花、罐、鱼、长。最夺人眼球的是门殿——“无梁殿”,也是古刹的第一奇观。天窗下面制有 36 个木格,每个木格都有彩绘的风景和泥塑的人物。

净觉寺享有“京东第一寺”的美誉。净觉寺精美的建筑结构具有较高的历史价值、艺术价值和科学价值。

项目评价

序号	检测项目	评价任务及权重	自评	小组互评	教师评价
1	选项优化设置	“打开和保存”选项卡、“绘图”选项卡、“选择集”选项卡设置是否完整，缺或错 1 项扣 5 分，扣完为止(40 分)			
2	动态输入优化设置	指针输入、标注输入、命令提示缺或错 1 项扣 5 分(20 分)			
3	视图调整与图形文件管理	视图调整每项缺或错 1 项扣 3 分(30 分)；图形文件管理每项缺或错 1 项扣 2.5 分(10 分)；共计 40 分			
任务总评		优□　良□　中□　合格□　不合格□			

注：按学生自评占 20%、小组互评和教师评价各占 40%计算，形成任务评价结论。

项目 1.2　命令使用与对象选择

项目导读

根据 AutoCAD 命令的执行特点，用户可以选择命令按钮、下拉菜单、键盘输入和重复执行命令法以及快捷键等方式执行命令。在编辑图形时提供的点选、框选、栏选、圈围、圈交以及 All 对象选择方式，均可大大提高作图效率。本项目导学如图 1.10 所示。

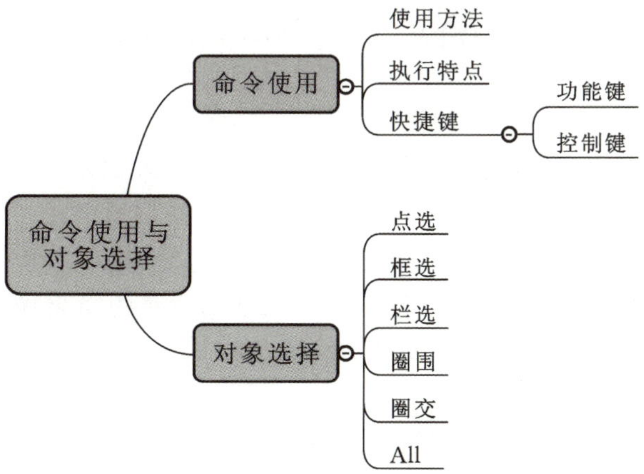

图 1.10　项目 1.2 导学图

学习目标

素质目标

(1) 能够熟练选择执行 AutoCAD 命令的方式;

(2) 能够养成命令执行时比较学习的习惯;

(3) 能够熟练选择对象以编辑图形;

(4) 通过“拓展阅读”和技能训练,确立学习目标。

知识目标

(1) 能够理清命令执行方法并进行比较分析;

(2) 能够根据编辑图形的不同情况选择不同的对象选择方式。

技能目标

(1) 能够熟练选择命令执行方法;

(2) 能够熟练应用对象选择方式编辑图形。

知识导航

1. 命令的使用

(1) 命令使用方法(表 1.2)

表 1.2　命令操作方法表

方法	操作
命令按钮法	在工具栏中单击命令按钮激活命令
下拉菜单法	在主菜单栏中选择相应命令单击激活命令
键盘输入法	在命令行输入命令后按回车键或空格键激活命令
重复执行命令法	在命令状态下直接按 Enter 键或空格键,重复执行最近执行过的命令

(2) 命令执行特点

无论用哪种方式激活命令,提示的相关信息以及参数输入都是一致的,操作过程也是相同的。命令按钮法输入命令较快捷,但命令按钮要占用大量的屏幕空间;下拉菜单法调用命令不需要记忆命令单词,且下拉菜单不用时可折叠在菜单栏上,占用极少的屏幕空间,但效率较低;键盘输入法需要记忆命令,且 AutoCAD 设置了一些常用命令的简化输入形式,其效率远远高于命令按钮法。

(3) 命令快捷键

AutoCAD 2024 的快捷键有功能键与控制键两种,其功能见表 1.3、表 1.4。图 1.11 给出了键盘记忆图。

表 1.3　AutoCAD 2024 的功能键

键	功能	说明
F1	帮助	显示活动工具提示、命令、选项板或对话框的帮助
F2	展开的历史记录	在命令窗口中显示展开的命令历史记录
F3	对象捕捉	打开和关闭对象捕捉
F4	三维对象捕捉	打开和关闭其他三维对象捕捉
F5	等轴测平面	循环浏览二维等轴测平面设置
F6	动态 UCS(仅限于 AutoCAD)	打开和关闭 UCS 与平面曲面的自动对齐
F7	栅格显示	打开和关闭栅格显示
F8	正交	锁定光标按水平或垂直方向移动
F9	栅格捕捉	限制光标按指定的栅格间距移动
F10	极轴追踪	引导光标按指定的角度移动
F11	对象捕捉追踪	从对象捕捉位置水平和垂直追踪光标
F12	动态输入	显示光标附近的距离和角度，并在字段之间使用 Tab 键时接受输入

注意：F8 和 F10 相互排斥，打开一个将关闭另外一个。

表 1.4　AutoCAD 2024 中常用的快捷控制键

快捷键	说明
Alt+F4	关闭应用程序窗口
Ctrl+F2	显示文本窗口
Ctrl+F4	关闭当前图形
Ctrl+F6	移动到下一个文件选项卡
Ctrl+0	切换“全屏显示”
Ctrl+1	切换特性选项板
Ctrl+2	切换设计中心
Ctrl+3	切换“工具选项板”窗口
Ctrl+4	切换“图纸集管理器”
Ctrl+6	切换“数据库连接管理器”(仅限于 AutoCAD)
Ctrl+7	切换“标记集管理器”
Ctrl+8	切换“快速计算器”选项板
Ctrl+9	切换“命令行”窗口
Ctrl+A	选择图形中未锁定或冻结的所有对象

续表1.4

快捷键	说明
Ctrl+B	切换捕捉
Ctrl+C	将对象复制到 Windows 剪贴板
Ctrl+D	切换动态 UCS(仅限于 AutoCAD)
Ctrl+E	在等轴测平面之间循环
Ctrl+F	切换执行对象捕捉
Ctrl+G	切换栅格显示模式
Ctrl+H	切换 PICKSTYLE
Ctrl+I	切换坐标显示(仅限于 AutoCAD)
Ctrl+J	重复上一个命令
Ctrl+K	插入超链接
Ctrl+L	切换正交模式
Ctrl+M	重复上一个命令
Ctrl+N	创建新图形
Ctrl+O	打开现有图形
Ctrl+P	打印当前图形
Ctrl+Shift+P	切换“快捷特性”界面
Ctrl+Q	退出应用程序
Ctrl+R	在“模型”选项卡上的平铺视口之间或当前命名的布局上的浮动视口之间循环
Ctrl+S	保存当前图形
Ctrl+Shift+S	显示“另存为”对话框
Ctrl+T	切换数字化仪模式
Ctrl+U	切换“极轴追踪”
Ctrl+V	粘贴 Windows 剪贴板中的数据
Ctrl+Shift+V	将 Windows 剪贴板中的数据作为块进行粘贴
Ctrl+W	切换选择循环
Ctrl+X	将对象从当前图形剪切到 Windows 剪贴板中
Ctrl+Y	取消前面的“放弃”动作
Ctrl+Shift+Y	切换三维对象捕捉模式(仅限于 AutoCAD)
Ctrl+Z	恢复上一个动作

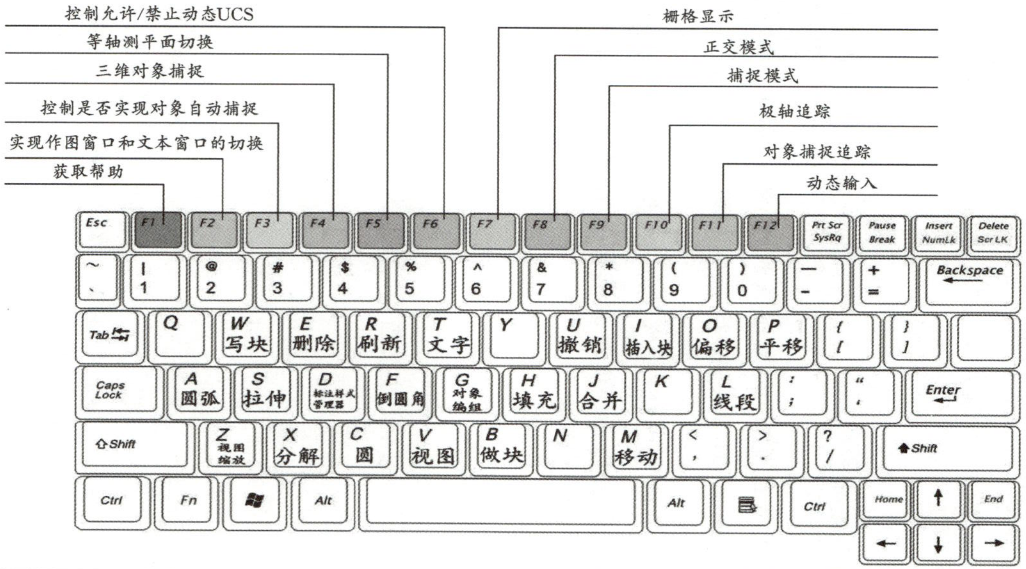

新建:CTRL+N	
打开:CTRL+O	
保存:CTRL+S	
打印:CTRL+P	
剪切:CTRL+X	
复制:CTRL+C	
粘贴:CTRL+V	
对象特性:CTRL+1	
设计中心:CTRL+2	
视图:SOLVIEW	
图形:SOLDRAW	

直线: L	标注样式:D	阵列:AR	定数等分:DIV	直径标注:DDI	公差标注:TOL	距离:DI	旋转:REV
多段线:PL	点样式:DDPTYPE	镜像:MI	定距等分:ME	角度标注:DAN	捕捉设置:SE	区域:AA	剖切:SL
构造线:XL	倒角:CHA	比例缩放:SC	清理:PU	圆心标注:DCE	切点捕捉:TAN	长方体:BOX	扫掠:SWEEP
多线:ML	圆角:F	拉伸:S	重生成:RE	快速标注:QDIM	圆心捕捉:CEN	圆柱体:CYL	放样:LOFT
样条曲线:SPL	修剪:TR	复制:CO	删除:E	编辑标注:DED	图层特性:LA	并集:UNI	压印:SOLIDEDIT
修订云线:REVCLOUD	延伸:EX	特性匹配:MA	多行文字:T	基线标注:DBA	创建块:B	差集:SU	抽壳:SOLIDEDIT
圆弧:A	打断:BR	编辑多段线:PE	编辑:ED	弧长标注:DAR	插入块:I	交集:IN	干涉:INF
圆:C	分解:X	插入点:PO	线性标注:DLI	坐标标注:DOR	定义属性:ATT	面域:REG	分割:SOLIDEDIT
椭圆:EL	移动:M	创建边界:BO	对齐标注:DAL	折弯标注:DJO	块编辑器:BE	拉伸:EXT	渲染:RR
文字样式:ST	旋转:RO	全局线型比例:LTS	半径标注:DRA	快速引线:LE	工具选项板:CTRL+3	按住并拖动:PRES	材质:RMAT

图 1.11　键盘记忆图

2. 对象选择

AutoCAD 提供了两种编辑图形的顺序：先输入命令后选择要编辑的对象；先选择对象后进行编辑。

① 点选：在图元上直接单击鼠标左键进行选择，配合 Crtl 键可对多个单一对象进行点选。

② 框选：通过鼠标框选批量选择图元。左框选时，只有全部被实线框选的图元才会被选中；右框选时，被虚线全部框选和交叉框选的图元均被选中。

③ 栏选：画出多条直线轨迹，轨迹之间可以相交，凡与轨迹相交的对象均被选中。

④ 圈围：全部被实线多边形框选的图元才会被选中。

⑤ 圈交：被虚线多边形框全部框选和交叉框选的图元均被选中。

⑥ All：当命令执行提示选择对象时，在命令行输入字母“All”后回车，选择未锁定未冻结图层上的所有对象。

任务驱动

图 1.12　任务二用图

任务一：用直线命令绘制任意长度的 3 段折线，要求使用不同的命令执行法。(参见视频“1.2.1 任务一”)

任务二：打开图形文件(图 1.12)，使用点选、框选、栏选、圈围、圈交以及 All 对象选择方式选择图形。(参见视频“1.2.2 任务二”)

1.2.1

1.2.2

项目小结

本项目主要讲解了 AutoCAD 的命令使用以及对象选择方式，为后面的绘图与编辑打下坚实的基础。

拓展阅读

悬空寺

悬空寺(图 1.13)位于山西省大同市浑源县恒山金龙峡西侧翠屏峰峭壁间，因整座寺院就像悬挂在悬崖上而得名。悬空寺始建于北魏后期(491 年)，距今已有一千五百多年，是佛、道、儒三教合一的独特寺庙。“悬空寺”建筑极具特色，以如临深渊的险峻而著称，有“悬空寺，半天高，三根马尾空中吊”的俚语。

悬空寺呈“一院两楼”般布局，总长约 32m，楼阁殿宇 40 间。南北两座雄伟的三檐歇山顶高楼好似凌空相望，悬挂在刀劈般的悬崖峭壁上，三面的环廊合抱，六座殿阁相互交叉，栈道飞架，各个相连，高低错落。全寺初看去只有十几根大约碗口粗的木柱支撑，最高处距地面 50 来米。其中的力学原理是半插横梁为基础，借助岩石的托扶，回廊栏杆、上下梁柱左右紧密相连形成一整个木质框架式结构，也增加了抗震度。

悬空寺廊栏左右相连，曲折出奇，虚实相生。寺内有铜、铁、石、泥佛像八十多尊，寺下岩石上“壮观”二字，是唐代诗仙李白的墨宝。全寺为木质框架式结构，在陡崖上凿洞插悬梁为基，楼阁间以栈道相通，背倚陡峭的绝壁，下临深谷，寺不大，但巧夺天工，也颇为壮观。

殿楼的分布都对称中有变化，分散中有联络，曲折回环，虚实相生，小巧玲珑，空间丰富，层次多变，小中见大，布局紧凑，错落相依。悬空寺不仅外貌惊险，奇特、壮观，建筑构造也颇具特色，形式丰富多彩。其巧构宏制，重重叠叠，总体外观形成一种窟中有楼，楼中有穴，半壁楼殿半壁窟，窟连殿，殿连楼的独特风格，它融合了中国园林建筑艺术，具有中国传统建筑的格局。

图 1.13　悬空寺

项目评价

序号	检测项目	评价任务及权重	自评	小组互评	教师评价
1	命令使用方法	使用命令按钮、下拉菜单、键盘输入、重复执行命令法以及快捷键方法完成给定命令，缺或错 1 项扣 5 分，扣完为止(50 分)			
2	对象选择方法	根据给定图形，按照要求进行点选、框选、栏选、圈围、圈交以及 All 对象选择方式，缺或错 1 项扣 5 分，扣完为止(50 分)			
任务总评		优□　良□　中□　合格□　不合格□			

注：按学生自评占 20%、小组互评和教师评价各占 40%计算，形成任务评价结论。

项目 1.3　坐标定位与辅助绘图工具

项目导读

AutoCAD 中的坐标系有笛卡儿坐标系(CCS)、世界坐标系(WCS)和用户坐标系(UCS)。坐标的定位通常使用绝对坐标、相对坐标。为提高绘图效率,AutoCAD 为用户提供了“捕捉”“栅格”“正交”“对象捕捉”“对象追踪”“动态输入”等辅助绘图工具。本项目导学图如图 1.14 所示。

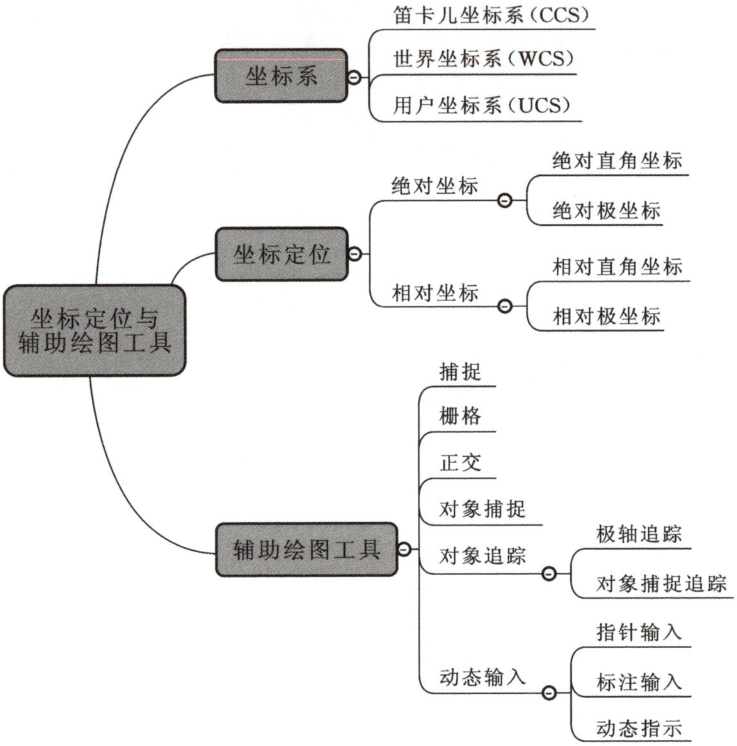

图 1.14　项目 1.3 导学图

学习目标

素质目标

(1) 能够理解 AutoCAD 中三大坐标系的定义;

(2) 能够使用绝对坐标、相对坐标进行坐标定位;

(3) 能够使用辅助绘图工具提高作图效率;

(4) 通过“拓展阅读”和技能训练,增强学习能力。

知识目标

(1) 能够熟练使用相对坐标进行坐标定位；

(2) 能够利用辅助绘图工具绘图。

技能目标

(1) 能够使用坐标进行定位；

(2) 能够熟练使用正交、对象捕捉、对象追踪等辅助作图工具。

知识导航

1. 坐标系

① 笛卡儿坐标系(CCS)：AutoCAD采用三维笛卡儿坐标系来确定点的位置。屏幕状态栏上所显示的三维坐标值就是笛卡儿坐标，它能准确无误地反映当前十字光标所处的位置。

② 世界坐标系(WCS)：AutoCAD的基本坐标系由相互垂直并相交的X、Y、Z轴组成，默认水平向右为X轴正向，垂直向上为Y轴正向，垂直于XY平面指向用户的是Z轴正向。WCS是AutoCAD的默认坐标系。

③ 用户坐标系(UCS)：AutoCAD提供可变坐标系以方便绘制图形，默认情况下与世界坐标系重合，用户可在绘图过程中根据具体需要来定义UCS。

2. 坐标定位

在AutoCAD二维绘图中，一般使用直角坐标系或极坐标系输入坐标值。对于这两种坐标系，都可以用绝对坐标或相对坐标输入。

① 绝对坐标：是指相对于当前坐标系原点(0,0,0)的坐标。在二维空间中，绝对坐标可以用绝对直角坐标(X,Y)和绝对极坐标($\rho<\theta$)来表示。

② 相对直角坐标：下一点相对于上一点坐标的变化量。在AutoCAD中，指定相对坐标时需将“@”符号放在输入值之前。三维中输入相对坐标的方式为“@ΔX,ΔY,ΔZ”。在二维平面中，输入相对坐标的方式为“@ΔX,ΔY”。

③ 相对极坐标：下一点相对于上一点距离和极角的变化。在AutoCAD中，通过指定点距前一点的距离以及指定点和前一点的连线与极坐标轴的夹角来确定极坐标值。测量角度值的默认方向是逆时针方向为正方向，输入数值前加上“@”符号，距离与角度之间用角度符号“<”分开，输入方式为“@$\rho<\theta$”。

3. 辅助绘图工具

AutoCAD为用户提供了捕捉、栅格、正交、极轴、对象捕捉、对象追踪、动态输入等辅助绘图工具，来帮助用户快速绘图。

(1) 捕捉

① 打开/关闭：单击状态栏“捕捉”按钮或按快捷键F9，或输入命令SNAP，在弹出的“草图设置”对话框中设置。

② 参数设置：设置捕捉X轴间距、捕捉Y轴间距、捕捉类型与样式。矩形捕捉是栅格捕捉的常规样式，也是系统的默认选项。等轴测捕捉样式指的是为绘制轴测图设计的栅格和捕捉。X方向与Y方向的捕捉间距可以不同，这样在绘制一些特殊图形时，会带来很多方便，具体如图1.15所示。

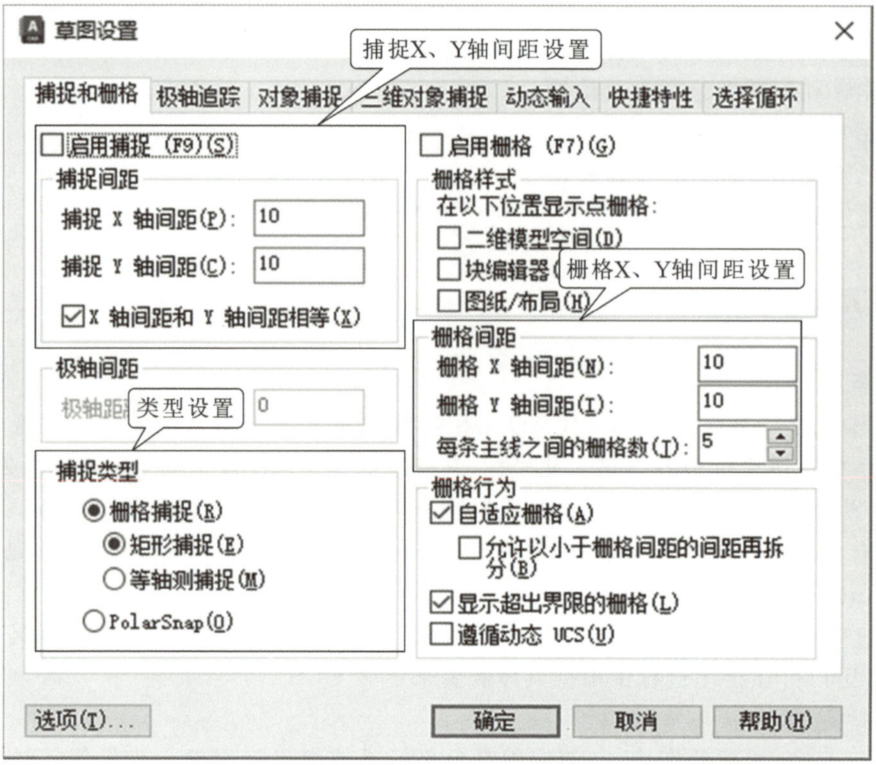

图 1.15 “草图设置”对话框——捕捉和栅格设置

(2) 栅格

① 打开/关闭:单击状态栏“栅格”按钮或快捷键 F7,或输入命令 GRID,在弹出的“草图设置”对话框中设置。

② 参数设置:设置栅格 X 轴间距、栅格 Y 轴间距,如图 1.15 所示。

(3) 正交

① 功能:正交辅助工具可以绘制平行于 X 轴或 Y 轴的直线。当捕捉类型设为等轴测捕捉时,该命令将使绘制的直线平行于当前轴测平面中正交的坐标轴。

② 打开/关闭:单击状态栏“正交”按钮或按快捷键 F8,或输入命令 ORTHO。

(4) 对象捕捉

① 功能:对象捕捉可以利用已经绘制的图形上的几何特征点定位新的点。

② 打开/关闭:单击状态栏“对象捕捉”按钮或按快捷键 F3。其“草图设置”对话框如图 1.16 所示,其功能见表 1.5。

(5) 对象追踪

① 极轴追踪:沿指定的极轴角度跟踪光标。打开或关闭极轴追踪的方法是单击状态栏“极轴追踪”按钮或按快捷键 F10,或在“草图设置”对话框中设置。

② 对象捕捉追踪:从对象捕捉点沿着垂直对齐路径和水平对齐路径追踪光标。打开或关闭对象捕捉追踪的方法是单击状态栏“对象捕捉追踪”按钮或按快捷键 F11,或在“草图设置”对话框中设置。应注意的是要使用“对象追踪”功能,必须启用“对象捕捉”功能。

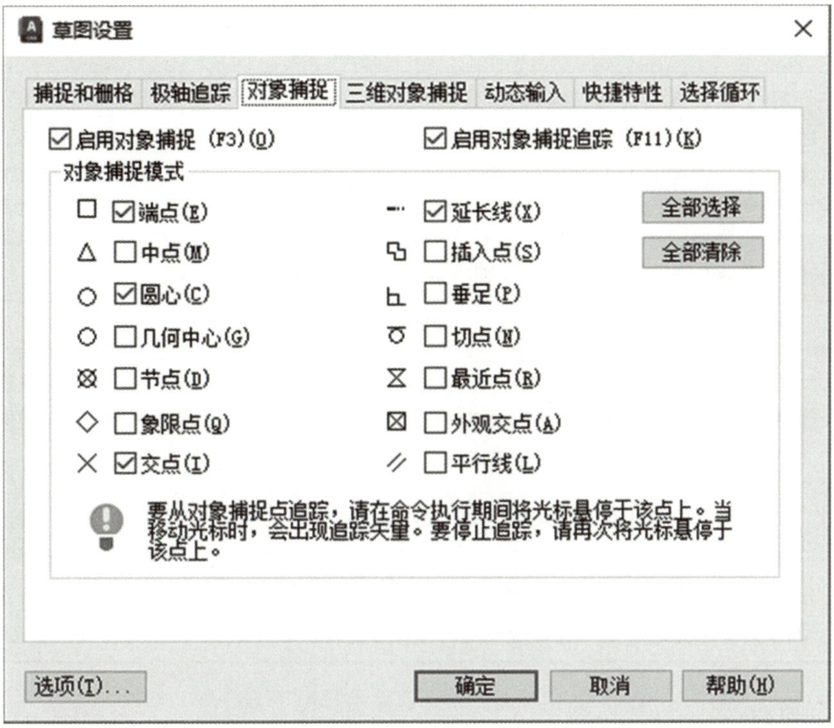

图 1.16　“草图设置”对话框——对象捕捉设置

表 1.5　对象捕捉模式表

对象捕捉	功能阐述
端点	用于捕捉直线、圆弧、椭圆弧、多段线、多段线线段上的最近端点，以及捕捉直线、图形或三维面域最近的封闭角点
中点	用于捕捉直线、圆弧、椭圆弧、多线、多段线线段、参照线、图形或样条曲线的中点
圆心	捕捉圆弧、圆、椭圆或椭圆弧的中心点
几何中心	捕捉任意闭合多段线和样条曲线的质心
节点	捕捉点对象、标注定义点或标注文字原点
象限点	捕捉圆、圆弧、椭圆、椭圆弧的象限点。象限点分别位于从圆或圆弧的圆心到 0°、90°、180°和 270°圆上的点。象限点的 0°方向是由当前坐标的 0°方向确定的
交点	捕捉到几何对象的交点，交点和延伸交点不能和三维实体的边或角点一起使用
延长线	当光标经过对象的端点时，显示临时延长线或圆弧，以便用户在延长线或圆弧上指定点。在透视图中进行操作时，不能沿圆弧或椭圆弧的延伸线进行追踪
插入点	用于捕捉插入图形文件中的块、文本、属性及图形的插入点，即它们插入时的原点

续表1.5

对象捕捉	功能阐述
垂足	用于捕捉直线、圆弧、圆、椭圆弧、多线、多段线、射线、图形、样条曲线或参照线上的一点，而该点与用户指定的上一点形成一条直线，此直线与用户当前选择的对象正交(垂直)。但该点不一定在对象上，而有可能在对象延长线上
切点	用户捕捉圆弧、圆、椭圆或椭圆弧的切点。此切点与用户所指定的上一点形成一条直线，这条直线将与用户当前所选择的圆弧、圆、椭圆或椭圆弧相切
最近点	用户捕捉对象上最近的一点，一般是端点、垂足或交点
外观交点	捕捉在三维空间中不相交但在当前视图中看起来可能相交的两个对象的视觉交点。“延伸外观交点”捕捉到对象的假想交点，如果这两个对象沿它们的自然方向延伸，这些对象看起来是相交的。“外观交点”和“延伸外观交点”不能和三维实体的边或角点一起使用
平行线	可以通过悬停光标来约束新直线段、多段线线段、射线或构造线，以使其与标识的现有线性对象平行。指定线性对象的第一点后，请指定平行对象捕捉。与在其他对象捕捉模式中不同，用户可以将光标和悬停移至其他线性对象，直到获得角度。再将光标移回正在创建的对象。如果对象的路径与上一个线性对象平行，则会显示对齐路径，用户可将其用于创建平行对象

(6) 动态输入(图 1.17)

① 指针输入:勾选“启用指针输入”后，执行命令时，十字光标的位置将在光标附近的工具栏提示中显示为坐标。用户可以直接在工具栏提示中输入坐标值，而不用在命令行中输入。输

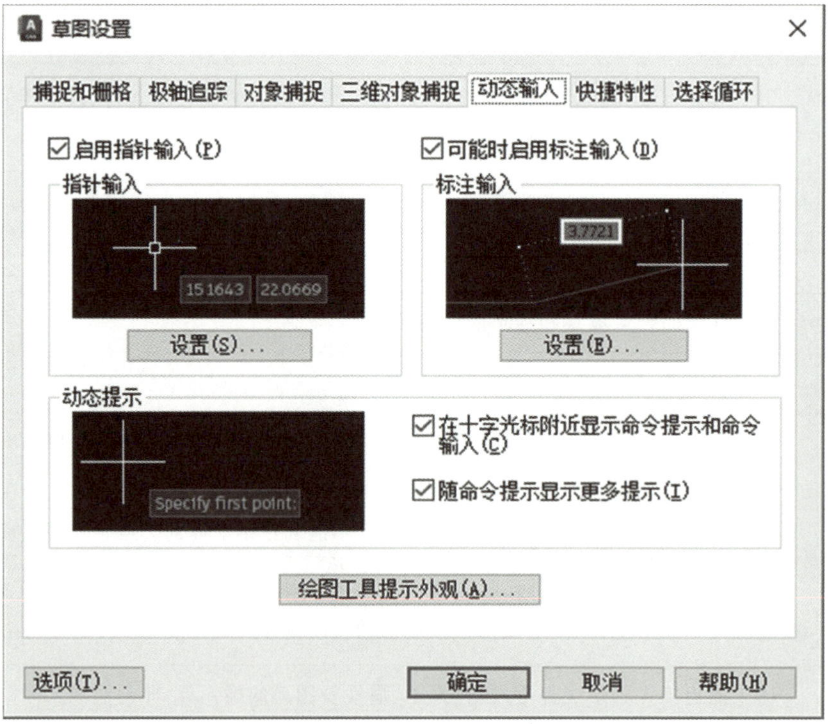

图 1.17 “草图设置”对话框——动态输入设置

入坐标，按 Tab 键将指针切换到输入下一坐标值的位置。在指定点时，第一个坐标是绝对坐标，第二个或下一个点的坐标是相对极坐标。如果要输入绝对值，则需在值前加上前缀井号(#)。

② 标注输入：勾选“可能时启用标注输入”复选框，当命令提示输入第二点时，工具栏提示将显示距离和角度值。在工具栏提示中的值将随着光标移动而改变。按 Tab 键可以移动到要更改的值。标注输入可用于 ARC、CIRCLE、ELLIPSE、LINE 和 PLINE 等命令。

③ 动态提示：勾选“在十字光标附近显示命令提示和命令输入”复选框后，可以在工具栏提示中输入命令以及对提示做出响应。如果提示包含多个选项，请按下箭头键查看这些选项，然后单击选择一个选项。动态提示可以与指针输入和标注输入一起使用。

任务驱动

任务一：按照给定尺寸及字母顺序，使用坐标法绘制如图 1.18 所示的图形。(参见视频“1.3.1 任务一”)

1.3.1

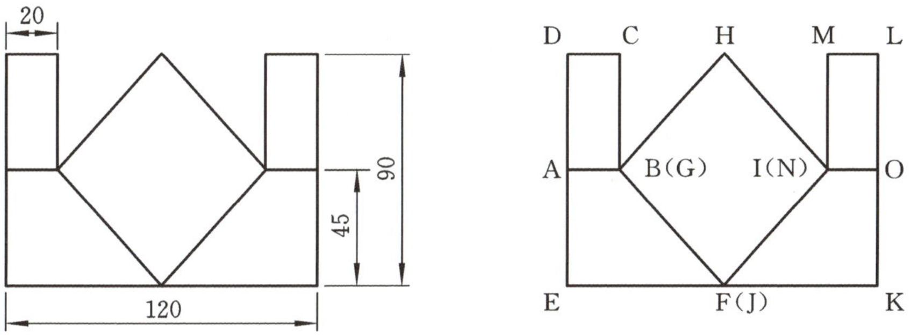

图 1.18　任务一用图

提示 1：按字母顺序确定的坐标点参考如下(主要使用相对直角坐标系)：A(直接在屏幕上给定)、B(@20,0)、C(@0,45)、D(@－20,0)、E(@0,－90)、F(@60,0)、G(@－40,45)、H(@40,45)、I(@40,－45)、J(@－40,－45)、K(@60,0)、L(@0,90)、M(@－20,0)、N(@0,－45)、O(@20,0)

提示 2：按字母顺序确定的坐标点参考如下(主要使用相对极坐标)：A(直接在屏幕上给定)、B(@20<0)、C(@45<90)、D(@20<180)、E(@90<270)、F(@60<0)、G(@－40,45)、H(@40,45)、I(@40,－45)、J(@－40,－45)、K(@60<0)、L(@90<90)、M(@20<180)、N(@45<－90)、O(@20<0)

注意：本图中 A 点直接由鼠标单击给定，也可以给定任意绝对直角坐标和绝对极坐标；对于 G、H、I、J 四点只能使用相对直角坐标精确定位。

任务二：充分利用辅助绘图工具绘制如图 1.19 所示的图形。(参见视频“1.3.2 任务二”)

1.3.2

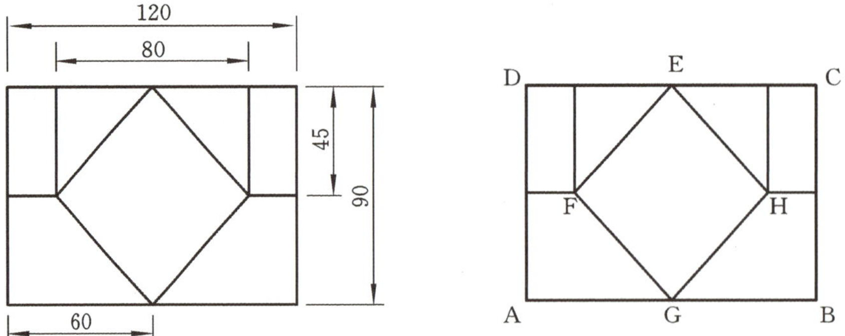

图 1.19　任务二用图

任务三：利用对象捕捉和极轴追踪方式绘制边长为 100 的正三角形，AB 边平行于 X 轴，绘制过程如图 1.20 所示。（参见视频“1.3.3 任务三”）

1.3.3

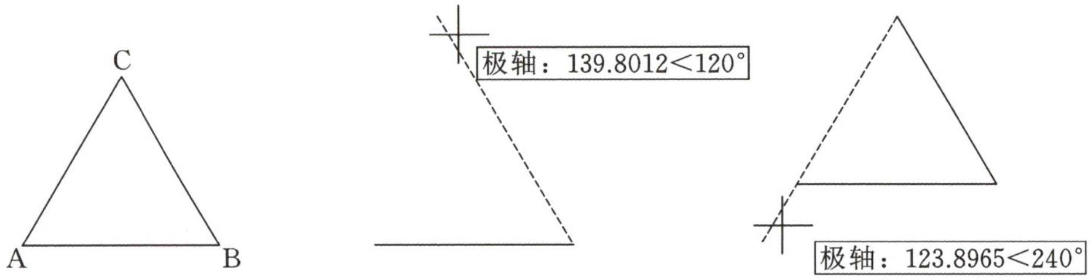

图 1.20　任务三用图

项目小结

本项目主要讲解了 AutoCAD 的坐标定位与辅助绘图工具，在准确作图的基础上，进一步提高了绘图效率。

拓展阅读

上海外滩建筑群

上海外滩建筑群（图 1.21）位于上海市黄浦区东部、黄浦江西岸延安东路至外白渡桥滨江地带，是上海历史文化和美学价值最高的近代建筑群体，有“万国建筑博览会”之誉。建筑群形成于 20 世纪初至 20 世纪 30 年代，代表着当时世界建筑设计和施工技术的一流水平。主要建筑有汇中饭店大楼、东方汇理银行大楼、上海总会大楼、亚细亚大楼、怡和洋行大楼、汇丰银行大楼、江海关大楼、沙逊大厦、百老汇大厦、中国银行大楼。

汇中饭店大楼（今和平饭店南楼），位于中山东一路 19 号，建于 1906 年。意大利文艺复兴时期建筑风格，砖石混合结构，高六层，底层以花岗石砌筑，上部为清水砖墙，内置上海最早的载人电梯。

东方汇理银行大楼，位于中山东一路 29 号，建于 1911 年，为三层钢筋混凝土框架结构，具有古典主义建筑风格，立面采用明显的三段式，中段列柱采用爱奥尼柱式，内部居中设置楼梯，顶部设天栅，为当时银行建筑的通用形式。

上海总会大楼(即英国总会，今东风饭店)，位于中山东一路 3 号，建于 1911 年，英国新古典主义建筑风格，高 36.6m。该建筑为上海最早的钢筋水泥结构，也是上海首个采用片筏基础的建筑，是当时外滩最精美的建筑。

图 1.21　上海外滩建筑群

亚细亚大楼，位于中山东一路 1 号，占地面积 $12000m^2$，始建于 1913 年，由英商马海洋行设计，八层钢筋混凝土框架结构，为新古典主义建筑，同时融入了巴洛克建筑风格。

怡和洋行大楼，位于中山东一路 27 号，建于 1922 年，为五层钢筋混凝土框架结构，典型的古典主义建筑风格，横、竖方向均作三段式划分，用科林斯柱装饰立面，外墙全部采用花岗石垒砌，基座和转角处粗石墙面表现出巴洛克风格，是上海最早采用石料做外墙建筑材料的实例。

汇丰银行大楼，位于中山东一路 10～12 号，1923 年落成，建筑面积 $23415m^2$，为当时外滩体量最大的建筑。其平面近正方形，高五层，全钢架结构，砖砌墙体，石材贴面。整座大楼横、竖三段的划分相当和谐，内部装修品质高雅，用材考究，工艺精湛，表现出严谨而又典雅细腻的新古典主义风格，是上海近代标志性建筑。

江海关大楼，位于中山东一路 13 号，建于 1925 年，共十二层，欧洲古典主义建筑风格，其上部四层钟楼具有装饰艺术派特征，屋顶旗杆是当时上海的地理位置标志。

沙逊大厦，位于中山东一路 20 号，1928 年落成，共十三层，钢架结构，高达 77m，平面呈 A 字形，屋面为高 19m 的墨绿色金字塔形铜顶，立面处理简洁，室内装饰精致，是当时外滩最豪华的高层建筑，有“远东第一楼”之称。

百老汇大厦，位于苏州路 20 号，1934 年落成，为二十一层的双层钢架结构，从第十一层开始逐层收进，外观和内部装饰都大为简化，采用立方体的组合，摈弃了古典装饰。

中国银行大楼，位于中山东一路 23 号，1937 年建成，东部建筑十七层，采用框架式钢结构；西部建筑四层，为钢筋混凝土结构。大楼外墙用平整的金山石饰面，顶部采用平缓的尖锥形屋顶，上覆铜绿色琉璃瓦，檐部用石质斗拱装饰。中国银行大楼是外滩唯一一座具有中国传统建筑形式的高层建筑，也是 20 世纪 30 年代外滩唯一一座有中国建筑师参与设计的建筑。

上海外滩建筑群承载着上海自 1843 年开埠以来的历史，浓缩了百年中国政治、经济、文化的变迁。

项目评价

序号	检测项目	评价任务及权重	自评	小组互评	教师评价
1	相对直角坐标和相对极坐标的使用	使用两种坐标定位绘图,缺或错 1 项扣 5 分,扣完为止(40 分)			
2	捕捉、栅格、正交的使用	绘图中使用每项命令,缺或错 1 项扣 3 分(15 分)			
3	极轴、对象捕捉、对象追踪的使用	绘图中使用每项命令,缺或错 1 项扣 5 分(30 分)			
4	动态输入的使用	采用指针输入、标注输入、动态提示进行输入,缺或错 1 项扣 5 分,扣完为止(15 分)			
任务总评		优□　良□　中□　合格□　不合格□			

注:按学生自评占 20%、小组互评和教师评价各占 40%计算,形成任务评价结论。

模块 2　二维图形的绘制与编辑

见此图标 微信扫码
加入建筑CAD线上研修班

模块导读

无论多么复杂的几何图形都是由基本图形要素组成的，这些基本图形包括直线、圆、圆弧等。AutoCAD 具有丰富的图形绘制和编辑功能，在绘图过程中的编辑并不仅仅意味着删除对象和修改对象，而是能灵活地使用绘图命令和图形编辑命令完成绘图，并可以极大地提高绘图效率和绘图精度，本模块通过分类的方式将绘图和编辑命令进行了归类讲解。

为解决部分图形绘制难题，引入了参数化绘图，通过几何约束和标注约束等实现图形的绘制。

模块导学图如图 2.1 所示。

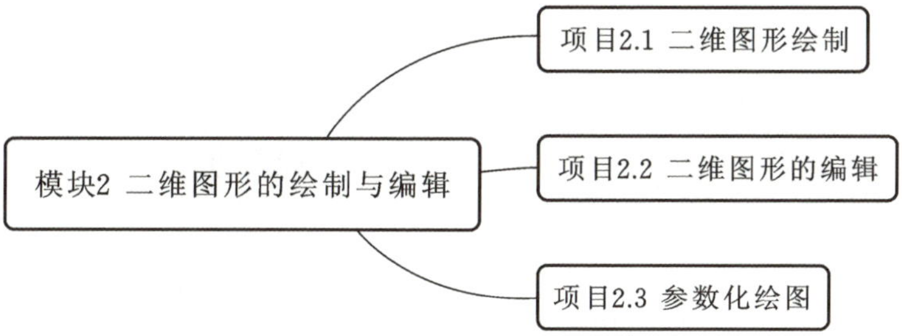

图 2.1　模块导学图

项目 2.1　二维图形的绘制

项目导读

AutoCAD 提供了丰富的二维图形的绘制命令，这些命令构成了 AutoCAD 最基本的绘图命令。

本项目导学图如图 2.2 所示。

学习目标

素质目标

(1) 能够熟练进行基本二维图形的绘制；

(2) 能够养成良好的命令参数设置习惯；

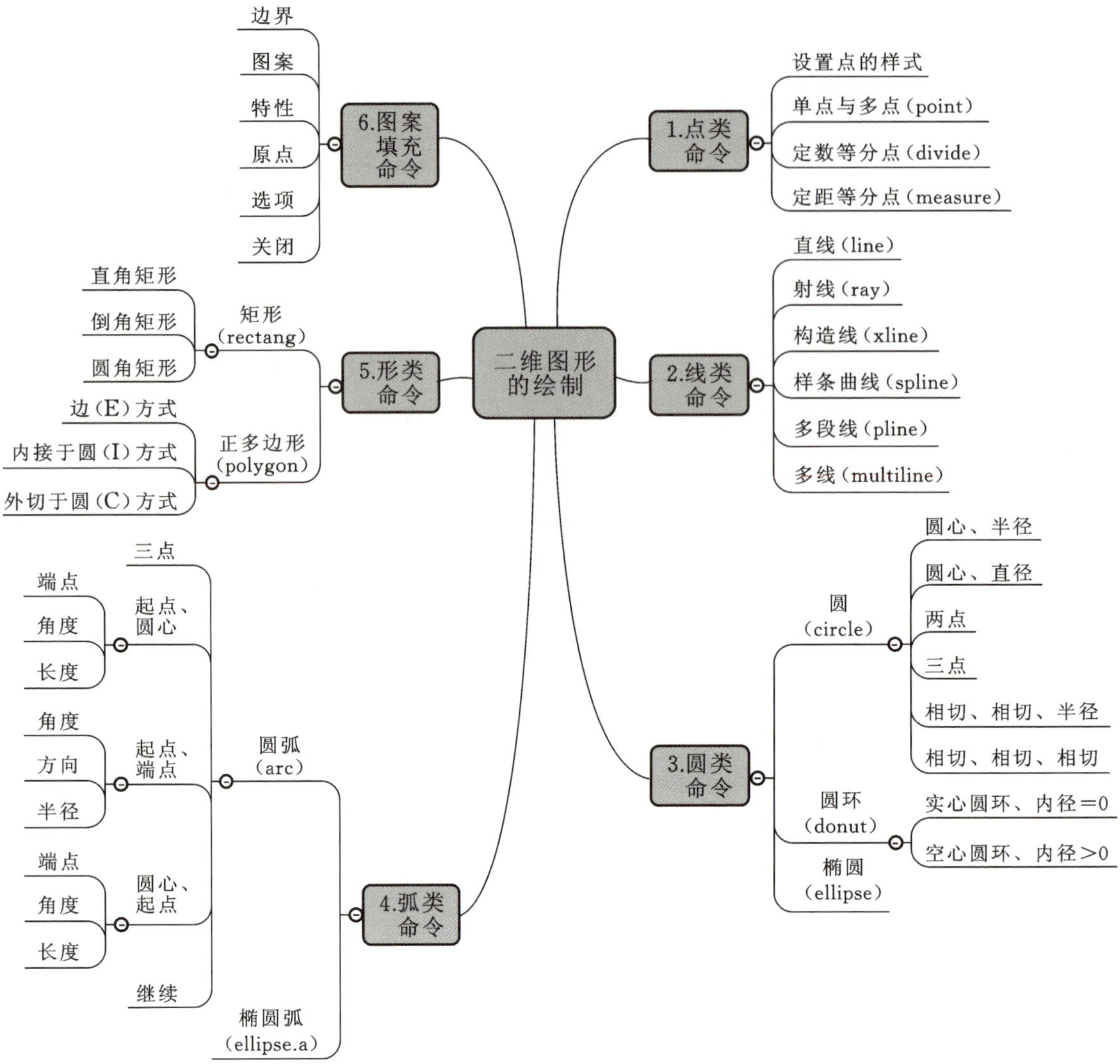

图 2.2　项目 2.1 导学图

(3) 通过“拓展阅读”和技能训练,培养严谨作图精神。

知识目标

(1) 能够进行基本绘图命令参数设置;

(2) 能够完成建筑图的典型构件绘制;

(3) 能够和建筑制图标准联系起来绘图。

技能目标

(1) 能够熟练绘制基本二维图形;

(2) 能够绘制建筑图墙体、门窗等构件;

(3) 能够利用所学知识,完成建筑图中部分图形绘制。

知识导航

1. 点类命令

(1) 设置点的样式

AutoCAD既可以绘制单独的点，也可绘制定数等分点和定距等分点。在绘制点之前，用户可先设置点的样式，如图2.3所示。注意：一个图形文件中点的样式都是一致的，一旦更改了一个点的样式，该文件中所有的点都会发生变化。

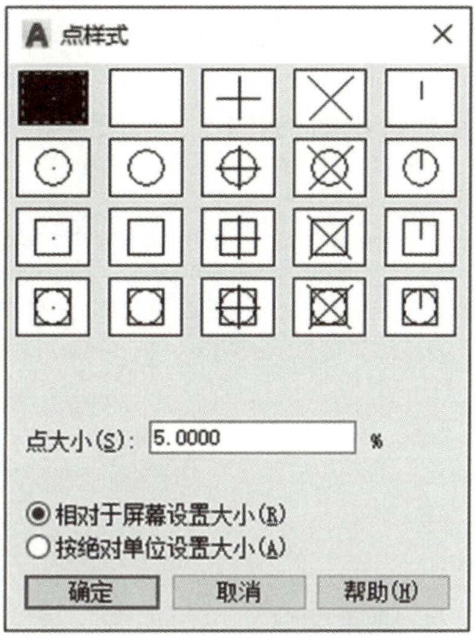

图2.3 “点样式”对话框

(2) 点类命令

① 单点与多点(point)：创建单个或多个点对象，点对象可以作为捕捉对象的节点。

② 定数等分点(divide)：通过输入等分数，在选定的单个对象上等间隔地放置点。

③ 定距等分点(measure)：从离对象选取点较近的端点作为放置点的起始位置，按指定间隔放置点。

2. 线类命令

① 直线(line)：绘制一系列连续直线或折线，每条线段都可单独进行编辑。

② 射线(ray)：通过给定起点和通过点绘制向一个方向无限延伸的直线。

③ 构造线(xline)：用无限长直线所通过的两点定义构造线的位置方式，创建无限长的构造线，在绘制工程图中常用来辅助作图。

④ 样条曲线(spline)：创建经过或靠近一组拟合点或由控制框的顶点定义的平滑曲线，样条曲线可以是2D或3D图形，常用样条曲线绘制工程图中的局部剖的隔断线。

⑤ 多段线(pline)：是作为单个对象创建的相互连接的序列线段，可以创建直线段、弧段或两者的结合线段，同时可画等宽或不等宽的有宽度的线段，是AutoCAD中最常用且功能较强的图形对象之一。

⑥ 多线(multiline)：由若干称为元素的平行线组成，每条线有各自的偏移量、颜色、线型等特性。每一元素由其到中心的距离或偏移来定义，中心的偏移为0。用户可以按当前多线样式指定的线型、条数、比例、端口形式和自行指定的多线间距绘制多条平行线段。可以使用缺省样式，也可以创建和保存多线样式。

提示：对正(J)选项有上(T)、无(Z)、下(B)三种对正方式；比例(S)选项可以设置多线的比例系数；样式(ST)：用于选择多线的样式。

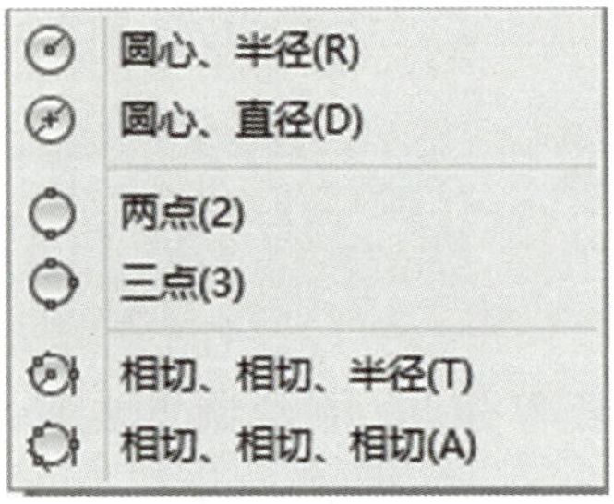

图 2.4　圆绘制方式

3. 圆类命令

① 圆(circle)：圆是一种最常见的基本图形对象，AutoCAD 中根据圆心、半径、直径和圆上的点等参数创建圆，在工程图中可以用来表示轴号、详图符号等，如图 2.4 所示。

② 圆环(donut)：通过指定内径和外径创建实心圆或较宽的环，使用命令 FILL 可以控制圆环是否填充。

③ 椭圆(ellipse)：通过指定轴端点、椭圆心和旋转角方式创建椭圆，如图 2.5 所示。

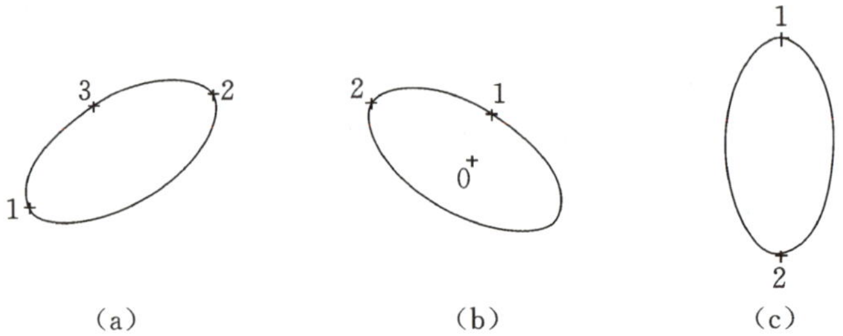

图 2.5　椭圆绘制方式

(a)轴端点方式；(b)椭圆心方式；(c)旋转角方式 R=45

4. 弧类命令

① 圆弧(arc)：根据起点、方向、中点、包含角、终点、弦长等控制项来确定绘制圆弧的方法，如图 2.6 所示。

② 椭圆弧(ellipse.a)：先构造母体椭圆，出现的选项和提示与椭圆相同，然后通过确定椭圆弧的起始角和终止角绘制椭圆弧，或者指定起始角和夹角度数以确定绘制的椭圆弧，如图 2.7 所示。

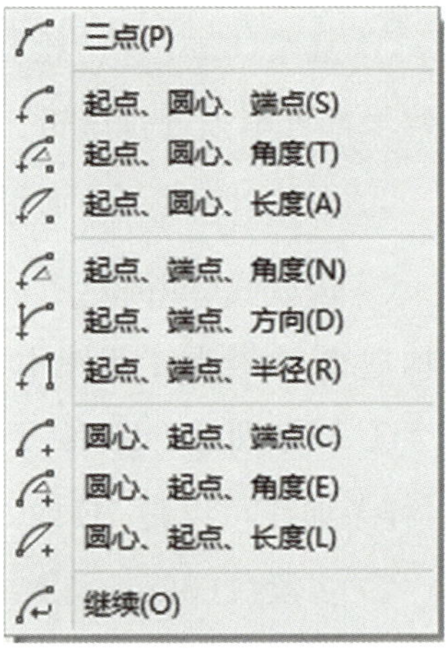

图 2.6　圆弧绘制方式

5. 形类命令

① 矩形(rectang)：从指定的参数(例如其对角点、尺寸、面积和角点类型)创建闭合矩形多段线，可以画直角矩形，还可以画四角是斜角或者是圆角的矩形，如图 2.8 所示。

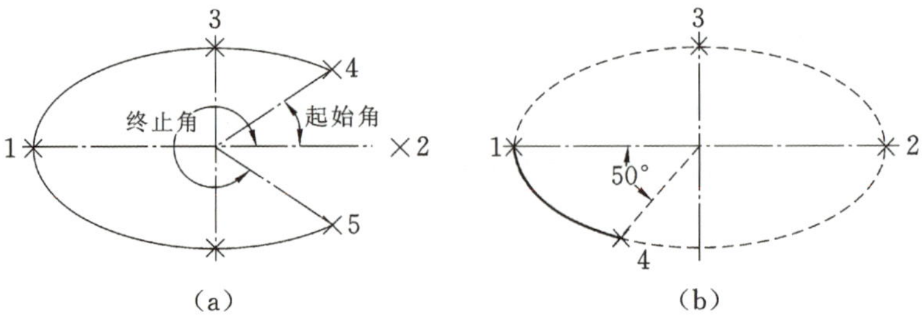

图 2.7　椭圆弧绘制

(a)顺序 1—5，起始角，终止角；(b)顺序 1—4，给定角度 50°

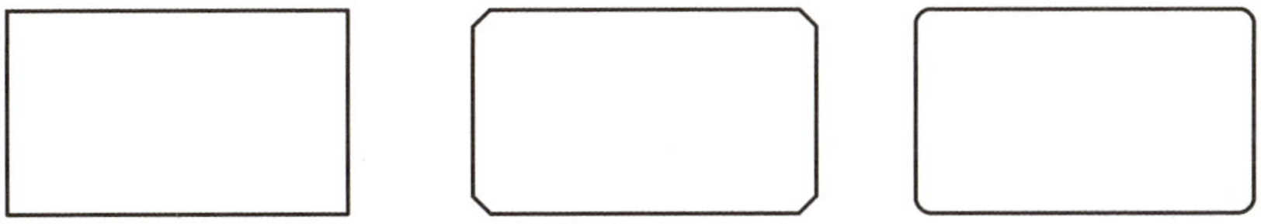

(a)　　　(b)　　　(c)

图 2.8　矩形绘制方式

(a)直角矩形;(b)倒角矩形;(c)圆角矩形

② 正多边形(polygon)：按照边(E)方式、外切于圆(C) 方式和内接于圆(I) 方式创建等边闭合多段线，如图 2.9 所示。

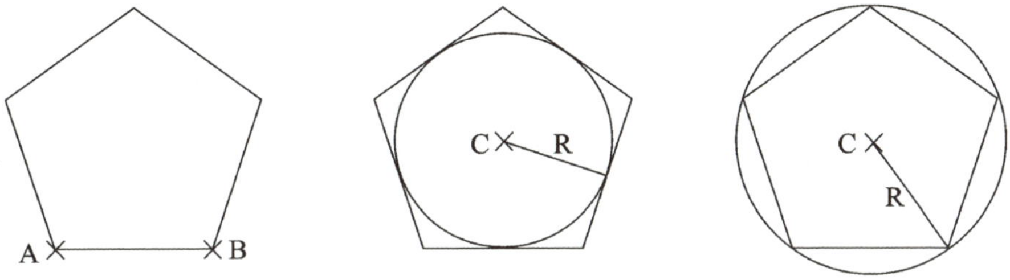

(a)　　　(b)　　　(c)

图 2.9　正多边形的绘制方式

(a)边(E);(b)外切于圆(C);(c)内接于圆(I)

6. 图案填充命令

(1) 基本概念：为了区别图形中不同形体的组成部分或需要用一个重复的图案填充一个区域从而增强图形的表现效果，使用图案填充命令建立一个相关联的填充阴影对象，即图案填充。

(2) 图案填充上下文选项卡(图 2.10)。

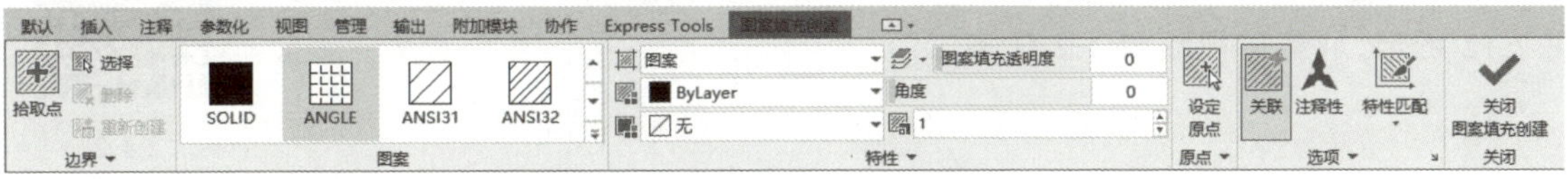

图 2.10　图案填充上下文选项卡

① “边界”面板：通过选择由一个或多个对象形成的封闭区域内的点、指定基于选定对象的图案填充边界等方式确定填充边界。

② “图案”面板：显示所有预定义和自定义图案的预览图像，可以在“图案”选项卡上图案库的底部查找自定义图案。

③ “特性”面板：确定使用纯色、渐变色、图案还是用户定义的图案填充类型；指定填充图案背景的颜色或指定第二种渐变色；设定新图案填充或填充的透明度；指定图案填充或填充的角度；放大或缩小预定义或自定义填充图案；指定图案填充间距；渐变明暗设置等。

④ “原点”面板：控制填充图案生成的起始位置。某些图案填充(例如砖块图案)需要与图案填充边界上的一点对齐。默认情况下，所有图案填充原点都对应于当前的 UCS 原点。

⑤ “选项”面板：控制几个常用的图案填充或填充选项，包括关联、注释性、特性匹配以及

孤岛检测等。

⑥ “关闭”面板:关闭“图案填充创建”并退出上下文选项卡。

任务驱动

任务一:理解与记忆圆的六种绘制方法,如图 2.11 所示。(参见视频“2.1.1 任务一”)

2.1.1

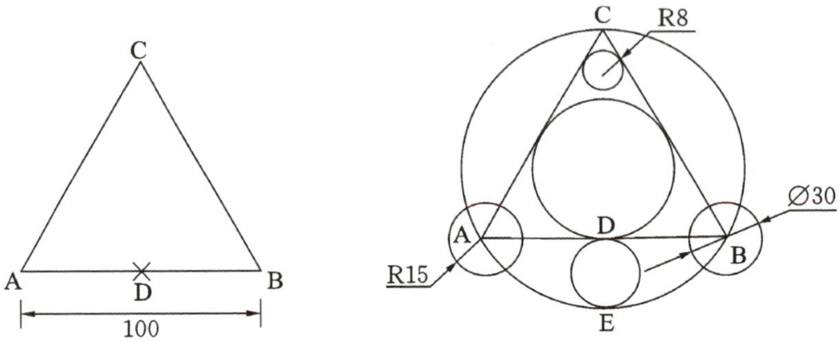

图 2.11　圆的绘制

提示:(1) 绘制边长为 100 的正三角形,巩固正三角形的画法。

(2) 按下列顺序画圆,帮助记忆圆的所有绘制命令。

以 A 点为圆心,画 R15 圆(圆心、半径);以 B 点为圆心,画∅30 圆(圆心、直径);捕捉和 AC、BC 切点,画 R8 圆(相切、相切、半径);捕捉 A、B、C 三点画圆(三点画圆);捕捉和 AB、AC、BC 切点画圆(相切、相切、相切);捕捉 D、E 两点画圆(两点)。

任务二:利用多线命令的调整比例方式绘制 240mm 宽的墙体,并在该墙体上绘制宽度为 1200mm 的窗,宽度为 900mm、打开角度为 60°的平开门,如图 2.12 所示。(参见视频“2.1.2 任务二”)

2.1.2

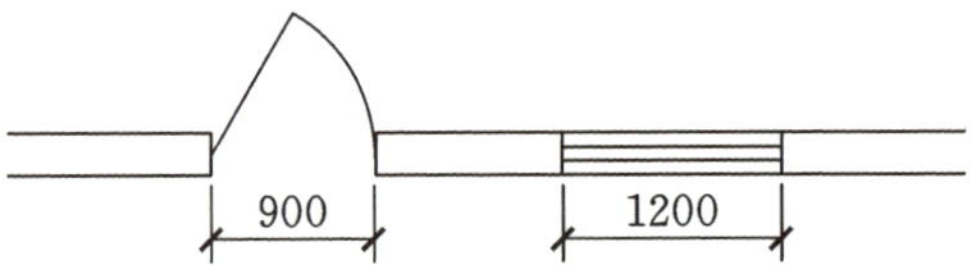

图 2.12

提示:(1) 在多线命令中,默认样式是“STANDARD”,该样式两条平行线间距为 1,故通过调整比例 S 的值(S=240),可以直接绘制所要求宽度的墙。

(2) 比例 S:设置多线的比例系数,影响多线的宽度,多线的各元素用该系数乘以其偏移量得到新的偏移量。S>1,多线变宽;1>S>0,多线变窄;S=0,多线重合为单一直线;S<0,多线元素偏移发生正负变化,同时按该系数的绝对值进行偏移量的缩放。

(3) 窗的设置过程如图 2.13 所示。

(4) 根据系统提示选择不同的画圆弧选项,绘制宽度为 900mm,打开角度为 60°的平开门。

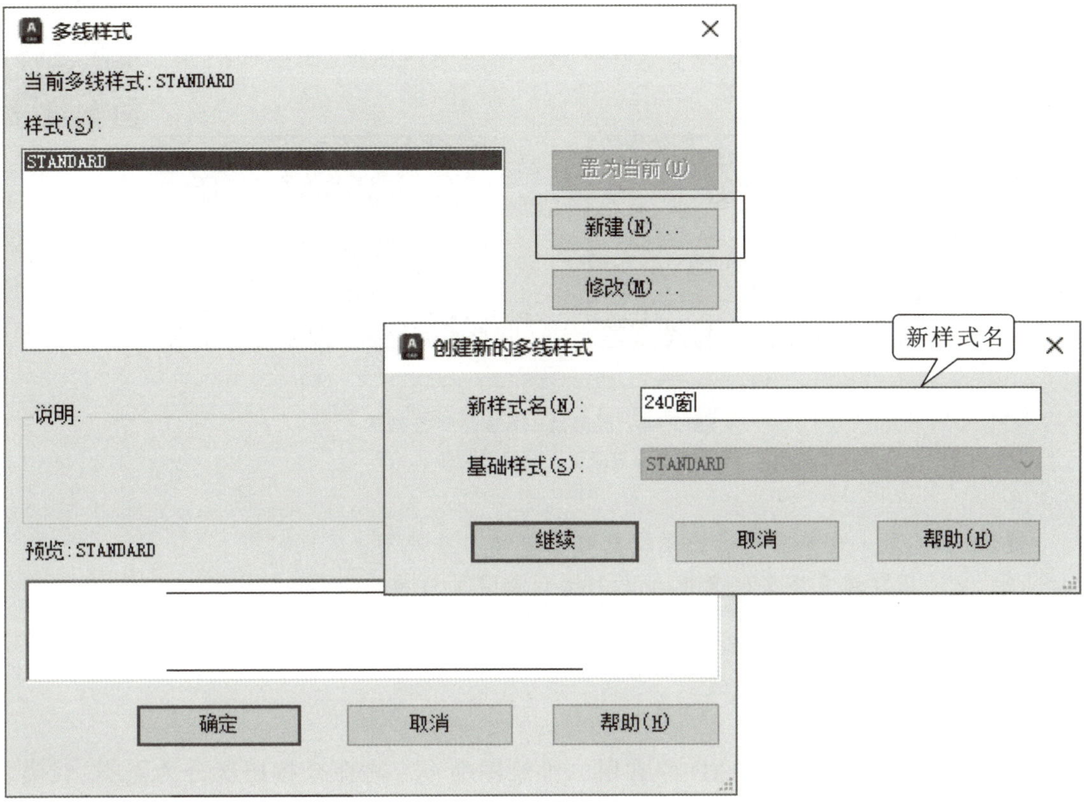

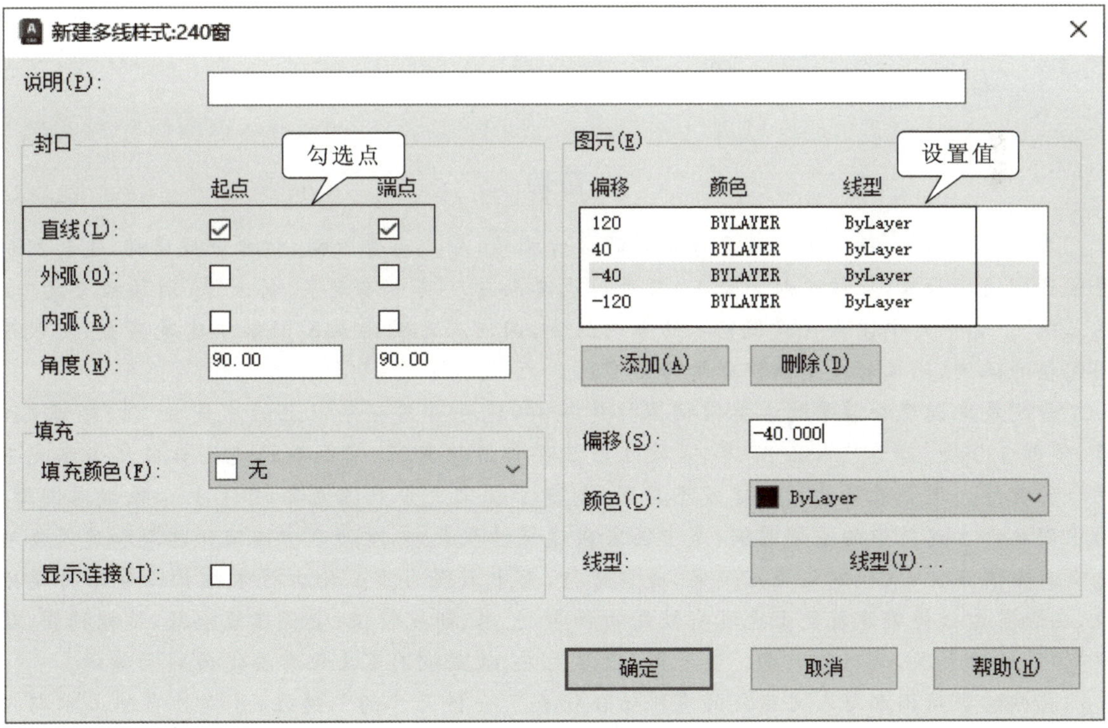

图 2.13　设置 240 窗的过程

任务三：用“ANSI 31、TRIANG、AR.SAND”3 种图案依次代表钢筋、石子、砂子在矩形中进行填充，完成混凝土、钢筋混凝土的填充图案，如图 2.14 所示。(参见视频“2.1.3 任务三”)

2.1.3

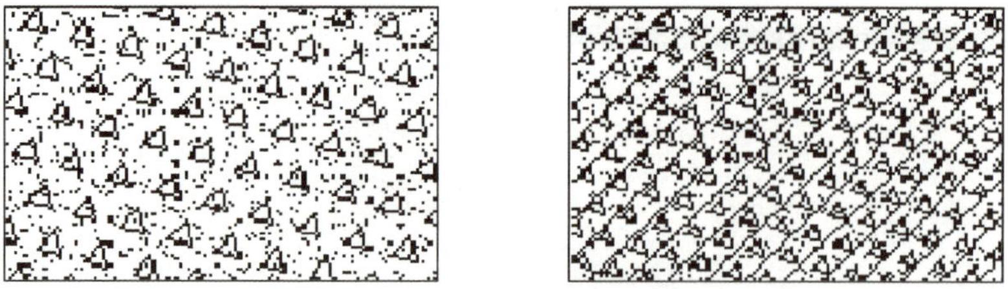

(a)　(b)

图 2.14　混凝土、钢筋混凝土剖面

(a)混凝土；(b)钢筋混凝土

提示：(1) 同一边界在进行图案填充时可以被多次使用。
(2) 通过调整填充图案的角度和比例达到填充的效果。

项目小结

本项目主要讲解了 AutoCAD 的常用二维绘图命令。将命令按层次分为点类、线类、圆类、弧类、形类、图案填充类进行归类学习，便于记忆和掌握。

拓展阅读

晋祠

晋祠(图 2.15)，位于山西省太原市晋源区晋祠镇，原名为晋王祠，初名唐叔虞祠，是为纪念晋国开国侯唐叔虞(后被追封为晋王)及母后邑姜而建。其中难老泉、侍女像、周柏被誉为“晋祠三绝”。晋祠是中国古代建筑艺术的集约载体，国内宋元明清至民国本体建筑类型、时代序列完整的孤例，附属彩塑壁画碑碣均为国宝。

晋祠是中国现存最早的古典宗祠园林建筑群，现存有三百年以上的建筑 98 座、塑像 110 尊、碑刻 300 块、铸造艺术品 37 尊，是集庄严壮观与清雅秀丽、宗祠祭祀建筑与自然山水完美结合的典范。现存最早的主体建筑圣母殿，创建于北宋太平兴国九年(984 年)，殿四周围廊，为中国现存古建筑中的最早实例，是中国宋代建筑的代表作，对研究中国宋代建筑和建筑发展史有着重要意义；宋代建筑鱼沼飞梁，造型奇特，是中国现存唯一的古代木结构十字形桥梁建筑，在世界古代桥梁建筑史上也具有较高的科学、艺术、研究价值；金代建筑献殿，结构稳固，梁架轻巧，既为大殿，又巧似凉亭。圣母殿、鱼沼飞梁、献殿被国家文化部鉴定为国宝建筑。

晋祠的自然山水与人文建筑的有机结合代表了一种天才的创造性；晋祠的自然山水与人文建筑、雕塑，在一定时期内或在世界某一文化区域内，对建筑艺术、纪念物艺术、城镇规划或景观设计的发展产生过重大影响；晋祠可作为一种十分完美和成功类型的建筑物、建筑群或景观的杰出范例，展示人类历史上一个(或几个)重要的阶段。

图 2.15　晋祠

项目评价

序号	检测项目	评价任务及权重	自评	小组互评	教师评价
1	点类命令	绘制单点、多点、定数等分、定距等分，进行点样式设置，缺或错 1 项扣 5 分，扣完为止(10 分)			
2	线类命令	绘制直线、射线、构造线、样条曲线，缺或错 1 项扣 2.5 分(10 分)；绘制多段线实心箭头，缺或错 1 项扣 2.5 分(10 分)；绘制多线墙体、窗，缺或错 1 项扣 2.5 分(20 分)，各项扣完为止，本项共计 40 分			
3	圆类命令	圆的 6 种绘制方法，缺或错 1 项扣 2.5 分，扣完为止(10 分)			
4	弧类命令	绘制平开门，每项 2.5 分，缺或错 1 项扣 2.5 分，扣完为止(25 分)			
5	形类命令	绘制直角、倒角、圆角矩形，每项 2.5 分，缺或错 1 项扣 2.5 分，扣完为止(5 分)			
6	图案填充类命令	进行混凝土、钢筋混凝土的填充图案，每项 2.5 分，缺或错 1 项扣 2.5 分，扣完为止(10 分)			
任务总评		优□　良□　中□　合格□　不合格□			

注：按学生自评占 20%、小组互评和教师评价各占 40%计算，形成任务评价结论。

项目 2.2　二维图形的编辑

项目导读

AutoCAD 提供了丰富的二维图形的编辑命令，编辑命令实施的对象是图形对象，可对一个对象或多个对象进行编辑，其编辑方式可以采用先调用编辑命令再建立选择集或者先建立选择集后再调用编辑命令的方式，本项目导学图如图 2.16 所示。

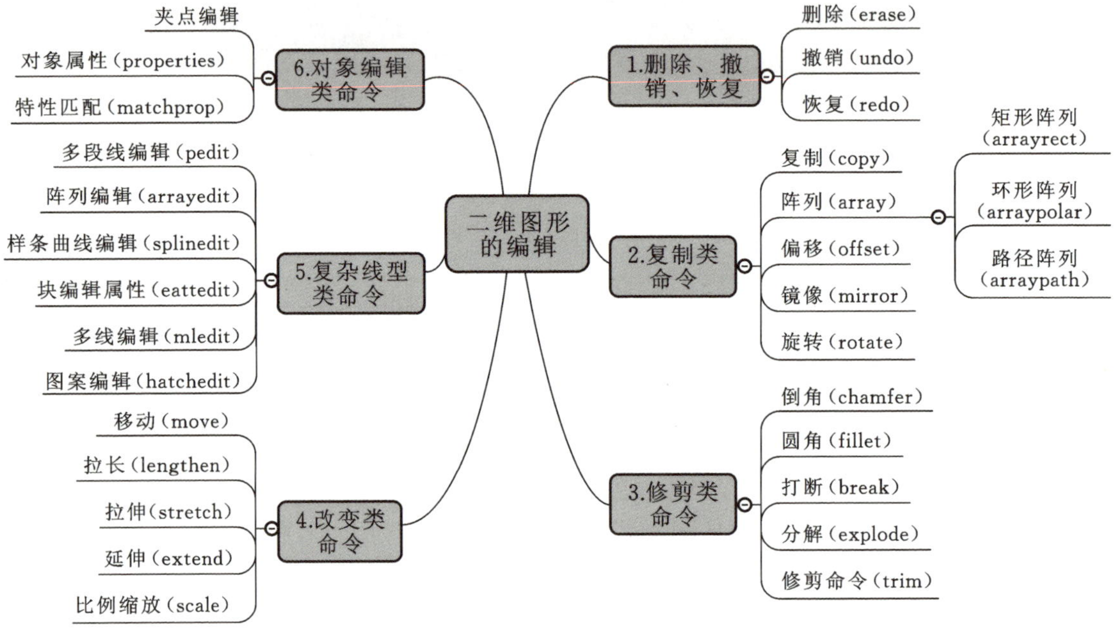

图 2.16　项目 2.2 导学图

学习目标

素质目标

(1) 能够熟练进行基本二维图形的编辑；

(2) 能够养成良好的命令参数设置和比较使用编辑命令的习惯；

(3) 通过“拓展阅读”和技能训练，提高作图效率并培养严谨作图精神。

知识目标

(1) 能够进行基本编辑命令参数设置；

(2) 能够按分类和层次在实践中比较使用编辑命令；

(3) 能够和绘图命令结合起来快速提高绘图效率。

技能目标

(1) 能够熟练编辑基本二维图形；

（2）能够树立“多编辑，少绘制”的二维作图观念；

（3）能够结合基本绘图命令，高效绘制建筑图。

知识导航

1. 删除、撤销、恢复命令

（1）删除（erase）：删除用户所选中的一个或多个图形对象，图形文件没有被关闭之前，可以用“undo”或“oops”命令进行恢复。

（2）撤销（undo）：从最后一个命令开始，逐一向前撤销以前输入执行过的命令，可以一直撤销到本次刚启动时的状态。

（3）恢复（redo）：又叫重做命令。调用该命令将恢复一次撤销操作，重复执行一遍所撤销的命令。

2. 复制类命令

（1）相同结构——复制（copy）：将源对象从一点复制到另一点，这两点之间的距离称为位移。位移的第一点称为基准点，位移的另一点叫位移的第二点。复制生成的图形的位置由这两个点控制，即把基准点移到了第二点。

（2）相同结构——阵列（array）：用于将所选择的对象按照矩形、环形或路径阵列方式进行多重复制。

说明：

① 矩形阵列（arrayrect）：需要指定阵列的行数、列数、行偏移距离、列偏移距离以及阵列方向角。行间距与列间距的正负直接影响图形生成的位置。行间距、列间距同正，生成在已知图形右上方，包括右方和上方；行间距为正、列间距为负生成在已知图形左上方，包括左方和上方；行间距、列间距同负，生成在已知图形左下方，包括左方和下方；行间距为负、列间距为正生成在已知图形右下方，包括右方和下方。

② 环形阵列（arraypolar）：需要确定阵列中心，在阵列项目总数、填充角度和阵列项目间角度中需要确定其中的两项，还需确定阵列图形是否绕阵列中心旋转。

③ 路径阵列（arraypath）：沿整个路径或部分路径平均分布对象副本。路径可以是直线、多段线、三维多段线、样条曲线、螺旋、圆弧、圆或椭圆。

（3）平行结构——偏移（offset）：是一条连续执行的复制命令，命令执行时，可输入偏移距离后选择偏移源对象（一次只能选择一个图形元素）并指定向哪个方向偏移。偏移距离相同，调用一次命令可以绘制出多个源对象；偏移距离不同，需重复调用偏移命令绘制多个源对象。

（4）对称结构——镜像（mirror）：通过选择源对象，指定轴对称中心线，选择是否删除源对象完成。

（5）倾斜结构——旋转（rotate）：将所选择的一个或多个图形对象绕某个基点和一个

相对或绝对的旋转角进行旋转,达到将图形旋转一定角度的目的。

3. 修剪类命令

(1) 倒角(chamfer):按指定的距离或角度对图形中的对象倒斜角。可以在一对相交直线上倒斜角,也可对封闭的一组线(包括多段线、多边形、矩形)各线交点处同时进行倒斜角,如图 2.17 所示。

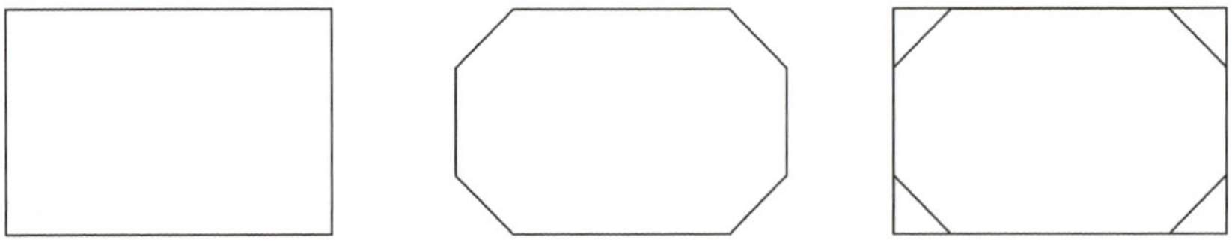

图 2.17 倒角命令倒直角

(a)原图;(b)"修剪"模式;(c)"不修剪"模式

(2) 圆角(fillet):按指定的半径建立一条圆弧,可光滑连接两条线段(直线、圆弧或圆等图形),也可对封闭的二维多段线中的各线段交点倒圆角,如图 2.18 所示。

图 2.18 圆角命令倒圆角

(a)原图;(b)"修剪"模式;(c)"不修剪"模式

(3) 打断(break):可以擦除图形对象上不需要指定边界的某一部分,也可以将一个对象在一个点处打断即打断于一点(break at point)。

(4) 分解(explode):可以将多段线、多线、矩形、正多边形、图块、剖面线、尺寸等对象分解成若干个独立的对象。

(5) 修剪命令(trim):可以将指定的实体部分修剪到指定的边界。

4. 改变类命令

(1) 移动(move):可以将选中的一个或多个对象平移到指定的位置,但不改变对象的方向和大小。该命令不仅能改变图形之间的距离,也能改变同一图形中各部分之间的相对位置。

(2) 拉伸(stretch):用交叉窗口选择已经画出的图形,将其拉伸或缩短一段长度。如果选择全部对象,相当于移动;如果选择部分对象,则只移动选择范围内的对象的端点,其他端点保持不变。

(3) 拉长(lengthen):改变直线、圆弧、非闭合多段线、椭圆弧和非闭合样条曲线等非闭合对象的长度。可以按照增量(DE)、百分数(P)、全部(T)、动态(DY)方式进行拉长。

(4) 延伸(extend):可以将选中的实体延伸到指定的边界。对象既可以作为界限边也可以作为延伸边，延伸边靠近选点的一端被延伸。

（5）比例缩放（scale）：相对于基点按比例放大或缩小所选择的一个或多个图形对象，即在 X、Y、Z 方向等比例放大或缩小图形对象。该命令可以根据需要选用比例值方式、复制方式或参照方式进行缩放。

5. 复杂线型类命令

（1）多段线编辑（pedit）：对多段线本身的特性进行修改，也可以把单一独立的首尾相连的多条线段合并成多段线。该命令要求选择多段线作为编辑对象，如果选择的对象不是多段线，系统要求转换成多段线后执行编辑命令，如图 2.19 所示。

输入选项
打开(O)
合并(J)
宽度(W)
编辑顶点(E)
拟合(F)
样条曲线(S)
非曲线化(D)
线型生成(L)
反转(R)
放弃(U)

图 2.19　多段线编辑选项

输入选项
源(S)
替换(REP)
方法(M)
基点(B)
项目(I)
行(R)
层(L)
对齐项目(A)
Z方向(Z)
重置(RES)
• 退出(X)

图 2.20　阵列编辑选项

输入选项
闭合(C)
合并(J)
拟合数据(F)
编辑顶点(E)
转换为多段线(P)
反转(R)
放弃(U)
• 退出(X)

图 2.21　样条曲线编辑选项

（2）阵列编辑（arrayedit）：编辑关联阵列对象及其源对象。通过编辑阵列属性、编辑源对象或使用其他对象替换项，修改关联阵列，选项如图 2.20 所示。

（3）样条曲线编辑（splinedit）：修改样条曲线的参数或将样条拟合多段线转换为样条曲线，选项如图 2.21 所示。

（4）块编辑属性（eattedit）：编辑块中每个属性的值、文字选项和特性。

（5）多线编辑（mledit）：根据多线不同的交点类型（十字交叉、T 形相交或顶点），采用不同的工具进行编辑，还可使一条或多条平行多线断开或接合，如图 2.22 所示。

（6）图案编辑（hatchedit）：可以使用删除、移动、复制、镜像等基本编辑命令，也可以使用 AutoCAD 提供的图案编辑命令，对已填充的图案进行一系列的编辑修改，如图 2.23 所示。

6. 对象编辑类命令

（1）夹点编辑：是用与 AutoCAD 修改命令完全不同的方式来快速完成在绘图中常用的"拉伸""移动""旋转""比例缩放""镜像"命令的操作，可用空格键、回车键或键盘上的快捷键循环选择这些功能。当打开了夹点功能并在"命令"状态下选择图形对象时，一些彩色小方框出现在图形对象的特征点上，这些小方框称为图形对象的夹点。为了便于控制和操纵对象，AutoCAD 在每个图形对象上都设置有一个或几个夹点，如图 2.24 所示。

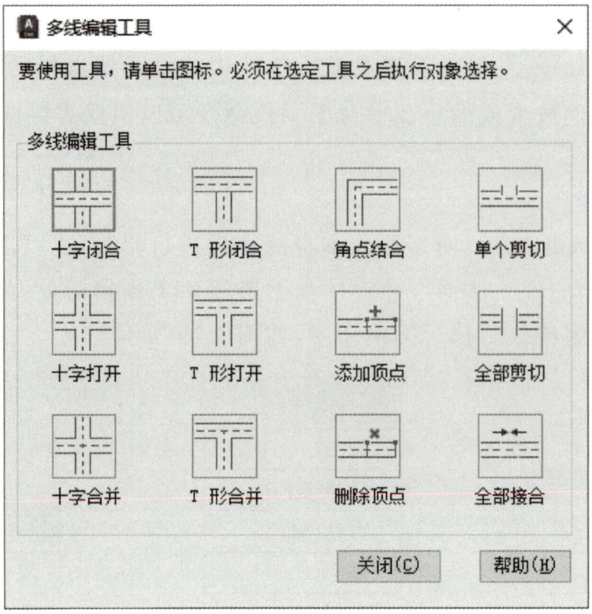

图 2.22　“多线编辑工具”对话框

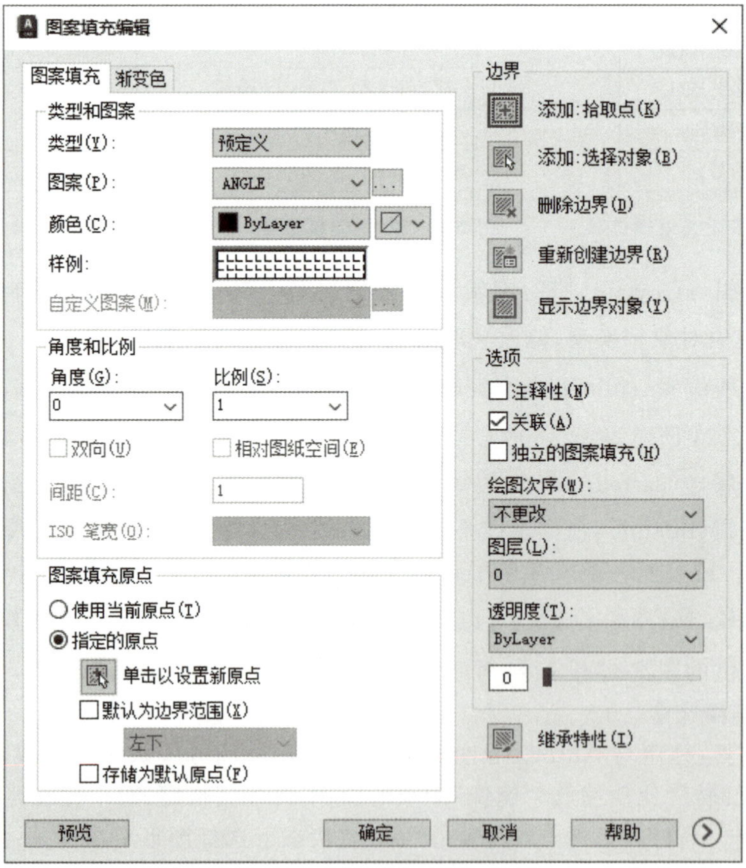

图 2.23　“图案填充编辑”对话框

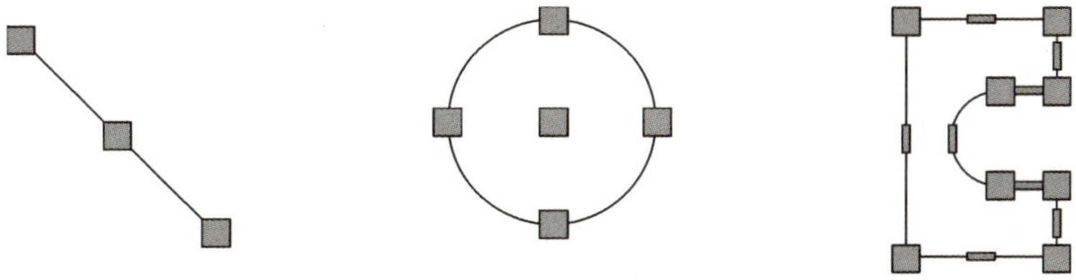

图 2.24　图形夹点

（2）对象属性（properties）：可查看和全方位地修改单个图形对象的特性，也可以同时修改多个图形对象共有的对象特性。根据所选对象的不同，AutoCAD 将分别显示不同内容的“特性”选项板，如图 2.25 所示。可以采用“拾取点”方式、“输入新值”方式和下拉列表框的选项方式进行对象的属性修改。

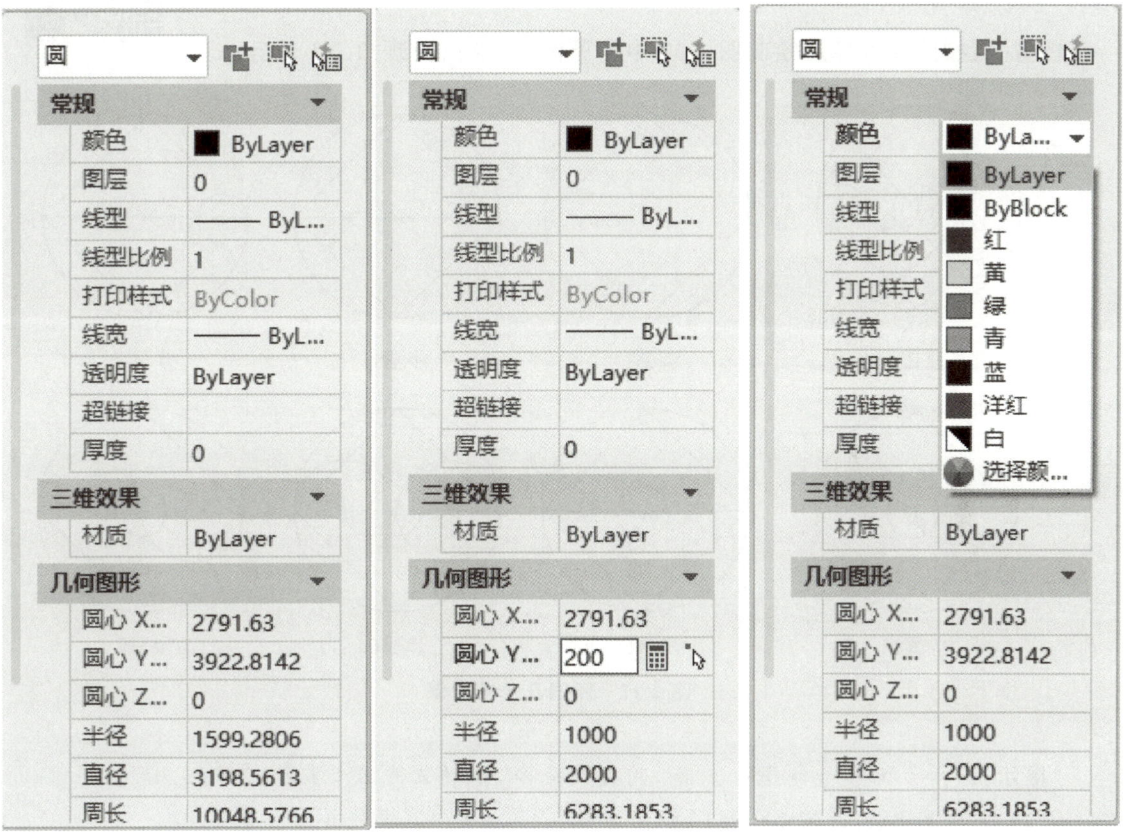

(a)　　(b)　　(c)

图 2.25　“特性”选项板

(a)“拾取点”方式；(b)“输入新值”方式；(c)修改下拉列表框的选项

（3）特性匹配（matchprop）：将目标对象的属性与源对象的属性进行匹配，使目标对象属性变为与源对象的属性相同，如图 2.26 所示。

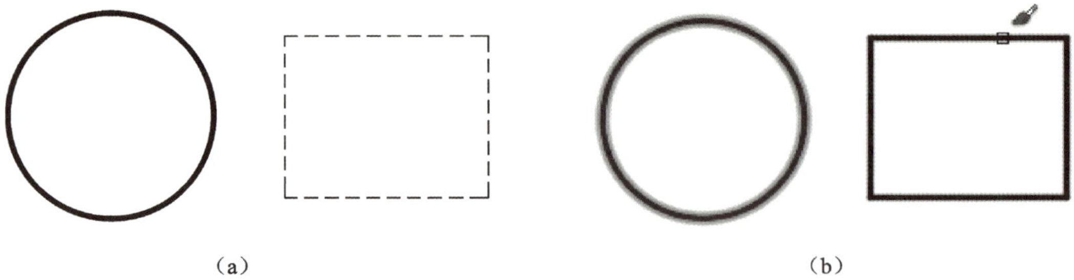

图 2.26　特性匹配

(a)特性匹配前;(b)特性匹配后

任务驱动

2.2.1

任务一:按照尺寸标注绘制图 2.27 中的原图。(参见视频"2.2.1 任务一")

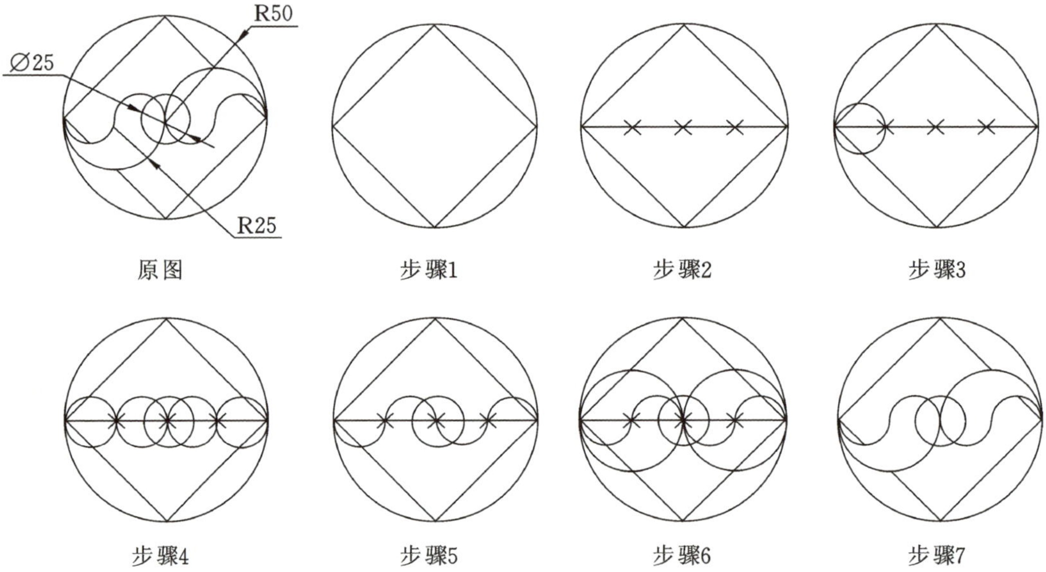

图 2.27　原图及绘图步骤

提示:(1) 步骤 1:绘制 R=50 圆,用直线命令,捕捉圆的四个象限点画正方形。

(2) 步骤 2:绘制圆的水平直径做辅助线,设置点样式,定数等分 4 段。

(3) 步骤 3:用两点画圆法绘制圆。

(4) 步骤 4:复制步骤 3 中的圆。

(5) 步骤 5:修剪 4 个小圆。

(6) 步骤 6:再绘制两个圆。

(7) 步骤 7:修剪图中两个圆与正方形。

任务二:观察并绘制图 2.28 中的图形。(参见视频“2.2.2 任务二”)

2.2.2

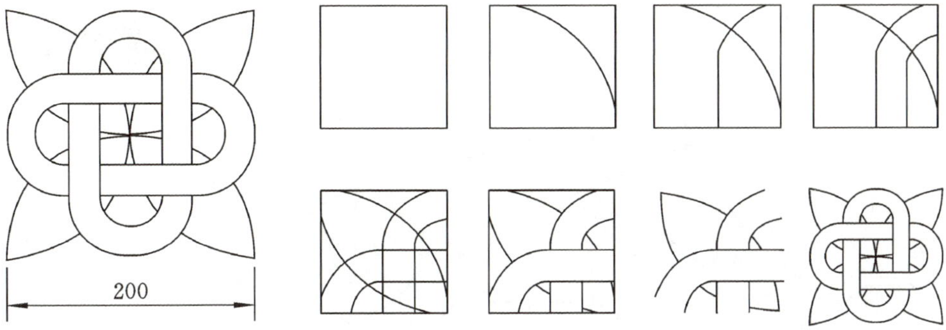

图 2.28　原图及绘图步骤

提示:绘制边长为 100mm 的正方形、绘制四分之一圆弧、绘制直线及圆弧、用偏移将直线与圆弧偏移 25mm、以正方形对角线为镜像线镜像、修剪圆弧与直线、删除正方形、用环形阵列最终完成绘制。

任务三:使用复制、偏移和阵列命令绘制间距为 20 的平行线,如图 2.29 所示。(参见视频“2.2.3 任务三”)

2.2.3

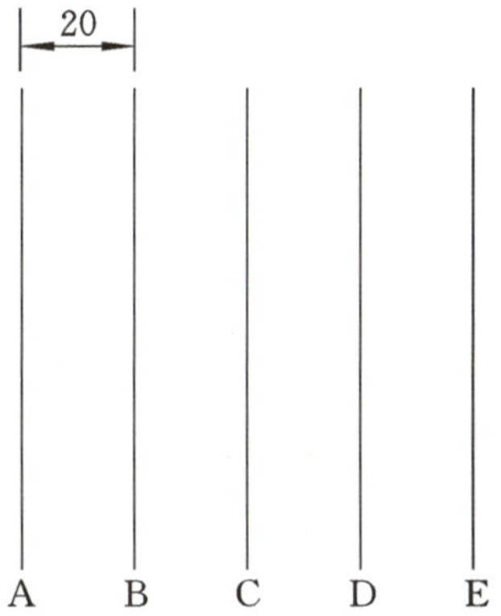

图 2.29

提示:(1) 复制用于绘制相同结构;阵列要求复制生成的多个相同结构之间的行距和列距分别相等或均匀分布在圆、圆弧或指定路径上;偏移用来绘制已画出的直线的平行线或圆弧等曲线的等距曲线,偏移生成的平行线大小形状不变,等距线大小变化但形状不变。

(2)复制基准点与目标点的关系,阵列行间距值与列间距值的计算。

任务四:观察并绘制图 2.30。(参见视频"2.2.4 任务四")

2.2.4

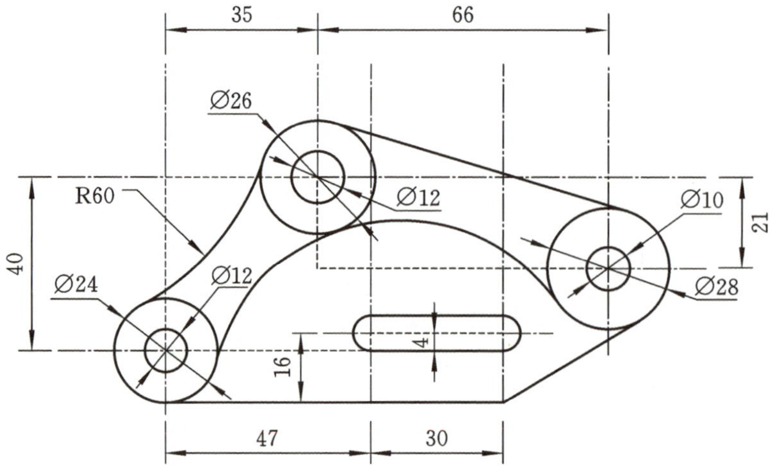

图 2.30

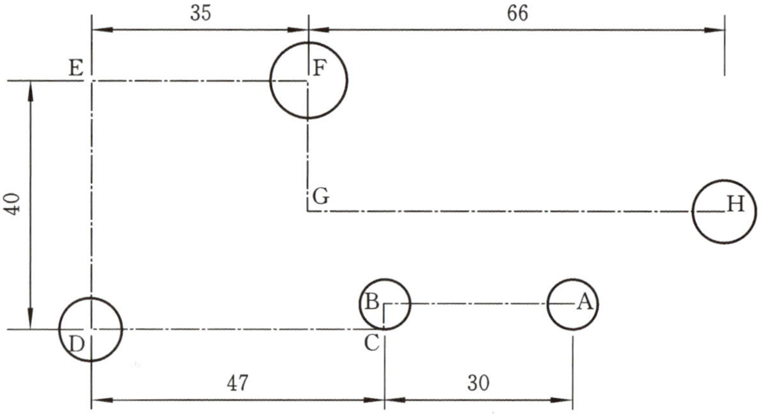

图 2.31

提示:快速定位如图 2.30 标示部分,将标示部分取出如图 2.31 所示,依据图中尺寸信息找到图中 ABCDEFGH 所在位置的点,即可确定关键的圆心所在位置即 ABDFH,就可以实现快速定位圆心。找到圆心后,可快速完成图形绘制。

项目小结

本项目主要讲解了 AutoCAD 的常用二维编辑命令。将命令按层次分为复制类、修剪类、改变类、复杂线型类、对象编辑类进行归类学习,便于记忆和掌握。

拓展阅读

乔家大院

乔家大院(图 2.32)是一座雄伟壮观的建筑群体。综观全院,布局严谨,设计精巧,建筑考究,砖瓦磨合,精工细做,斗拱飞檐,彩饰金装,砖石木雕,工艺精湛。从高空俯视院落布局,很似一个象征大吉大利的双"喜"字。大院形如城堡,三面临街,四周全是封闭式砖墙,高三丈有余,上边有掩身女儿墙和瞭望探口。设计之精巧,工艺之精细,体现了中国清代民居建筑的独特风格,具有相当高的观赏、科研和历史价值,充分显示了中国古代劳动人民高超的建筑工艺水平,是一座无与伦比的艺术宝库,被专家学者称为"北方民居建筑的一颗明珠"。因此素有"皇家有故宫,民宅看乔家"之说,名扬三晋,誉满海内外。

图 2.32 乔家大院

乔家大院三面临街,不与周围民居相连。进入乔家大院大门是一条长 80m 笔直的石铺甬道,把六个大院分为南北两排,甬道两侧靠墙有护坡。西尽头处是乔家祠堂,与大门遥相对应。大院有主楼四座,门楼、更楼、眺阁六座。各院房顶上有走道相通,用于巡更护院,显示了中国北方封建大家庭的居住格调。

乔家大院不但有整体美感,而且在局部建筑上各有特色,即使是房顶上的 140 余个烟囱也都各有特别之处。全院亭台楼阁,雕梁画栋,堆金立粉。外围是封闭的砖墙,高 10m 有余,上层是女墙式的垛口,还有更楼。大门坐西朝东,上有高大的顶楼,中间城门洞式的门道,大门对面是砖雕百寿图照壁。大门以里,是一条石铺的东西走向的甬道,甬道两侧靠墙有护墙围台,甬道尽头是祖先祠堂,与大门遥遥相对,为庙堂式结构。北面三个大院,都是芜廊出檐大门,暗棂暗柱。

三大开间,可同时出入三辆车轿,门外侧有拴马柱和上马石,从东往西数,依次为老院、西北院、书房院。所有院落都是正偏结构,正院主人居住,偏院则是客房、佣人住室及灶房。在建筑上,偏院较为低矮,房顶结构也大不相同,正院都为瓦房出檐,偏院则为方砖铺顶的平房,既表现了伦理上的尊卑有序,又显示了建筑上的层次感。

项目评价

序号	检测项目	评价任务及权重	自评	小组互评	教师评价
1	复制类命令	各复制类命令,缺或错 1 项扣 3 分,扣完为止(25 分)			
2	修剪类命令	各修剪类命令,缺或错 1 项扣 3 分,扣完为止(20 分)			
3	改变类命令	各改变类命令,缺或错 1 项扣 3 分,扣完为止(20 分)			
4	复杂线型类命令	各复杂线型类命令,缺或错 1 项扣 3 分,扣完为止(20 分)			
5	对象编辑类命令	各对象编辑类命令,缺或错 1 项扣 5 分,扣完为止(15 分)			
任务总评		优□　良□　中□　合格□　不合格□			

注:按学生自评占 20%、小组互评和教师评价各占 40%计算,形成任务评价结论。

项目 2.3　参数化绘图

项目导读

AutoCAD 参数化绘图是一项使用约束进行设计的技术,约束是应用于二维几何图形的关联和限制。应用约束后,对对象所做的更改操作可能会自动调整其他对象。

AutoCAD 中的约束分两种常用类型,即几何约束和标注约束。几何约束控制对象相对于彼此的关系,而标注约束控制对象的距离、长度、角度和半径值。本项目导学图如图 2.33 所示。

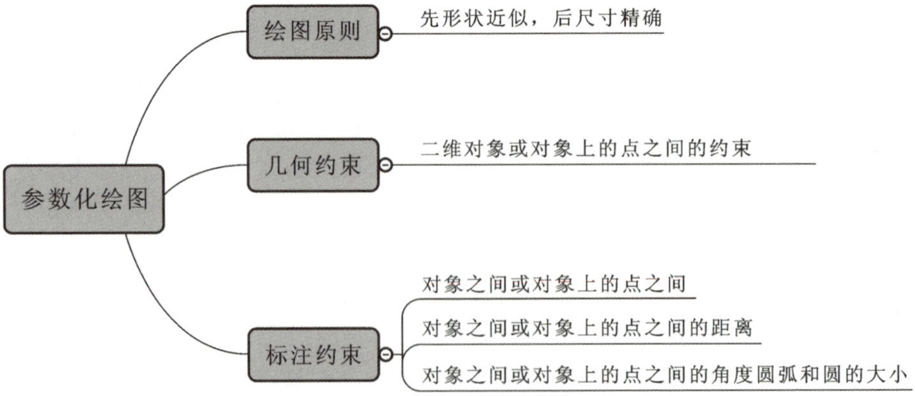

图 2.33　项目 2.3 导学图

学习目标

素质目标

(1) 能够用自动约束、几何约束和标注约束进行参数化绘图;

(2) 能够运用参数化绘图技巧,从繁重的绘图工作中解脱出来;

(3) 通过“拓展阅读”和技能训练,提高对参数化绘图的认识,增强绘图自信。

知识目标

(1) 能够按照“先形状近似,后尺寸精确”的原则绘图;

(2) 能够利用所学进行自动约束、几何约束和标注约束;

(3) 能够用约束进行参数化绘图。

技能目标

(1) 能够按照绘图要求使用约束进行参数化绘图;

(2) 能够运用几何约束和标注约束进行几何图形的关联和限制;

(3) 能够利用参数化绘图准确地表达各个尺寸之间、各个元素之间的约束关系。

知识导航

1. 几何约束

指定二维对象或对象上的点之间的约束,之后编辑受约束的几何图形时将保留约束,如图 2.34 所示。

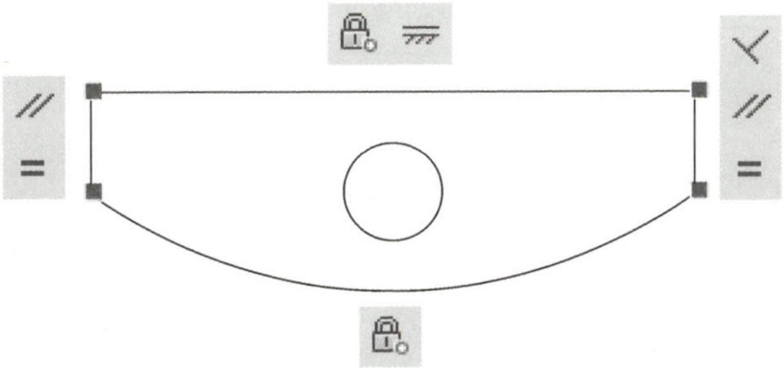

图 2.34　几何约束

说明:(1) 每个端点都约束为与每个相邻对象的端点保持重合,这些约束显示为蓝色小方块;

(2) 垂直线约束为保持相互平行且长度相等;

(3) 右侧的垂直线被约束为与水平线保持垂直;

(4) 水平线被约束为保持水平;

(5) 圆和水平线的位置约束为保持固定距离,这些“固定”约束显示为锁定图标。

2. 标注约束

标注约束控制设计的大小和比例，它们可以约束以下内容：对象之间或对象上的点之间、对象之间或对象上的点之间的距离、对象之间或对象上的点之间的角度、圆弧和圆的大小。如图 2.35 所示，直径 1、d2、d1 表达的是标注约束。

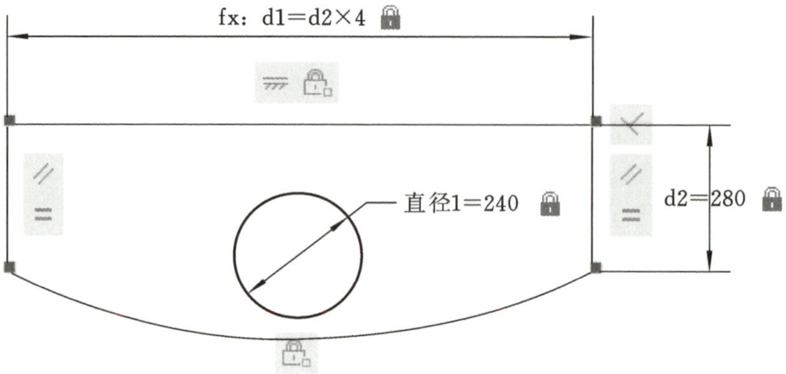

图 2.35　标注约束

> **提示**：如果更改标注约束的值，AutoCAD 会计算对象上的所有约束，并自动更新受影响的对象。

任务驱动

2.3.1

任务一：采用参数化绘图方法，完成图 2.36(a)原图。(参见视频"2.3.1 任务一")

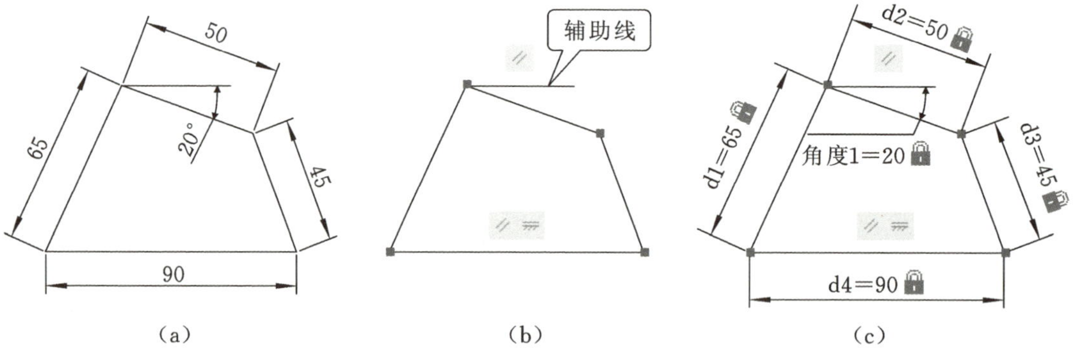

图 2.36　任务一用图

(a)原图；(b)自动约束；(c)自动及标注约束

> **提示**：(1) 关注参数和关联逻辑，快速地通过参数值改变来自动调整 CAD 图形的形状和尺寸；
>
> (2) 按照图 2.36(a)的形状绘制，并做水平辅助线；
>
> (3) 进行对齐标注约束和角度约束即完成绘制。

任务二：按照尺寸要求采用参数化绘图，体会参数化绘图在实际应用中的优越性，如图 2.37 所示。（参见视频“2.3.2 任务二”）

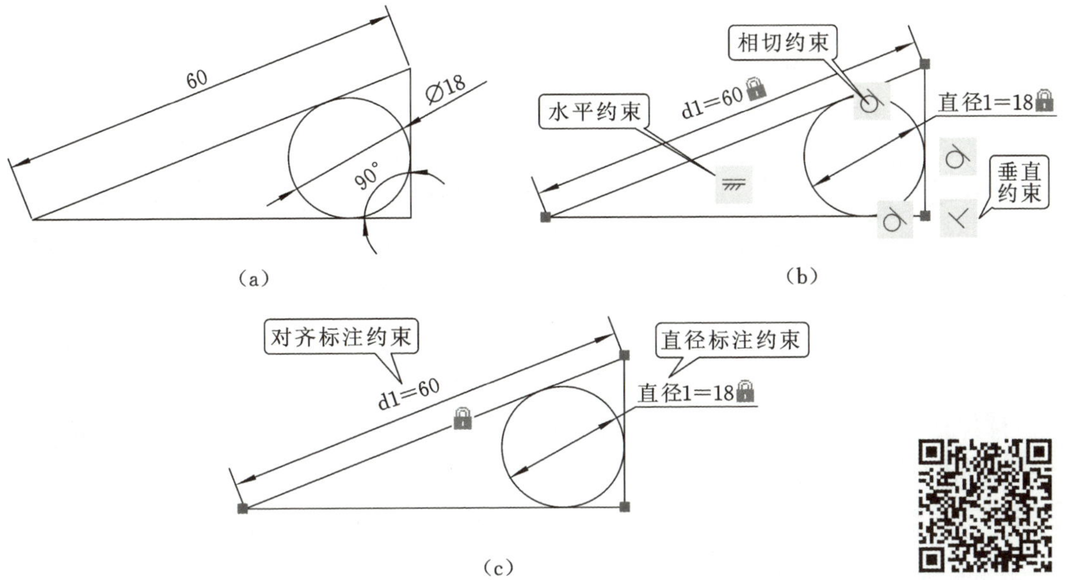

2.3.2

图 2.37　任务二用图

(a)原图；(b)自动约束；(c)标注约束

提示：(1)参数化绘图采用“先似后是”的原则，即“先形状近似，后尺寸精确”。绘图顺序：绘制近似图形、对近似图形添加自动约束、对近似图形的不同对象进行几何约束、对特定对象添加标注约束、编辑成图、设置成图中各种约束的显示属性等。

(2)步骤：绘制任意直角三角形及内切圆、进行自动约束如图 2.37(b)所示；进行对齐标注约束 d1=60 和直径标注约束直径 1=18，如图 2.37(c)所示；完成后删除约束标注尺寸。

任务三：画如图 2.38(a)所示的图形，边长为 600mm 的等边三角形，里面 3 个直径相同的圆和一条圆弧，和圆弧对应的圆心角是 52°，圆和圆弧之间都是相切关系，三角形的 BC 和 CA 边与其中两圆相切，位置及尺寸如图所示，求圆的直径。（参见视频“2.3.3 任务三”）

2.3.3

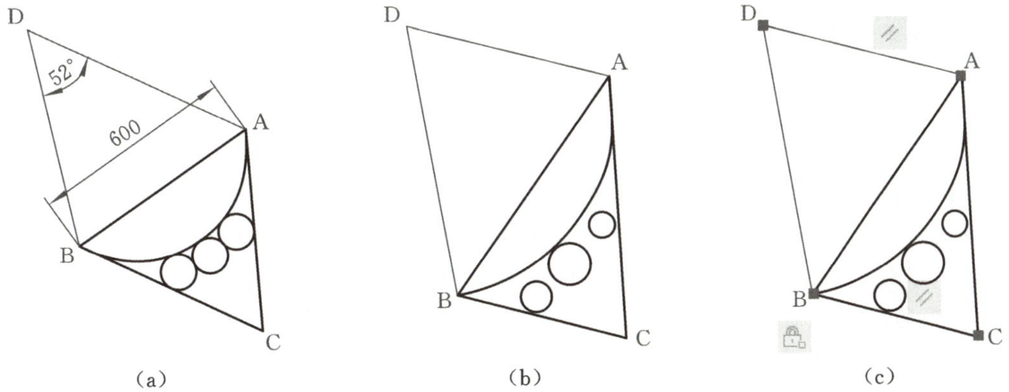

图 2.38　任务三用图

(a)原图；(b)步骤 1；(c)步骤 2；(d)步骤 3；(e)步骤 4；(f)步骤 5

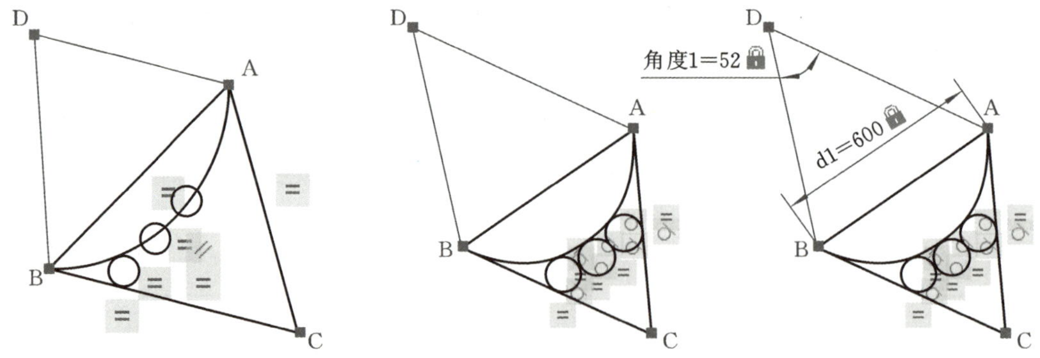

(d)　　(e)　　(f)

续图 2.38

提示:(1) 画任意形状三角形 ABC、圆弧 BA、三个任意大小的圆。画 2 条辅助线 BD、AD 并相交,D 点作为圆弧的圆心,如图 2.38(b)所示。

(2) 除三个圆外,选中其他图形,执行自动约束命令,固定约束 B 点,如图 2.38(c)所示。

(3) AB、BC、CA 三条边执行相等约束、三个圆执行相等约束,如图 2.38(d)所示。

(4) 约束相切关系,如图 2.38(e)所示。

(5) 标注约束,AB 对齐标注 d1=600,角度 1=52°,如图 2.38(f)所示。

(6) 删除约束,标注尺寸,圆的直径∅=112mm。

说明:从清楚的描述图元的关系的画图过程可知,通过修改尺寸值达到获得不同的小圆直径的目的。

项目小结

本项目主要讲解了 AutoCAD 参数化绘图。通过对几何约束和标注约束的学习进行参数化绘图,可以使设计者从繁重的绘图工作中解脱出来,掌握对于较难确定的图形的绘图技巧。

拓展阅读

应县木塔

应县木塔(图 2.39)又称佛宫寺释迦塔,位于山西省朔州市应县佛宫寺内,始建于辽清宁二年(1056 年),是世界上现存最高大、最古老的纯木结构楼阁式建筑,该塔整体架构所用全为木材,没用一根铁钉,全塔斗拱众多,被称为“中国古建筑斗拱博物馆”。

木塔高 67.31m,底部直径 30.27m,总重量为 7400 多吨,主体使用材料为华北落叶松,斗拱使用榆木。木料用量多达上万立方米。整个建筑由塔基、塔身、塔刹三部分组成,塔基又分作上、下两层,下层为正方形,上层为八角形。塔身呈现八角形,外观五层六檐,实为明五暗四九层塔。结构九层,其中有四个结构层为平坐层,也称为“暗层”,夹在各明层之间,是一个中空的双层环状结构。在平坐层内柱子之间和内、外角柱之间架设不同方向的斜撑，形成桁架结构，犹如一层刚性加强层，有效地增强了木塔整体结构的强度。中空的部分增加了明层的净空高度，以便安置较高大的佛像。其余五层为明层，每层都供奉佛像，除首层供奉的释迦牟尼金身坐像高达11m外，其上四层佛像尺度相对较小。全塔共使用400余攒不同类型的斗拱，平面则采取内、外两圈八边形立柱，内圈主柱8根，外圈主柱24根，形成内外双层套筒式的平面结构。内柱环绕的空间是佛堂，内、外柱之间的空间称为外槽，是供朝拜礼佛活动的通道。外槽外面是各层出挑的平坐，外槽内有扶梯可供上下。

应县木塔是中国古典高层木结构的典型实例，是中国建筑发展史上较有价值的坐标，是抗震避雷等科学领域研究的知识宝库，是考证一个时代经济文化发展的一部"史典"。应县木塔与意大利比萨斜塔、巴黎埃菲尔铁塔并称"世界三大奇塔"。

图 2.39　应县木塔

项目评价

序号	检测项目	评价任务及权重	自评	小组互评	教师评价
1	自动约束	缺或错1项扣5分，扣完为止(10分)			
2	几何约束	缺或错1项扣5分(45分)			
3	标注约束	缺或错1项扣5分(45分)			
任务总评		优□　良□　中□　合格□　不合格□			

注：按学生自评占20%、小组互评和教师评价各占40%计算，形成任务评价结论。

进 阶 篇

模块 3 图形注释

模块导读

建筑图的设计中除了与实物对应的图形外，还会有文字、标注等辅助图形的注释。图形注释是 AutoCAD 绘图中非常重要的一部分内容，在 AutoCAD 的图形设计中，只有图形没有注释的设计是不完整的，图形需要注释来表达设计师的意图。本模块将对 AutoCAD 图形中的文字注释、表格和标注等内容进行介绍，并安排多个典型实例进行讲解。

模块导学图如图 3.1 所示。

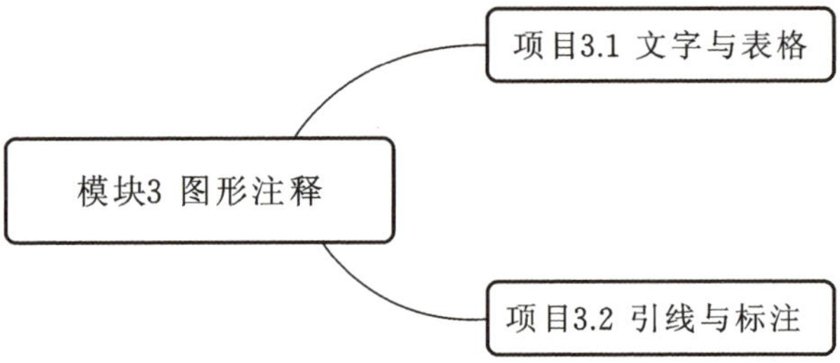

图 3.1 模块导学图

项目 3.1 文字与表格

项目导读

文字注释是 AutoCAD 图形注释中很重要的内容。在一个完整的图样设计中，通常都包含一些文字注释来标注图样中的一些非图形信息。AutoCAD 对图形进行标注前的首要任务是设置文字样式，文字样式用于设置图形中文字的字体、高度和宽度系数等属性。表格是为了清楚表达建筑图中的数据而建立的，AutoCAD 中可以轻松建立表格。

本项目导学图如图 3.2 所示。

学习目标

知识目标

(1) 能够利用制图课所学文字和图表的内容及知识点画图；

(2) 能知道单行文字和多行文字的区别；

(3) 能够建立门窗表、钢筋表等表格；

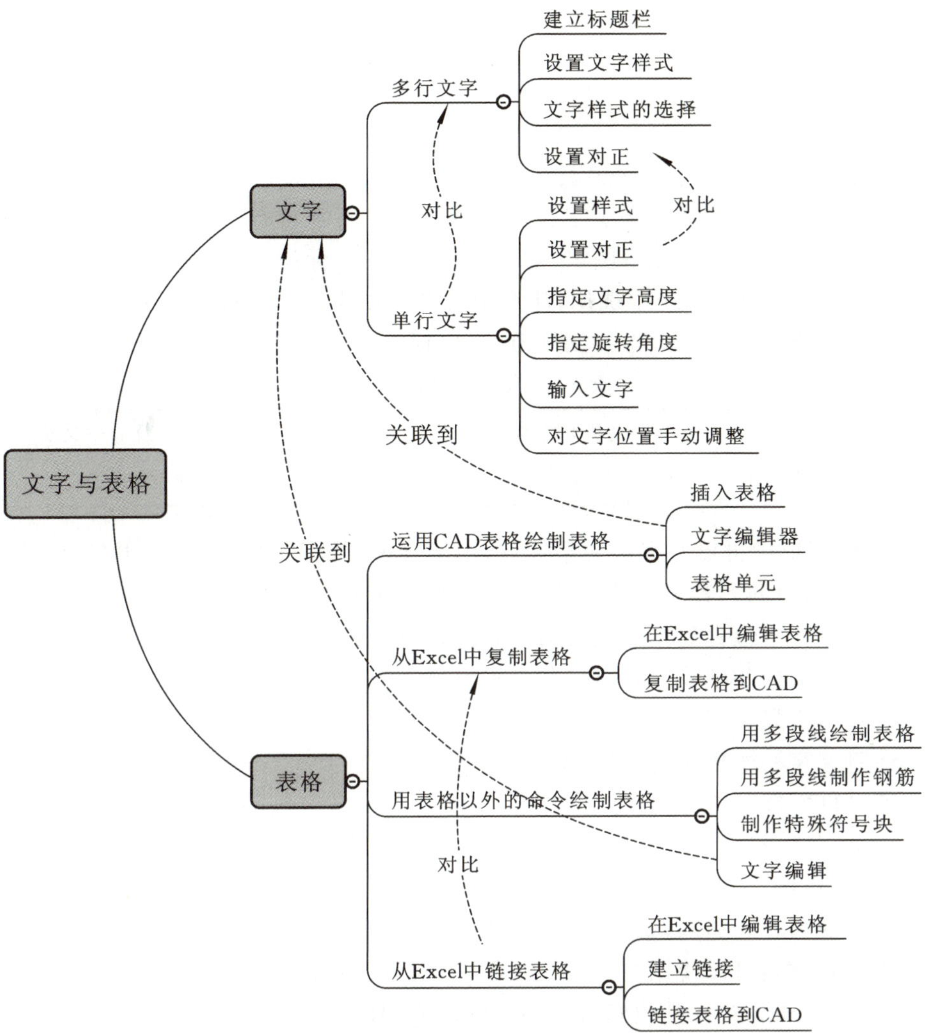

图 3.2　项目 3.1 导学图

(4) 能够利用 CAD 中常用的文字样式。

技能目标

(1) 能知道建筑图中表格的作用及构成；

(2) 能知道文字样式的设置方法；

(3) 能利用单行与多行文字的编辑方法去编辑相应文字；

(4) 能进行表格样式的创建，能对表格及其中文字进行编辑。

素质与思政目标

(1) 能对文字任务进行分析，并完成任务。

(2) 能够养成良好的建立文字和表格的习惯，提高绘图效率。

(3) 按 3 人左右的小组学习训练，培养学生团队合作解决问题的能力及妥善处理人际关系的沟通与交流能力。

(4) 通过“拓展阅读”和技能训练，引导学生了解中国古代祭祀建筑——天坛，引导学生了解我国古代建筑和文化。

知识导航

1. 建筑图中文字和表格的常识知识

建筑工程图样中常用的字体有汉字、阿拉伯数字、拉丁字母等，除了汉字其他非中文文字通常叫非中文字体。常用汉字注写图名、建筑材料，用数字标注尺寸，用数字和字母表示轴线编号等。文字的字高应从表 3.1 中选用，注意中文与非中文字体高度的区别，并在绘图过程中对字高进行记忆。这样就不用经常查阅规范，可以提高绘图效率。

表 3.1　文字的字高(mm)

字体种类	中文矢量字体	TrueType 字体及非中文示例字体
字高	3.5、5、7、10、14、20	3、4、6、8、10、14、20

CAD 在一幅图形中可以有多种文字样式，用于管理不同对象的标注。用户可以使用多种方法创建文字，对简短的内容可以使用单行文字，内容较长时可以使用多行文字。

表格是在行和列中包含数据的复合对象，建筑中的表格是一种图表，它可以帮助设计师更好地理解建筑物的结构和细节。它可以帮助设计师更好地设计建筑物，并且可以帮助他们更好地控制建筑物的质量和安全。

2.CAD 绘制文字和表格常用的功能

多行文字(MTEXT)：创建多行文字对象，可以将若干文字段落创建为单个多行文字对象。使用内置编辑器，可以格式化文字外观、列和边界。对于较长、较复杂内容利用“多行文字”命令输入文本时，用户可以方便地指定文字的宽度，并可以在多行文字中单独设置其中某个字符或某一部分文字的属性。“多行文字”快捷键为 T。

单行文字(TEXT)：可以使用“单行文字”创建一行或多行文字，每行文字都是独立的对象，可对其进行移动、格式设置或其他修改。例如图纸说明用“单行文字”比较方便编辑。“单行文字”快捷键为 DT。

表格(TABLE)：创建空的表格对象，可以通过空的表格或表格样式创建空的表格对象。还可以将表格链接 Microsoft Excel 电子表格中的数据。“插入表格”快捷键为 TB。

选择性粘贴：支持多种粘贴选项，支持由 Excel 到 CAD 的粘贴。快捷键为 PA。

示例导学

1. 利用 CAD 完成多行文字

3.1.1(1)　3.1.1(2)

示例一(参见“3.1.1 示例一视频”)：

用“多行文字”完成如图 3.3“示例一”的标题栏。设置两种文字样式，分别用于“汉字”和“非汉字”的注释，宽度因子为 0.7。用于“汉字”文字样式命名为“汉字”，字体名选择“仿宋”，字体样式为“常规”，字体为直字体。用于“数字与英文字母”文字样式命名为“非汉字”，字体名选择“Simplex”，大字体选择“gbcbig.shx”，字体为直字体。图名字高为 6，其余字高为 4，所有文字在指定格内均居中。标题栏的外框线和分割线的线宽按照规范 A3 图纸要求设定。

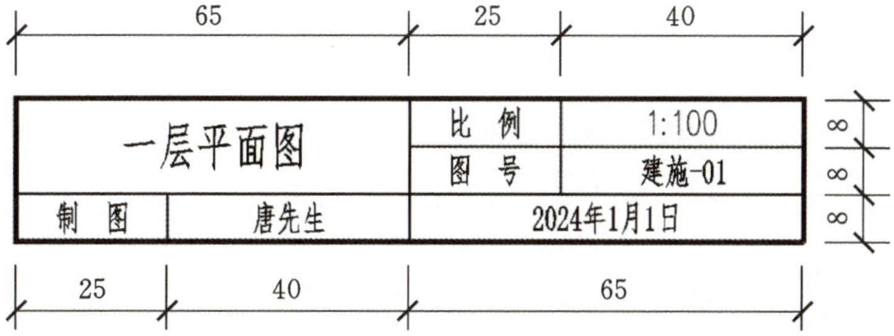

图 3.3　示例一用图

绘图前的准备工作如下：

打开 AutoCAD 2024，点击“默认”中的“图层特性”如图 3.4 所示，弹出“图层特性管理器”对话框后新建“文字”和“实线”图层，结果如图 3.5 所示，将“实线”作为当前图层，设置完成后关闭“图层特性管理器”对话框。

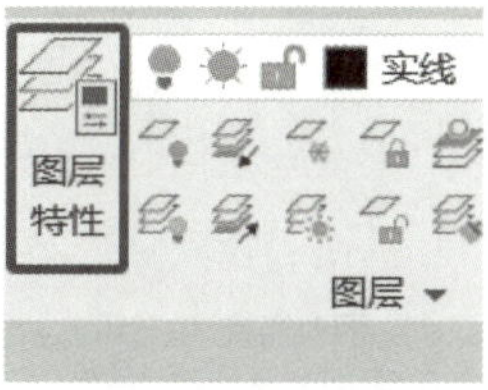

图 3.4　图层特性

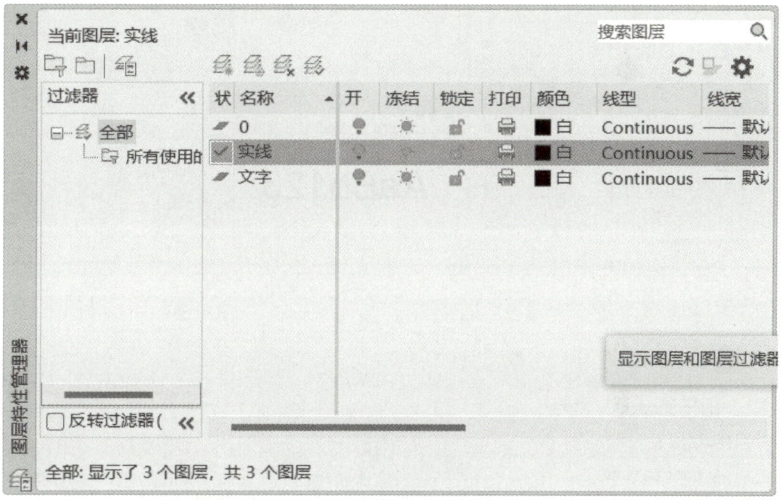

图 3.5　新建图层

① 绘制标题栏。用多段线绘制标题栏，设置 A3 标题栏外框线宽是 0.7，分割线的线宽是 0.35，结果如图 3.6 所示。

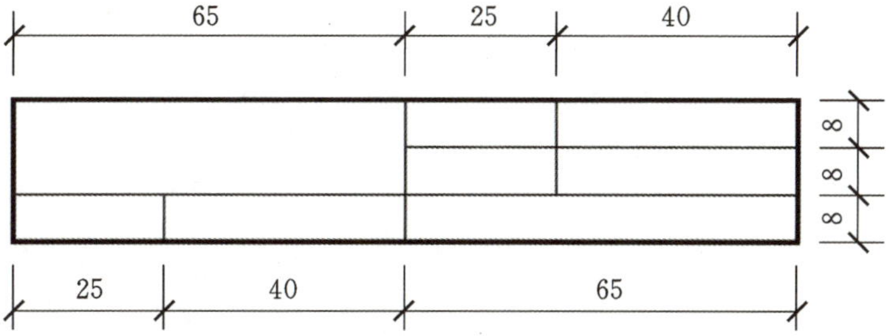

图 3.6　绘制标题栏的外框线和分割线

② 设置文字样式。点击图 3.7(a)“默认”功能区的“注释”,得到图 3.7(b);点击红框处得到“文字样式”对话框,如图 3.7(c)所示;点击“新建”,建立如图 3.7(d)所示的“汉字”样式;建立如图 3.7(e)所示的“非汉字”样式,并把汉字“置为当前”。

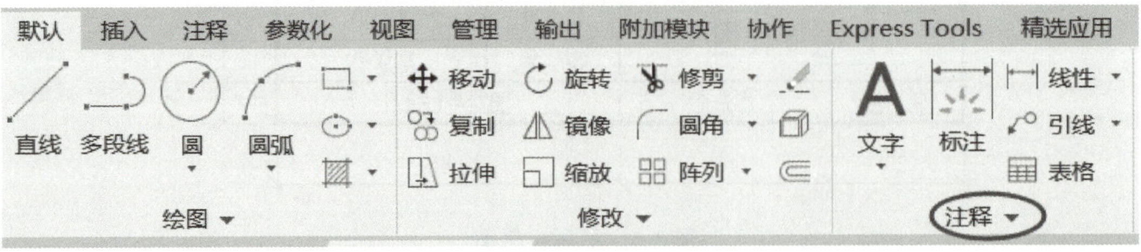

(a)

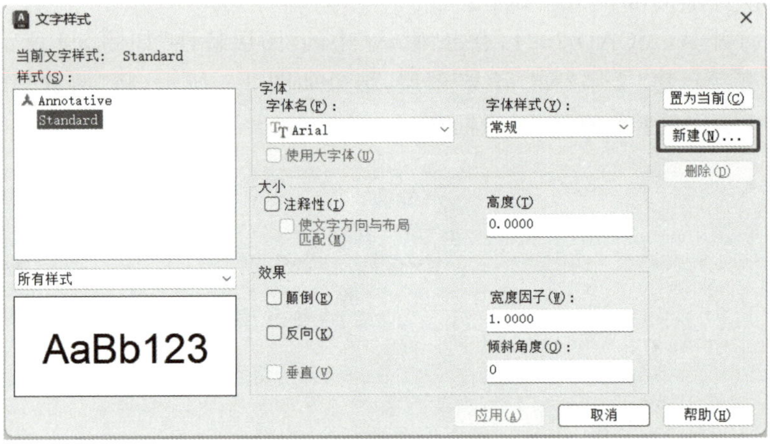

(b)　　　　(c)

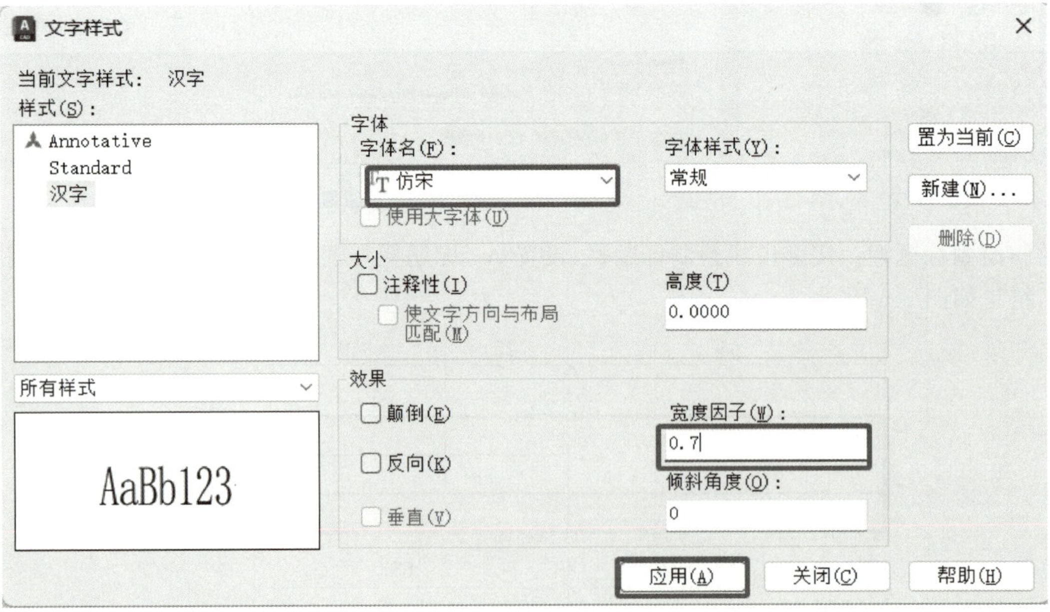

(d)

图 3.7　设置文字样式

(a)功能区的注释;(b)注释下拉框;(c)文字样式;(d)汉字样式;(e)非汉字样式

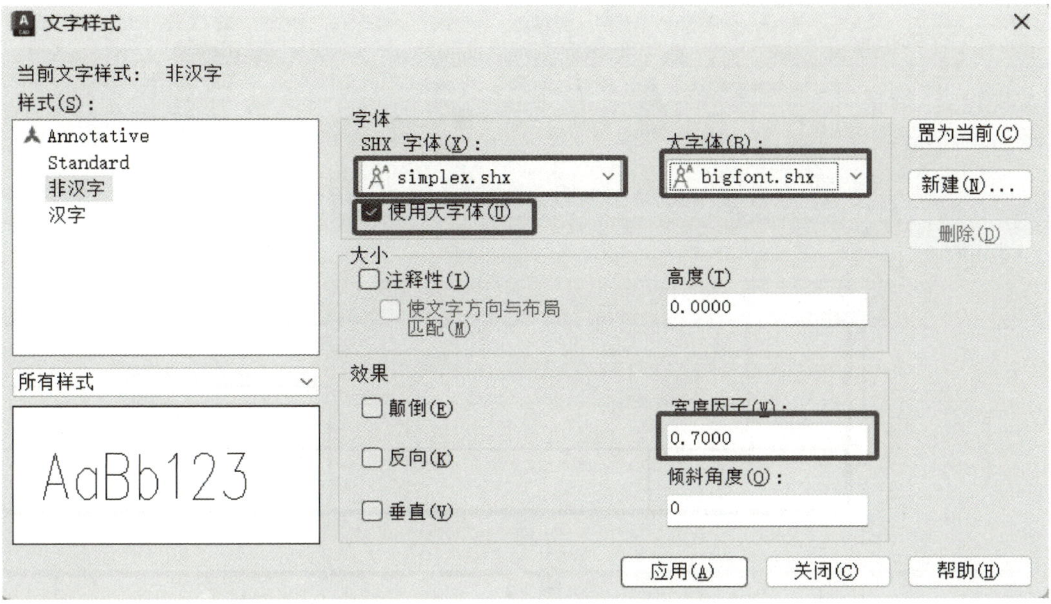

(e)

续图 3.7

③ 输入图名。先把文字图层作为当前图层，然后点击图 3.8(a)“注释”中的“多行文字”，这时十字光标出现提示“指定第一角点”，如图 3.8(b)所示，这时分别点击 1 和 2 两点，得到如图 3.8(c)所示的多行文字编辑器，这时把默认字体大小改成 6 之后点回车，这时文字编辑框变

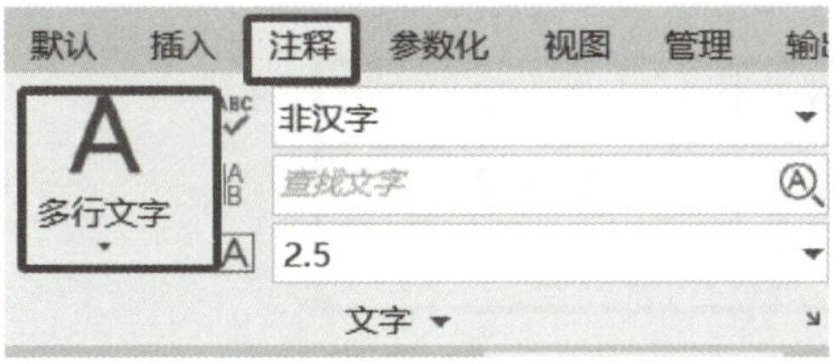

(a)

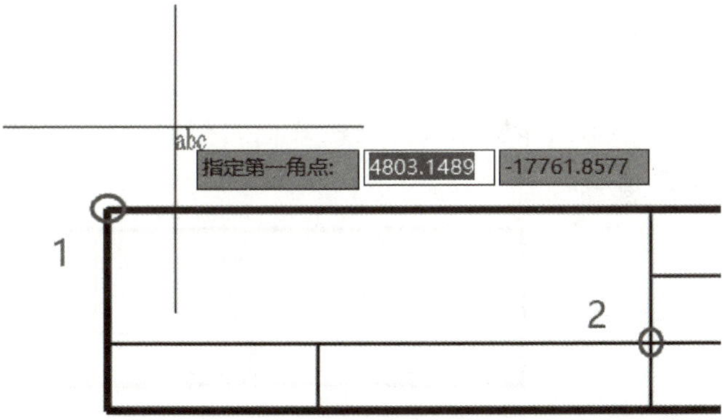

(b)

(c)

图 3.8 绘制图名

(a)多行文字；(b)十字光标提示；(c)多行文字编辑器；(d)字高改为 6 后；(e)设置正中后效果；(f)图名输入结果

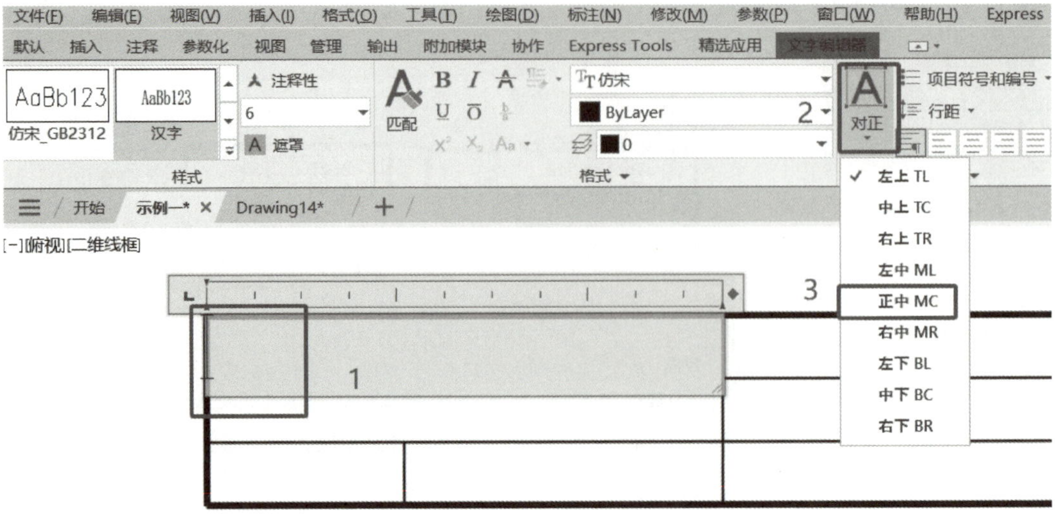

(d)

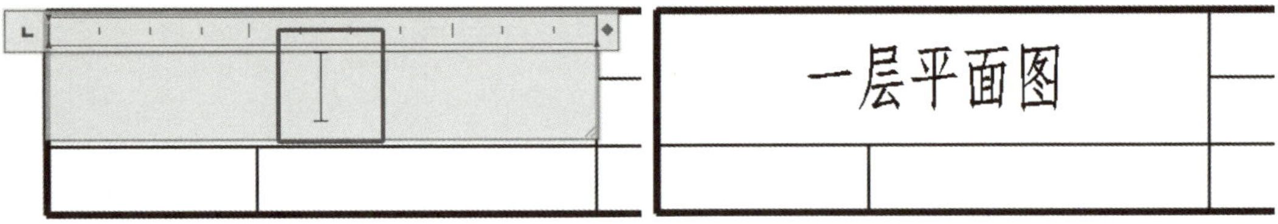

(e)　　(f)

续图 3.8

大,如图 3.8(d)中 1 所示,点击 2 处的“对正”,选择 3 处的“正中 MC”,多行文字编辑器的光标会跳到中间位置,如图 3.8(e)所示,这时输入文字“一层平面图”,结果如图 3.8(f)所示。

按照上述步骤完成标题栏其他文字的输入,绘制过程中注意对文字样式的选择,结果如图 3.9 所示。

一层平面图		比　例	1:100
		图　号	建施-01
制　图	唐先生	2024年1月1日	

图 3.9　标题栏

2. 利用 CAD 完成单行文字

示例二(参见“3.1.2 示例二视频”):

用单行文字完成图 3.10 的“说明”。

3.1.2

说明：1. 墙体说明见“建筑设计统一说明”；
2. 卫生间地面标高最高处比本层地面低20mm;
3. 管道出平屋面泛水做法见05ZJ201页14节点2;
4. 雨水口做法见05ZJ201页33;
5. 女儿墙泛水做法参见05ZJ201页10节点3。

图 3.10　示例二用图

3. CAD 制作表格

示例三(参见“3.1.3 示例三视频”)：

运用 CAD“表格”命令完成如图 3.11 所示的门窗表。

表格命令可以由“默认”—“注释”—“表格”或“注释”—“表格”进入，如图 3.12 所示。

3.1.3

别墅门窗表					
名称	设计编号	门窗洞口尺寸		数量	备注
		宽度	高度		
木门	M0821	800	2100	2	木制推拉门
	M1224	1200	2400	3	高级木门
折叠门	ZM2824	2800	2400	1	木制折叠门
	ZM2124	2100	2400	2	木制折叠门
铝合金门	LM1221	1200	2100	3	铝合金平开门
	LM27324	2730	2400	1	铝合金推拉门
铝合金窗	LC0614	600	1400	4	平开窗，窗台距地 900
	LC1815	1800	1500	5	推拉窗，窗台距地 900
	说明：1.本工程门窗订货前需核对数量及洞口尺寸，以实际数量及尺寸为准； 2.门窗立面见门窗立面示意图，窗台距地除备注中说明外见立面图、剖面图等； 3.门窗立面示意图仅为示意，具体做法由专业厂家进行深化。				

图 3.11　示例三用图

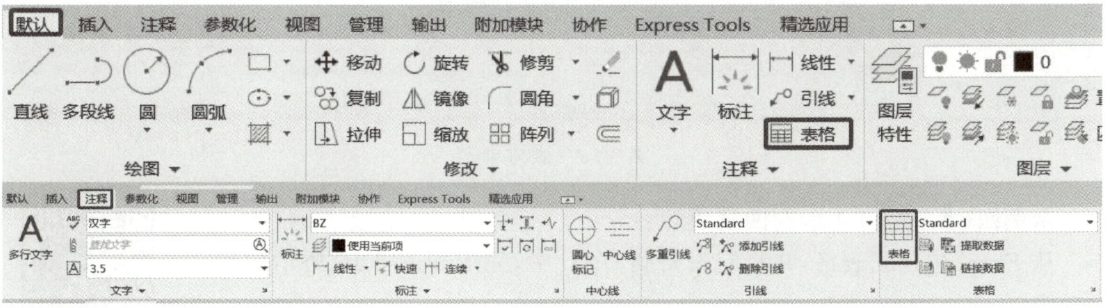

图 3.12　插入表格命令进入途径

由上步得到“插入表格”对话框，如图 3.13 所示。输入正确的列数和行数后点“确定”，然后点击单元格，利用如图 3.14 所示的“文字编辑器”和如图 3.15 所示的“表格单元”对表格进行编辑。“文字编辑器”和“表格单元”的功能特别强大，可以满足表格编辑的所有需求，比如合并单元格、改变字体等，类似 Excel 表格的编辑功能。其中“Alt＋Enter”为表格单元格内文字换行。

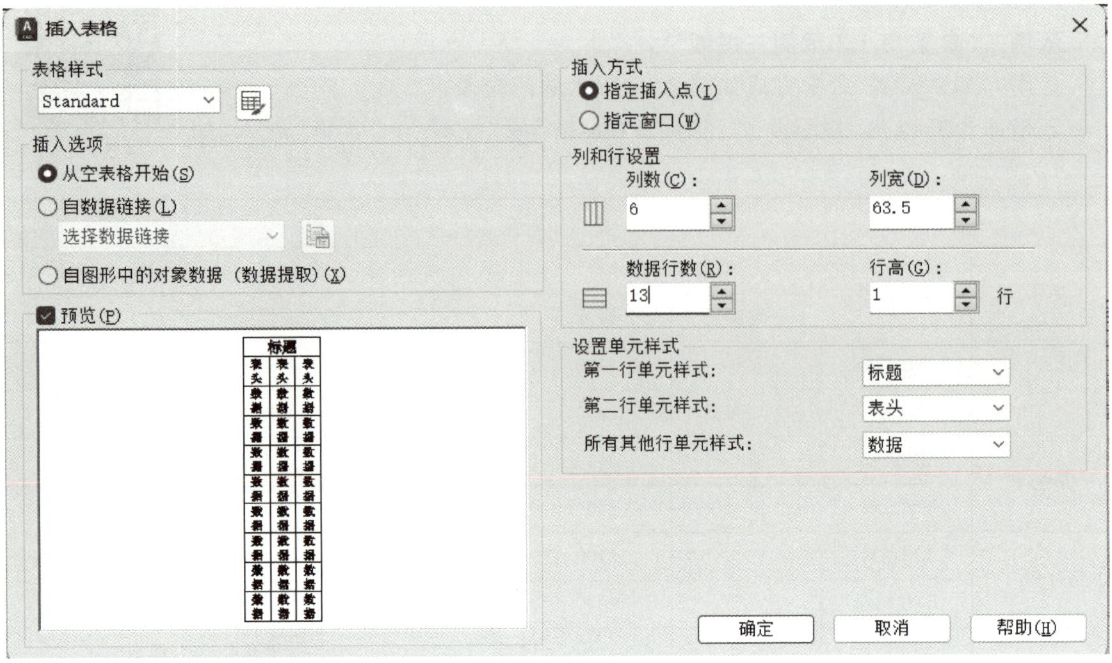

图 3.13　插入表格

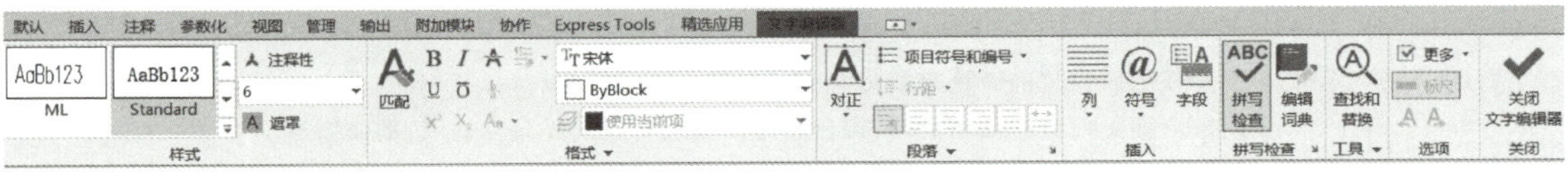

图 3.14　文字编辑器

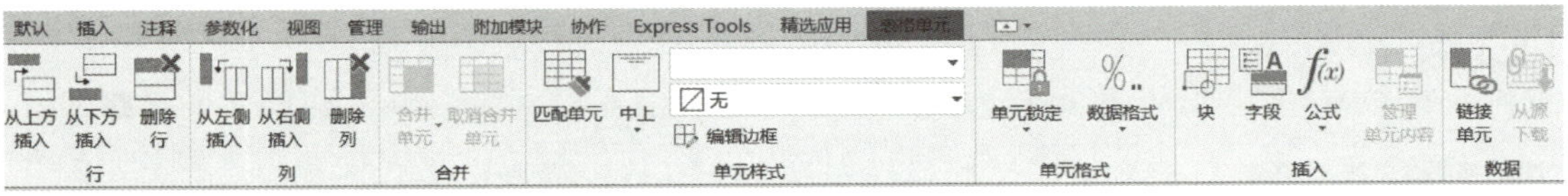

图 3.15　表格单元

示例四(参见“3.1.4 示例四视频”)：

从 Excel 中建立表格,并复制表格到 CAD 中,完成如图 3.16 所示的经济指标表。

3.1.4

经济指标：

用地面积：	396.0 m^2
占地面积：	147.7 m^2
建筑面积：	366.4 m^2
容积率：	0.93
建筑密度：	37.30%
绿化率：	35%

图 3.16　经济指标表

任务驱动

任务一（参见“3.1.5 任务一视频”）：

完成如图 3.17 所示的钢筋表。

3.1.5

钢筋表

编号	直径（mm）	型式（cm）	单根长（cm）	根数	总长（m）
①	⌀16	160 900	1060	73	733.80
②	⌀16	40 100 740	880	73	642.40
③	⌀12	R 焊接 R=210	659	8	52.72
④	⌀12	30 65 65 30	190	60	114.00

图 3.17　任务一用图

任务二（参见“3.1.6 任务二视频”）：

从 Excel 中建立表格，并链接表格到 CAD，完成如图 3.18 所示的室内线路共管穿线管径表。

3.1.6

室内线路共管穿线管径			
导线根数	2根单芯	3根单芯	4根单芯
导线截面	UPVC	UPVC	UPVC
2.5	16	20	20
4	20	20	25

图 3.18　任务二用图

项目小结

本项目主要讲解了 CAD 输入文字和插入表格的方法。输入文字的方法有单行文字和多行文字，制作表格的方法也有多种，读者要根据实际需要进行选择，让作图更加快捷和方便。

拓展阅读

中国现存最大的古代祭祀建筑——天坛

天坛，原名“天地坛”，位于北京市东城区永定门大街东侧，为明、清两代皇帝祭天、祈谷和祈雨的场所，是中国现存最大的古代祭祀性建筑群。

天坛始建于明永乐十八年(1420 年),明嘉靖九年(1530 年)改名为“天坛”,天坛由两重坛墙环护,分为内、外两坛。其主要古建筑集中于内坛,内坛中间有东西向隔墙将内坛分隔为南、北两部分,隔墙中有门相通。内坛由圜丘坛、祈谷坛、斋宫三组古建筑群组成。祈谷坛位于内坛北部,圜丘坛位于内坛南部,斋宫位于内坛西部,一条长 360m、宽 28m、高 2.5m 的丹陛桥连缀圜丘坛和祈谷坛。内坛四周设有东天门、北天门、西天门、广利门、昭亨门、泰元门。天坛有着较高的历史价值、科学价值和独特的艺术价值,更有着深刻的文化内涵。

祈谷坛区域位于天坛内坛北侧,大门称祈年门,门北为坛。上层坛面正中建祈年殿,殿为蓝琉璃瓦三重檐攒尖顶圆形大殿,盛金宝顶,殿高 38m。祈年殿之北还有皇乾殿,是祈谷坛奉祀神位的供奉所。祈谷坛东门外有神库、神厨宰牲亭及长廊等附属建筑。

圜丘坛区域占地面积 $44.66hm^2$,是举行祭天大典的场所,又称祭台、祭天台、拜天台。圜丘坛外围墙两重,内圆外方,红墙蓝瓦,四面各辟棂星门。圜丘坛北为皇穹宇。皇穹宇由正圆形的围墙所包围,墙面平整光滑,声波可由墙壁传递,俗称“回音壁”。斋宫区域占地面积 $4hm^2$,内有钟鼓楼、无梁殿、寝殿等,建筑均覆以绿色琉璃瓦,以示“上天之子”所居。

天坛公园外坛为林区,广植树木,外坛西部偏南有神乐署,是乐舞排练之所,俗称天坛道院。

项目评价

序号	检测项目	评价任务及权重	自评	小组互评	教师评价
1	文字或表格的完整性	文字或表格绘制是否完整,缺少 1 项扣 3 分(30 分)			
2	文字或表格的准确性	文字或表格绘制是否准确,不准确 1 项扣 3 分(30 分)			
3	文字或表格的美观度	文字或表格的美观度不够,酌情扣 2～5 分(10 分)			
4	完成时间	规定时间内没完成,每超过 10 分钟,扣 2 分(10 分)			
5	学习表现	学习不够主动、团队协作能力差、不爱护设备仪器和环境,酌情扣 10～20 分(20 分)			
任务总评		优□　良□　中□　合格□　不合格□			

注:按学生自评占 20%、小组互评和教师评价各占 40%计算,形成任务评价结论。

项目 3.2　引线与标注

项目导读

CAD 引线与标注是 CAD 软件中的重要功能，它能够方便地进行对象标注和显示。在使用引线和进行标注时，需要注意引线的创建、延伸和样式的选择，以及标注文本的选择和设置等。同时，标注的对齐和一致性也是保证设计整体效果的重要因素。通过灵活使用引线和标注功能，可以提高 CAD 设计的精确性和可读性，从而更好地实现设计目标。

本项目导学图如图 3.19 所示。

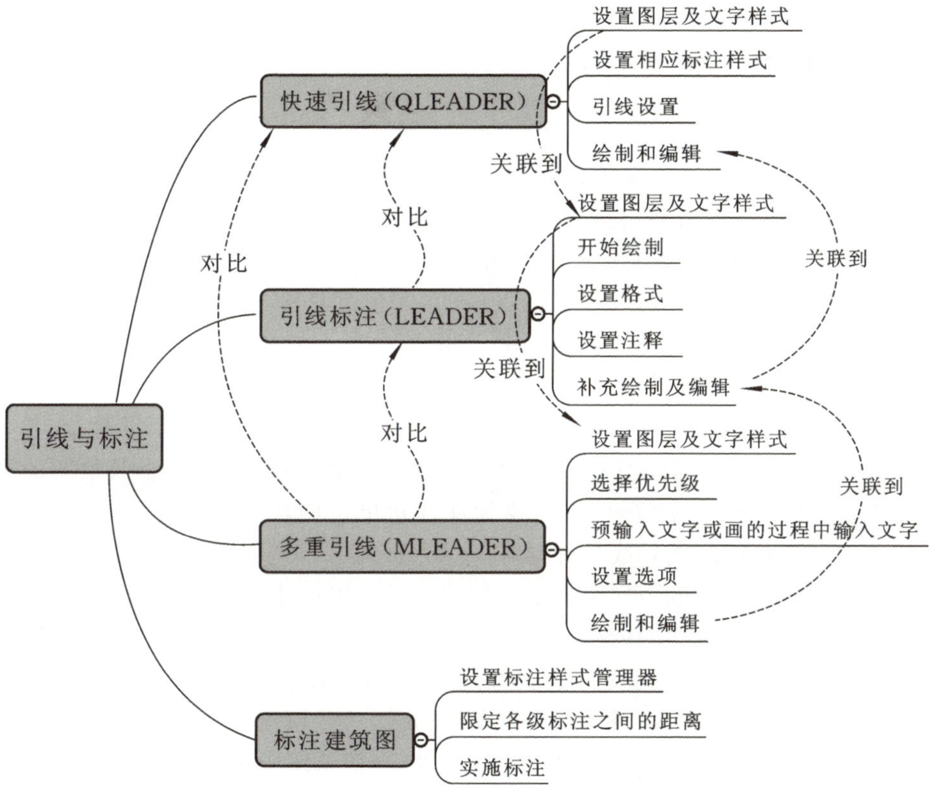

图 3.19　项目导学图

学习目标

知识目标

(1) 能利用建筑图中引线与标注的内容及知识点进行绘图；

(2) 能运用引线的多种样式进行绘图；

(3) 能运用尺寸标注的设置与编辑进行绘图。

技能目标

(1) 能按照示例和任务要求,完成引线标注;

(2) 能按照示例和任务要求,完成标注的设置和编辑;

(3) 能够设置不同比例的标注样式,并进行标注。

素质与思政目标

(1) 能对引线与标注任务进行分析,并完成任务。

(2) 能够养成良好的设置引线和标注习惯,提高绘图效率。

(3) 按 3 人左右的小组学习训练,培养学生团队合作解决问题的能力及妥善处理人际关系的沟通与交流能力。

(4) 通过“拓展阅读”和技能训练,引导学生了解京杭千里大运河,引导学生了解我国古代开凿运河的意义。

知识导航

1. 引线与标注

在 CAD 中引线与标注是非常重要的功能。引线是一种方便的工具,能够将线条与对象建立关联,用于标注和显示相关信息。引线可用于标注尺寸、注释文本、指示位置等,使 CAD 设计更加准确和可读。此外,该工具还可以用于定位或标记绘图中的特定对象,以便于下一步的编辑和处理。

绘制图形的根本目的是反映对象的形状,而图形中各个对象的真实大小和相互位置只有经过尺寸标注后才能确定,因此尺寸标注是绘图设计工作中的一项重要内容。AutoCAD 包含了一套完整的尺寸标注命令和实用程序,可以轻松完成图纸中要求的尺寸标注。

物体的真实大小应以图样上所标注的尺寸数值为依据,与图形的大小及绘图的准确度无关。图样中的尺寸以 mm 为单位时,不需要标注计量单位的代号或名称。如采用其他单位,则必须注明相应计量单位的代号或名称,如°、m 及 cm 等。

图样中所标注的尺寸为该图样所表示物体的最后完工尺寸,否则应另加说明。

2. CAD 绘制引线与标注常用的功能

(1) 快速引线(QLEADER):支持起点为实心箭头、空心箭头、圆点等各种形式的箭头,支持折线角度约束,支持折线点数的设置,支持样条曲线,这些设置必须进入“设置”进行修改,特点是可设置内容较多,也比较方便,可设置折线角度,在建筑图中用处较广。快捷键为 LE。

(2) 引线标注(LEADER):引线起点只有实心箭头(也可以设置没有箭头)一种形式,端点为文字注释(随时可以设置),支持一条或多条直线或折线的引线,而且支持样条曲线形式的引线。快捷键为 LEA。

(3) 多重引线(MLEADER):引线起点只有一种形式的实心箭头,内容类型通常包含多行文字对象或块。在点击命令后,画线前要设置所有属性才能画图。可以更改绘制箭头和其他内容的优先级(先画箭头还是先画其他内容)。

(4) 标注样式管理器(DIMSTYLE):是标注设置的命名集合,用于控制标注的外观。用户可以创建标注样式,指定标注的格式,并确保标注的格式符合标准。快捷键为 D。

(5) 折断线(BREAKLINE):折断线,这是在中文 CAD 中没有被翻译过来的一个命令,记住它在画折断线时将会非常方便。激活命令可以直接输入英文 BREAKLI，或者点击菜单栏中的“Express Toos”—“Draw”—“Break-line Symbol” 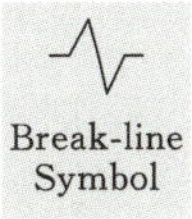

。

示例导学

1. 快速引线（QLEADER）

示例一（参见“3.2.1 示例一视频”）：

3.2.1

运用引线 QLEADER 命令，完成如图 3.20 所示引线标注（不标注角度）。

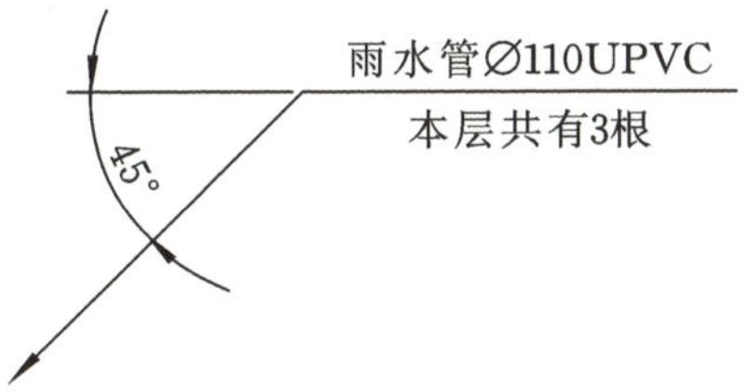

图 3.20　示例一用图

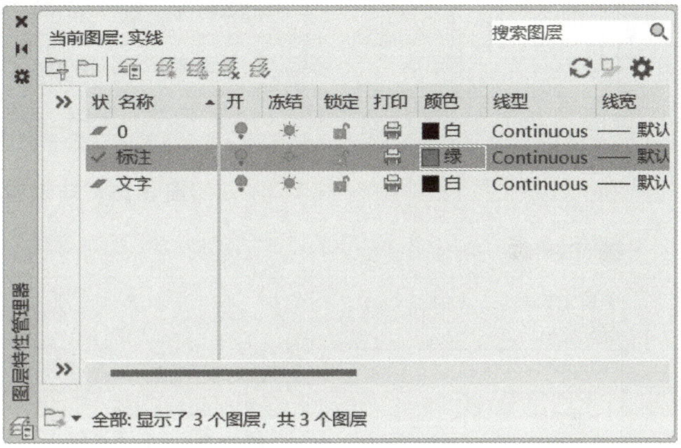

图 3.21　新建图层

（1）绘图前的准备工作

首先建立“文字”和“标注”图层，如图 3.21 所示；然后新建“汉字”“非汉字”“轴线编号”三个文字样式，设置内容如图 3.22～图 3.24 所示。

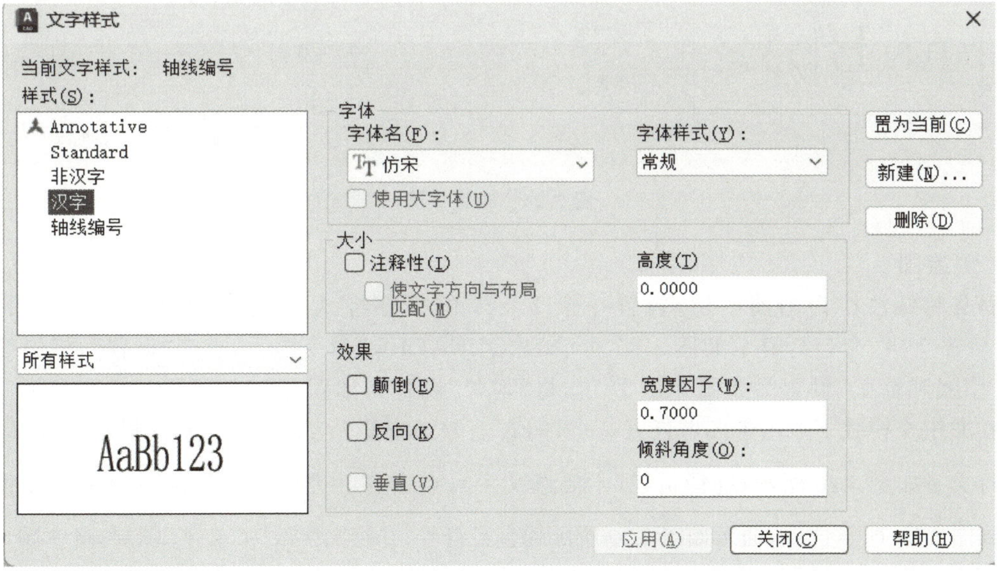

图 3.22　汉字

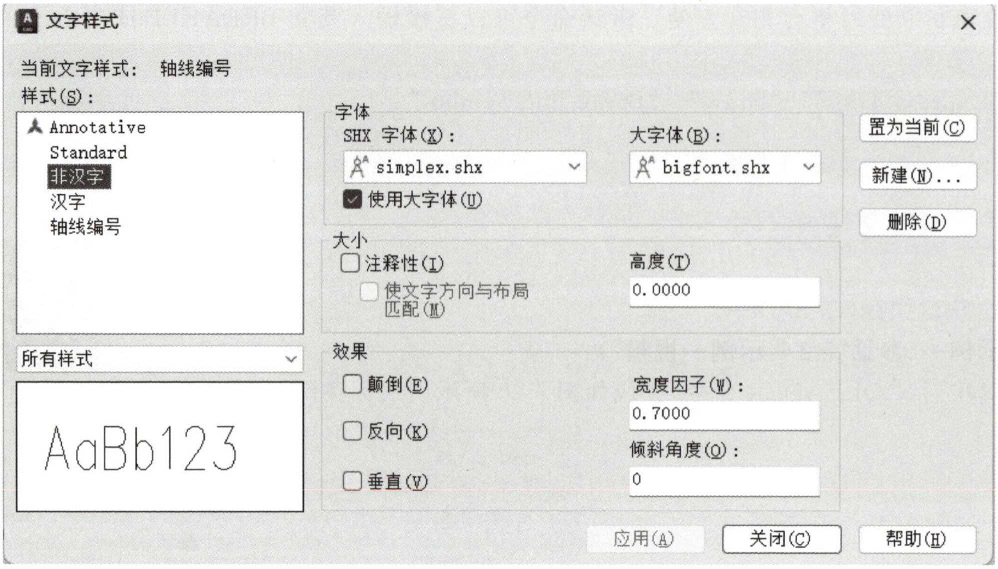

图 3.23　非汉字

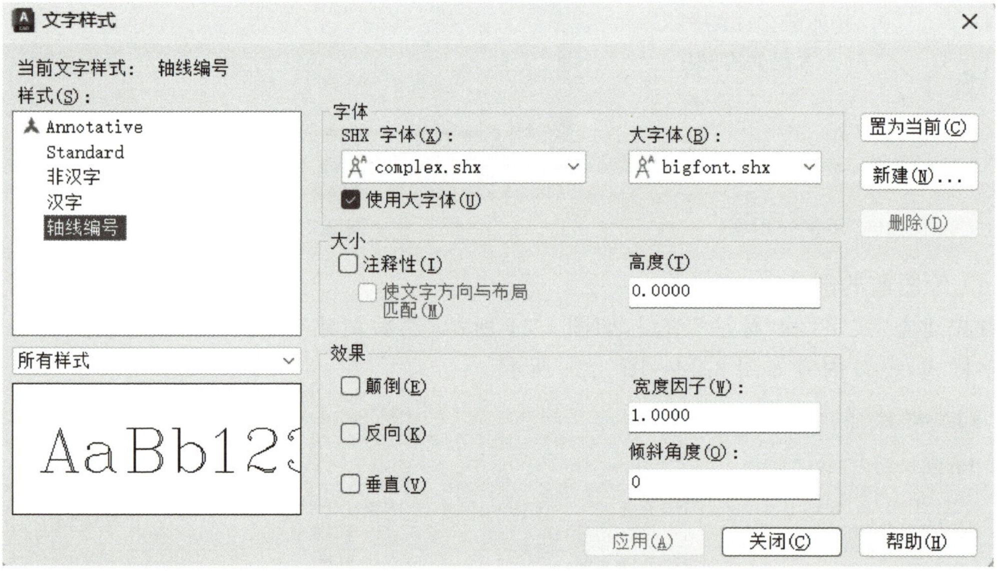

图 3.24　轴线编号

(2) 绘图

首先将标注作为当前图层，设置一个 1∶20 的标注样式，在绘图界面大写模式下输入"LE"后按空格，命令行显示如图 3.25 所示的"QLEADER"命令提示，点击"设置"，将引线设置中的"引线和箭头"设置为如图 3.26 所示，将"附着"设置为如图 3.27 所示。

在非正交模式下点击绘图区任意一点，向右上方画带箭头折线，然后根据提示画水平线，输入两行文字如图 3.28 所示；选择折线(不要选文字)，点击  进行"分解"，运用 

将文字移动到图 3.29 所示位置；插入如图 3.30 所示的直径符号；并将文字改为"文字"图层，将中国文字改为"汉字"文字样式，将阿拉伯数字和拉丁字母改为"非汉字"文字样式，最终结果如图 3.31 所示。

图 3.25　QLEADER

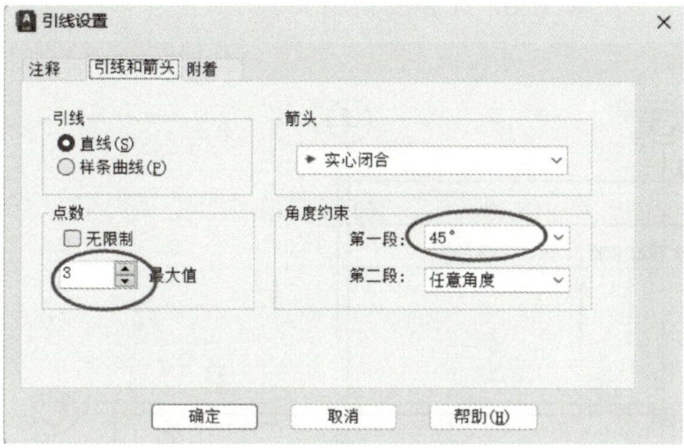

图 3.26　引线与箭头

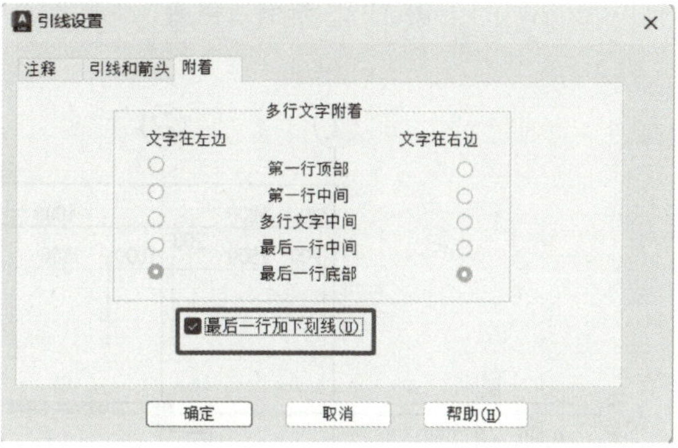

图 3.27　附着

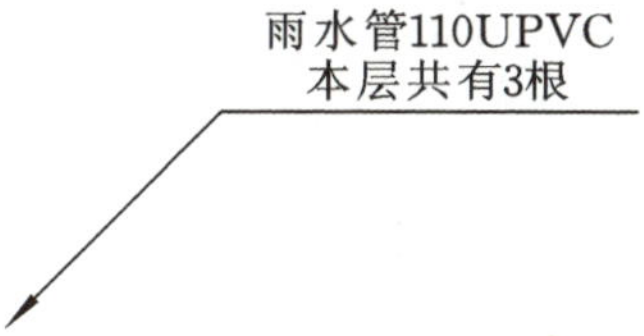

图 3.28　建立初始图

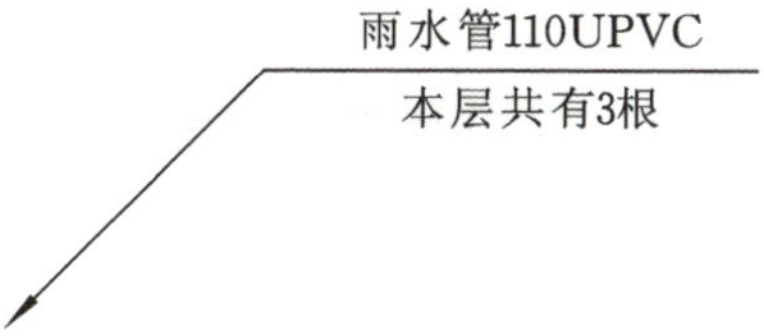

图 3.29　移动文字

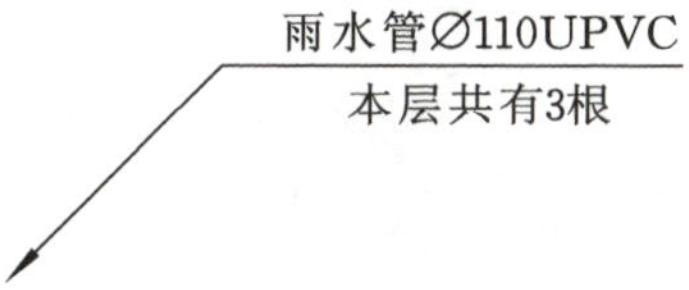

图 3.30　插入直径符号

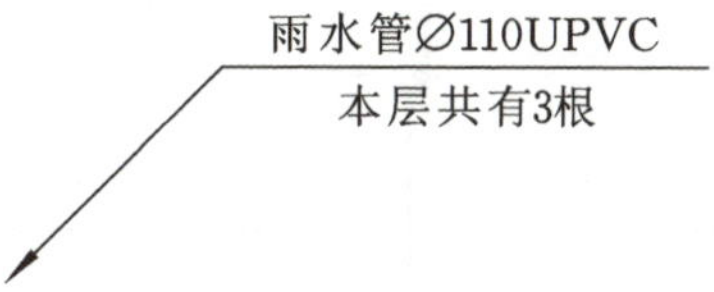

图 3.31　最终结果

2. 引线标注(LEADER)

示例二(参见“3.2.2 示例二视频”):

用引线标注(LEADER)命令,完成图 3.32 所示引线标注。

3.2.2

3. 多重引线(MLEADER)

示例三(参见“3.2.3 示例三视频”):

用多重引线(MLEADER)命令,完成图 3.33 所示引线标注。

3.2.3

4. 标注建筑图

示例四(参见“3.2.4 示例四视频”):

设置建筑标注样式,并标注某建筑一层平面图(图纸在资源中下载),绘图比例 1∶100。标注完成效果图如图 3.34 所示。

3.2.4

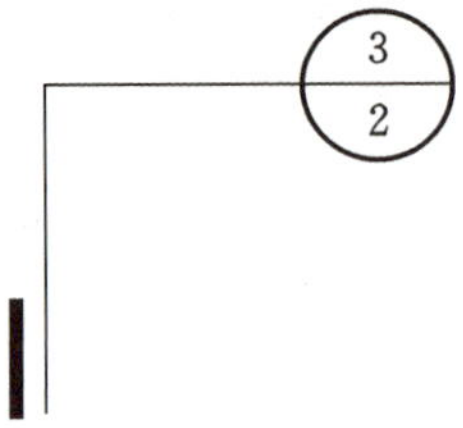

图 3.32　示例二用图

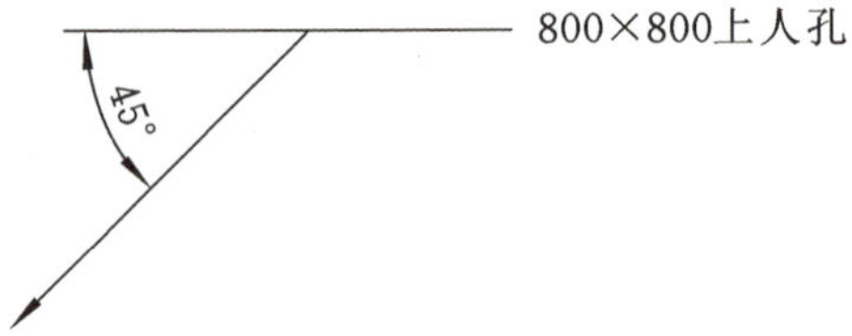

图 3.33　示例三用图

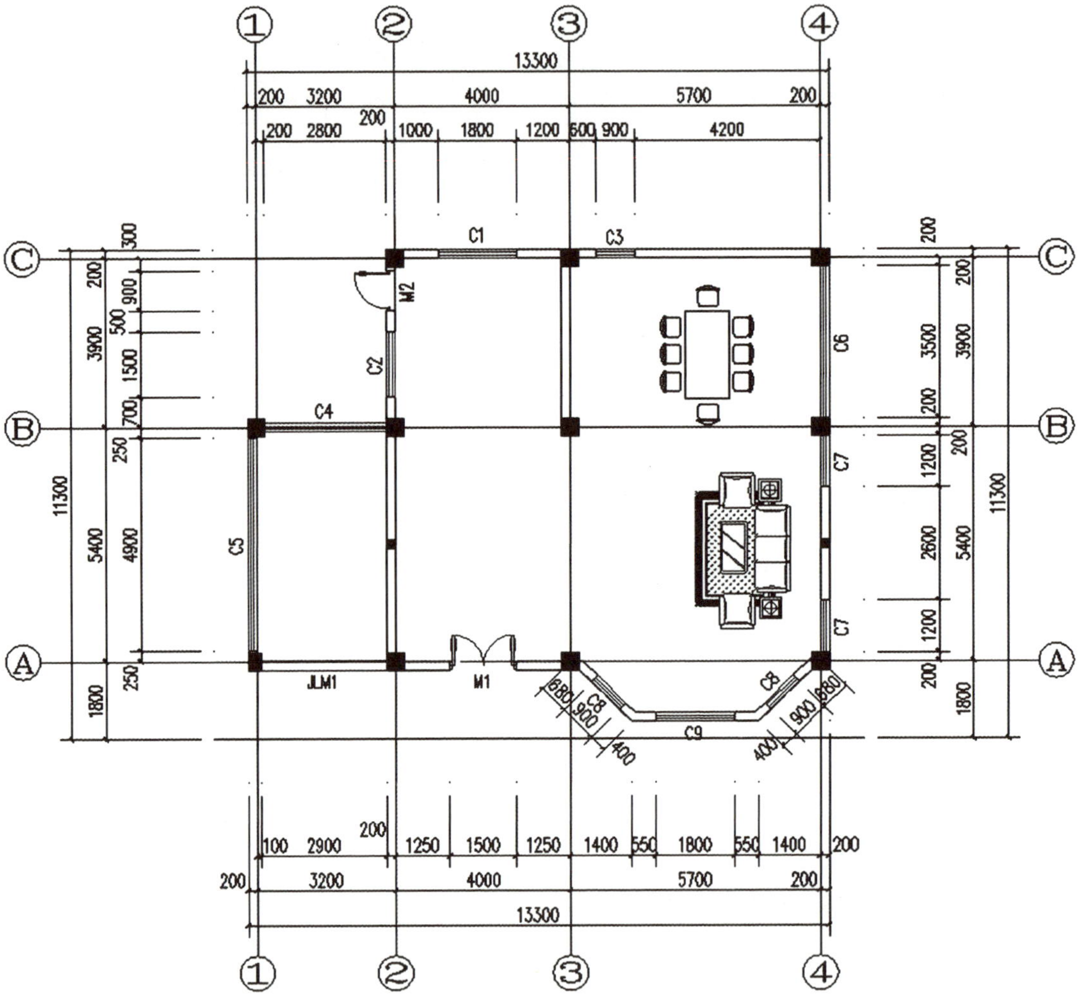

图 3.34　示例四用图

编辑标注样式。在“默认”—“注释”中点击弹出“标注样式管理器”,如图 3.35 所示,点击“新建”,弹出“新建标注样式”,将新样式名改为“建筑标注 100”,点击“继续”,如图 3.35 所示。分别对线、符号和箭头、文字、调整和主单位的相关内容进行更改,更改内容如图 3.36～图 3.40所示,最后点击“确定”。

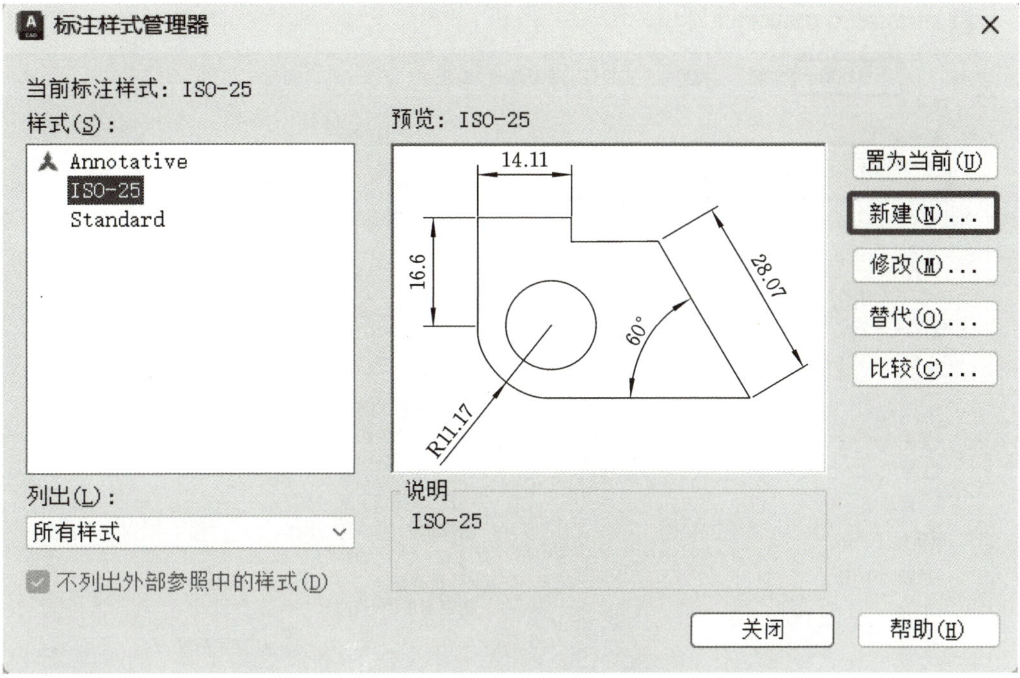

图 3.35　标注样式管理器

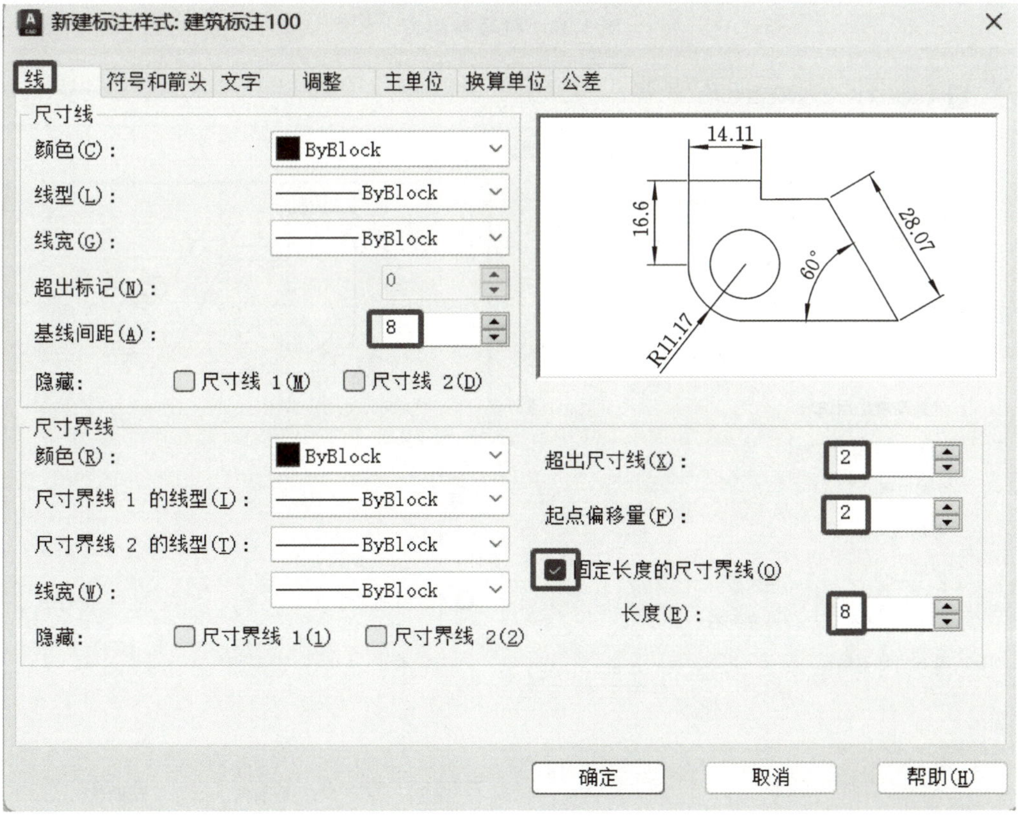

图 3.36　线

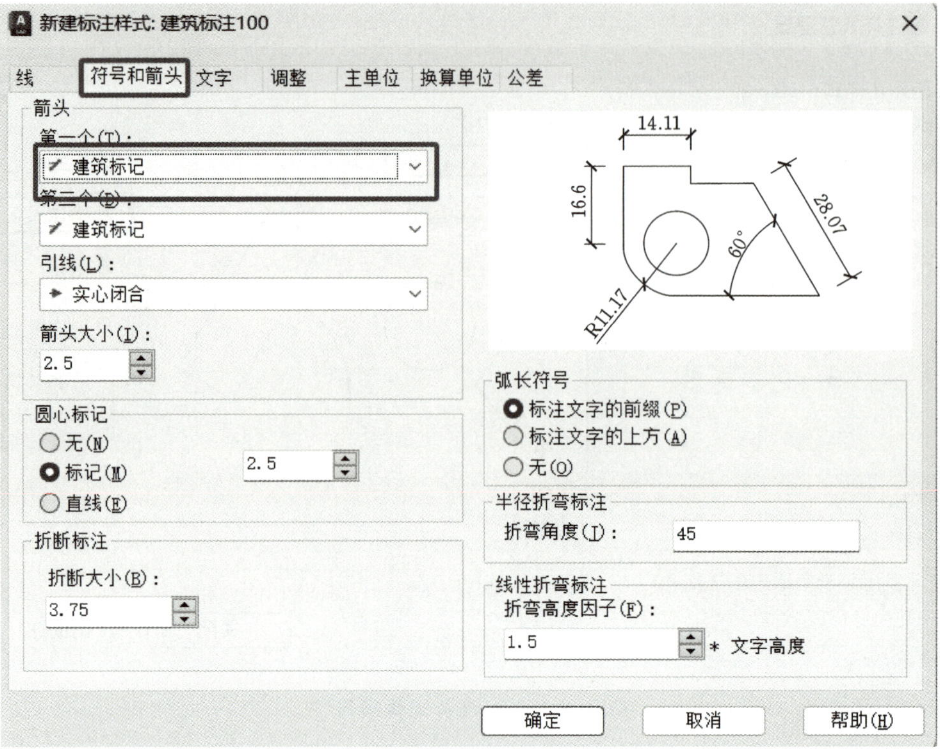

图 3.37　符号与箭头

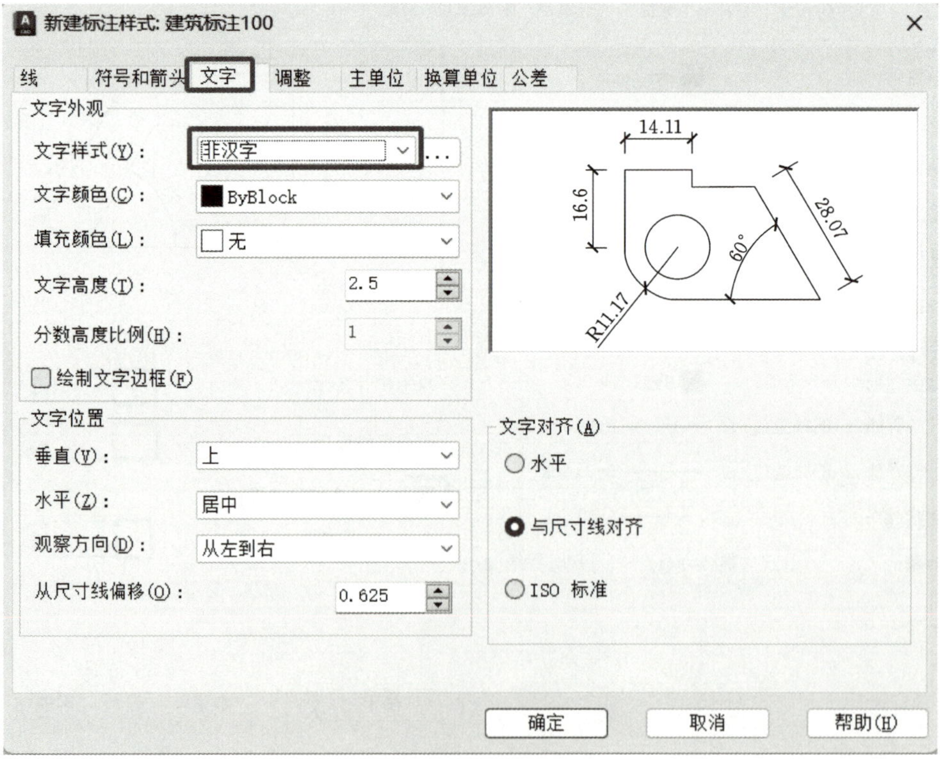

图 3.38　文字

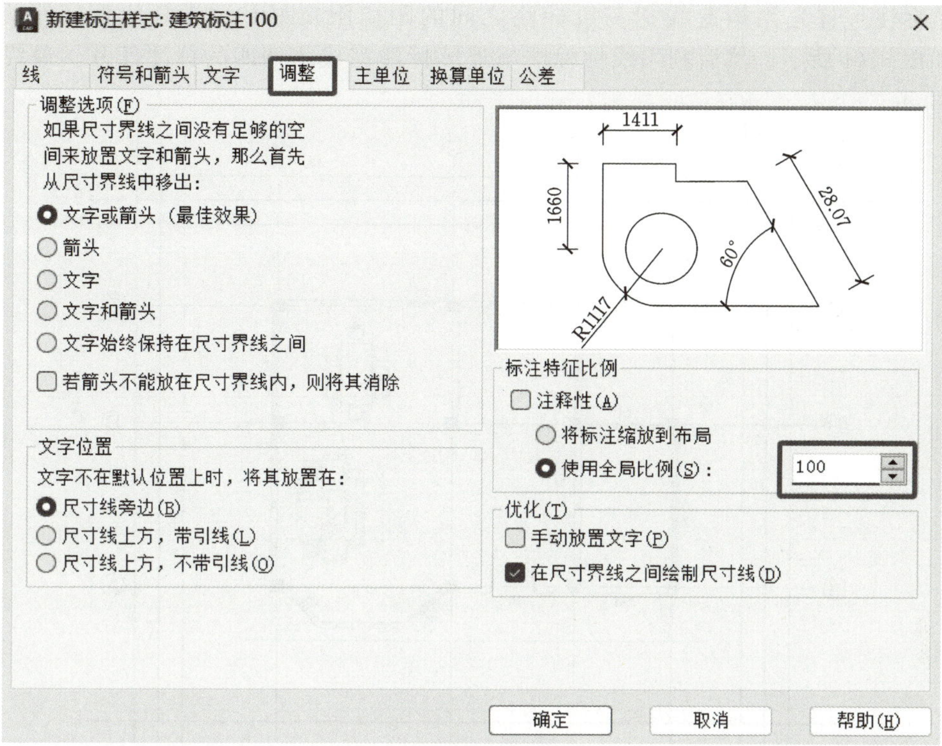

图 3.39　调整

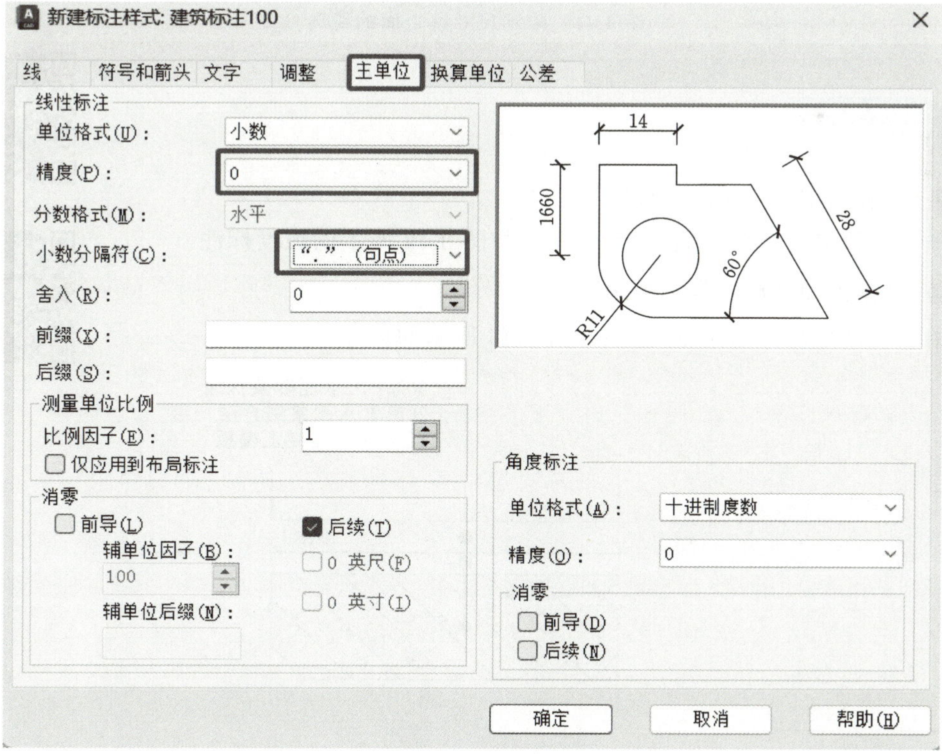

图 3.40　主单位

开始标注。首先用构造线把三级标注之间的距离限定好(1∶100 比例间距为 700～1000),如图 3.41 所示。然后利用线性标注与连续标注完成示例四的标注任务。最终结果如图 3.34 所示。

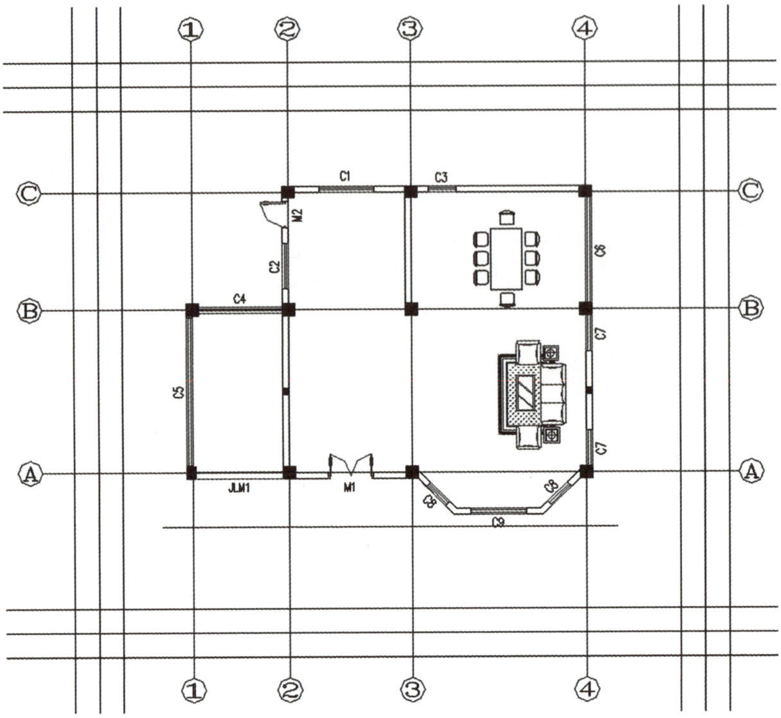

图 3.41　限定尺寸线之间的距离

任务驱动

任务一(参见"3.2.5 任务一视频"):

3.2.5

选择合适的引线命令和编辑命令,完成如图 3.42 所示的坡度标注。

任务二(参见"3.2.6 任务二视频"):

3.2.6

利用引线命令和编辑命令,完成如图 3.43 所示的标注。

图 3.42　任务一用图

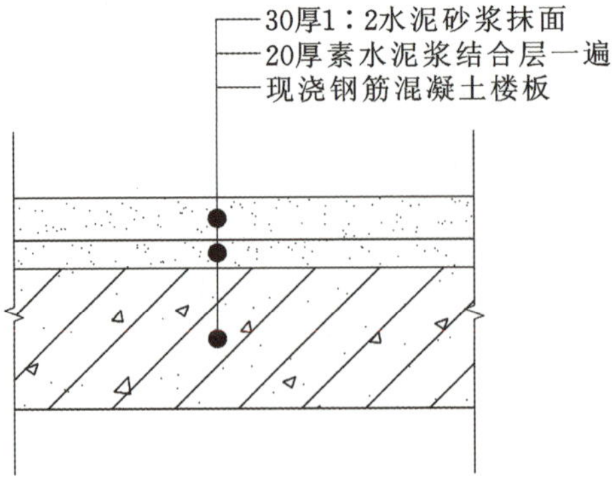

图 3.43　任务二用图

任务三(参见"3.2.7 任务三视频")：

完成图 3.44 所示半径、直径与角度的标注。

3.2.7

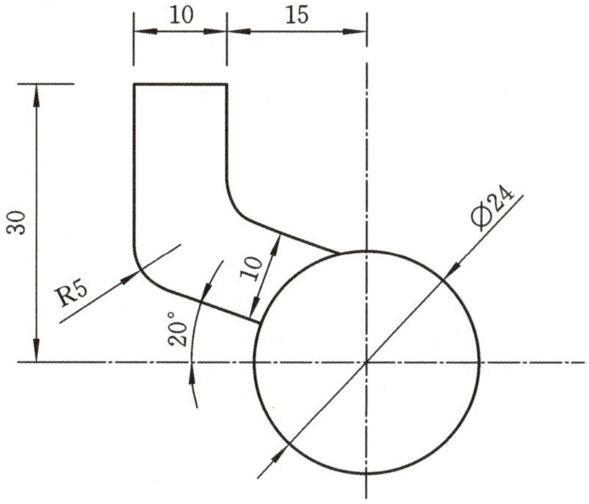

图 3.44　任务三用图

项目小结

CAD 中的引线与标注在数字绘图中扮演着非常重要的角色。通过帮助设计者连接、标记、定位和处理图形元素，使得整个绘图过程更加高效和准确。对于那些从事工程、建筑或产品设计等领域的专业人员来说，掌握 CAD 引线与标注的基本用途和操作方法是必不可少的，因为它能够帮助他们更好地创造出更为优秀的数字作品。

拓展阅读

京杭千里大运河

京杭大运河始建于春秋时期，是世界上里程最长、工程最大的古代运河，也是最古老的运河之一，与长城、坎儿井并称为中国古代的三项伟大工程，并且使用至今。京杭大运河是中国古代劳动人民创造的一项伟大工程，是中国文化地位的象征之一。大运河南起余杭(今杭州)，北到涿郡(今北京)，途经今浙江、江苏、山东、河北四省及天津、北京两市，贯通海河、黄河、淮河、长江、钱塘江五大水系，主要水源为微山湖，大运河全长约 1794km。运河对中国南北地区之间的经济、文化发展与交流，特别是对沿线地区工农业经济的发展起了巨大作用。

千里运河，迤逦穿行，沟通江南水乡、齐鲁大地、燕赵沃野，串联钱塘江、长江、淮河、黄河、海河五大水系。从历史时光里的舳舻千里、渔火延绵，到现实图景里的物阜民丰、水清岸绿，这条始建于春秋时期的人工运河，至今仍发挥着防洪排涝、输水供水、内河航运等功能，是润泽百姓的水脉、运输物资的动脉、传承历史的文脉。

党中央高度重视京杭大运河的保护治理。汩汩清水"解渴"运河。生态补水途经之处，水流下渗，回补地下水。河北、天津部分地区从大运河引水，灌溉农田，可置换地下水用水，促进华北地下水水位恢复。此外,生态补水还将有效改善运河水资源条件,促进周边生态环境复苏。

复流更要长流,保护治理要久久为功。"十四五"时期,京杭大运河要实现主要河段基本有水目标。完善河道水资源条件、提升防洪排涝能力、加强岸线保护、助力绿色航运发展,让京杭大运河不仅成为有水的河,更成为美丽的河、幸福的河。

项目评价

序号	检测项目	评价任务及权重	自评	小组互评	教师评价
1	引线及标注样式的设置	引线及标注样式的设置是否正确,错误1项扣2分(20分)			
2	引线及标注的完整性	引线及标注是否完整,缺少1项扣2分(20分)			
3	对引线及标注更改的合理性	引线及标注是否符合规范,不准确1项扣2分(20分)			
4	引线及标注布局	图形布局不美观,酌情扣2~5分(10分)			
5	完成时间	规定时间内没完成,每超过10分钟,扣2分(10分)			
6	学习表现	学习不够主动、团队协作能力差、不爱护设备仪器和环境,酌情扣10~20分(20分)			
任务总评		优□　良□　中□　合格□　不合格□			

注:按学生自评占20%、小组互评和教师评价各占40%计算,形成任务评价结论。

模块 4 图形的重复利用

模块导读

在绘图工作中，设计师常常需要绘制一些重复的图形；设计院需要规范本设计院设计成果的外观；设计师需要利用他人的底图进行本专业的设计。为了避免重复绘制一些常用图形，并规范设计成果外观，提高绘图效率，AutoCAD 提供了多个图形重复利用功能。使用图形重复利用功能可以提高绘图速度、节省存储空间、便于修改图形。本模块将对 AutoCAD 图形重复利用的功能（包括图块、外部参照、样板图等）进行介绍，并安排多个实例进行讲解。

模块导学图如图 4.1 所示。

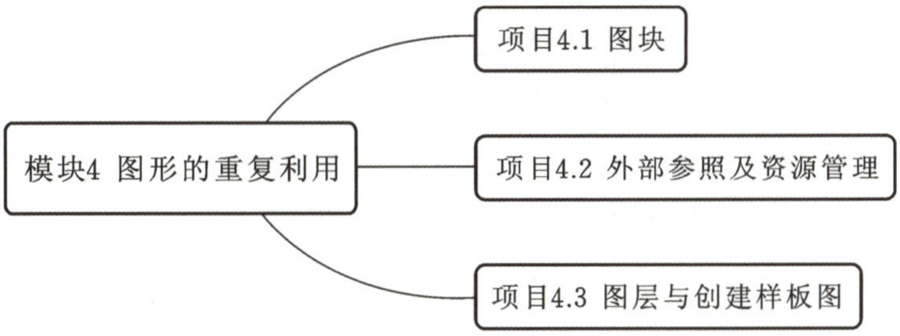

图 4.1 模块导学图

项目 4.1 图块

项目导读

在建筑 CAD 绘图中，我们经常会反复使用一些图形，可以定义为图块，以文件形式保存起来，以便随时插入，从而提高绘图速度。

本项目导学图如图 4.2 所示。

学习目标

知识目标

(1) 能利用图块进行绘图；

(2) 能区分内部块与外部块；

(3) 能运用含有属性的图形块，知道属性块的应用范围。

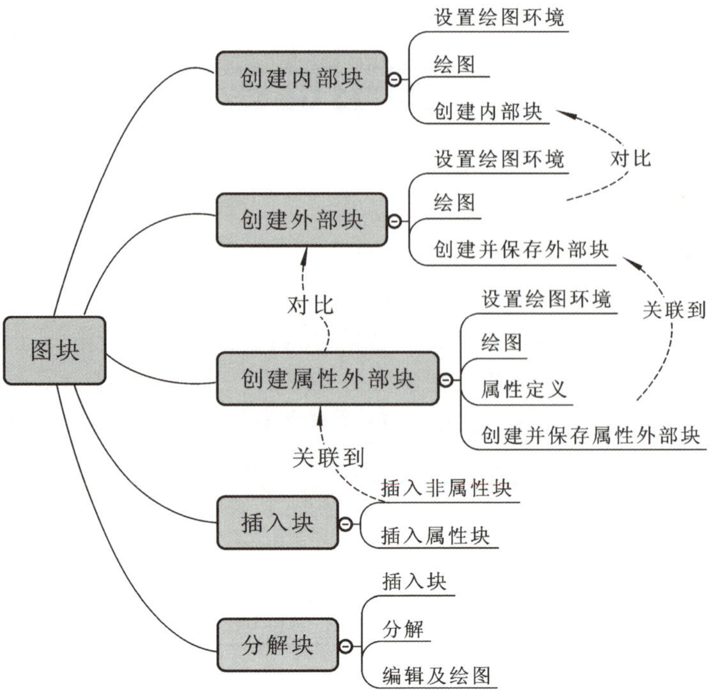

图 4.2　项目 4.1 导学图

技能目标

(1) 能利用内部块来完成制图任务；

(2) 能运用外部块完成绘制图形任务；

(3) 能熟练运用属性块,并应用到绘图中。

素质与思政目标

(1) 能对图形进行分析,选择合适的方法完成制作块的任务。

(2) 能够积累制作块的经验,提高制作块的效率。

(3) 按 3 人左右的小组学习训练,培养学生团队合作解决问题的能力及妥善处理人际关系的沟通与交流能力。

(4) 通过“拓展阅读”和技能训练,引导学生了解中国最长的地下河——坎儿井,引导学生了解我国西域建筑和文化。

知识导航

1. 图块的常识知识

图块是一个或多个对象组成的对象集合,常用于绘制复杂、重复的图形。块可以是绘制在几个图层上的不同颜色、线型和线宽特性的对象的组合。应用时,图块作为一个独立完整的对象,可根据我们作图需要插入到图中任意指定位置,并能进行不同比例缩放和不同角度旋转等操作。图块可帮助用户在同一图形或其他图形中重复使用对象,提高作图的速度。

在 AutoCAD 中,有两种创建图块的方法,即使用 BLOCK 命令创建的内部块文件和

WBLOCK 命令创建的外部块文件。这两种图块的区别是：内部块只能在定义图块的图形中调用，外部块使图块成为共享资源，可以插入到任意图形文件中。

创建图块时，应把 0 层设置为当前层（有特殊需要时除外），再定义块的各个图元。一般情况下，不在 0 层绘图，而是用来定义块。0 层上绘制的对象块，插入到其他图层时，块会随层改变特性，非 0 层上绘制的对象块，插入到其他图层时块的特性不变。

2. CAD 绘制图块常用的功能包括：

(1) 创建块（内部块 BLOCK）：从选定对象创建块定义。内部块只能在定义图块的图形中调用，快捷键为 B。

(2) 写块（创建外部块 WBLOCK）：保存选定的对象或块转换为指定的图形文件。外部块使图块成为共享资源，可以插入到任意图形文件中，快捷键为 W。

(3) 插入块（INSERT）：将块或图形插入到当前图形中，插入时支持缩放、旋转、分解等选项，方便对块的编辑。快捷键为 I。

(4) 分解（EXPLODE）：可以将块插入后执行分解命令，对块进行编辑。快捷键为 X。

(5) 定数等分：沿对象的长度或周长创建等间隔排列的点对象或块，使用前要设置点样式，否则看不到定数等分后的效果。快捷键为 DIV。

示例导学

4.1.1

1. 创建块（内部块 BLOCK）

示例一（参见“4.1.1 示例一视频”）：

创建如图 4.3 所示门的平面图内部块。

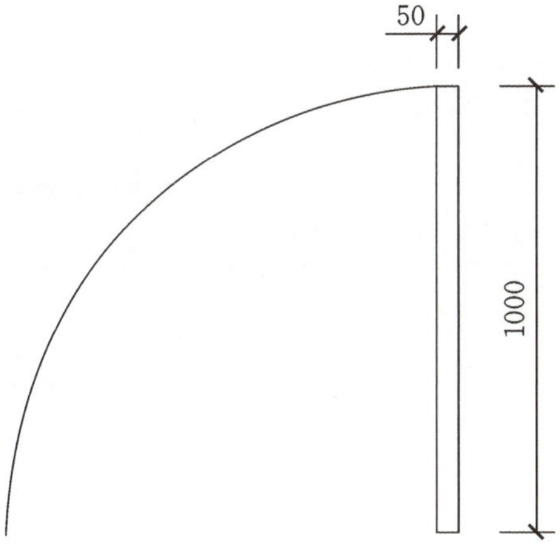

图 4.3　示例一用图

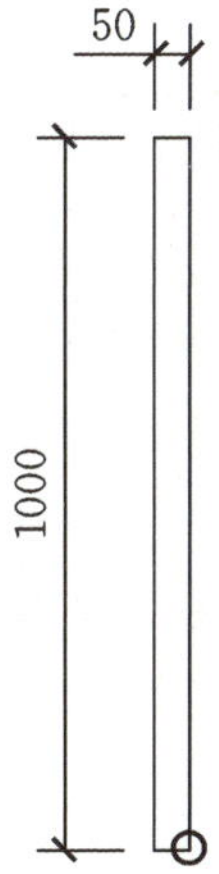

图 4.4　绘制门板

(1) 绘制图形

打开 AutoCAD 2024，在绘图界面绘制图 4.4 中所示尺寸的矩形（尺寸不用标注），以上步得到图形的红圈处角点为圆心，1000 为半径画 1/4 弧形，绘图过程中圆弧的起点和端点如图 4.5 所示。

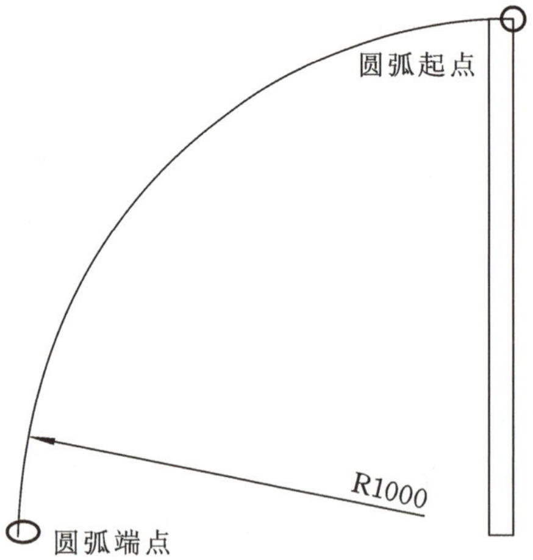

图 4.5 绘制弧形

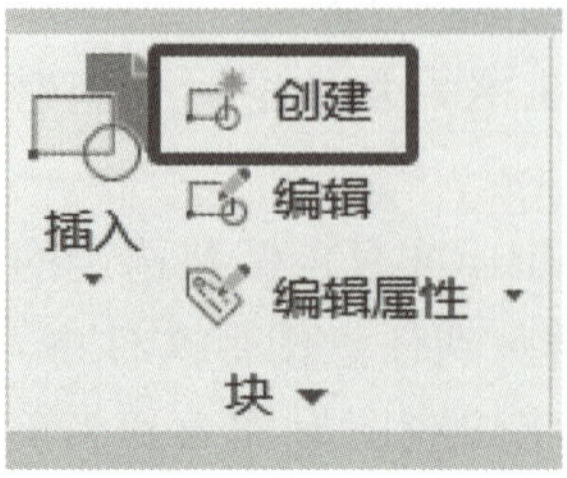

图 4.6 “默认”创建

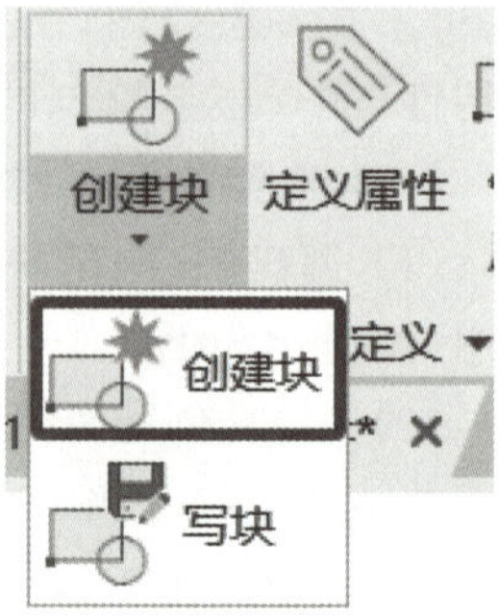

图 4.7 “插入”创建块

(2) 创建“门”块

在“默认”功能区中找到“创建”块,如图 4.6 所示;点击“创建”(也可以从“插入”中的“创建块”进入,如图 4.7 所示);激活“块定义”对话框,如图 4.8 所示;按照图 4.8 中 1~4 的步骤设置块定义,其中“拾取点”选择如图 4.9 所示的“端点”,“选择对象”要选择整个门图形,点击“确定”后,完成内部块的创建。

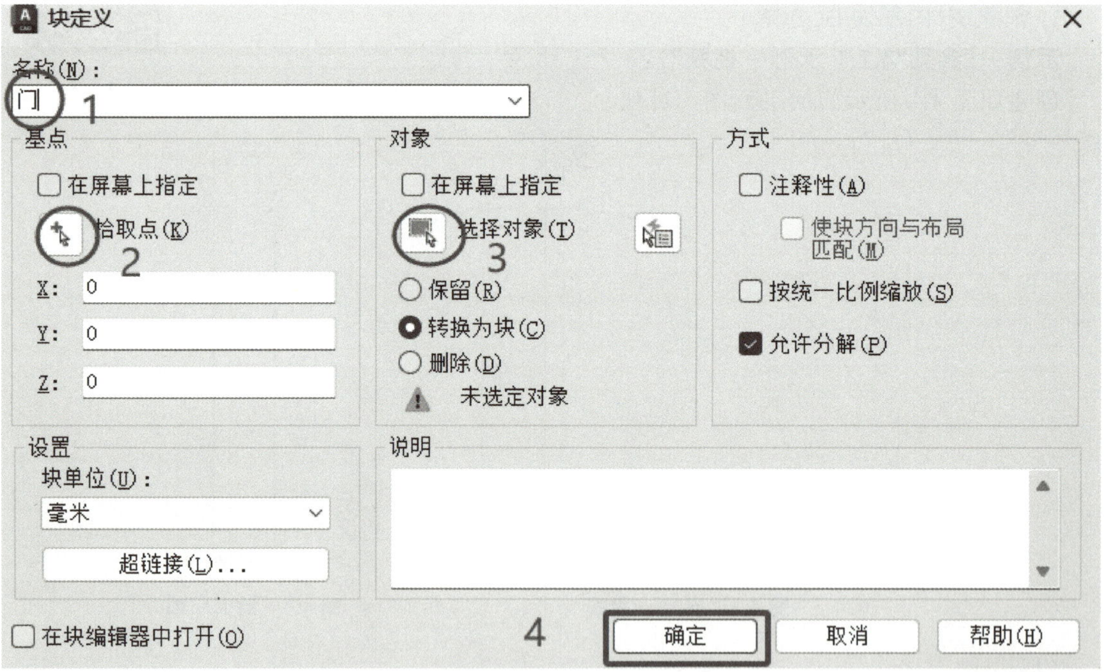

图 4.8 块定义

2. 写块(创建外部块 WBLOCK)

示例二(参见“4.1.2 示例二视频”):

创建如图 4.10 所示“窗”外部块。

4.1.2

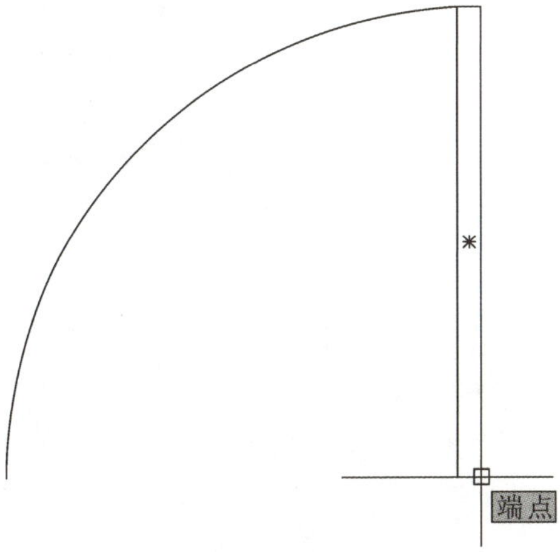

图 4.9　指定拾取点

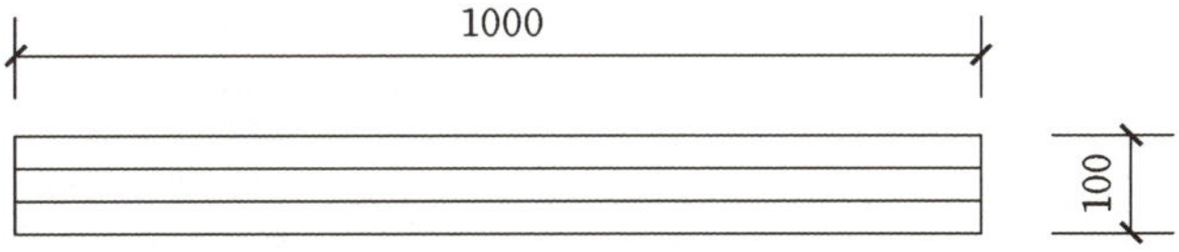

图 4.10　示例二用图

(1) 绘制图形

绘制示例二的窗户图形(不用标注尺寸),首先把图 4.11 左侧的竖向直线定数等分,绘图过程中先要设置能看到的点样式,然后再进行定数等分,这样就能看到定数等分后的效果。

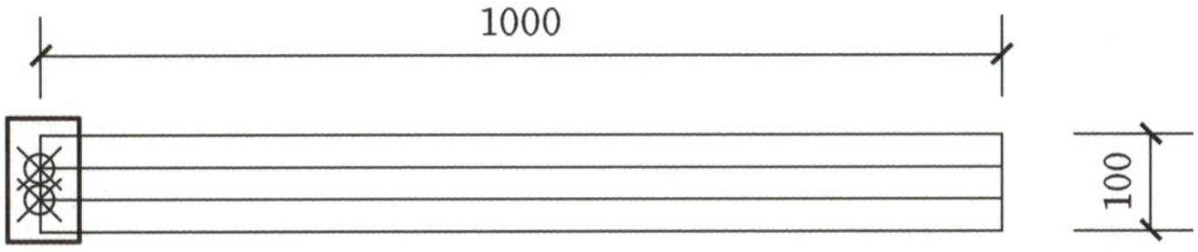

图 4.11　绘制窗

(2) 创建“窗”外部块

从“插入”—“创建块”下拉中点击“写块”,如图 4.12 所示,进入“写块”对话框,如图 4.13 所示,依次完成外部块的设置工作后点击“确定”。

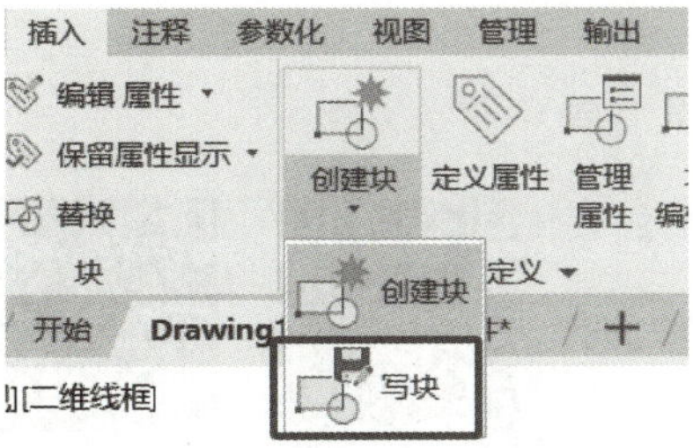

图 4.12　“插入”写块

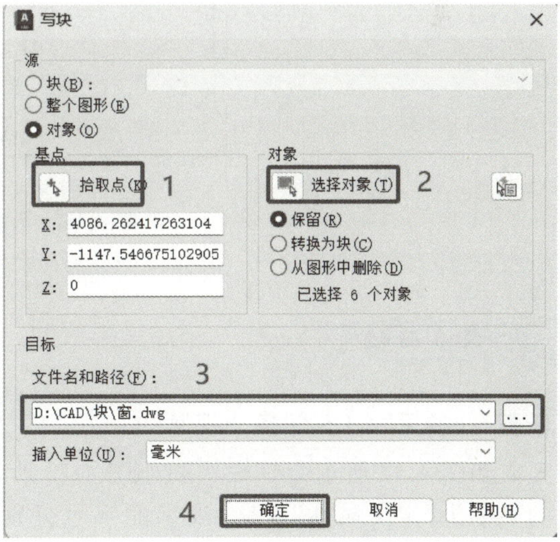

图 4.13　“写块”对话框

3. 创建属性外部块

示例三(参见“4.1.3 示例三视频”):

运用创建外部块命令完成如图 4.14 所示的标高外部块(不标注尺寸)。属性定义参照图 4.15 所示。

4.1.3

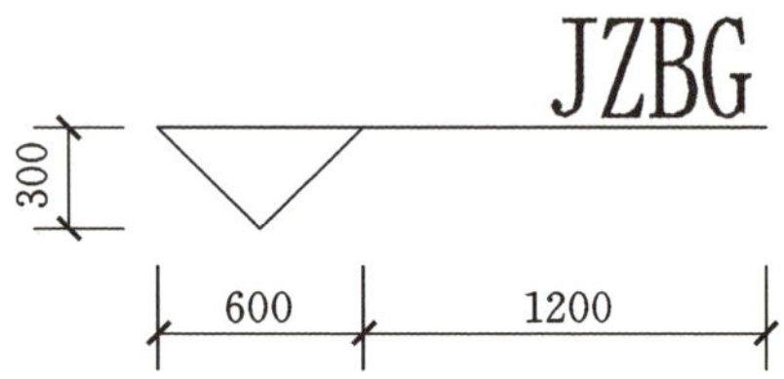

图 4.14　示例三用图

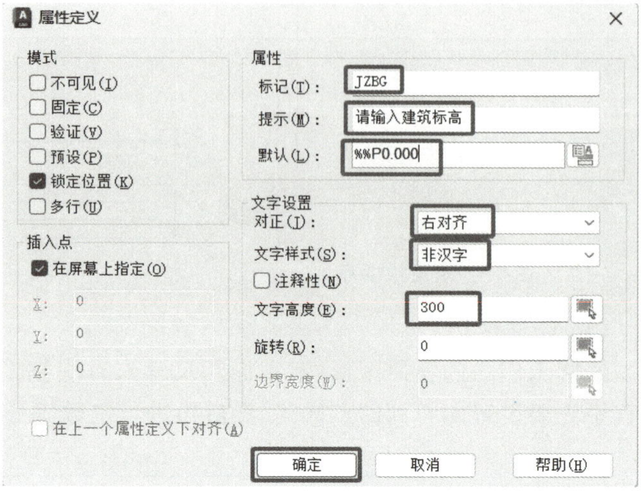

图 4.15　“属性定义”设置

示例四(参见“4.1.4 示例四视频”):

完成如图 4.16 所示双开门的外部块(不标注尺寸)。

4.1.4

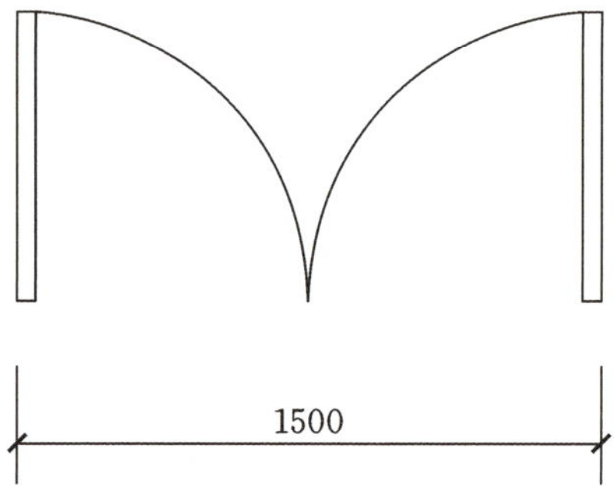

图 4.16　示例四用图

任务驱动

任务一(参见“4.1.5 任务一视频”):

完成如图 4.17 所示会签栏块和如图 4.18 所示标题栏块,带括号的文字为“定义属性”文字,汉字的字号分别为 7 和 3.5,表格外框线宽 0.7,分格线宽 0.35。

4.1.5　会签栏　4.1.5　标题栏

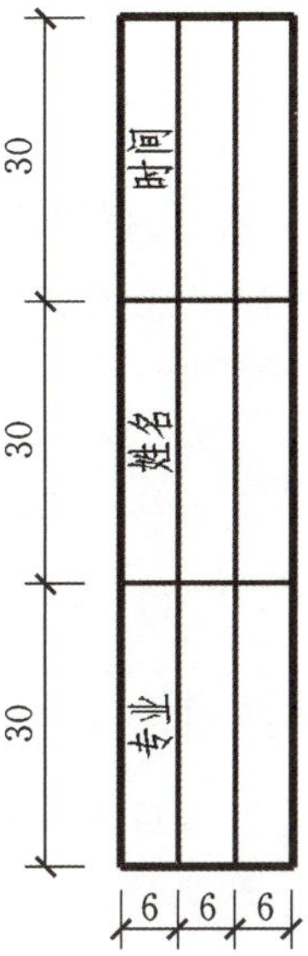

图 4.17　会签栏

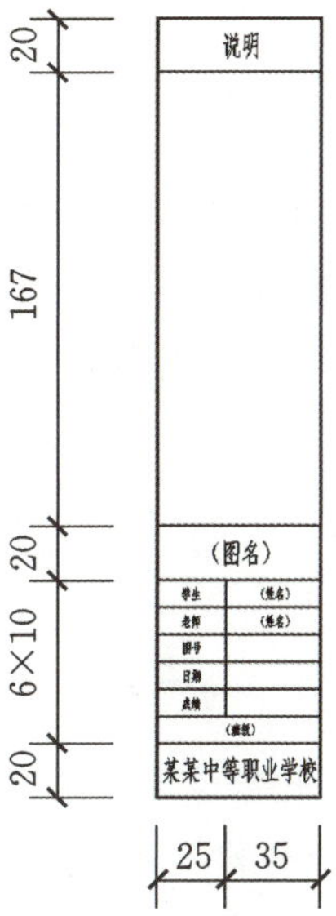

图 4.18　标题栏

4.1.6

任务二(参见“4.1.6 任务二视频”)：

利用插入块命令，把本项目前面做好的外部块和内部块插入到指定图形中，结果如图 4.19 所示(图形文件从本书资源中获取)。

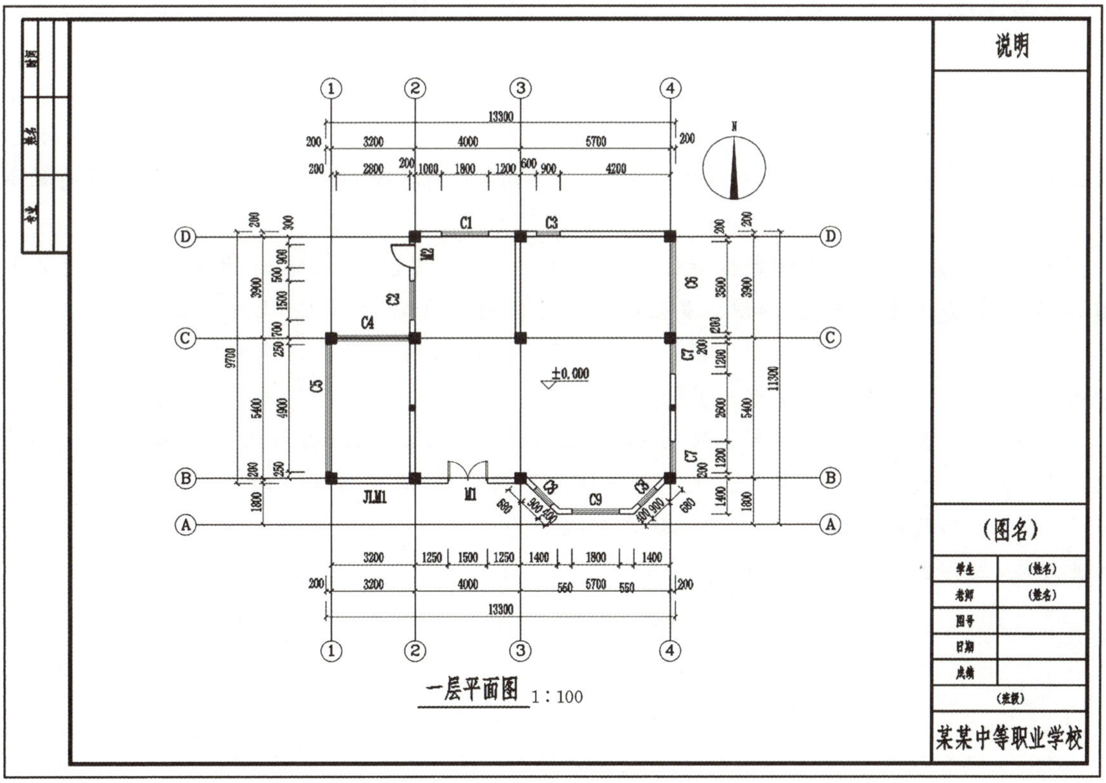

图 4.19　任务二用图

项目小结

本项目主要介绍了图块的特点、定义、操作、属性和插入图块,这些内容在绘图过程中都非常实用,希望能够将本项目的案例多做几遍,并且在学习过程中能把定义图块、插入图块和分解图块有机地结合起来,这样将提高绘图质量和效率。

拓展阅读

中国最长的地下河——坎儿井

坎儿井古代称作“井渠”,是干旱地区的劳动人民在漫长的历史发展过程中创造的一种地下水利工程。坎儿井引出了地下水,让沙漠变成绿洲。坎儿井的主要工作原理是:人们将春夏季节渗入地下的大量雨水、冰川及积雪融水利用山体的自然坡度,引出地表进行灌溉,以满足沙漠地区的生产生活用水需求。在该原理下运转的坎儿井流量稳定,且能保证井水自流灌溉。不同地区的坎儿井在具体构造上有其不同的地域特点,但一般而言,一个完整的坎儿井系统包括了竖井、暗渠(地下渠道)、明渠(地面渠道)和错现(小型蓄水池)四个主要组成部分。

坎儿井,是新疆维吾尔自治区历史悠久、具有鲜明地域特色的水利灌溉系统。与万里长城、京杭大运河并称为中国古代三大工程。

坎儿井在吐鲁番地区分布最为集中。全疆坎儿井曾达到 1784 条,其中吐鲁番就有 1287 条。吐鲁番作为古丝绸之路的重镇,降水量少,蒸发量大,气候干旱,吐鲁番古代劳动人民巧妙利用地形,开凿坎儿井地下水利用工程,解决了灌溉难题,才能让吐鲁番的葡萄飘香万里。

据考古研究,明代时期吐鲁番地区就已经出现了坎儿井。20 世纪 60 年代以来,由于人口增加、经济社会快速发展、更加便捷高效的取水方式推广等原因,部分坎儿井堵塞断流。2009 年,首次大规模坎儿井系统保护工程正式启动,迄今为止,国家文物局等单位牵头开展连续七期的维修加固工程,累计提供专项资金近亿元。

目前,吐鲁番有近 190 条有水坎儿井,年出水量 1.14 亿 m^3,总控灌面积近 10 万亩。保护坎儿井,不仅因为它至今仍在农业生产中发挥着重要作用,更因为古老的坎儿井是文化传承的符号、是重要的民族文化遗产。未来,坎儿井也将为进一步助力区域生态环境改善、地方文旅产业发展,发挥更为多样化的作用。

项目评价

序号	检测项目	评价任务及权重	自评	小组互评	教师评价
1	内部或外部块设置的正确性	内部或外部块设置是否完整，缺少1项扣3分(15分)			
2	属性块设置的正确性	属性块设置是否正确，错误1项扣3分(15分)			
3	块图形的完整性	块图形绘制是否完整，缺少1项扣3分(15分)			
4	块插入的准确性	块插入的是否准确，不准确1项扣3分(15分)			
5	图形布局	图形布局不美观，酌情扣2～5分(10分)			
6	完成时间	规定时间内没完成，每超过10分钟，扣2分(10分)			
7	学习表现	学习不够主动、团队协作能力差、不爱护设备仪器和环境，酌情扣10～20分(20分)			
任务总评		优□　良□　中□　合格□　不合格□			

注：按学生自评占20%、小组互评和教师评价各占40%计算，形成任务评价结论。

项目4.2　外部参照及资源管理

项目导读

在建筑制图中利用外部参照将已有图形文件插在图形里供参照用，是一种节省空间和文件大小的方法。比如设计师在地形图上绘制楼房平面图，如果按常规把地形图复制过来的话，文件量就非常大；而如果用外部参照插入地形图，文件量就很小，而且只要不修改参照文件及其参照路径就不会改变插入的外部参照。地形图改变，参照会自动改变，这样就增加了绘图效率。

本项目导学图如图4.20所示。

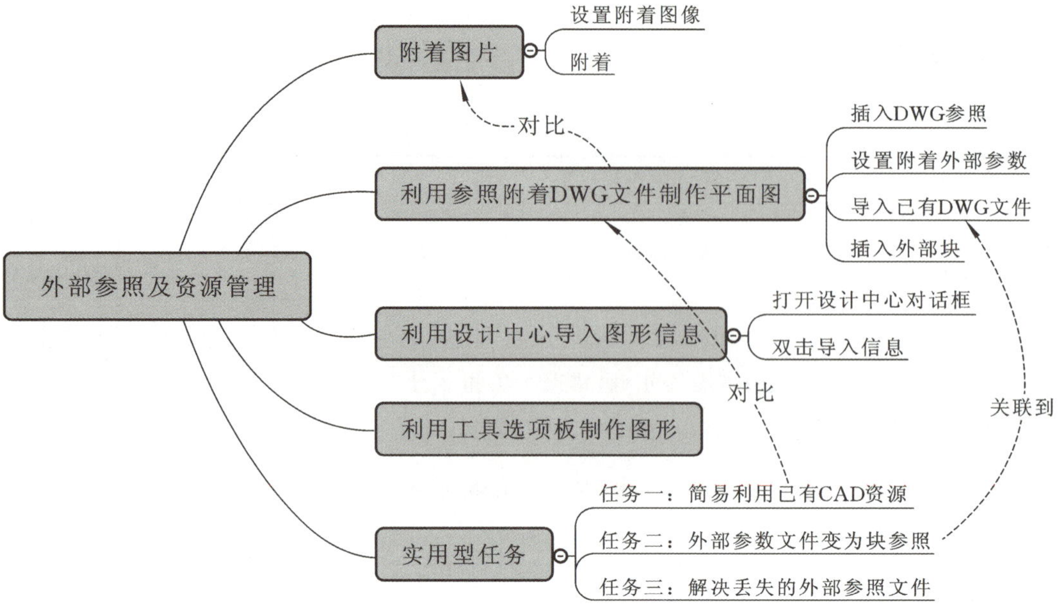

图 4.20　项目 4.2 导学图

学习目标

知识目标

(1) 能利用建筑资源进行组织、管理与共享；

(2) 能运用地面材质图案来表达图形。

技能目标

(1) 能运用外部参照画图；

(2) 能利用设计中心完成任务；

(3) 能绘制房屋的家具布局图。

素质与思政目标

(1) 能对所给户型任务进行分析，选择插入合适的图形完成任务。

(2) 多看多读相关户型布置图，积累对户型布置的经验。

(3) 按 3 人左右的小组学习训练，培养学生团队合作解决问题的能力及妥善处理人际关系的沟通与交流能力。

(4) 通过“拓展阅读”和技能训练，引导学生了解世界文化遗产——清东陵，引导学生了解我国古代丰富的建筑和旅游文化资源。

知识导航

1. 外部参照及资源管理的常识知识

外部参照与块有相似的地方，但它们的主要区别是：一旦插入了块，该块就永久性地插入到当前图形中，成为当前图形的一部分。而以外部参照方式将图形插入到某一图形（称之为主图形）后，被插入图形文件的信息并不直接加入到主图形中，主图形只是记录参照的关系，比如记录参照图形文件的路径等信息。另外，对主图形的操作不会改变外部参照图形文件的内容。当打开具有外部参照的图形时，系统会自动把各外部参照图形文件重新调入内存并在当前图形中显示出来。

设计中心主要用于对图形资源进行管理、查看与共享等，它与 Windows 的资源管理器功能相似，是一个直观、高效的制图工具。

2. CAD 外部参照及资源管理的功能

（1）附着（ATTACH）：插入外部文件（如其他图形、光栅图像和参考底图）的参照。

（2）外部参照附着（XATTACH）：插入外部文件（DWG、图像、DWF、DGN、PDF、点云等）的参照。这里记忆最近一次用“外部参照选项板”所使用外部参照附着的文件格式，想改变插入文件格式需要再次进入“外部参照选项板”。快捷键为 XA。

（3）裁剪（CLIP）：按照指定边界剪裁块、外部参照文件或视口。

（4）调整：调整图像或参考底图（SWF、DWFX、PDF 或 DGN）的淡入度、对比度、亮度和单色设置。调整可以用来应急改变图形，原图的质量需要在其他软件进行改动。

（5）外部参照选项板（XREF）：这里可以附着多种格式文件（DWG、图像、PDF 等），可以更改附着路径。在“视图”中点击 可以激活外部参照选项板。快捷键为 XR。

（6）设计中心（ADCENTER）：设计中心是 AutoCAD 提供的一个资料库，通过设计中心，我们可以完成许多功能，不仅可以浏览、查找、预览和管理 AutoCAD 图形、光栅图像等不同的资源，而且还可以通过简单的拖放操作，将位于本地计算机、局域网或国际互联网上的块、图层、文字样式、标注样式等插入到当前图形。快捷键为 DC 或 Ctrl+2。

（7）工具选项板（TOOLPALETTES）：工具选项板是一个选项卡形式的区域，它提供了一种组织、共享和放大块及填充图案的有效工具。通过工具选项板，用户可以非常方便地组织、管理和使用自定义图库。进入方式为：“视图”—“选项板”—“工具选项板”。快捷键为 TP 或 Ctrl+3。

示例导学

1. 附着（ATTACH）：

示例一（参见“4.2.1 示例一视频”）：

将图片“一层平面图.PNG”附着到新建 CAD 文件中，保存为“示例一.dwg”，结果如图 4.21 所示。

4.2.1

2. 外部参照附着（XATTACH）

示例二（参见“4.2.2 示例二视频”）：

新建 CAD 文件，将“一层平面图.dwg”的 CAD 文件附着到 CAD 中，并将家具插入卧室，保存为“示例二.dwg”，结果如图 4.22 所示。

4.2.2

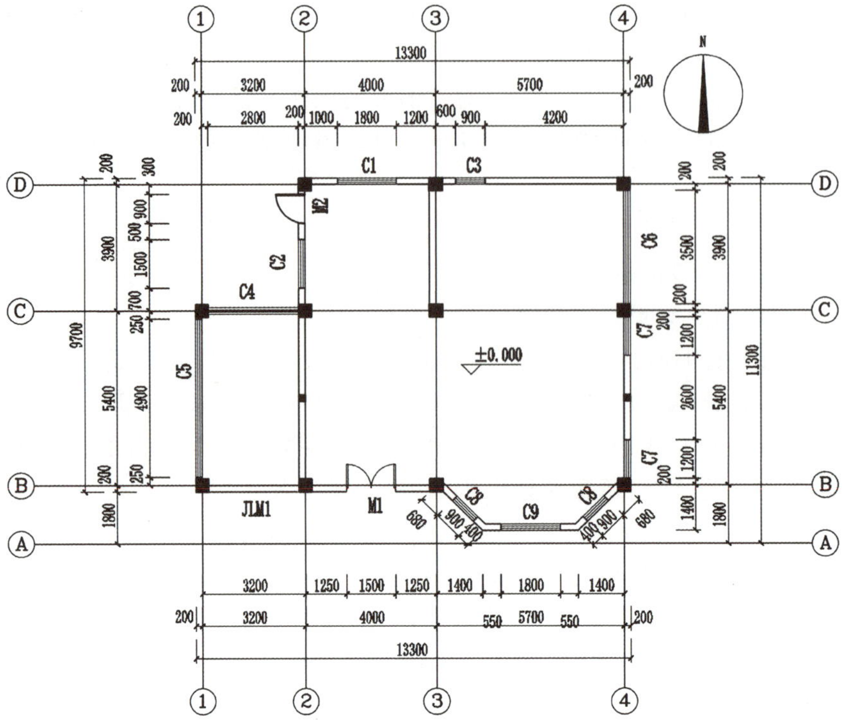

一层平面图 1:100

图 4.21　示例一用图

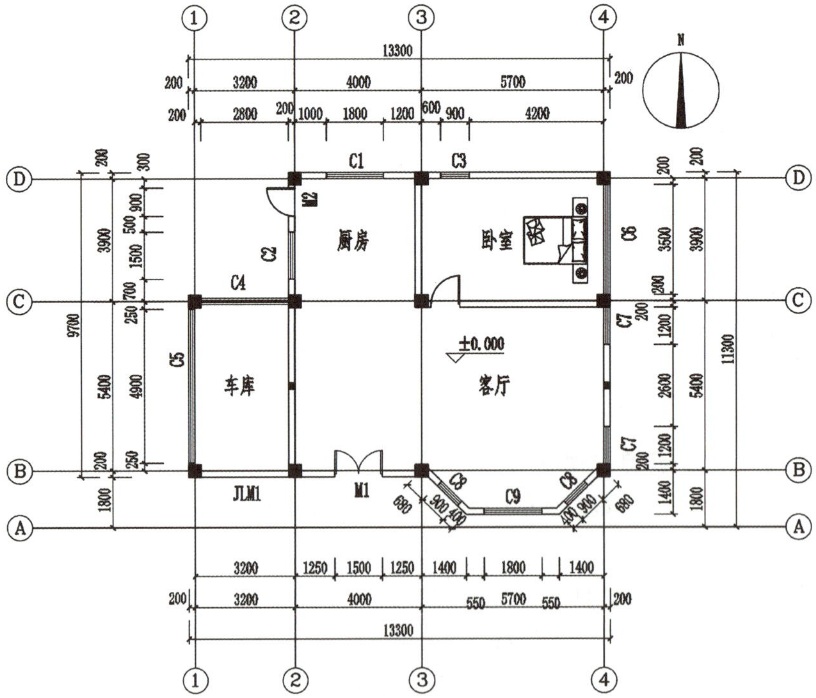

一层平面图 1:100

图 4.22　示例二用图

3. 设计中心(ADCENTER)

示例三(参见"4.2.3 示例三视频"):

4.2.3

新建 CAD 文件,利用设计中心将"示例三用图.dwg"的图层、文字、标注和布局附着到新建 CAD 文件中,并保存为"示例三.dwg",结果如图 4.23 所示。

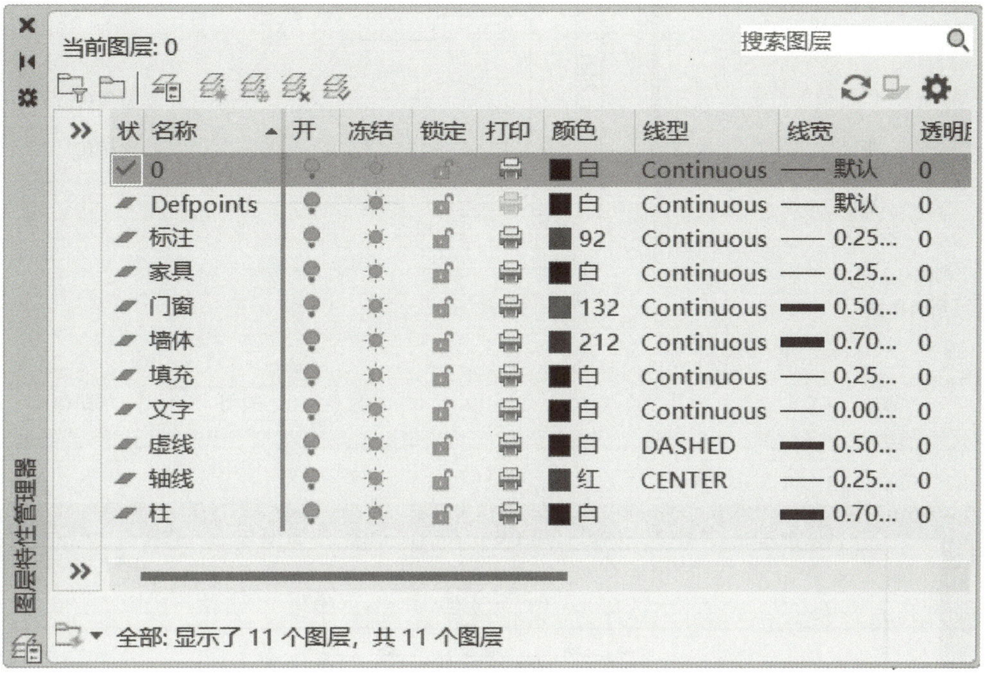

(a)

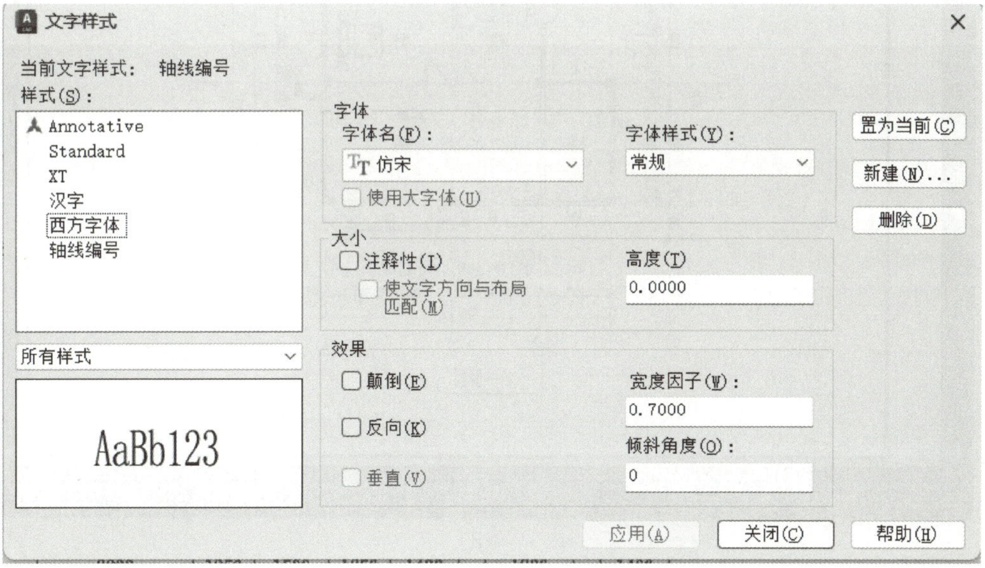

(b)

图 4.23　示例三用图

(a)图层特性管理器;(b)文字样式;(c)标注样式管理器;(d)布局

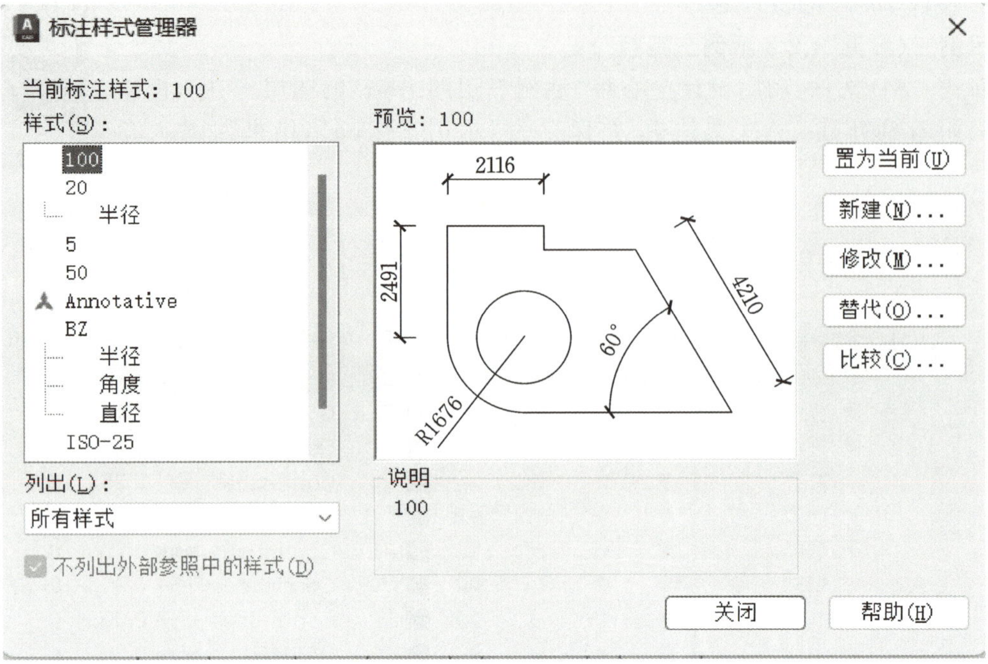
标注样式管理器
当前标注样式: 100
样式(S):
100
20
半径
5
50
Annotative
BZ
半径
角度
直径
ISO-25
预览: 100
2116
2491
4210
60°
R1676
置为当前(U)
新建(N)...
修改(M)...
替代(O)...
比较(C)...
列出(L):
所有样式
不列出外部参照中的样式(D)
说明
100
关闭
帮助(H)

(c)

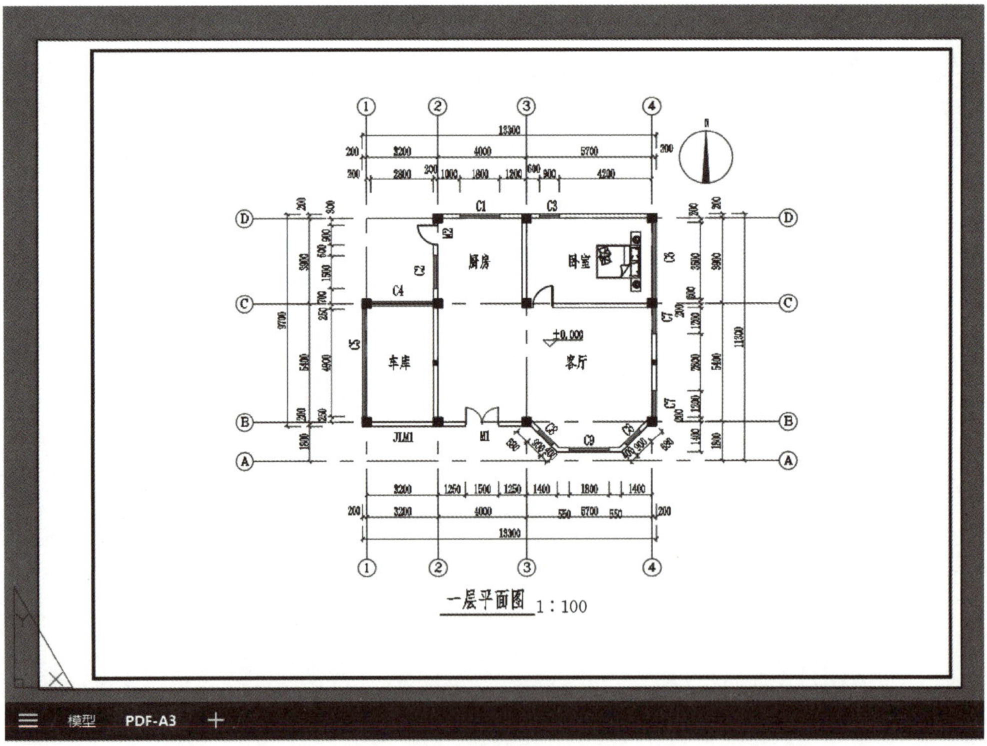
厨房
卧室
车库
客厅
±0.000
一层平面图 1 : 100
模型
PDF-A3

(d)

续图 4.23

4. 工具选项板（TOOLPALETTES）

示例四（参见“4.2.4 示例四视频”）：

利用工具选项板中“建筑”选项板和修改命令，完成如图 4.24 所示尺寸的窗。

4.2.4

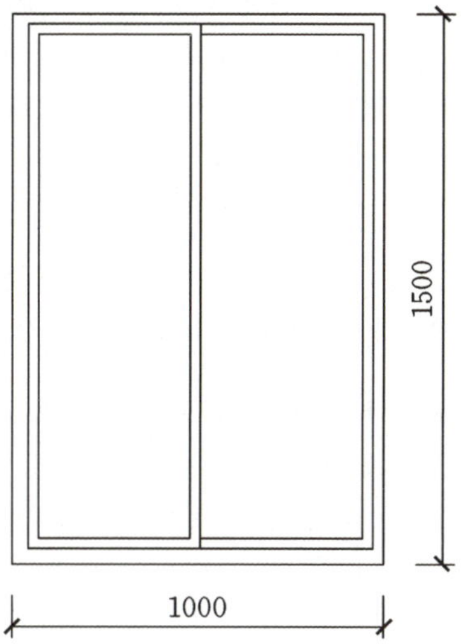

图 4.24　窗

任务驱动

任务一：简易利用已有 CAD 资源（参见“4.2.5 任务一视频”）：

4.2.5

从本书资源中下载图 4.25 所示的“任务一作图用.dwg”文件，直接拖动到新建 CAD 文件中，然后将图形块进行分解，保存为“任务一.dwg”文件。

图 4.25　任务一用图

任务二：外部参照文件变为块参照（参见“4.2.6 任务二视频”）：

4.2.6

从本书资源中下载图 4.26 所示的“任务二作图用.dwg”文件，将文件作为外部参照插入新 CAD 文件中，并对外部参照文件进行分解（XR-绑定），保存为“任务二.dwg”文件。

图 4.26　任务二用图

任务三：解决丢失的外部参照文件（参见“4.2.7 任务三视频”）：

4.2.7

将任务三的外部参照“任务三附着用.dwg”文件移动到桌面，这时“任务三作图用.dwg”丢失外部参照，打开文件后看不到外部参照。通过改变参照路径修复原参照，保存为“任务三.dwg”文件。

项目小结

本项目主要介绍了在项目设计中怎样有效利用已有图形资料。利用外部参照,各专业人员每次进入自己的设计图时,最新保存的外部参照图都可以加载进来,保证设计图始终是最新的,这样将大大提高绘图效率和准确性。

拓展阅读

世界文化遗产——清东陵

清东陵,位于河北省唐山市遵化市境西北部马兰峪的昌瑞山,是中国现存规模最宏大、体系最完整、布局最得体的帝王陵墓建筑群。清东陵共有帝陵 5 座:世祖顺治帝之孝陵、圣祖康熙帝之景陵、高宗乾隆帝之裕陵、文宗咸丰帝之定陵、穆宗同治帝之惠陵。1961 年,清东陵成为全国重点文物保护单位。2000 年 11 月 30 日被列入世界文化遗产,联合国世界遗产专家说清东陵是"人类具有创造性的天才杰作"。2015 年 10 月被列为国家 5A 级旅游景区。

清东陵于康熙二年(1663 年)开始修建。清东陵的建筑恢宏、壮观、精美。整座清东陵在木构和石构两方面都有精湛的技巧,可谓集清代宫殿建筑之大成,其中孝陵的石像生最多,共达 18 对,造型多朴实浑厚;乾隆的裕陵规模最大、最为堂皇,而慈禧的普陀峪定东陵则是首屈一指的精巧建筑。

陵区以昌瑞山主峰下的孝陵为中轴线,依山势呈扇形东西排列,主次分明,尊卑有序。各陵按规制营建了一系列建筑,总体布局为"前朝后寝"。"百尺为形,千尺为势"的审美思想贯穿于每一座陵寝建筑中,使各单体建筑在空间组合上达到了近乎完美的空间组合。在这庞大的建筑群体中包容了中国明清两代宫廷建筑的基本形式,运用了最先进的工程技术,采用了最为珍贵的建筑材料,陵区的 580 多座单体建筑中,有经过两次大地震 330 年岿然不动的全国现存最宽的石牌坊,有全长达 5.5km 的孝陵主神路,有叩之声若金钟的"五音桥",有被誉为"石雕艺术宝库"和"地下佛堂"的裕陵地宫,更有采用珍贵的黄花梨木建成并为黄金装饰的慈禧陵三大殿,以及"凤在上龙在下"的丹陛石,游人看后既被那精湛的艺术所倾倒,更为那宏伟的气势所折服。

清东陵是中国封建皇陵的集大成者,是我国古代劳动人民智慧的结晶,它综合体现了中国传统的风水学、建筑学、美学、哲学、景观学、丧葬祭祀、宗教、民俗等文化,具有重要的历史价值、艺术价值和科学价值,是中华民族和全人类的文化遗产。

项目评价

序号	检测项目	评价任务及权重	自评	小组互评	教师评价
1	附着的准确性	附着是否准确,不准确 1 项扣 5 分(20 分)			
2	外部参照附着的准确性	外部参照附着是否准确,不准确 1 项扣 5 分(20 分)			

续表

序号	检测项目	评价任务及权重	自评	小组互评	教师评价
3	设计中心案例的准确性	设计中心案例是否准确，不准确 1 项扣 5 分(20 分)			
4	工具选项板的准确性	工具选项板是否准确，不准确 1 项扣 5 分(20 分)			
5	学习表现	学习不够主动、团队协作能力差、不爱护设备仪器和环境，酌情扣 10～20 分(20 分)			
任务总评		优□　良□　中□　合格□　不合格□			

注：按学生自评占 20%、小组互评和教师评价各占 40%计算，形成任务评价结论。

项目 4.3　图层与创建样板图

项目导读

用 AutoCAD 出图时，每次都要设置图层、绘制图框等，对于这些重复性的设置，可以建立符合国家建筑制图标准的标准化的样板图，样板图可以在同一设计院里互相调用，提高绘图质量和绘图效率。

在绘制复制图形时，由于表达的对象繁多，通常用不同的颜色和线型对对象予以区别。在 AutoCAD 中，常用图层来组织和管理图形。为了提高绘图效率，图层作为样板图中不可少的一部分，可以保证本单位设计图纸的风格一致，并在线型、线宽等方面符合国家规范要求。

本项目导学图如图 4.27 所示。

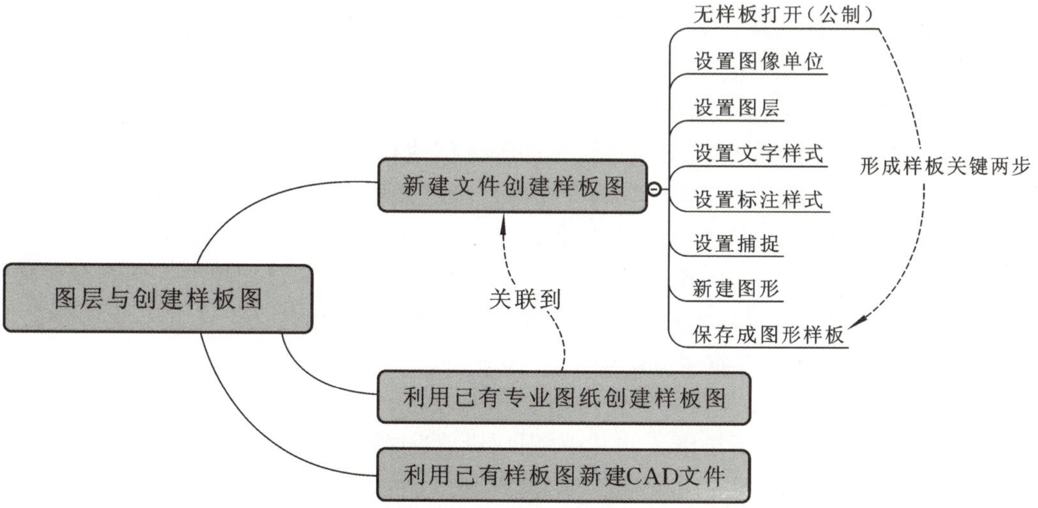

图 4.27　项目 4.3 导学图

学习目标

知识目标

(1) 能进行图层中线型、线宽等设置;

(2) 能对图层进行开关、冻结、反选等操作;

(3) 能对图层进行分组。

技能目标

(1) 能够按照图纸任务要求设置图层;

(2) 能够正确建立样板文件;

(3) 能够按照任务要求设置样板图中图层、文字等内容;

(4) 能掌握并保存格式正确的样板文件;

(5) 能运用指定样板文件新建 CAD 文件。

素质与思政目标

(1) 能对绘图任务进行分析,选择合适的样板图。

(2) 能够积累绘图经验,提高绘图效率。

(3) 按 3 人左右的小组学习训练,培养学生团队合作解决问题的能力及妥善处理人际关系的沟通与交流能力。

(4) 通过"拓展阅读"和技能训练,引导学生了解天下第一雄关——嘉峪关,引导学生了解我国古代出国关口的建筑和文化。

知识导航

1. 图层与样板图的常识知识

AutoCAD 缺省安装下自带样板图,但是它们大都不能满足绘制建筑图样的要求,我们需要根据国家建筑制图标准及该类图样的特点进行设置,并保存为"＊.dwt"格式的样板文件,以便设计和绘图时直接调用,避免每次绘图都需要重新设置。

建筑样板图的内容包括绘图环境、图层及特性的设置、建筑样板常用样式(文字、尺寸、墙线、窗线等)、图表框的绘制、样板图的页面布局等。创建样板图一般有两种方法:一是新建文件来创建样板图,二是采用或修改已有的专业图形来建样板图。

图层的使用是 AutoCAD 绘图中非常重要也是最常见的一个功能。图层可以快速地查看在某一图层上的图形;图层可以控制这一图层的图形是否打印;通过图层的锁定控制图形的绘制,防止绘图时误改其他图层;图层可以在不同图层中设置不同的线形、线宽以及颜色等。

2. CAD 中图层与样板图常用的功能

(1) 图层特性管理器(LAYER):管理图层和图层特性,功能包含过滤器、新建图层、冻结图层、删除图层、置为当前、图层设置。其中"图层设置"包含图层状态、颜色线型、线宽、透明度等,快捷键为 LA。

(2) 图层漫游(LAYWALK):显示图层上的对象,并隐藏所有其他图层上的对象。显示包含图形中所有图层列表的对话框。对于包含大量图层的图形,用户可以过滤显示在对话框中的图层列表。使用此命令可以检查每个图层上的对象和清理未参照的图层。

(3) 新建图形(NEW):选择样板建立图形文件,也可以新建样板文件,快捷键为 N(或 Ctrl+N)。

(4) 文字样式(STYLE):创建、修改或指定文字样式。可以指定当前文字样式以确定所有文字的外观。文字样式设置包含字体、字号、倾斜角度、方向和其他文字特征,快捷键为 ST。

(5) 标注样式(DIMSTYLE):创建和修改标注样式。标注样式是标注设置的命名集合,用于控制标注的外观。用户可以创建标注样式,以快速指定标注的格式,并确保标注符合标准,快捷键为 D。

(6) 草图设置:草图设置是 CAD 中的基本功能,也是特别强大的功能,草图设置的功能设计合理时,将大大提高绘图准确性和速度,这里包括捕捉与栅格、极轴捕捉、对象捕捉等功能。快捷键为 DS。

示例导学

1. 新建文件创建样板图

示例一(参见“4.3.1 示例一视频”):

建立样板文件,保存为“建筑样板.dwt”文件,保存到电脑 D 盘“CAD”文件夹中。

4.3.1

绘图前的准备工作如下:

点击快速访问栏第一项打开“选择样板”对话框,如图 4.28 所示,点击右下角“打开”右侧三角下拉框,选择第三项“无样板打开-公制(M)”,这时进入绘图页面。

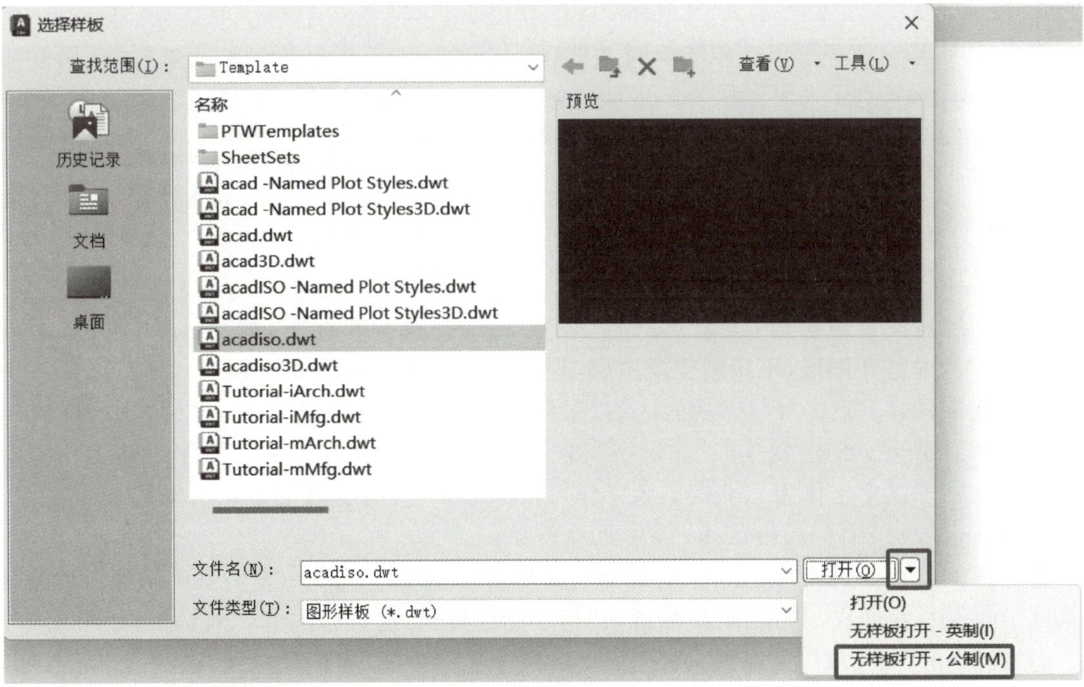

图 4.28　无样板打开-公制

点击菜单栏“格式”下的“单位”弹出“图形单位”对话框，将长度和角度的精度都改为 0.00，“插入时的缩放单位”选“毫米”(这项默认是毫米，误改后图形将会发生错误)，如图 4.29 所示。

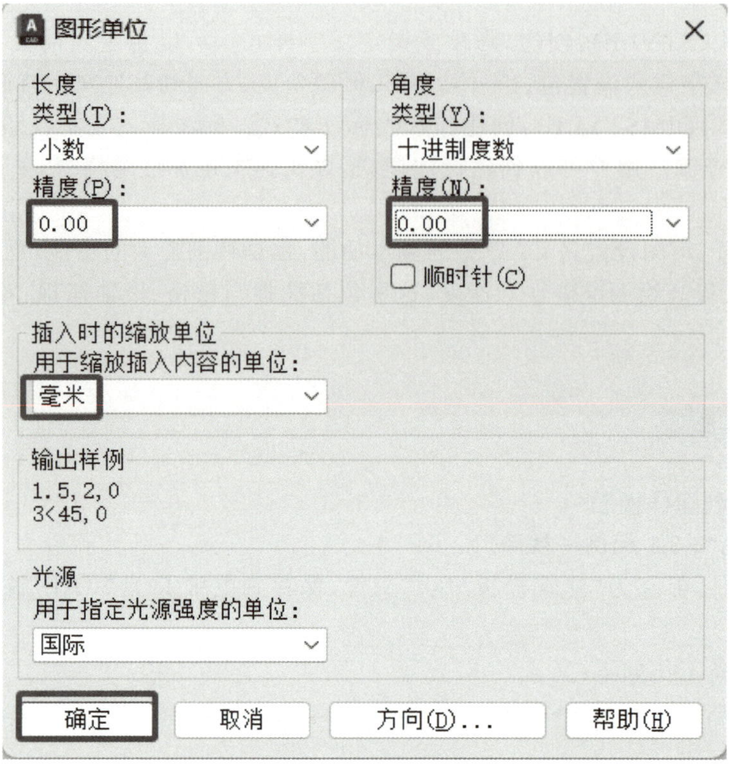

图 4.29　图形单位

点击如图 4.30 所示“默认”功能区的“图层特性”。

图 4.30　点击图层特性

打开图层特性管理器后，设置过滤器、图层、颜色、线型和线宽，如图 4.31 所示。其中“Defpoints”为非打印图层，不用新建此图层，它会在画图过程中自动出现。

设置文字样式。点击“默认”功能区的“注释”，得到图 4.32；点击 1 处，得到“文字样式”对话框如图 4.33 所示，新建“汉字”、“非汉字”和“轴线编号”三个文字样式。汉字字体为仿宋，宽度因子为 0.7；非汉字字体为 simplex，大字体“bigfont.shx”，宽度因子为 0.7；轴线编号字体为“comlpex.shx”，大字体“bigfont.shx”，宽度因子为 1。

点击图 4.32 中 2 进入“标注样式管理器”，如图 4.34 所示，以“ISO-25”为基础新建名称为“建筑标注 100”的标注样式，点击“继续”后进入“新建标注样式：建筑标注 100”对话框，如图 4.35 所示。将“线”中的“尺寸线”的“基线间距”改为 8，尺寸界限中的“超出尺寸线”改为 2，“起点偏移量”改为 2，“固定长度尺寸界限”勾选，“长度”改为 8(这里所有数据都按规范要求设置)。

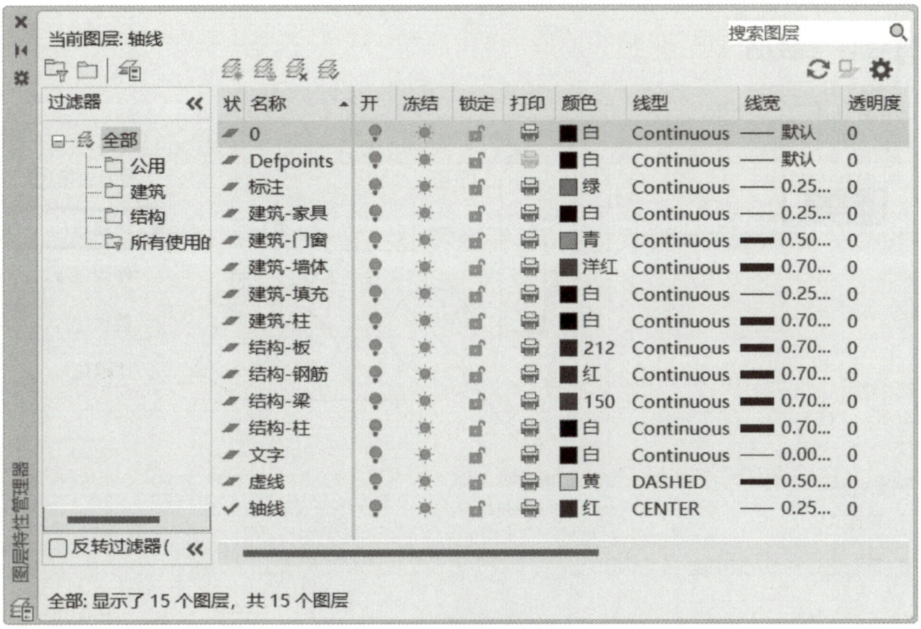

图 4.31　图层特性管理器

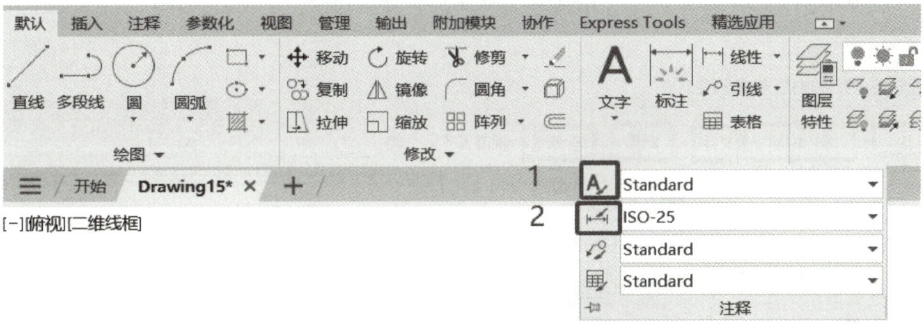

图 4.32　“默认”功能区的“注释”下拉框

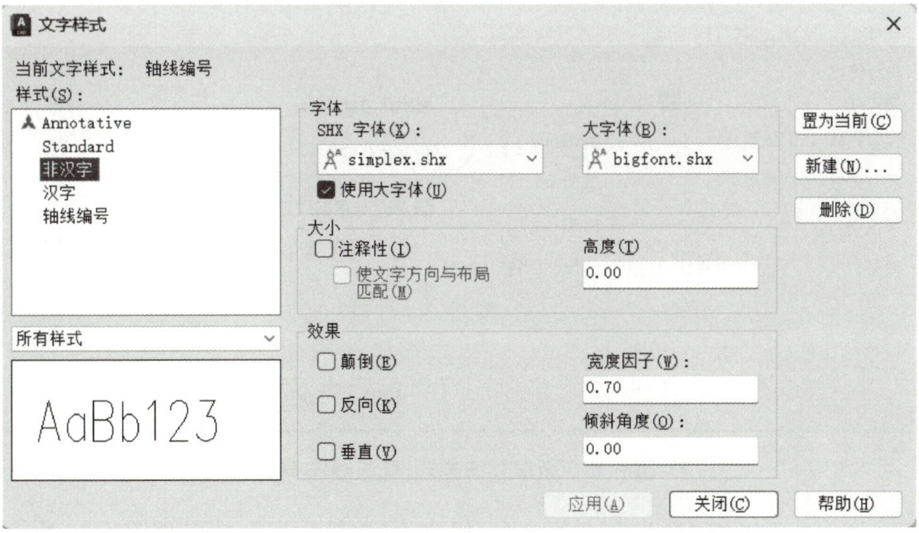

图 4.33　文字样式

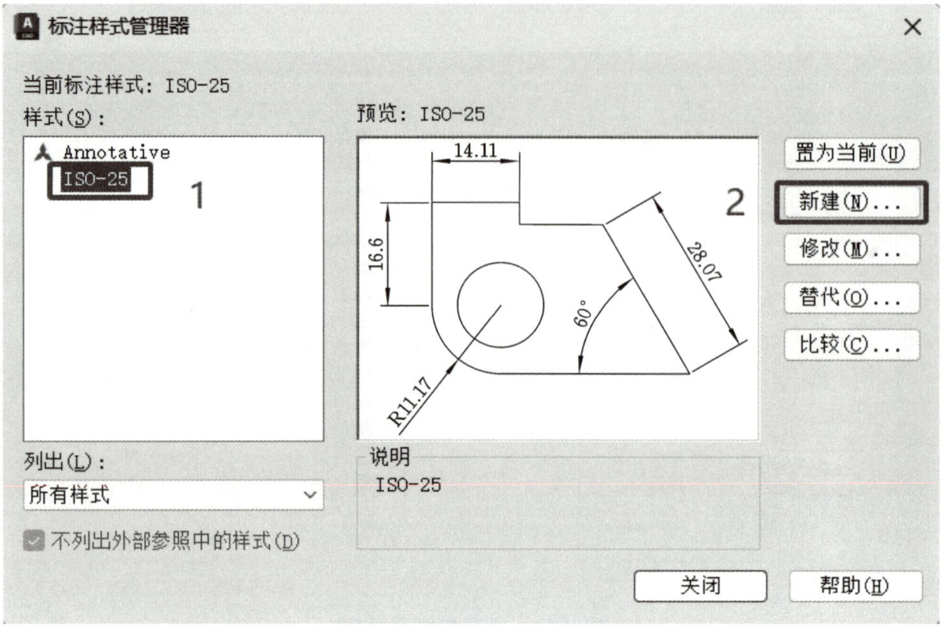

图 4.34　标注样式管理器

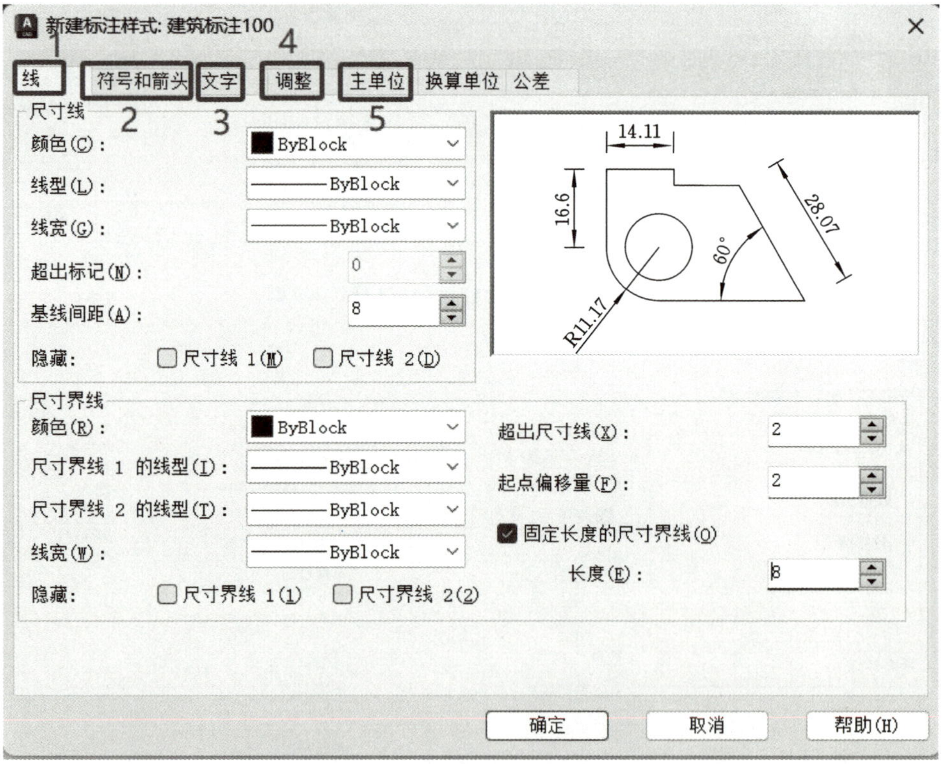

图 4.35　新建标注样式:建筑标注 100

在“符号和箭头”中,将“箭头”—“第一个”修改为“建筑标记”,结果如图 4.36 所示。

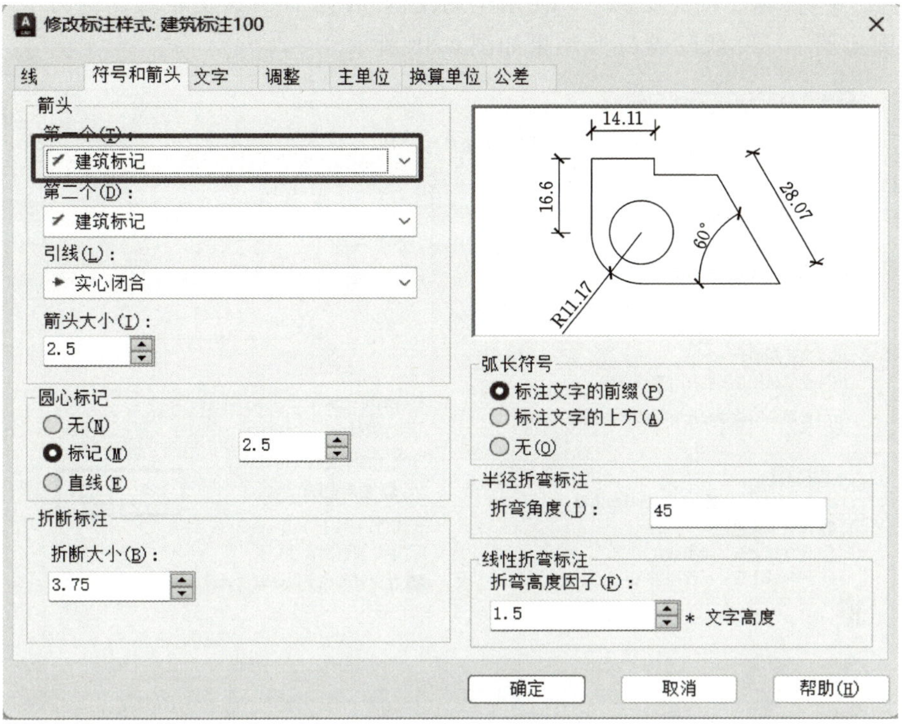

图 4.36　符号和箭头

在“文字”中将“文字样式”选为“非汉字”，结果如图 4.37 所示。

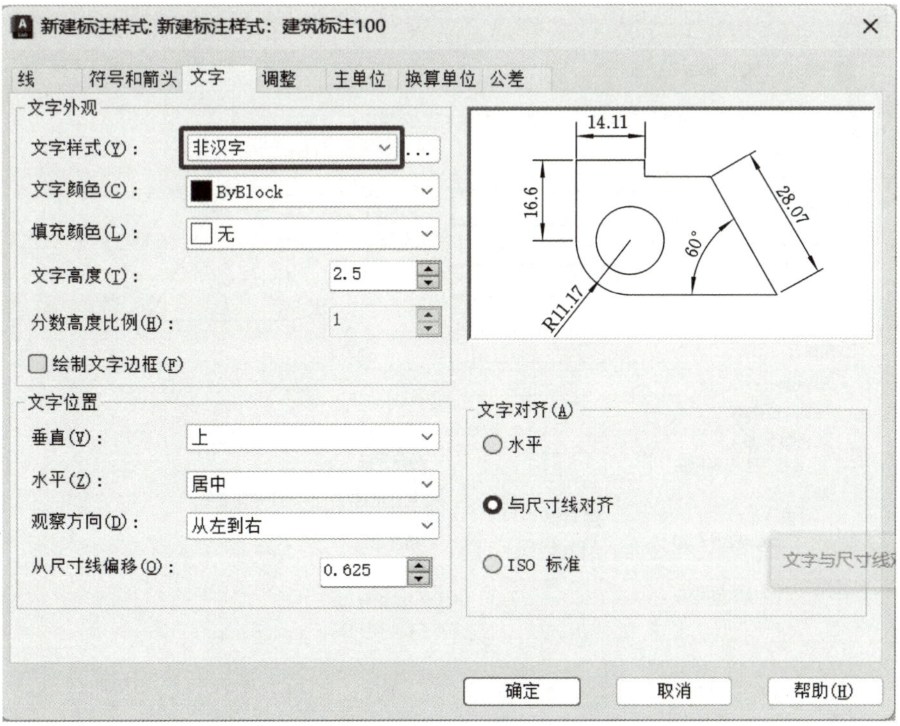

图 4.37　文字

在“调整”中将“标注特征比例”—“使用全局比例”改为 100(这里绘图比例为 1∶100 就改成 100,绘图比例 1∶20 就改成 20),结果如图 4.38 所示。

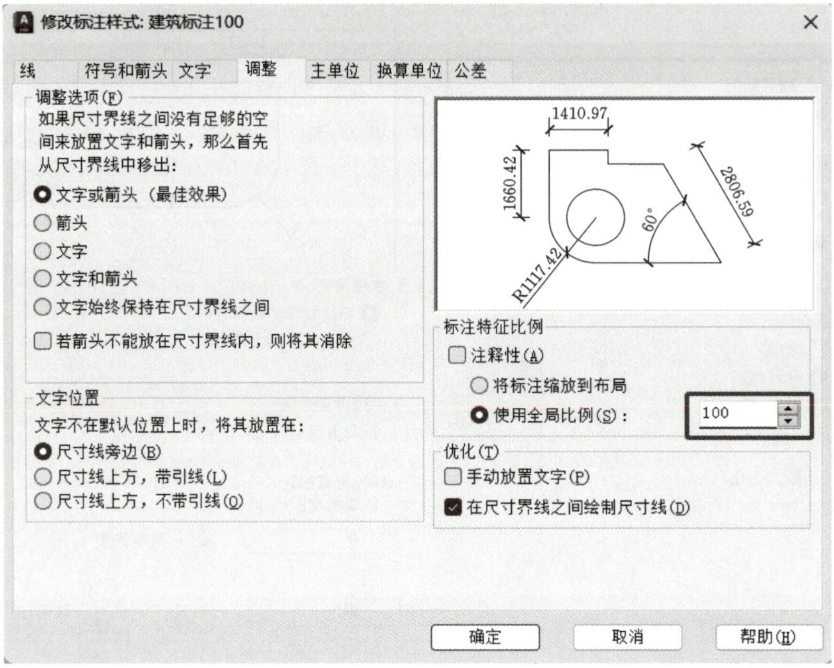

图 4.38　调整

将“主单位”中“线性标注”—“精度”改为 0,“线性标注”—“小数分隔符”改为句点,结果如图 4.39 所示。

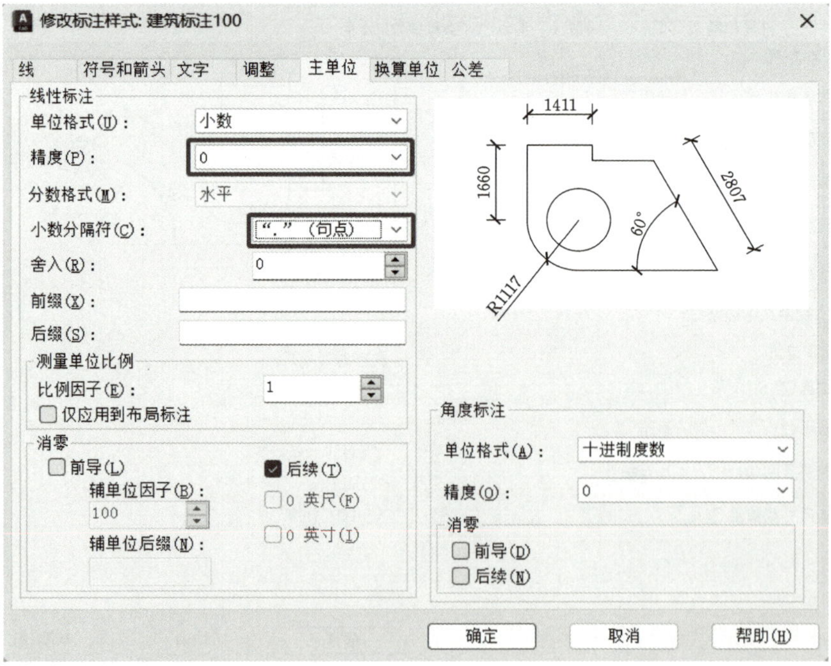

图 4.39　主单位

按照上述步骤完成后按“确定”回到“标注样式管理器”，这时“样式”里显示“建筑标注100”，如图 4.40 所示。

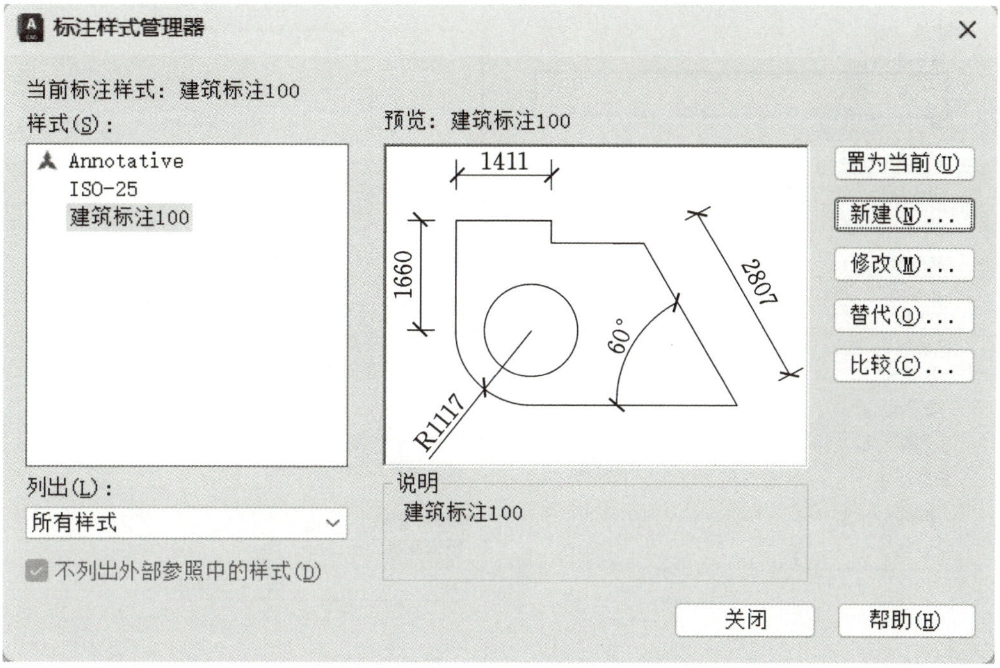

图 4.40　标注样式管理器

再次点击“新建”，如图 4.41 所示，在“用于”中选择“角度标注”后点击“继续”，将“符号和箭头”—“箭头”—“第一个”改为“实心闭合”，如图 4.42 所示，点击“确定”。

图 4.41　创建新标注样式

按照同样方法新建“半径”和“直径”标注样式，结果如图 4.43 所示。

在绘图区右下角“状态栏”点击“捕捉设置”，如图 4.44 所示，弹出“草图设置”对话框，勾选绘图常用的“对象捕捉”如图 4.45 所示。

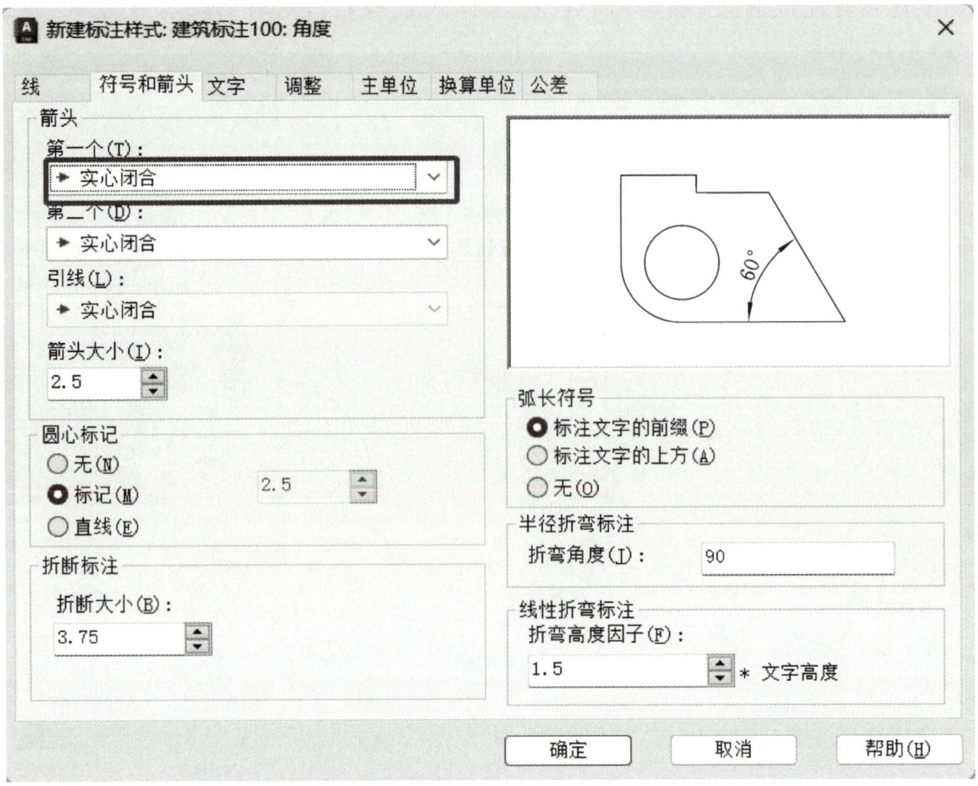

图 4.42　符号和箭头

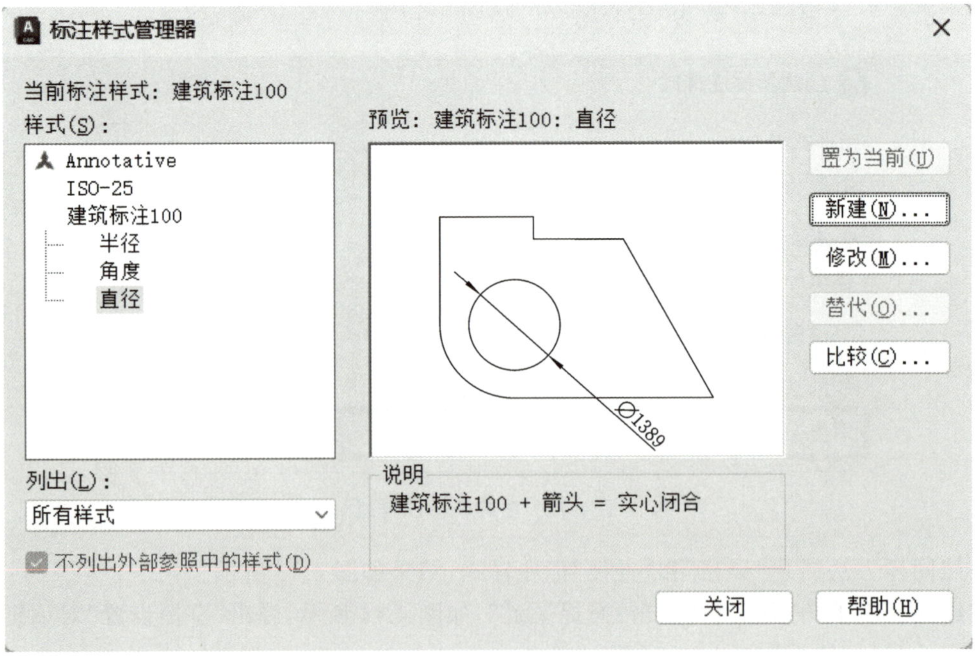

图 4.43　标注样式设置结果

图 4.44　捕捉设置

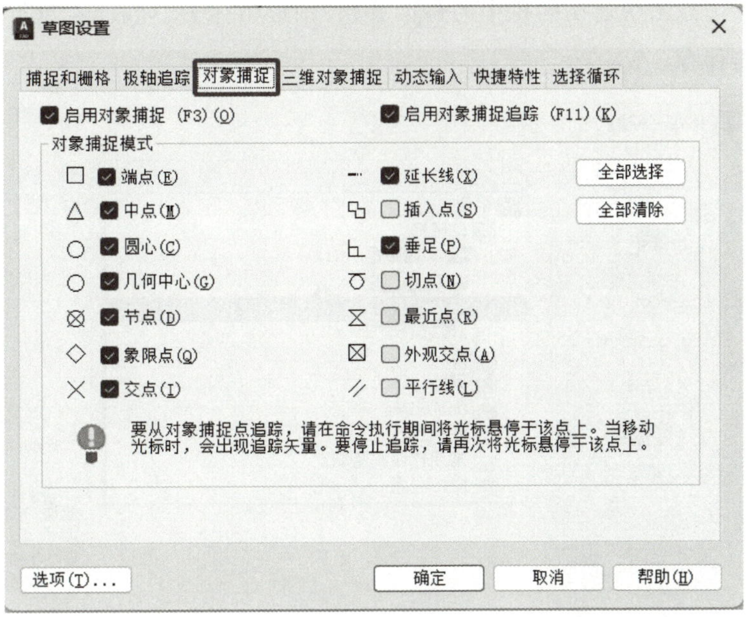

图 4.45　草图设置

将 0 图层作为当前图层，绘制 A3 图框，并将“项目 4.1 任务一”做的会签栏和标题栏插入，结果如图 4.46 所示。

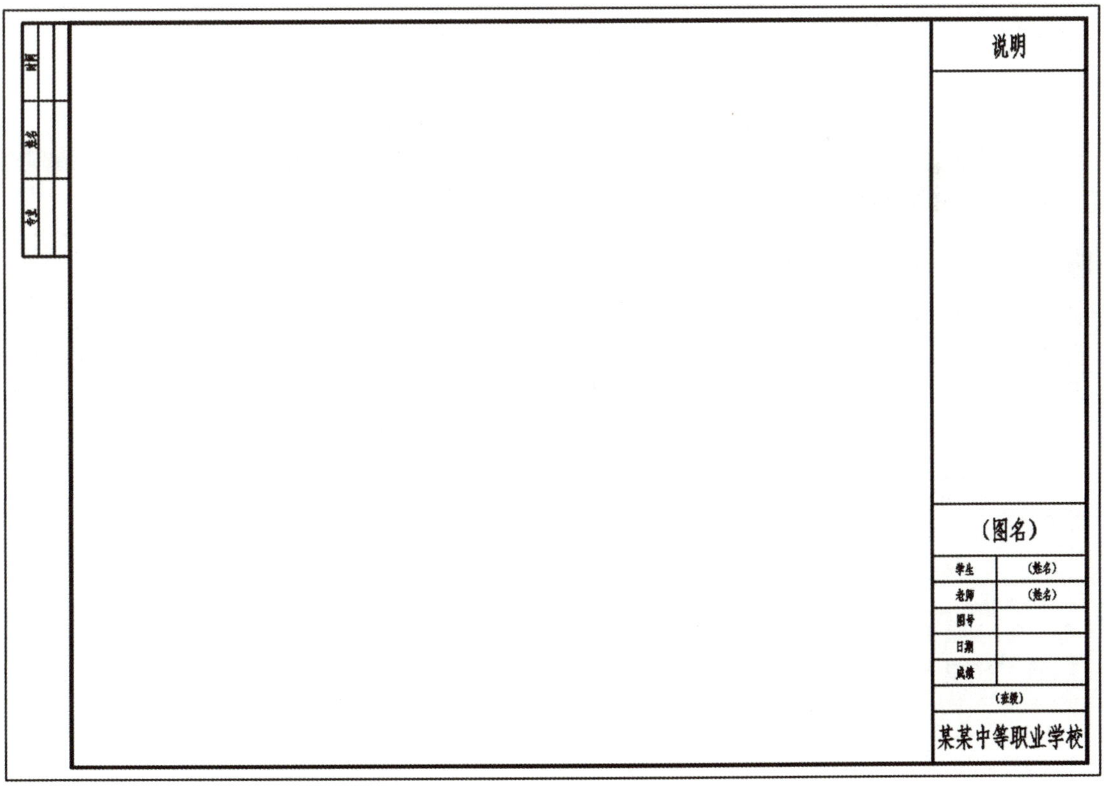

图 4.46　绘制图框

点击快速访问栏中的 ,弹出“图形另存为”对话框,如图 4.47 所示,执行 1～3 步骤后点击保存。

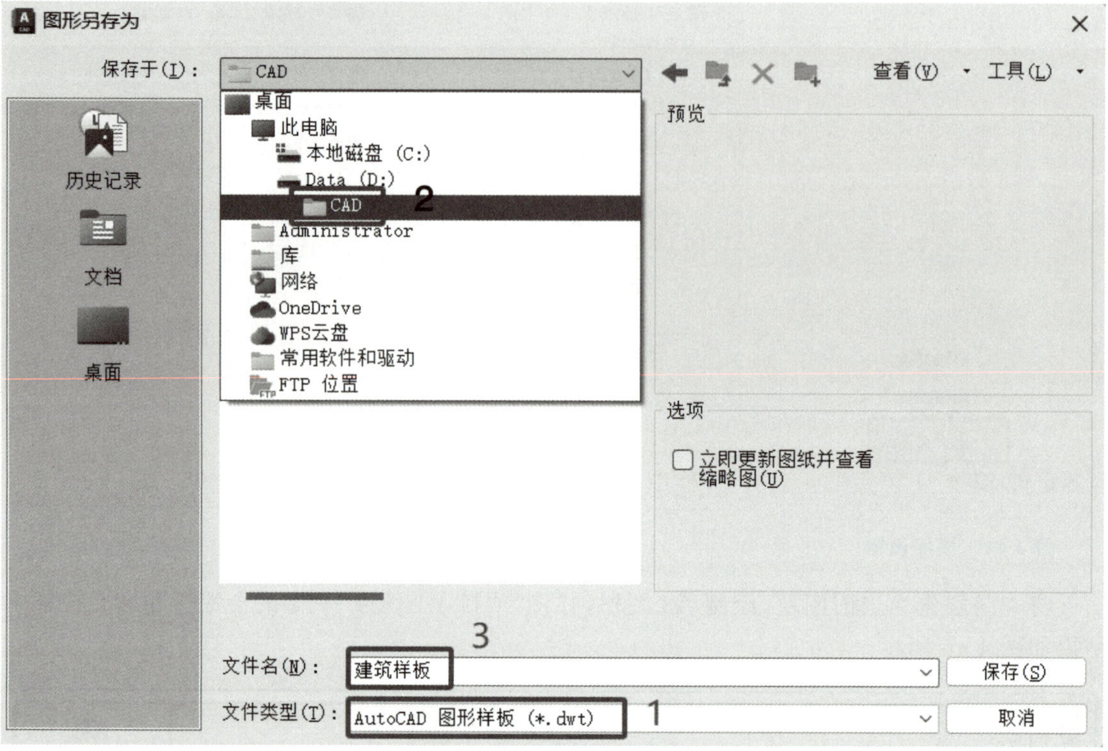

图 4.47　图形另存为

保存后弹出“样板选项”对话框,如图 4.48 所示,在“说明”中输入“A3”,然后点击“确定”,得到如图 4.49 所示的“建筑样板.dwt”样板文件。

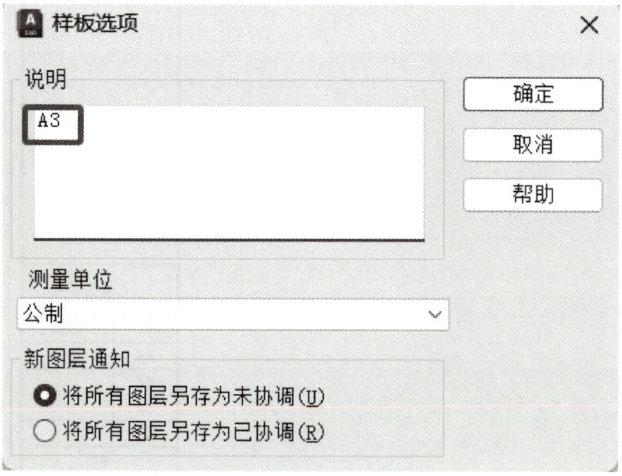

图 4.48　样板选项

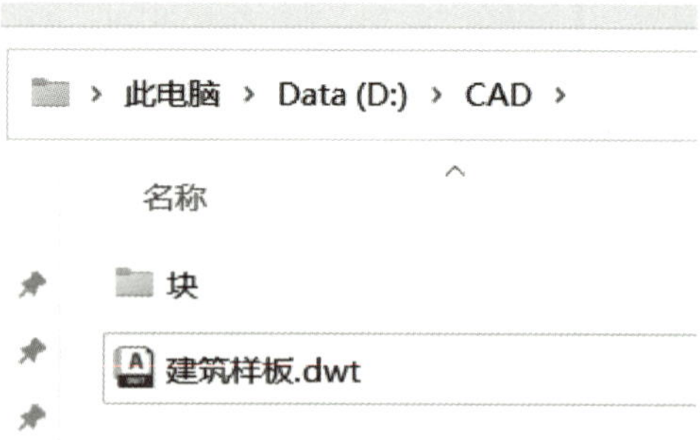

图 4.49　最终结果

2. 利用已有专业图纸创建样板图

示例二(参见“4.3.2 示例二视频”)：

利用“示例二用图”创建样板图，保存为“示例二.dwt”文件。

4.3.2

任务驱动

任务一(参见“4.3.3 任务一视频”)：

调用已有样板图。新建以示例一“建筑样板.dwt”为样板的 CAD 文件，并保存为“4.3 任务一.dwg”文件。

4.3.3

项目小结

样板图省去了画每张图前期的机械重复设置工作，可以保证设置统一，这与设计院的样板图的作用是一样的。样板图能够保证本设计院每个设计师出图格式的一致性，并且可以提高工作效率。在开始绘制建筑平面图前应首先绘制适合于建筑设计标准的样板图形，内容主要包括建立统一的专用建筑图层名称，并设置与之相配的颜色和线型，建立适合于建筑设计标准的尺寸样式和文本样式，绘制设计单位的专用的图框、图标等。通过建立样板图形并以此为模板进行建筑设计和绘图工作，对符合设计标准、统一图纸规格以及提高设计效率等方面都有重要意义。

拓展阅读

天下第一雄关——嘉峪关

嘉峪关，位于甘肃省嘉峪关市西 5km 处最狭窄的山谷中部，城关两侧的城墙横穿沙漠戈壁。嘉峪关北连黑山悬壁长城，南接天下第一墩，是明长城最西端的关口，历史上曾被称为河西咽喉。因地势险要、建筑雄伟，有连陲锁钥之称。

嘉峪关始建于明洪武五年(1372 年)，由内城、外城、罗城、瓮城、城壕和南北两翼长城组成，全长约 60km。长城城台、墩台、堡城星罗棋布，由内城、外城、城壕三道防线组成重叠并守之势，形成五里一燧，十里一墩，三十里一堡，百里一城的防御体系。

嘉峪关所在地是甘肃省西部的河西走廊最西一处隘口(河西走廊继续向西延伸)。甘肃西部已属于荒漠地区，河西走廊夹于巍峨的祁连山和北山(包括马鬃山、合黎山和龙首山)之间，东西长达 1000km。一条古道穿行于祁连山麓的戈壁和冲积平原上，古代“丝绸之路”即此。道路本艰险，到了嘉峪山隘口处，狭谷穿山，危坡逼道，嘉峪关踞此，形势非常险要，东通肃州(今酒泉)，西达安西，是京都长安和西域联系的纽带。

项目评价

序号	检测项目	评价任务及权重	自评	小组互评	教师评价
1	样板和图层的完整性	样板和图层绘制是否完整,缺少 1 项扣 2 分(30 分)			
2	样板和图层的准确性	样板和图层绘制是否准确,不准确 1 项扣 2 分(30 分)			
3	插入 A3 图框的正确性	插入 A3 图框是否正确,不正确 1 处扣 2 分(10 分)			
4	完成时间	规定时间内没完成,每超过 10 分钟,扣 2 分(10 分)			
5	学习表现	学习不够主动、团队协作能力差、不爱护设备仪器和环境,酌情扣 10～20 分(20 分)			
任务总评		优□　良□　中□　合格□　不合格□			

注:按学生自评占 20%、小组互评和教师评价各占 40%计算,形成任务评价结论。

模块 5　三视图及轴测图

模块导读

在 CAD 绘图工作中，设计师为了传达物体的设计和功能特性，在不同的应用场景中使用三视图及轴测图来表达物体对象。本模块将介绍 CAD 中三视图的画法、正轴测图的画法、屋面三视图的画法。

模块导学图如图 5.1 所示。

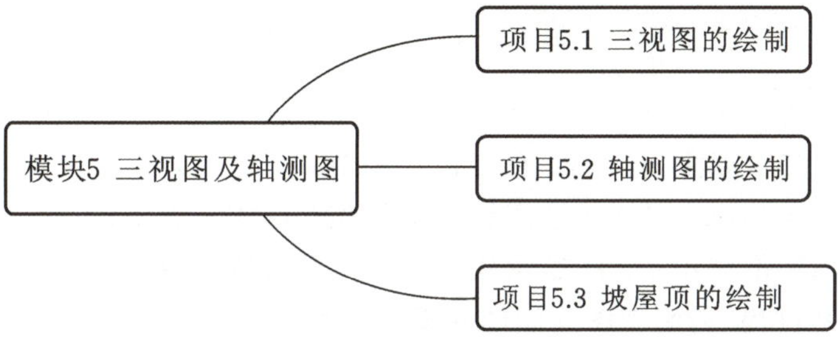

图 5.1　模块导学图

项目 5.1　三视图的绘制

项目导读

三视图是能够正确反映物体长、宽、高尺寸的正投影工程图，包括主视图、俯视图和左视图三个基本视图。三视图是观测者从上面、左面、正面三个不同角度观察同一个空间几何体而画出的图形。

本项目导学图如图 5.2 所示。

学习目标

知识目标

(1) 能把制图课所学手绘三视图内容及知识点应用到绘图中；

(2) 能对投影的基本知识、规则、特征和方法进行运用；

(3) 能够识读点、线、面、体的三面投影图；

(4) 能够清楚如何绘制复杂三视图，并获得快速绘图的方法。

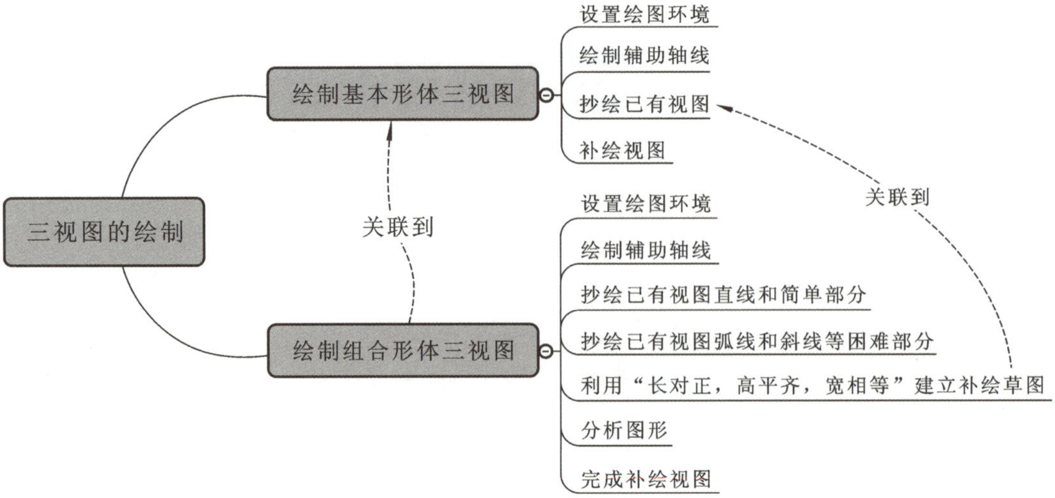

图 5.2　项目 5.1 导学图

技能目标

(1) 能按照工作任务要求，绘制点、线、面的三视图；

(2) 能按照给出图形应用 CAD 绘图软件绘制基本形体三视图；

(3) 能按照给出图形应用 CAD 绘图软件绘制组合形体三视图；

(4) 能总结绘图过程，利用识图与制图知识建立绘制三视图的思维。

素质与思政目标

(1) 能对组合体进行分析，完成三视图的绘制。

(2) 能够养成良好的绘图习惯，提高绘图效率。

(3) 按 3 人左右的小组学习训练，培养学生团队合作解决复杂问题的能力及妥善处理人际关系的沟通与交流能力。

(4) 通过“拓展阅读”和技能训练，引导学生了解古代天下第一桥——赵州桥，了解我国古代工匠的智慧和精湛的造桥技术。

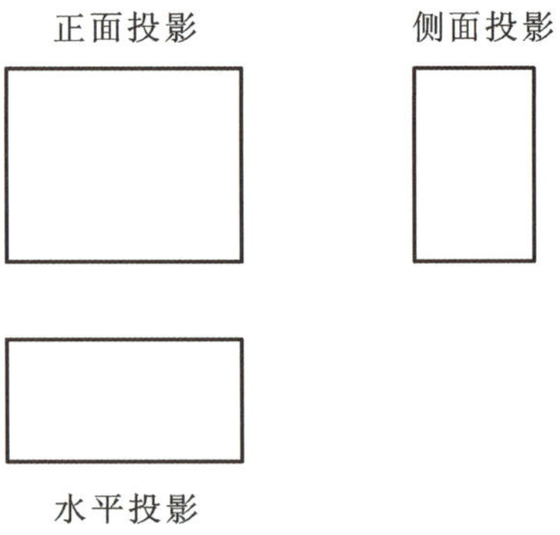

图 5.3　三面投影图之间的位置关系

知识导航

1. 三视图的常识知识

(1) 三面正投影图的规律

如图 5.3 所示，形体在正立投影面上得到的投影称为正面投影(或 V 面投影)，在水平投影面上得到的投影称为水平投影(或 H 面投影)，在侧立投影面上得到的投影称为侧面投影(或 W 面投影)。

(2) 形体与投影面之间的位置关系

形体在三面投影体系中的位置确定后，相对于观察者，它在空间上就有上、下、左、右、前、后六个方位，如图 5.4(a)所示。这六个方位关系也反映在形体的三面投影图中，每个投影图都可反映出其中四个方位。V 面投影反映形体的上下、左右关系，H 面投影反映形体的前后、左右关系，W 面投影反映形体的前后、上下关系，如图 5.4(b)所示。

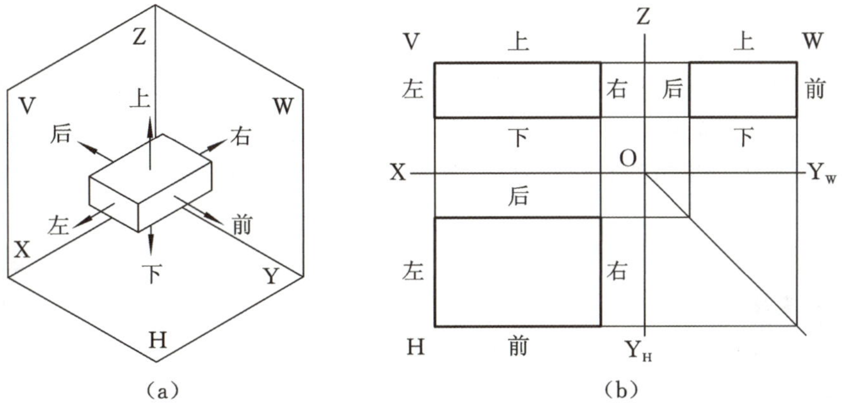

图 5.4 形体与投影面之间的位置关系

(3) 尺寸关系

在三面投影体系中，我们把形体的 X 轴方向尺寸称为长度，Y 轴方向尺寸称为宽度，Z 轴方向尺寸称为高度。因此，正面投影反映形体的长度和高度，水平投影反映形体的长度和宽度，侧面投影反映形体的宽度和高度，如图 5.5 所示。

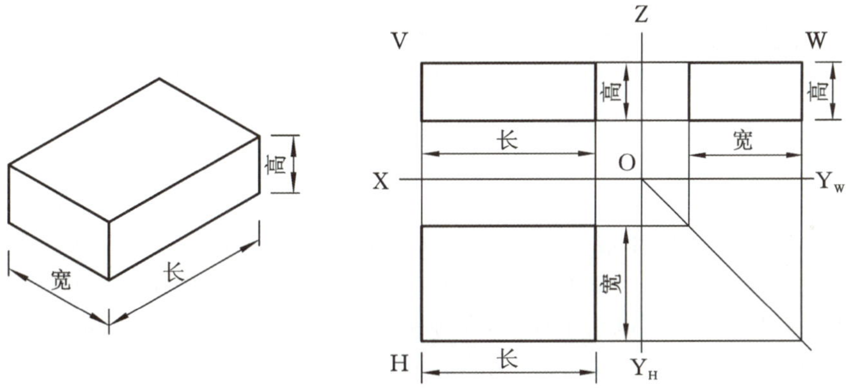

图 5.5 三投影面之间的尺寸关系

正面投影、水平投影、侧面投影之间的关系可以归纳为："长对正、高平齐、宽相等"，这就是三面投影图的投影规律。它既是形体的三面投影图之间最基本的投影关系，也是绘图和读图的基础。

长对正：正面投影和水平投影的长度相等，并相互对正；

高平齐：正面投影和侧面投影的高度相等，并相互平齐；

宽相等：水平投影和侧面投影的宽度相等。

空间形体具有长、宽、高三个向度，而一面投影只能反映形体的两个向度，因此在识图时，要将三个投影图结合起来，综合对照，才能准确识读。

2. CAD 绘制三视图常用的功能

(1) 对象捕捉：捕捉到现有对象上的精确位置，例如直线的端点、中点或圆的中心点等。快捷键为 DS。

(2) 栅格捕捉:在这里可以设置矩形捕捉或等轴测捕捉,CAD 默认是矩形捕捉。快捷键为 DS。

(3) 正交:正交限制光标的开启与关闭。如果在矩形捕捉状态下绘图,直线将按照水平和垂直方向绘制。快捷键为 F8。

(4) 直线(LINE):创建直线段。使用 LINE 命令,可以创建一系列连续的直线段。每条线段都是可以单独进行编辑的直线对象。“直线”几乎是绘制所有图形都用到的功能。快捷键为 L。

示例导学

5.1.1

1. CAD 绘图软件绘制基本形体三视图

示例一(参见视频“5.1.1 示例一”):

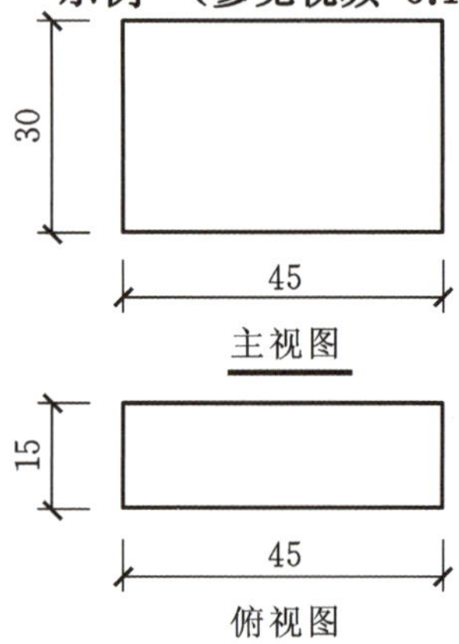

图 5.6　示例一用图

根据如图 5.6 所示主视图和俯视图,抄绘主视图和俯视图,补绘左视图。

(1) 绘图前的准备工作

打开 AutoCAD 2024,设置图层。点击“图层特性”激活“图层特性管理器”,新建图层“实线”和“虚线”,如图 5.7 所示,设置完成后关闭“图层特性管理器”对话框。

在“状态栏”去掉栅格、激活正交,进入“草图设置”设置“对象捕捉”,如图 5.8 所示。

(2) 抄绘俯视图和主视图

运用直线命令,在正交模式下绘制四条直线,构成矩形的四条边,结果如图 5.9 所示(不包括标注和图名);利用自动追踪功能捕捉到俯视图的左上角点,在合适位置点击鼠标左键,确定主视图的左下角点,如图 5.10 所示;用直线命令在正交模式下画出主视图,保证主视图和俯视图“长对正”,如图 5.11 所示。

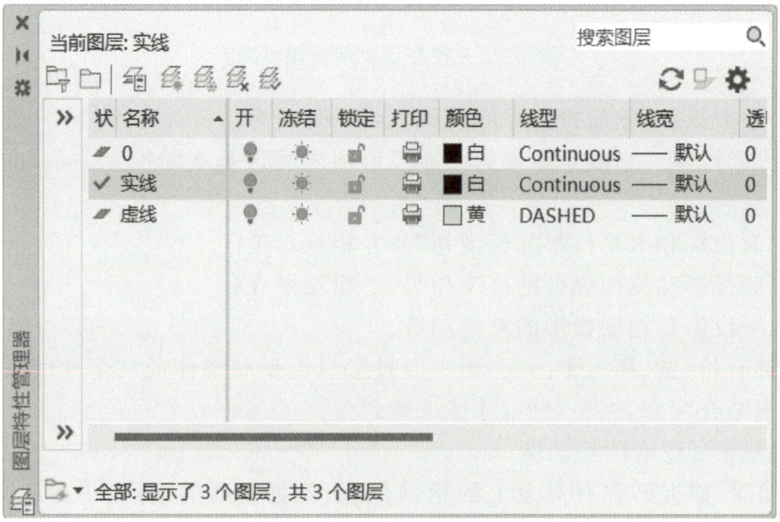

图 5.7　图层特性管理器

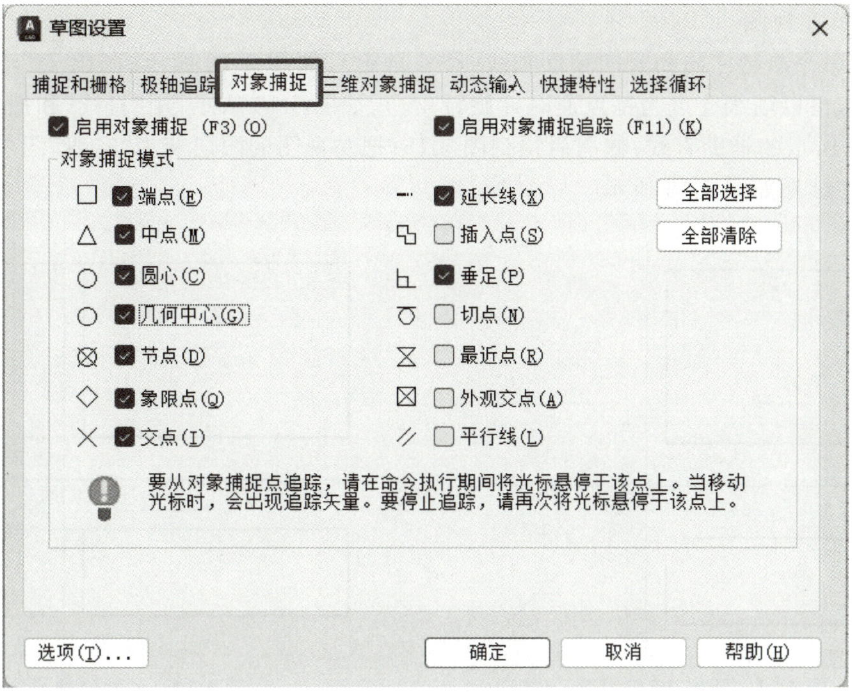

图 5.8　对象捕捉

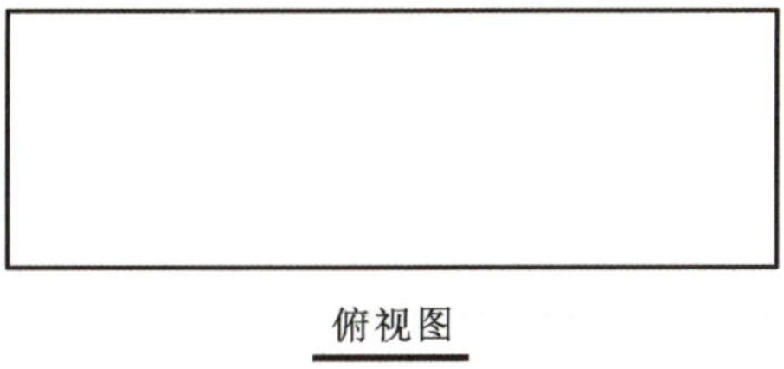

图 5.9　绘制俯视图

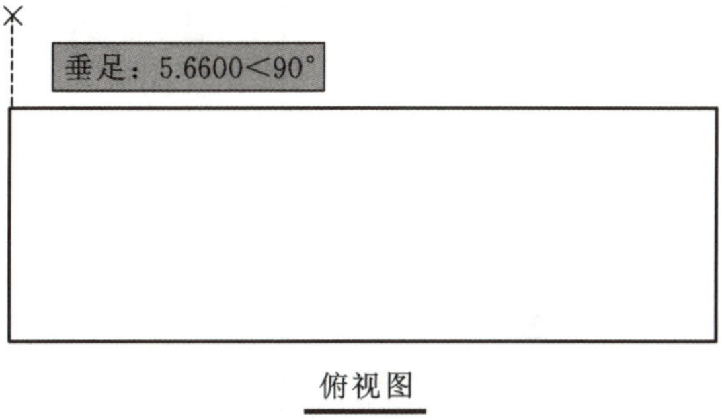

图 5.10　定位主视图起点

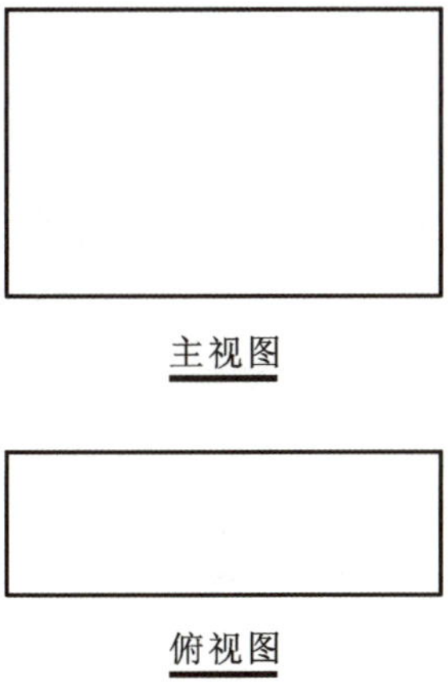

图 5.11　绘制主视图

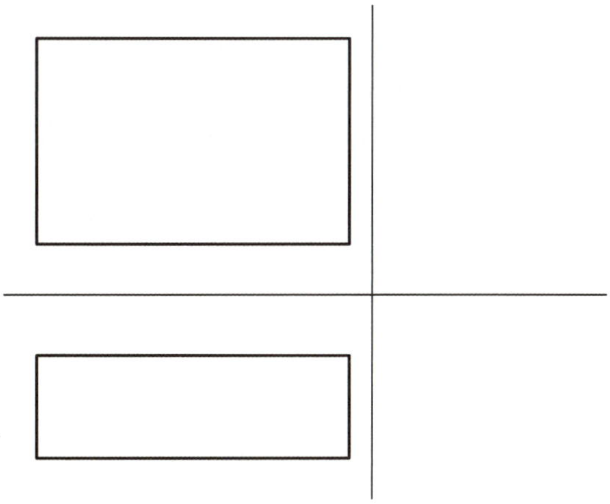

图 5.12　画出十字辅助轴线

(3) 补绘左视图

用直线命令绘制横向和竖向辅助轴线(尺寸自定),如图 5.12 所示;画出 45°辅助直线(先画水平直线,再以轴线交点为基点逆时针旋转 45°),如图 5.13 所示;用“直线”和捕捉等命令绘制如图 5.14 所示的辅助直线;修剪后得到图 5.15;把左视图的图层变为“实线”图层,并删除辅助直线,最终结果如图 5.16 所示。

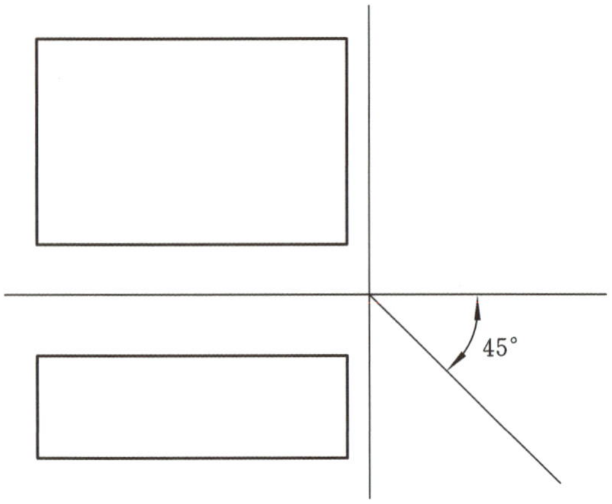

图 5.13　画出 45°辅助线

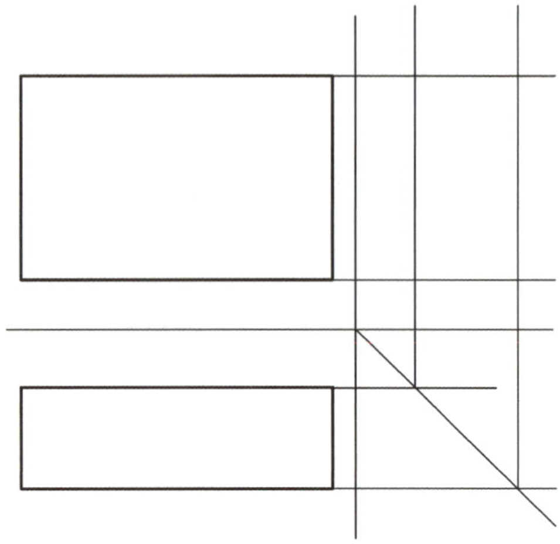

图 5.14　绘制辅助直线

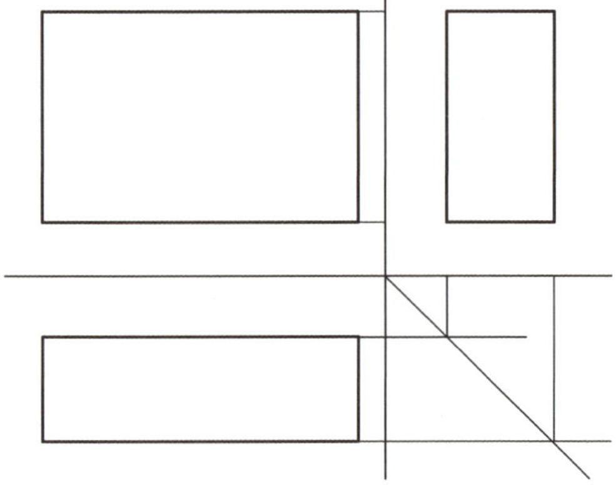

图 5.15　修剪

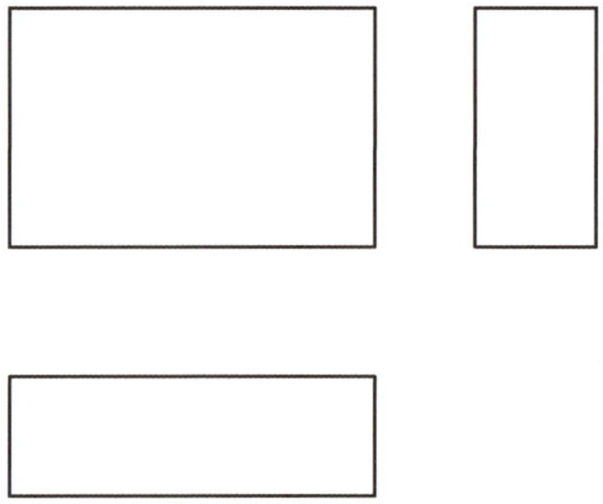

图 5.16　三视图绘制结果

示例二(参见视频“5.1.2 示例二”):

根据已知主视图和左视图,如图 5.17 所示,抄绘主视图和左视图,并补绘俯视图。

5.1.2

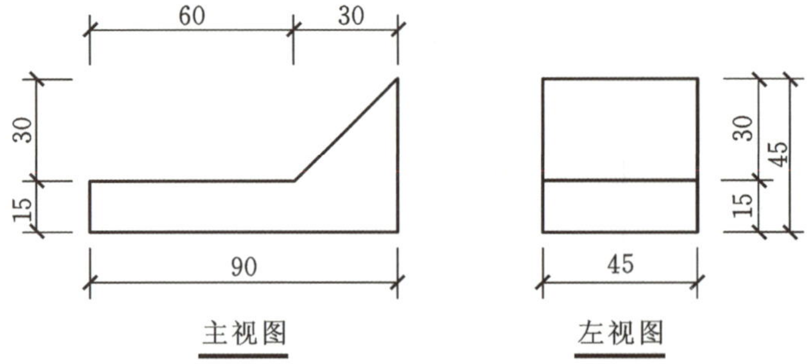

图 5.17　示例二用图

2. CAD 绘图软件绘制组合形体三视图

示例三(参见视频“5.1.3 示例三”)：

根据已知组合形体左视图和俯视图，如图 5.18 所示，抄绘左视图和俯视图，并补绘主视图。

示例四(参见视频“5.1.4 示例四”)：

根据已知组合形体主视图和俯视图，如图 5.19 所示，抄绘主视图和俯视图，并补绘左视图。

5.1.3　5.1.4

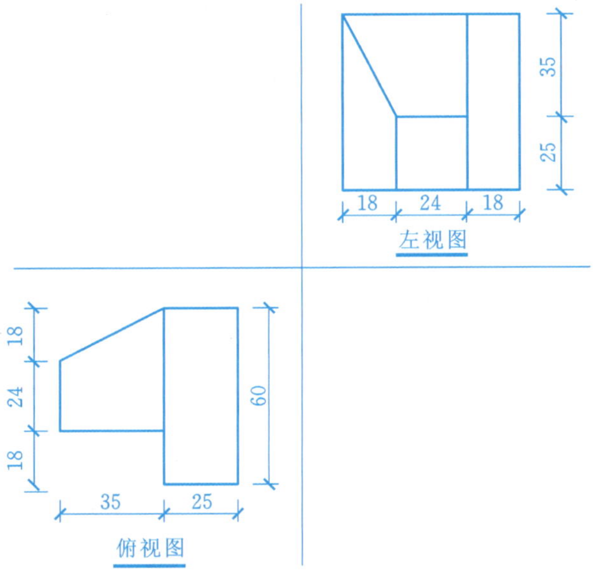

图 5.18　示例三用图

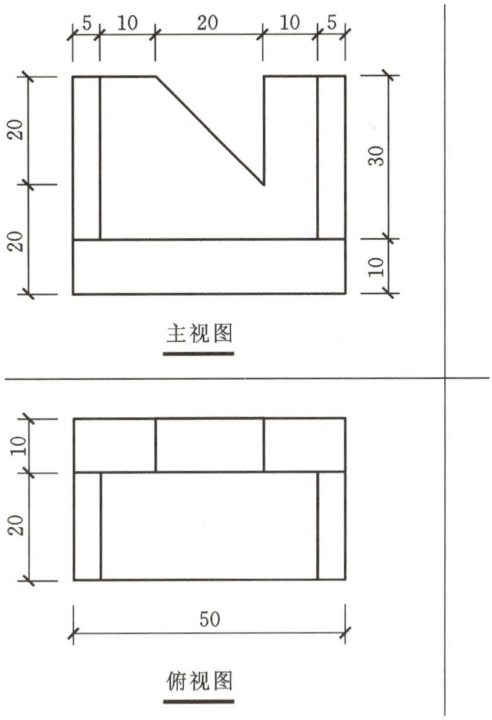

图 5.19　示例四用图

任务驱动

在下面的绘图任务中不要求标注尺寸。

任务一(参见视频“5.1.5 任务一视频”)：

根据已知组合形体主视图和俯视图，如图 5.20 所示，抄绘主视图和俯视图，并补绘左视图。

5.1.5

任务二(参见视频“5.1.6 任务二视频”)：

根据已知组合形体俯视图和主视图，如图 5.21 所示，抄绘俯视图和主视图，并补绘左视图。

5.1.6

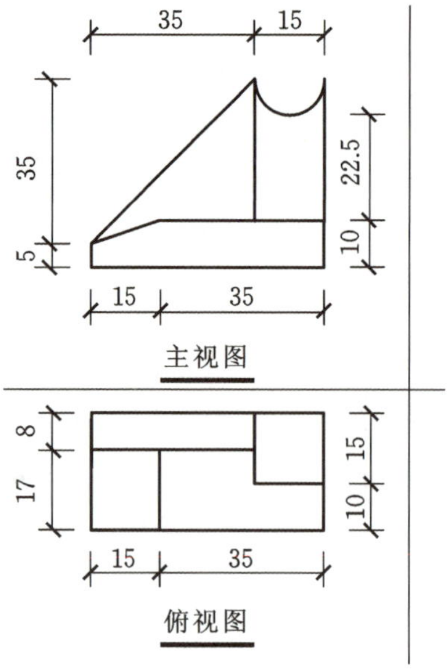

图 5.20　任务一用图

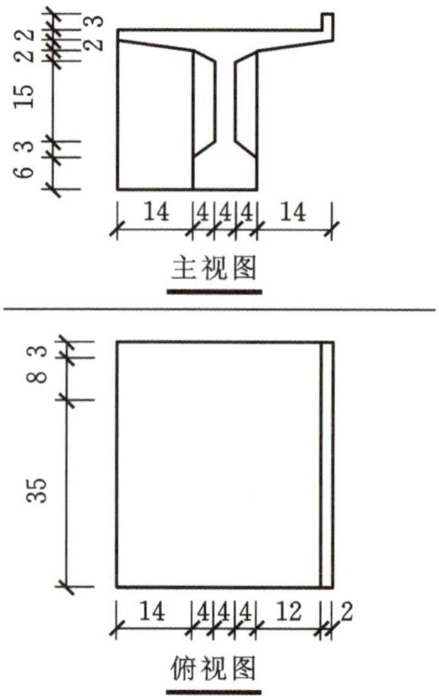

图 5.21　任务二用图

项目小结

本项目主要讲解了 CAD 绘制三视图的方法。三视图主要是依据“长对正、高平齐、宽相等”的原则来绘制，三视图中无论补绘哪个视图，运用的方法都是类似的，多加练习后才能更熟练和准确地解题。

拓展阅读

天下第一桥——赵州桥

赵州桥又名安济桥，被誉为“华北四宝之一”，坐落在河北省南部的赵县。建于隋朝大业年间(公元 605—618 年)，由著名匠师李春设计和建造，距今已有 1400 多年的历史。赵州桥 1961 年被国务院列为第一批全国重点文物保护单位。1991 年，美国土木工程师学会将安济桥选定为第 12 个“国际历史土木工程的里程碑”，并在桥北端东侧建造了“国际历史土木工程古迹”铜牌纪念碑。赵州桥长 64.40m，跨径 37.02m，券高 7.23m，是古代世界上跨径最大、建造最早的单孔敞肩型石拱桥。因桥两端肩部各有两个小拱，故称敞肩型，这是世界造桥史的一个创造(没有小拱的称为满肩或实肩型)。

赵州桥经历了 10 次水灾、8 次战乱和多次地震，特别是 1966 年邢台发生的 7.6 级地震，邢台距这里有 40 多千米，这里也有四点几级地震，赵州桥都没有被破坏。著名桥梁专家茅以升说，先不管桥的内部结构，仅就它能够存在 1300 多年就说明了一切。1963 年的水灾，大水淹到桥拱的龙嘴处，据当地的老人说，站在桥上都能感觉桥身很大的晃动。据记载，赵州桥自建成至今共修缮 9 次。在主拱券的上边两端又各加设了两个小拱，一是可节省材料，二是减少桥身自重(减少自重 15%),而且能增加桥下河水的泄流量。由中国科学院自然史组等四个单位组成联合调查组,对赵州桥的桥基进行了调查,赵州桥的自重为 2800t,而它的根基只是由五层石条砌成的高 1.55m 的桥台,直接建在自然砂石上。这么浅的桥基简直令人难以置信。梁思成先生 1933 年考察时还认为这只是防水流冲刷而用的金刚墙,而不是承纳桥全部荷载的基础。他在报告中写道:"为要实测券基,我们在北面券脚下发掘,但在现在河床下约 70～80cm,即发现承在券下平置的石壁。石壁共五层,共高 1.58m,每层较上一层稍出台,下面并无坚实的基础,分明只是防水流冲刷而用的金刚墙,而非承纳桥券全部荷载的基础。因再下 30～40cm 便即见水,所以除非大规模的发掘,实无法进达我们据学理推测的大座桥基的位置。"

为了保护赵州桥,20 世纪末在赵州桥东 100m 处新建了桥梁,其结构还是沿袭赵州桥,只是主拱上的小拱数量增加到一边 5 个。

项目评价

序号	检测项目	评价任务及权重	自评	小组互评	教师评价
1	三视图的完整性	三视图绘制是否完整,缺少 1 项扣 3 分(30 分)			
2	三视图的准确性	三视图绘制是否准确,不准确 1 项扣 3 分(30 分)			
3	三视图的对正关系	三视图的对正关系,不对正 1 处扣 2 分(10 分)			
4	完成时间	规定时间内没完成,每超过 10 分钟,扣 2 分(10 分)			
5	学习表现	学习不够主动、团队协作能力差、不爱护设备仪器和环境,酌情扣 10～20 分(20 分)			
任务总评		优□　良□　中□　合格□　不合格□			

注:按学生自评占 20%、小组互评和教师评价各占 40%计算,形成任务评价结论。

项目 5.2　轴测图的绘制

项目导读

轴测图是一种单面投影图,在一个投影面上能同时反映出物体三个坐标面的形状,并接近于人们的视觉习惯,形象、逼真,富有立体感。轴测图在实际工作中可以用来让客户理解建筑产品,也可以在试卷中用来解复杂识图题。本项目将通过给定任务,利用 CAD 命令绘制轴测图。绘图时要注意积累绘图方法,并利用制图和识图的知识来解决绘制轴测图中遇到的问题。

本项目导学图如图 5.22 所示。

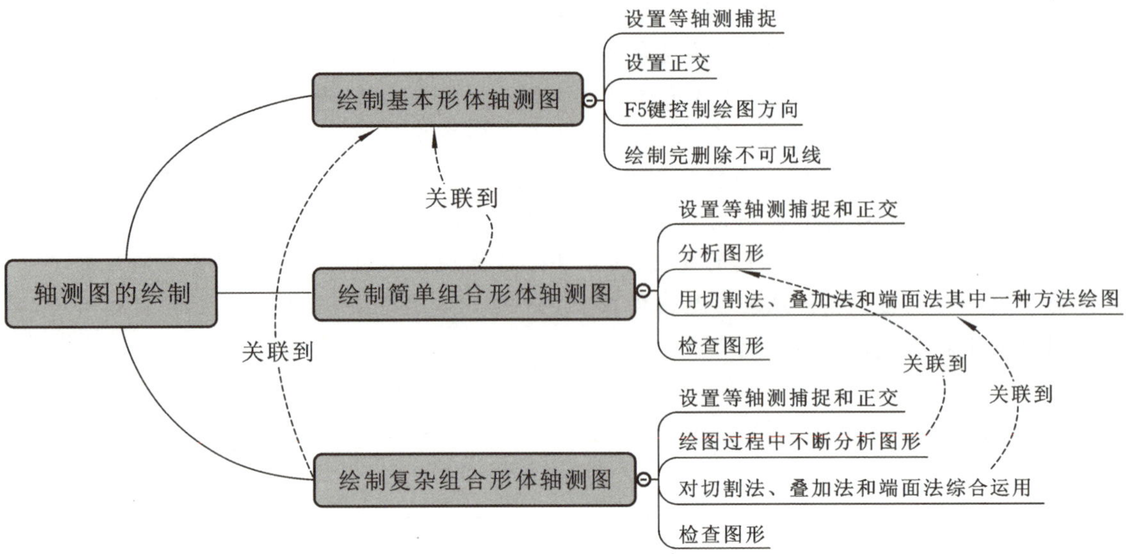

图 5.22　项目 5.2 导学图

学习目标

知识目标

(1) 能对制图课所学手绘正等轴测图内容及知识点进行运用;

(2) 能准确画出轴测图的三个坐标轴;

(3) 能够设置正等轴测捕捉的绘图环境及正交绘图环境;

(4) 能理解和掌握正等轴测中绘制直线的技巧,使后续绘图更简便。

技能目标

(1) 能按照给出图形应用 CAD 绘图软件绘制基本形体轴测图;

(2) 能按照给出图形应用 CAD 绘图软件绘制组合形体轴测图;

(3) 能总结绘图过程,利用识图与制图知识,建立绘制正等轴测图的思维。

素质与思政目标

(1) 能对某个轴测图任务进行分析,完成轴测图的绘制。

(2) 能够养成良好的绘图习惯,提高绘图效率。

(3) 按 3 人左右的小组学习训练,培养学生团队合作解决复杂问题的能力及妥善处理人际关系的沟通与交流能力。

(4) 通过“拓展阅读”和技能训练,引导学生了解中国建筑专家梁思成,树立榜样,为自己发展定下小目标。

知识导航

1. 轴测图的常识知识

建筑工程图样中，常采用轴测投影作为辅助图样来表示形体，帮助阅读正投影图。轴测投影是一种具有立体感的图形。图 5.23(a)为形体的三面正投影，图 5.23(b)为该形体的轴测投影。

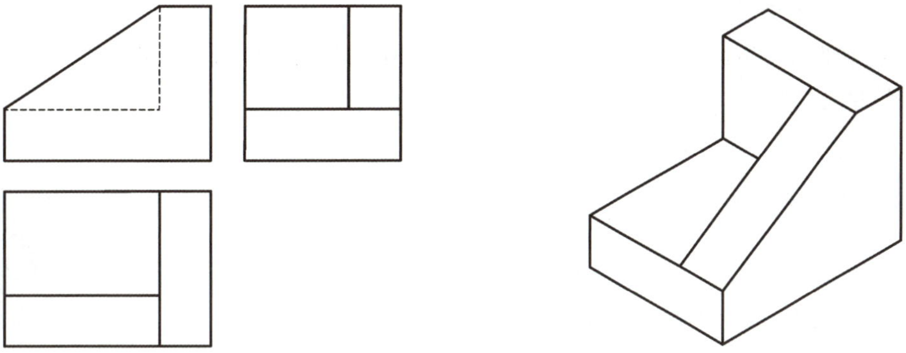

图 5.23　形体的正投影和轴测投影图

(a)正投影图；(b)轴测投影图

正等测的轴间角均为 120°，各轴向的伸缩系数约等于 0.82。为了作图简便，常将轴向伸缩系数简化为 1，即形体上与坐标轴平行的线段，其轴测投影长与原线段实长相等，可从投影图中直接截取。用简化系数 1 画出的正等测图比用实际轴向伸缩系数 0.82 画出的正等测图放大 1.22 倍，但不影响图形效果。正等测的轴间角和轴向伸缩系数如图 5.24 所示。

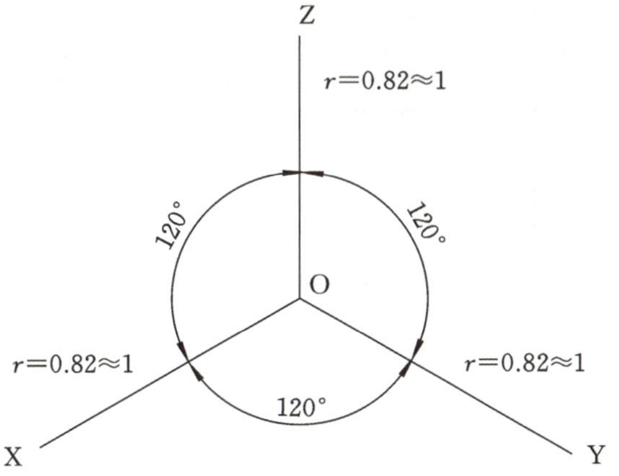

图 5.24　正等测的轴间角和轴向伸缩系数

2. CAD 绘制正等轴测图常用的功能

(1) 栅格捕捉：栅格捕捉的“捕捉类型”用作“矩形捕捉”和“等轴测捕捉”的转换，设置后十字光标将改变方向。快捷键为 DS。

(2) 正交:正交限制光标的开启与关闭,激活正交后,直线将按照十字光标方向绘制。快捷键为 F8。

(3) 对象捕捉:捕捉到现有对象上的精确位置,例如直线的端点、中点或圆的中心点等。快捷键为 DS。

(4) F5:用于正等轴测平面十字光标方向的自由转换。

(5) 直线:这是绘制所有图形几乎都用到的功能,此案例轴测图正交模式绘图时,直线会有新的绘制方向。快捷键为 L。

3. 绘制轴测图常用的方法

坐标法、切割法、叠加法、端面法。本项目主要用切割法、叠加法和端面法绘图,案例中主要是这三个方法的综合运用。

示例导学

1. CAD 绘图软件绘制基本形体轴测图

5.2.1

示例一(参见"5.2.1 示例一视频"):

根据已知三面投影,绘制如图 5.25 所示的基本形体轴测图。

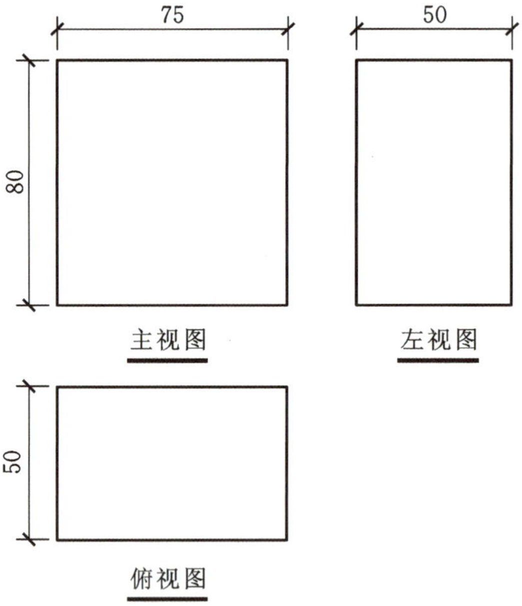

图 5.25　示例一用图

(1) 绘图前的准备工作

打开 AutoCAD 2024,点击图层特性管理器,新建图层并命名为"实线",双击"实线"名称左侧,这时实线左侧出现对勾,这样就把实线作为了当前图层,如图 5.26 所示,操作完毕后关闭图层特性管理器。

找到 CAD 界面右下角的状态栏,左键点击图 5.27 中弹出的"捕捉设置",打开"草图设置"。

设置等轴测捕捉。弹出如图 5.28 所示的“草图设置”对话框后，在“捕捉与栅格”中选择“等

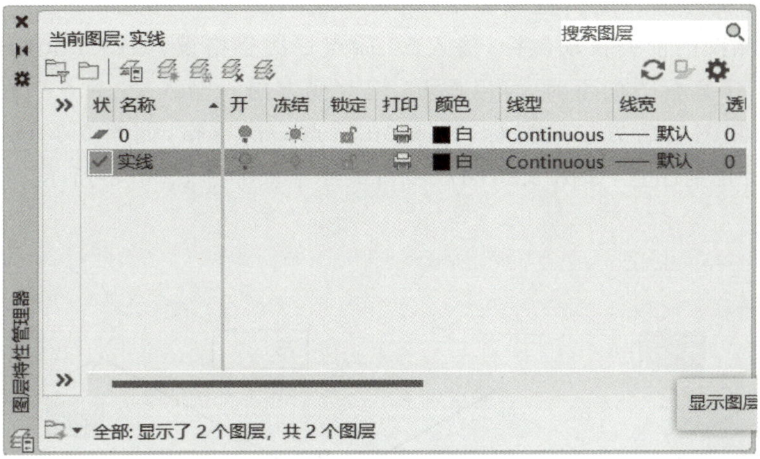

图 5.26　新建实线图层

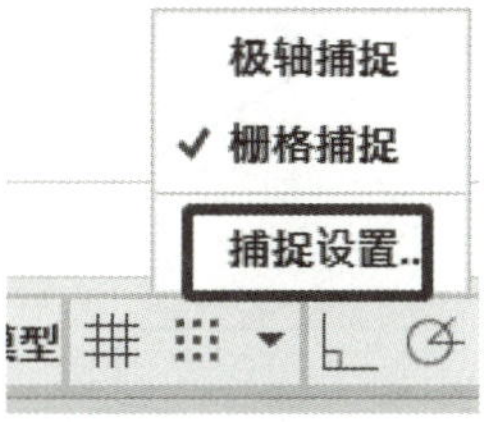

图 5.27　状态栏

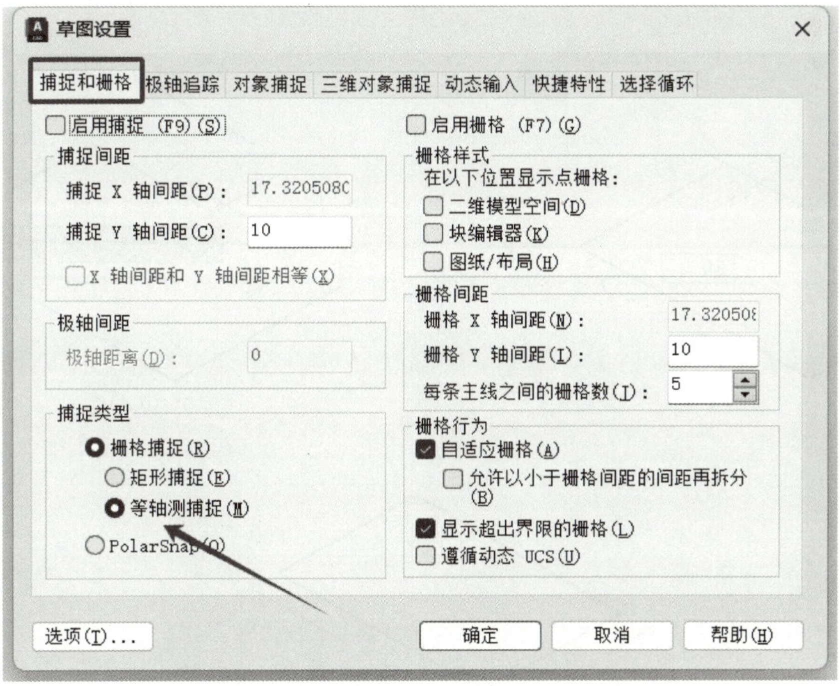

图 5.28　更改捕捉类型

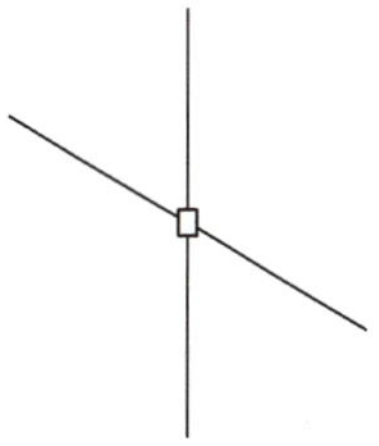

图 5.29　等轴测捕捉十字光标

轴测捕捉”，确定后绘图区的十字光标变为斜向，如图 5.29 所示，这时红色线方向为前后方向。

设置正交、改变十字光标方向。为保证绘制图线方向，点击绘图区右下角状态栏变为蓝色(快捷键 F8)，这时绘图状态为正交。为了画图时能熟悉十字光标的绘图方向，多次点击 F5 键，感觉一下十字光标方向的改变，并让十字光标回到图 5.29 所示状态。

(2) 绘制轴测图

绘制图 5.25 俯视图中底面矩形。点击直线命令，这时在绘图区提示“指定第一点”，在绘图区随意点击一点，向轴测图的前方拉动鼠标，输入 50 后点一次空格键，如图 5.30(a)所示；向右侧拉动鼠标(如果十字光标方向不对，可以按 F5 键改变方向)，输入 75 后点一次空格，如图 5.30(b)所示；向轴测图的后方拉动鼠标，输入 50 后点一次空格，如图 5.30(c)所示；输入“C”后点一次空格闭合到起点，如图 5.30(d)所示；最终结果如图 5.30(e)所示(不包括标注和图名)。

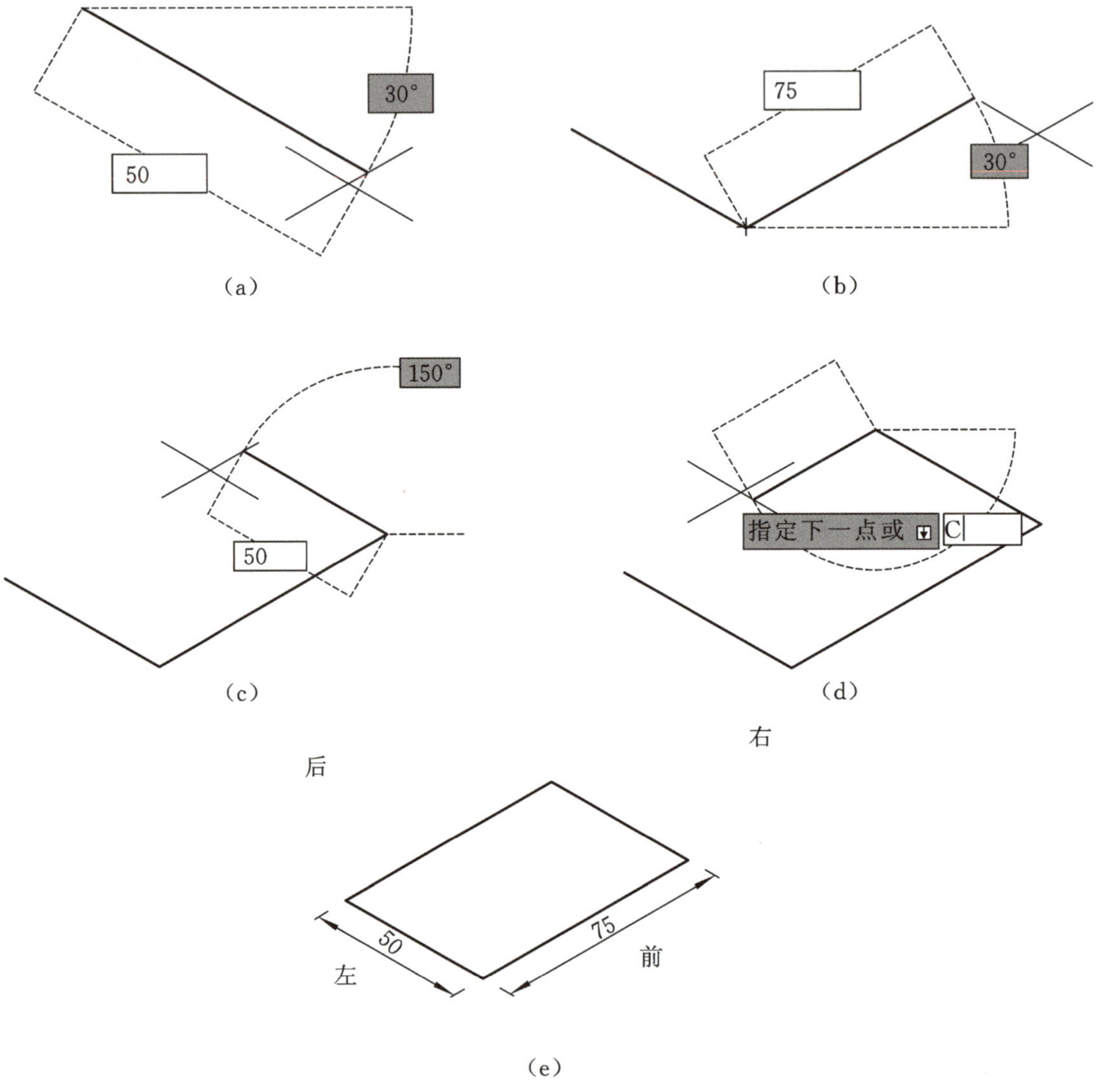

图 5.30　绘制底面矩形

绘制高度方向线。点击直线命令，出现提示“指定第一点”时点击上一步形成四边形的任意一角点，向上拉动鼠标(按 F5 键控制十字光标方向)输入 80 按两次空格，如图 5.31(a)所示；同样方法完成另外三条高度线，结果如图 5.31(b)所示。

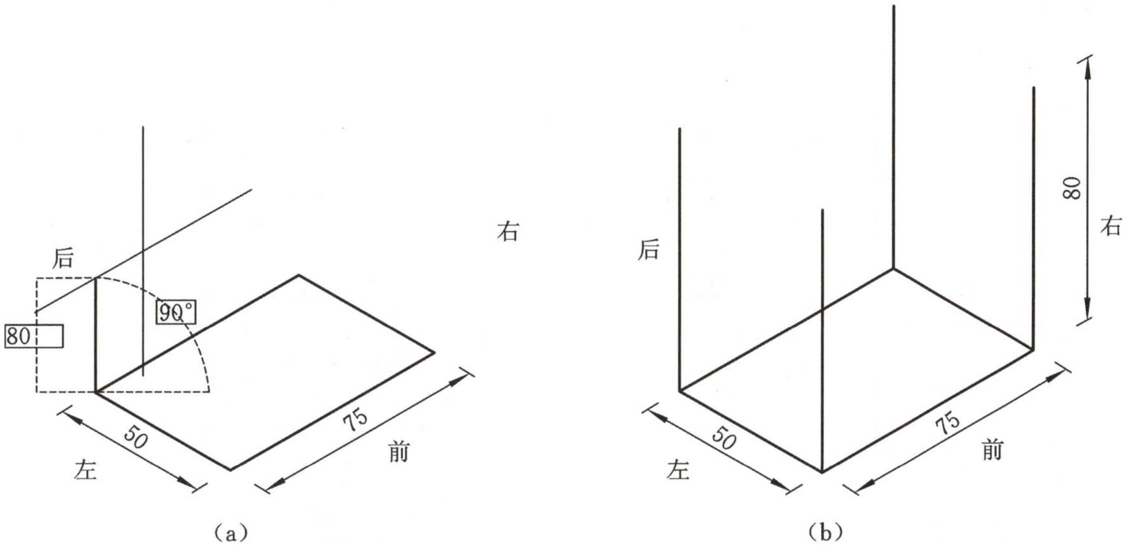

图 5.31 绘制高度线

用直线连接高度线顶点,完成正等轴测图绘制,如图 5.32(a)所示。去掉隐藏线,只保留可见线,绘图完成,结果如图 5.32(b)所示。

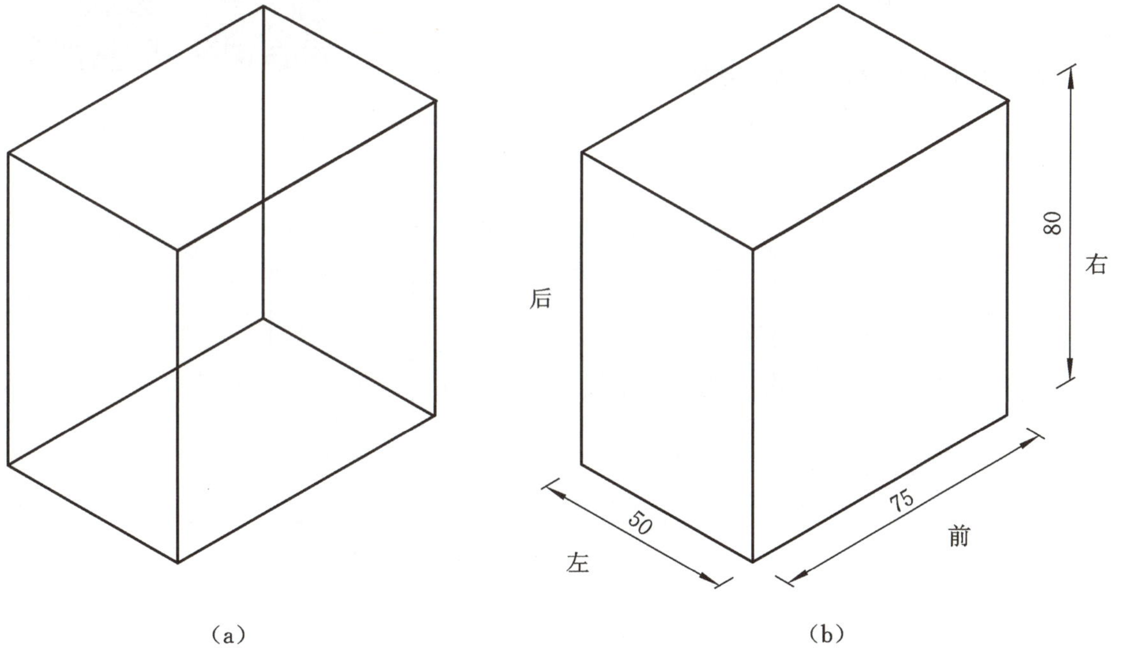

图 5.32 完成绘图

2. CAD 绘图软件绘制简单组合形体轴测图

示例二(参见“5.2.2 示例二视频”):

根据已知三面投影,用切割方法绘制图 5.33 所示的简单组合形体轴测图。

5.2.2

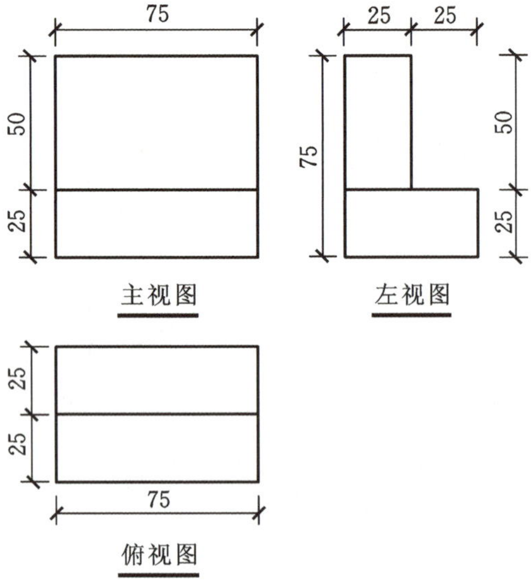

图 5.33　示例二用图

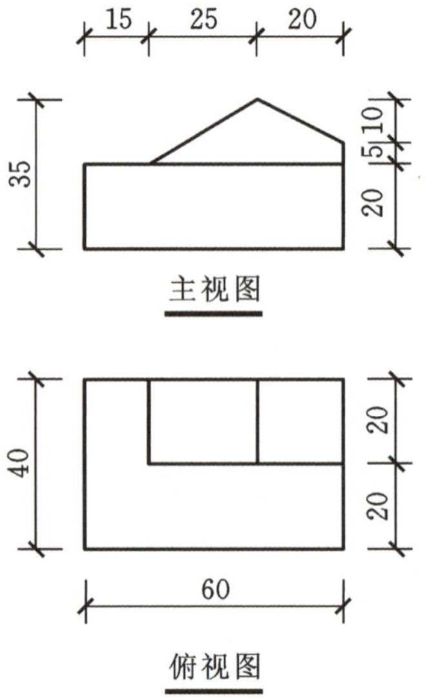

图 5.34　示例三用图

3. CAD 绘图软件绘制复杂组合形体轴测图

示例三(参见“5.2.3 示例三视频”)：

根据已知三面投影,用叠加法绘制图 5.34 的复杂组合形体轴测图。

示例四(参见“5.2.4 示例四视频”)：

根据已知三面投影,自选方法绘制图 5.35 所示的复杂组合形体轴测图。

5.2.3　5.2.4

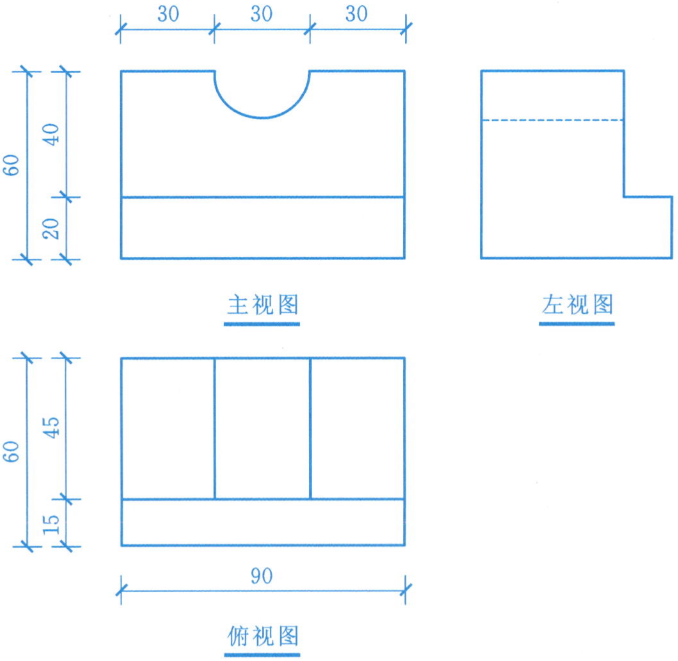

图 5.35　示例四用图

任务驱动

5.2.5

在下面的绘图任务中不要求标注尺寸。

任务一(参见"5.2.5 任务一视频"):

绘制如图 5.36 所示的轴测图。

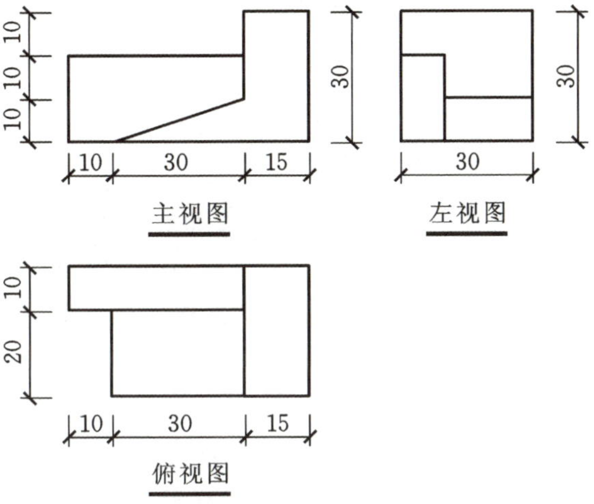

图 5.36　任务一用图

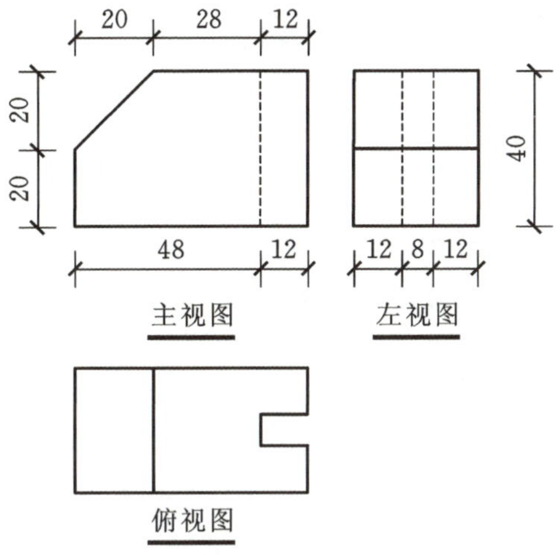

图 5.37　任务二用图

任务二(参见"5.2.6 任务二视频"):

绘制如图 5.37 所示的轴测图。

任务三(参见"5.2.7 任务三视频"):

绘制如图 5.38 所示的轴测图。

5.2.6　5.2.7(1)　5.2.7(2)

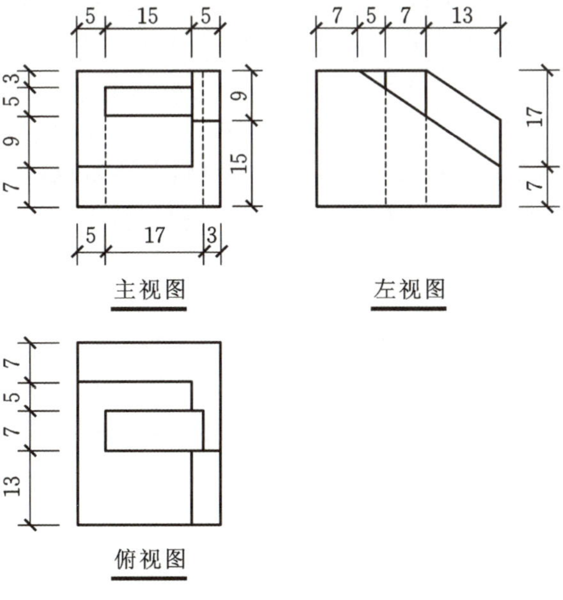

图 5.38　任务三用图

项目小结

本项目主要讲解了 CAD 绘制正轴测图的方法。绘制轴测图的方法主要用到切割法、叠加法和端面法,案例中主要是这三个方法的综合运用。对几种方法运用自如才能更方便地解题。

拓展阅读

梁思成:中国建筑史的"巨人"

梁思成,中国著名建筑学家,清末改革先驱梁启超之子,广东新会人,毕生都致力于中国古代建筑的研究和保护。

梁思成是梁启超躲避清廷迫害,远走日本东京时生下的孩子,直到 1912 年辛亥革命后,他才随父母从日本回到北京。1923 年清华毕业后,于 1924 年赴美国费城宾夕法尼亚大学建筑系学习。1927 年获得学士和硕士学位后,又去哈佛学习了建筑史,研究方向就是中国古代建筑,这也为后来梁先生一生致力于中国古代建筑保护埋下了伏笔。1928 年,梁思成和一同赴美求学的未婚妻林徽因成婚,8 月回国后任教沈阳东北大学,并创立了中国现代教育史上第一个建筑学系。这是梁思成在中国建筑教育方面极为突出的贡献。当时中国建筑设计研究的诸多中流砥柱都是宾夕法尼亚大学的海归,这也让中国建筑教育启蒙之初,有美国建筑教育的痕迹和烙印。

日本侵华,东北沦陷,梁思成 1931 年回到北平,进入了中国营造学社工作(任法式部主任)。从 1937 年起,梁思成和林徽因等人,走遍中国大江南北,考察搜集了从唐到清各代古建筑遗存,并集结成论文在国内外发表,引起了业界的高度重视,享誉国际。这也为梁思成日后注释《营造法式》和编写《中国建筑史》,奠定了良好的基础。1946 年梁思成回到母校清华大学,创办了清华建筑系。

新中国成立后,梁思成除了仍在清华大学任教,还在北京市担任了诸多规划建筑相关部门的顾问和职务,也就是在这些岗位上,梁思成为保护北京城的历史风貌,进行了艰苦卓绝的努力。1950 年初,梁思成向政府提出了新北京城的规划方案——《关于中央人民政府行政中心位置的建议》,主张保护北京古建筑和城墙。之后也是他多次上书,才挽救了北海的团城。

在著述研究方面,《〈营造法式〉注释》和《清式营造则例》的收集注释是梁思成先生最重要的研究成果,它们也是中国古代建筑的两部"文法课本"。

梁思成诠释了为保护古建筑和修缮古建筑而奋不顾身的精神,他守护的不仅仅是中国古建筑,更是鲜活的建筑历史积淀和建筑人文情怀。

项目评价

序号	检测项目	评价任务及权重	自评	小组互评	教师评价
1	轴测图的完整性	轴测图绘制是否完整，缺少1项扣5分(35分)			
2	轴测图的准确性	轴测图绘制是否准确，不准确1项扣5分(35分)			
3	完成时间	规定时间内没完成，每超过10分钟，扣2分(10分)			
4	学习表现	学习不够主动、团队协作能力差、不爱护设备仪器和环境，酌情扣10～20分(20分)			
任务总评		优□ 良□ 中□ 合格□ 不合格□			

注：按学生自评占20%、小组互评和教师评价各占40%计算，形成任务评价结论。

项目5.3 坡屋顶的绘制

项目导读

坡屋顶，又叫斜屋顶，一般是指排水坡度大于10%的屋顶(图5.39)。坡屋顶在建筑中应用较广，主要有单坡式、双坡式、四坡式和折腰式等。本项目将主要绘制双坡式和四坡式屋面。

本项目导学图如图5.40所示。

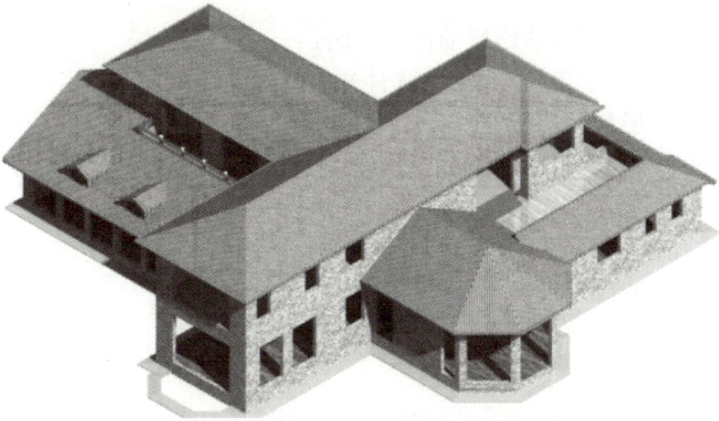

图5.39 坡屋顶

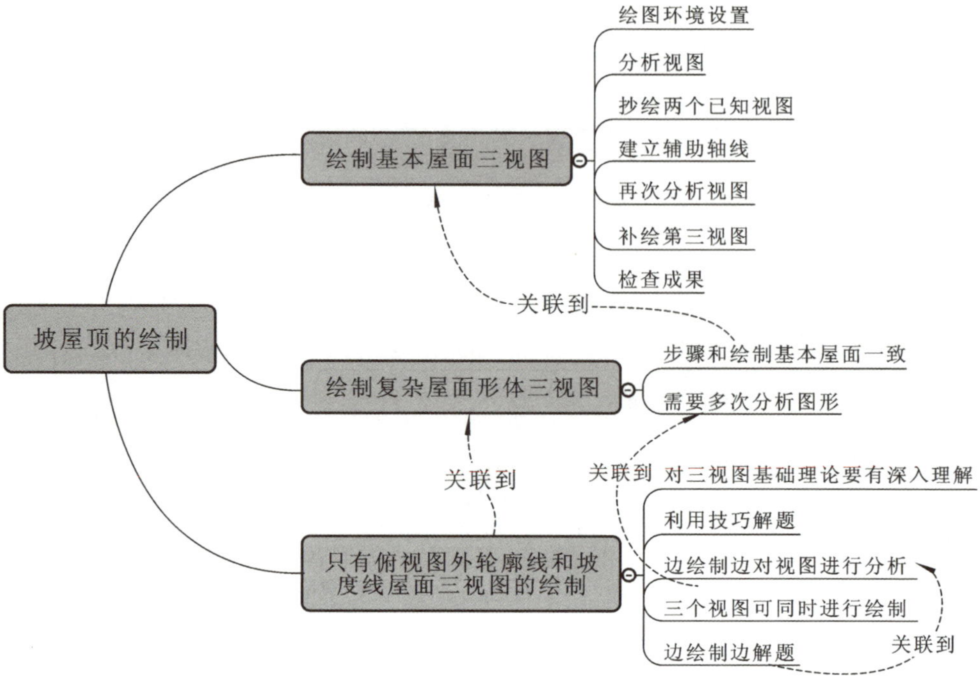

图 5.40　项目 5.3 导学图

学习目标

知识目标

(1) 能运用三视图与轴测图的知识点进行屋面绘图;

(2) 能运用投影原理绘制坡屋面;

(3) 能积累绘图技巧绘制坡屋面。

技能目标

(1) 能按照工作任务要求,抄绘屋面的三视图;

(2) 能按照给出图形,应用 CAD 绘图软件补绘屋面三视图;

(3) 能按照给出图形相关信息,应用制图原理和 CAD 绘图软件绘制特定屋面三视图;

(4) 能总结绘图过程,利用识图与制图知识,建立绘制屋面的思维和方法。

素质与思政目标

(1) 能对屋面项目进行分析,完成指定任务。

(2) 能够养成良好的绘图习惯,提高绘图效率。

(3) 按 3 人左右的小组学习训练,培养学生团队合作解决复杂问题的能力及妥善处理人际关系的沟通与交流能力。

(4) 通过“拓展阅读”和技能训练,引导学生了解中国万里长城的建设过程,引导学生了解祖国古代的伟大建筑。

知识导航

1. 屋面的常识知识

屋顶是房屋的重要组成部分，屋面是建筑物屋顶的表面，它主要是指屋脊与屋檐之间的部分，这一部分占据了屋顶的较大面积，或者说屋面是屋顶中面积较大的部分。

坡屋顶是指屋面坡度较陡的屋顶，其坡度一般在 10%以上，坡屋顶屋面投影图也要遵循“长对正、高平齐、宽相等”的原则。

屋面排水坡度常用的表示方法有角度法、斜率法和百分比法。

2. CAD 绘制屋面三视图常用的功能包括：

(1) 复制(COPY)：将对象复制到指定方向上的指定距离处。有效利用复制命令可以加快作图速度，提高效率。执行命令时可以点击功能区中的 复制 ，快捷键为 CO。

(2) 修剪(TRIM)：修剪对象以适合其他对象的边。修剪时，请选择要单独修剪的对象，按住并拖动以开始徒手选择路径，或者选择两个空位置以指定交叉栏选。所有对象都会自动作为剪切边。AutoCAD 2024 版的修剪命令对比老版本的 CAD 变得更强大，点击“修剪”命令后，可以单击修剪和两点修剪，其中两点修剪支持两点间鼠标直线或曲线轨迹经过的图形都会被修剪掉，而且修剪过程中支持删除对象。多用多试才能熟练运用此命令。执行命令时可以点击功能区修改中的 修剪 ，快捷键为 TR。

(3) 圆角(FILLET)：给对象加圆角。在此示例中，创建的圆弧与选定的两条直线均相切。直线被修剪到圆弧的两端。要创建一个不带圆角的转角，请输入 0 作为半径。执行命令时可以点击功能区修改中的 圆角 ，快捷键为 F。

示例导学

1. CAD 绘图软件绘制基本屋面三视图

示例一(参见“5.3.1 示例一视频”)：

根据如图 5.41 所示屋面主视图和俯视图，抄绘屋面主视图和俯视图，补绘屋面左视图。

5.3.1

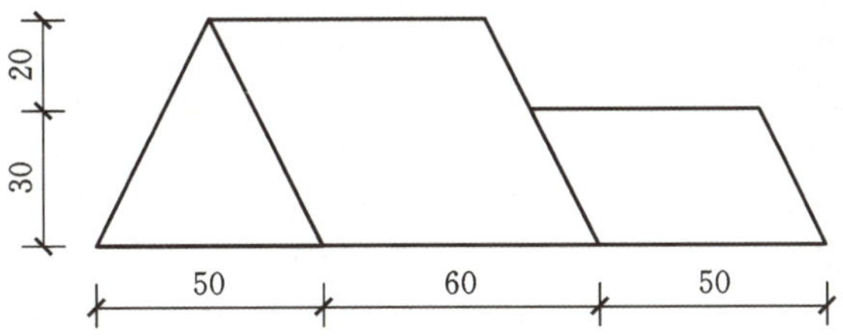

主视图

图 5.41　示例一用图

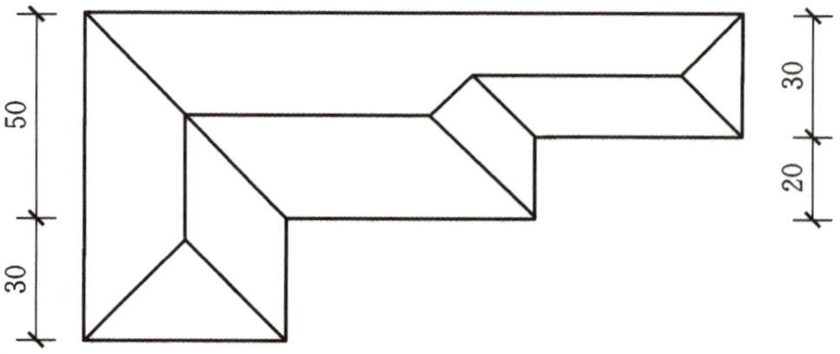

俯视图

续图 5.41

(1) 绘图前的准备工作

打开 AutoCAD 2024,设置图层如图 5.42 所示,把实线设置为当前图层。

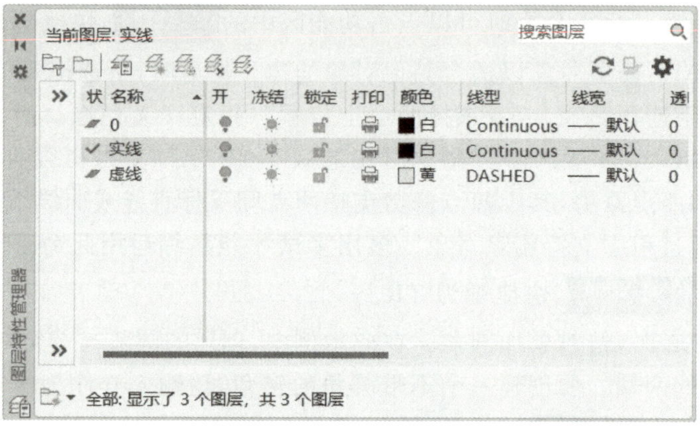

图 5.42　图层设置结果

打开“草图设置”对话框,设置“对象捕捉”,结果如图 5.43 所示。

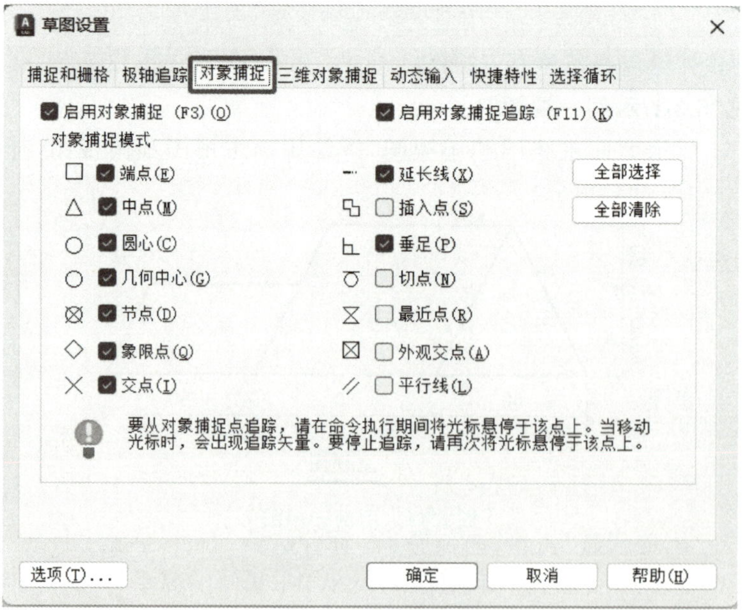

图 5.43　对象捕捉设置

(2) 抄绘俯视图和主视图

绘制主视图，将主视图屋檐用横向直线分 3 段画出(这样画有利于后续画图时捕捉到直线端点)，如图 5.44 所示。

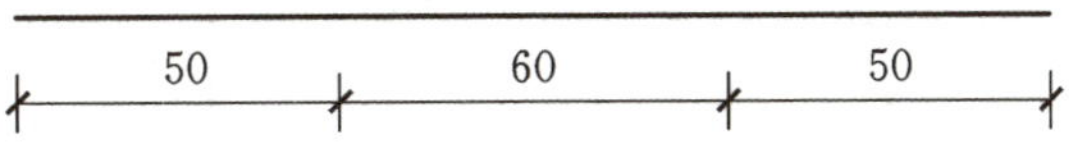

图 5.44　平直段的画法

绘制主视图屋顶倾斜直线。点击“直线”命令，点击左侧长为 50 直线的中点作为起点，向上画长为 50 的直线，如图 5.45(a)所示；用直线连接 AC 与 BC，并删除竖向辅助直线，得到图 5.45(b)。

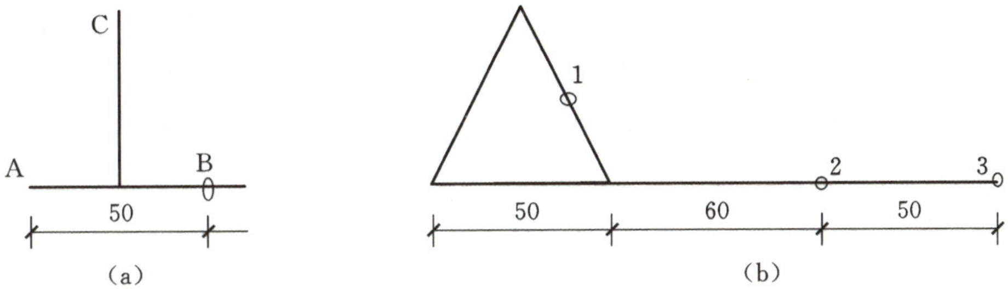

图 5.45　绘制底面矩形

选择上一步得到的直线 1，点击“复制”命令，将直线复制到 2、3 处，得到图 5.46(a)；将右侧长为 50 的直线向上偏移 30，得到图 5.46(b)；利用“直线”和“修剪”等命令完成主视图的绘制，结果如图 5.46(c)所示。

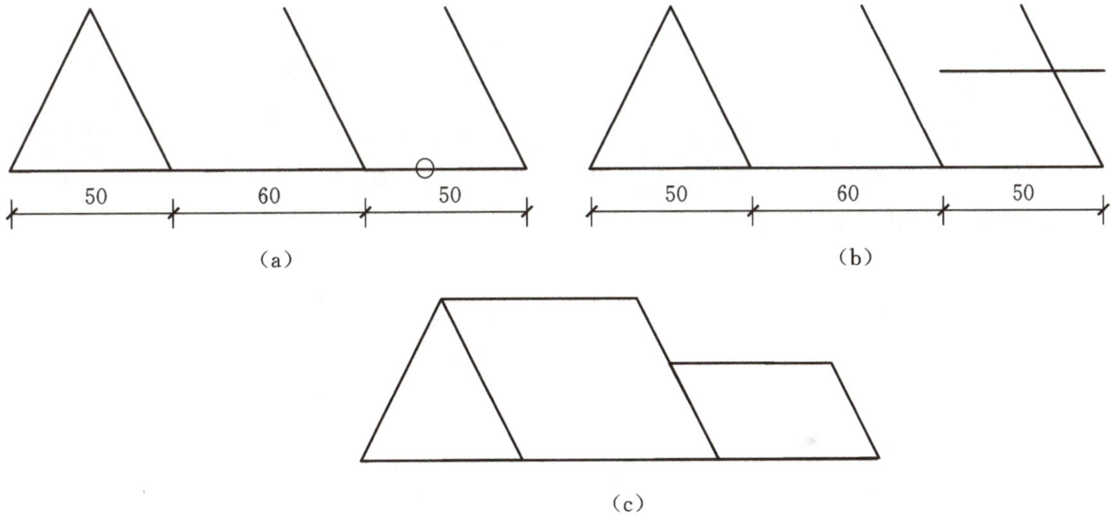

图 5.46　绘制主视图

绘制俯视图。利用“直线”命令绘制图 5.47(a)所示的俯视图外框；利用“直线”命令绘制图 5.47(b)所示的内部三条线，把直线 1 和 2 分段画(这样方便后续的绘图)；把直线 2 复制到图 5.47(c)所示的位置；使用“直线”和“修剪”等命令完成俯视图的绘制，结果如图 5.47(d)所示。

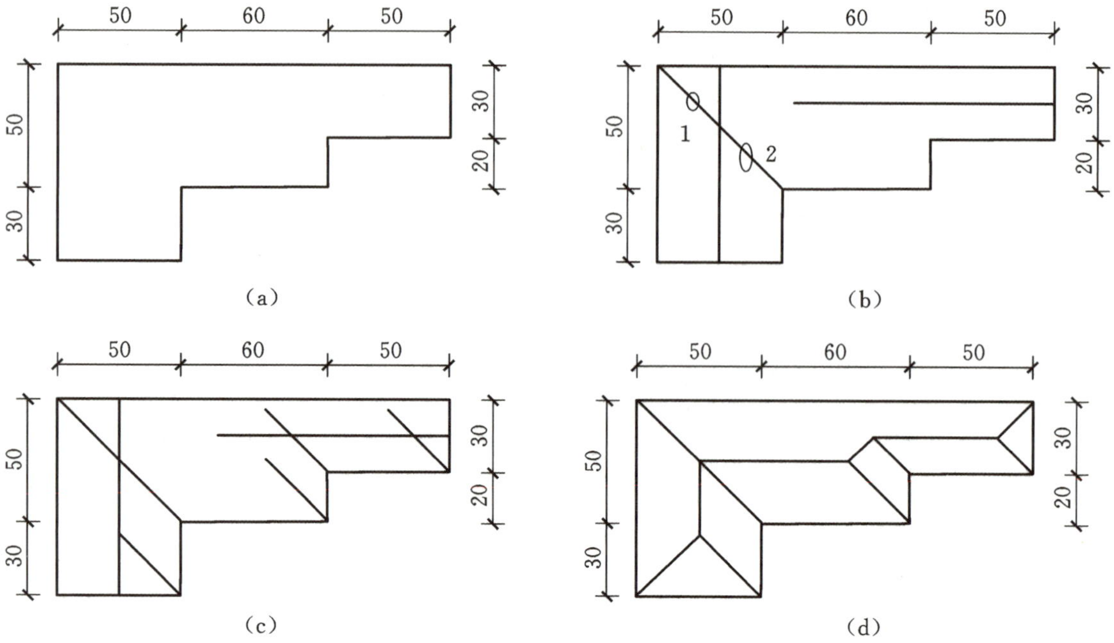

图 5.47　绘制主视图

(3) 补绘左视图

分析图形。补绘左视图之前要学会分析图形,这是制图的基本功,也是画图过程中慢慢积累的。由主视图可知,房屋左右两侧的坡度是 2∶1,由俯视图中斜线把直角平分,可知前后方向屋面的坡度和左右方向屋面的坡度相等,都是 2∶1。

利用辅助线绘图。用"直线"命令建立横向和竖向轴线,并画出 45°辅助线,结果如图 5.48(a)所示;连接"高平齐"与"宽相等"直线(此步骤中所有俯视图和主视图交点都必须做辅助直线),结果如图 5.48(b)所示;点击"修剪"命令对图形进行修剪,结果如图 5.48(c)所示;删除辅助直线,结果如图 5.48(d)所示;用直线依次连接图 5.48(e)中的点 1、6、7、4、1,并用虚线连接 2、5,连接 3、6,结果如图 5.48(f)所示;删除纵横辅助线和 45°辅助线,得到如图 5.48(g)所示结果。左视图绘图完毕(实际存在而不可见线为虚线)。

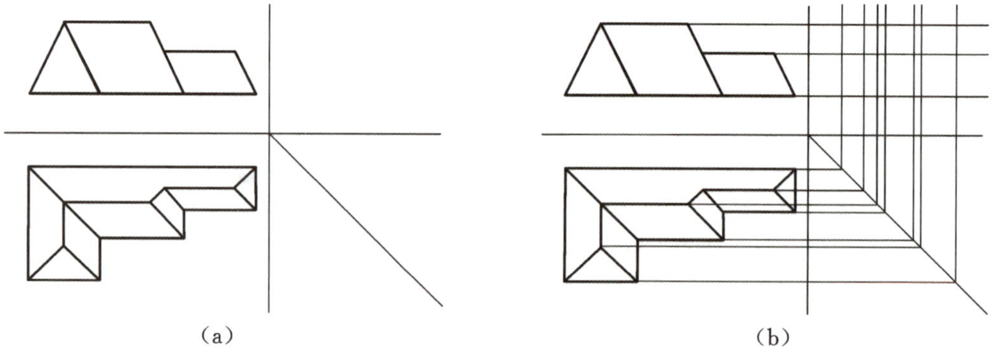

图 5.48　补绘左视图

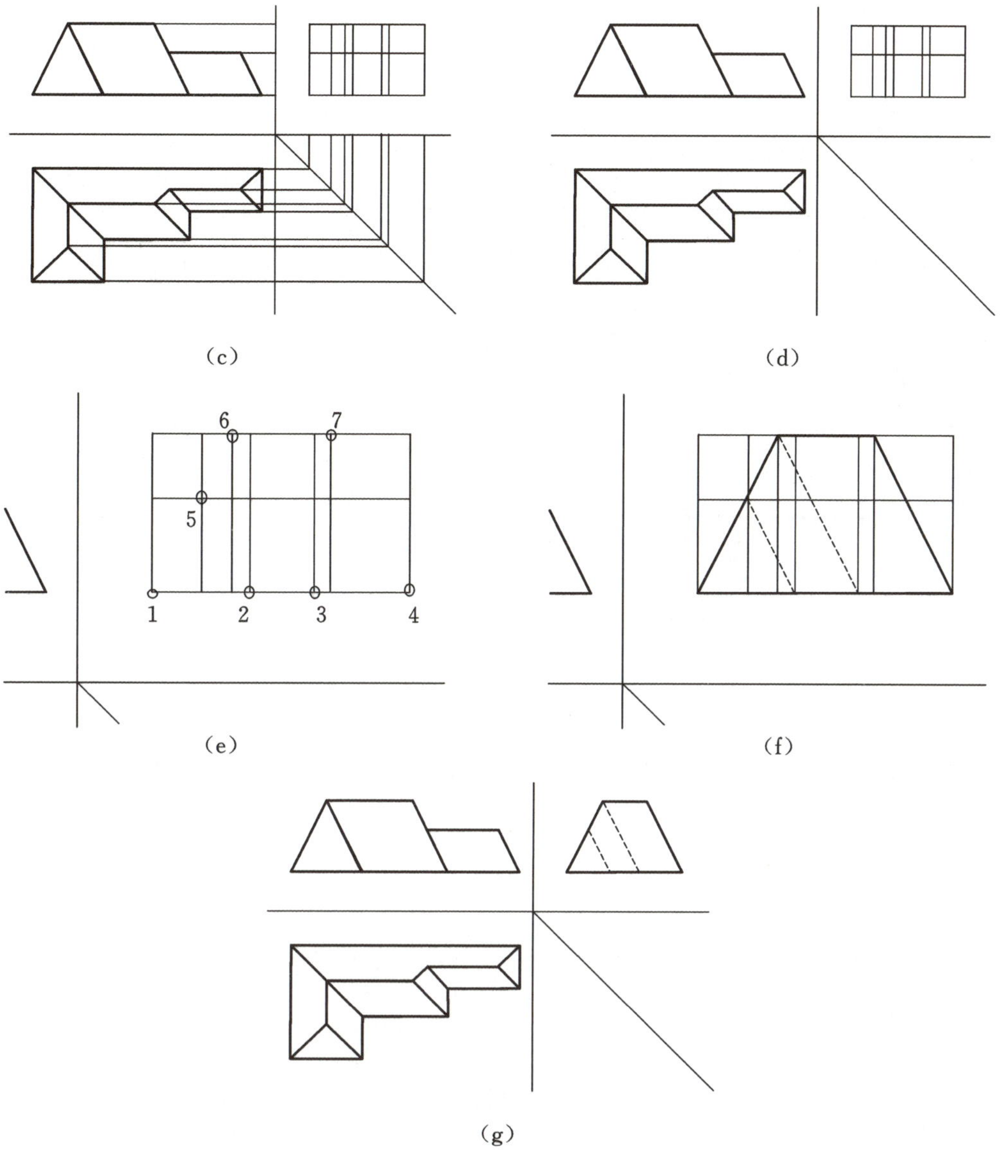

续图 5.48

示例二(参见“5.3.2 示例二视频”)：

根据已知屋面俯视图和左视图，如图 5.49 所示，抄绘屋面左视图和俯视图，并补绘屋面主视图。

5.3.2

2. CAD 绘图软件绘制复杂屋面形体三视图

示例三(参见“5.3.3 示例三视频”)：

根据已知组合形体屋面主视图、左视图和部分俯视图，如图 5.50 所示，抄绘屋面主视图和左视图，并补绘屋面俯视图。

5.3.3(1)　5.3.3(2)

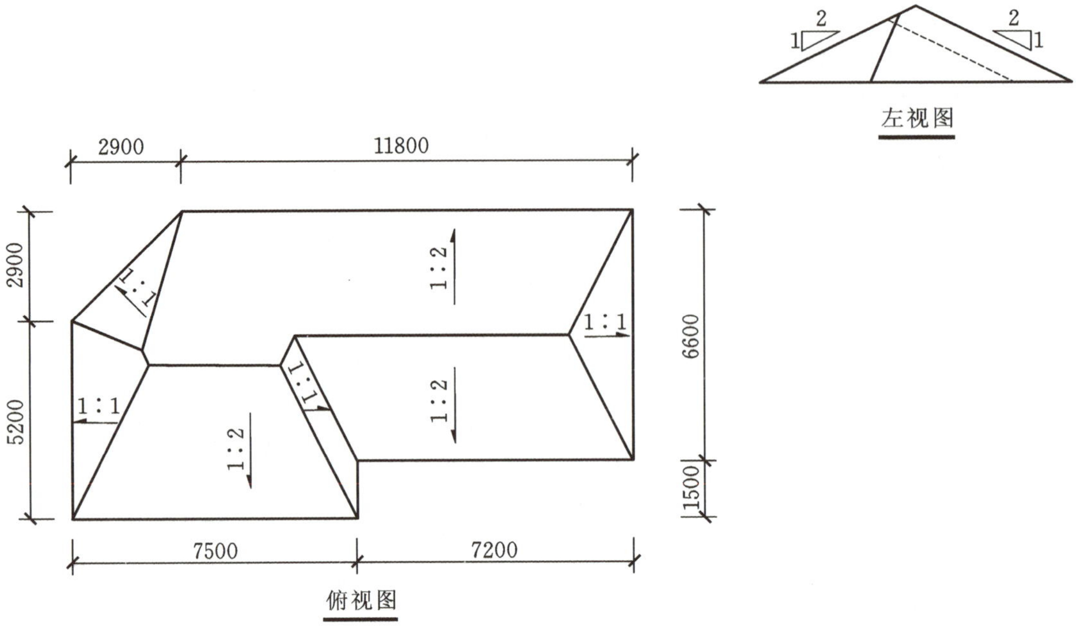

图 5.49　示例二用图

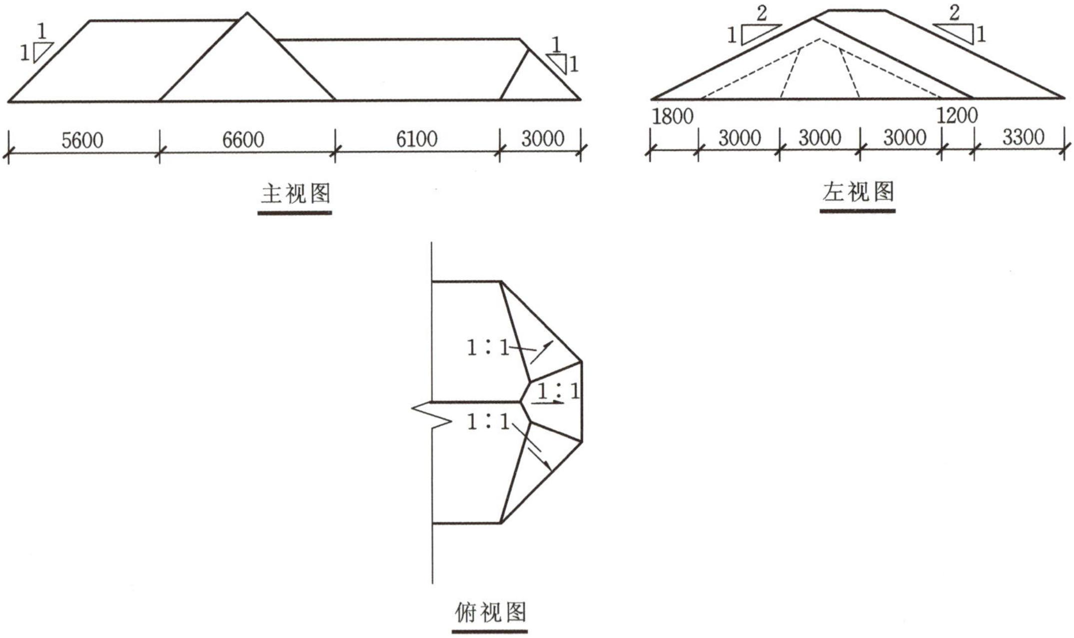

图 5.50　示例三用图

示例四(参见“5.3.4 示例四视频”)：

根据已知组合形体主视图和俯视图，如图 5.51 所示，抄绘主视图和俯视图，并补绘左视图。

5.3.4

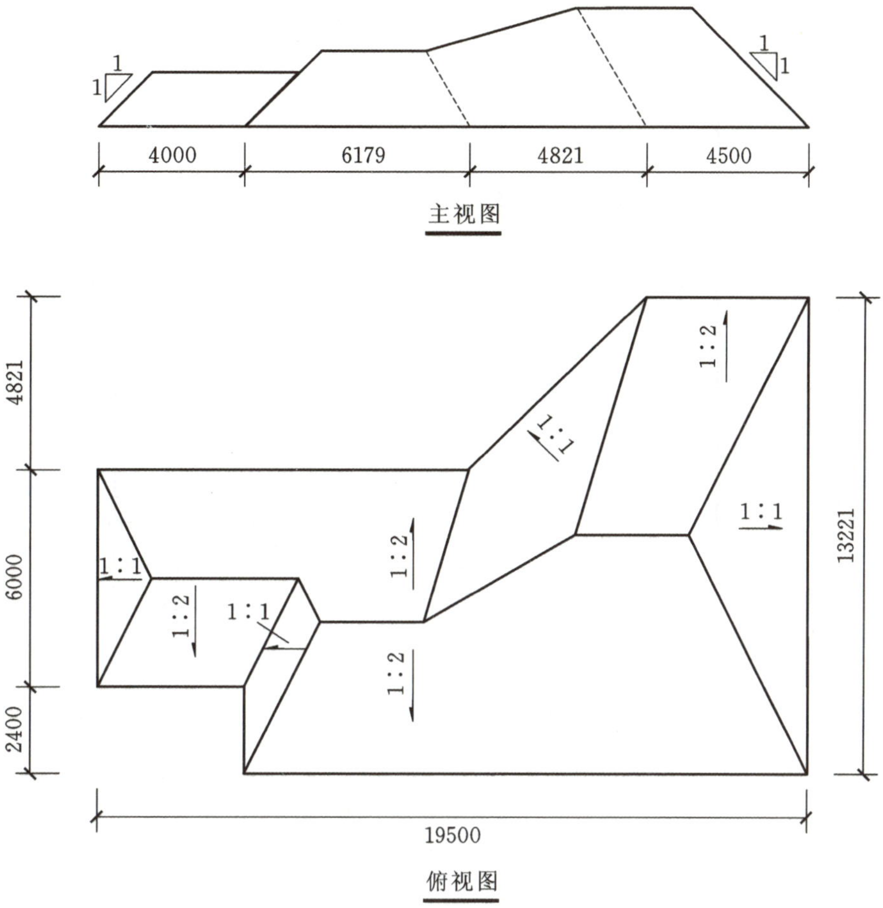

图 5.51　示例四用图

任务驱动

在下面的绘图任务中不要求标注尺寸。

任务一:(参见"5.3.5 任务一视频"):

5.3.5

根据已知不等坡屋面俯视投影轮廓、尺寸和坡度,如图 5.52 所示,完成该屋面的三面投影图(含虚线)。

任务二(参见"5.3.6 任务二视频"):

5.3.6

根据已知不等坡屋面俯视投影轮廓、尺寸和坡度,如图 5.53 所示,完成该屋面的三面投影图(含虚线)。

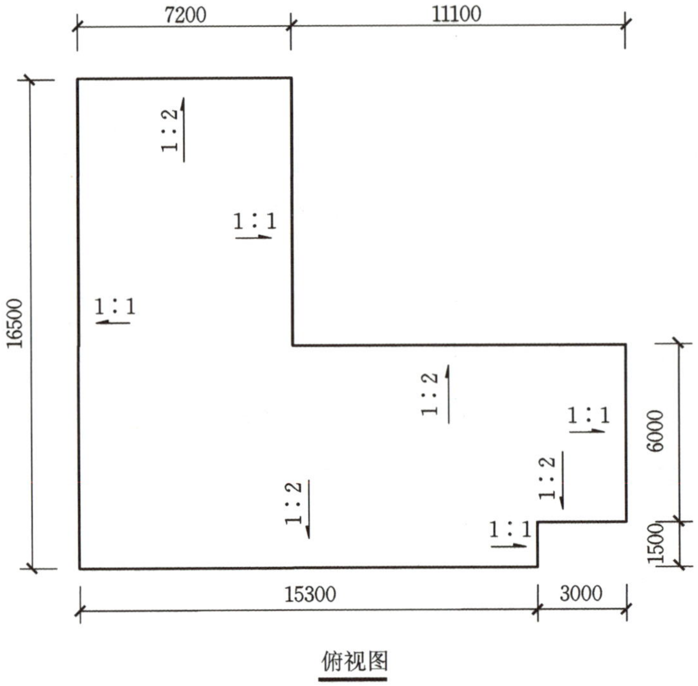

图 5.52　任务一用图

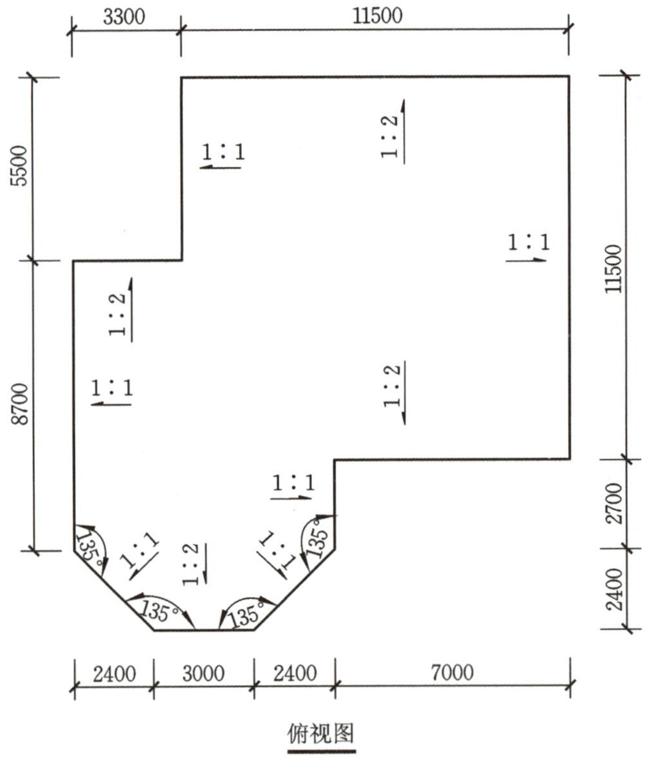

图 5.53　任务二用图

项目小结

本项目主要讲解了 CAD 绘制屋面三视图的方法。绘制屋面三视图和绘制普通三视图的步骤基本相同,主要区别在于识图难度较大,先分析图形后再画图能够提高正确率。平时多加训练才能建立屋面三视图的解题思维,更有效地解题。

拓展阅读

万里长城

万里长城,又称万里长堤,是中国古代最著名的建筑之一,同时也是世界著名的文化遗产。长城始建于春秋战国时期,历经秦、汉、北魏、隋、唐、明等多个朝代的修建和扩建,总长度约 2.1 万 km,因此得名"万里长城"。

长城的主要功能是防御外敌入侵,尤其是防止北方游牧民族的侵扰。长城沿线设有众多关隘、敌楼、烽火台等军事设施,便于监视敌情和传递信息。长城的建筑材料因地而异,主要包括土、石、砖等。

长城的修建历程可以分为几个阶段:

(1) 春秋战国时期:诸侯国之间为争夺领土和资源,开始在边境地区修筑长城,形成一系列独立的长城防线。

(2) 秦朝:秦始皇统一六国后,将原有的长城连接起来,形成了一条横跨中国的长城,这也是中国历史上第一条长城。

(3) 汉朝:汉武帝时期,对长城进行了大规模的修建和扩建,使其更加坚固和高大。长城的西段和东段分别延伸至西域和朝鲜半岛。

(4) 明朝:明朝是长城修建的鼎盛时期,明长城西起嘉峪关,东至山海关,全长约 6350km。明朝长城建筑技术精湛,石砌城墙和高大敌楼是其显著特点。

(5) 现代:长城的部分地段得到了修复和保护,成为中国著名的旅游胜地。1987 年,万里长城被联合国教科文组织列为世界文化遗产。

长城沿途的风景名胜众多,例如八达岭长城、慕田峪长城、金山岭长城、司马台长城等,吸引着大量游客前来参观游览。长城不仅是中国历史的见证,同时也是中国人民智慧和勤劳的结晶。

项目评价

序号	检测项目	评价任务及权重	自评	小组互评	教师评价
1	抄绘的完整性和准确性	轮廓线和坡度标注是否完整,缺或错 1 条线扣 1 分,扣完为止(15 分)			

续表

序号	检测项目	评价任务及权重	自评	小组互评	教师评价
2	俯视投影完整性和准确性	坡线和屋脊线的绘制是否准确,缺或错 1 条线扣 2 分(15 分)			
3	主视投影完整性和准确性	坡线和屋脊线的绘制是否准确,缺或错 1 条线扣 2 分(15 分)			
4	左视投影完整性和准确性	坡线和屋脊线的绘制是否准确,缺或错 1 条线扣 2 分(15 分)			
5	视图表达	表达效果:长对正、高平齐、宽相等,视图位置正确,酌情扣分(10 分)			
6	完成时间	规定时间内没完成,每超过 10 分钟,扣 2 分(10 分)			
7	学习表现	学习不够主动、团队协作能力差、不爱护设备仪器和环境,酌情扣 10～20 分(20 分)			
任务总评		优□　良□　中□　合格□　不合格□			

注:按学生自评占 20%、小组互评和教师评价各占 40%计算,形成任务评价结论。

高 级 篇

模块 6　绘制建筑施工图

见此图标 微信扫码
加入建筑CAD线上研修班

模块导读

建筑施工图是表示建筑物的总体布局、外部造型、内部布置、细部构造、内外装饰和施工要求等的图样，其主要内容包括建筑平面图、立面图、剖面图和大样详图。群体建筑是由多个单体建筑组成的，群体建筑施工图在以上图样基础上，还包含总平面图，用来说明各单体建筑的布局。本模块通过一个单体建筑讲解建筑平面图、立面图、剖面图和大样详图的绘制方法及出图知识。本模块用到的施工图详见“附录 3　某别墅建筑施工图”，素材源文件见“附录 3　某别墅建筑施工图.dwg”。

模块导学图如图 6.1 所示。

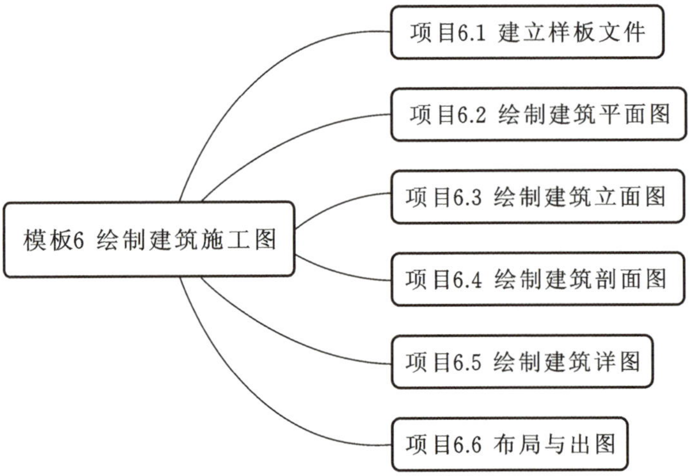

图 6.1　模块导学图

项目 6.1　建立样板文件

项目导读

AutoCAD 创建的新图形是通过默认图形样板文件或用户创建的自定义图形样板文件来创建的。建立适合自己工作的图形样板文件可以快速开始绘制新的图形文件。样板文件是使用.dwt 文件扩展名保存的图形文件，并指定图形中的样式、设置和布局，包括标题栏。当将这些设置保存为图形样板文件时，可以开始绘制图形，而无需先指定任何设置。通常设计单位通过创建、维护和分发图形样板文件以在整个组织内保持一致的标准和样式。

本项目导学图如图6.2所示。

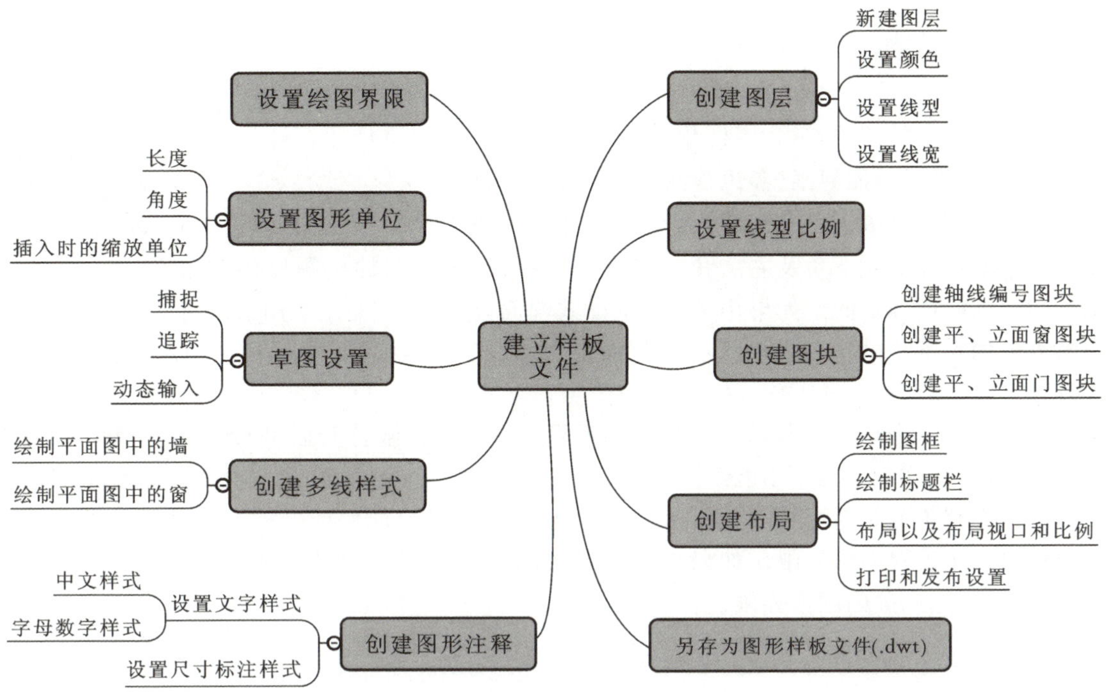

图6.2　项目6.1导学图

学习目标

素质目标

(1) 通过创建图形样板文件并利用其绘图，可以使所绘图形保持一致的标准和样式，为将来认识企业标准、培养企业标准化意识打下坚实基础；

(2) 能够自由结合成强弱搭配的2～4个人的小组，组内团结合作，组间竞争，由被动学习转向主动学习；

(3) 通过"拓展阅读"，使学生深刻认识建筑设计应基于国家规范和标准进行，同时培养学生的公民意识和法律意识，增强他们的社会责任感和参与能力，使他们成为遵纪守法、公正廉洁、关心公共事务的良好公民。

知识目标

(1) 能够利用前面所学绘图知识制作一个适合小型项目的图形样板文件；

(2) 能够结合前面所学绘图知识，深入理解"项目6.1导学图"每一部分在图形样板中所起的作用；

(3) 结合国标相关的制图规范，初步理解在模型空间与图纸空间(布局空间)绘图的区别。

技能目标

(1) 能利用所学绘图知识，在规定时间内独立完成较复杂的图形样板文件；

(2) 能对多个项目进行规划,提炼出可重复利用的部分,制作成模板,以提高同类项目绘图效率。

任务驱动

利用前面所学知识,结合国标相关的制图规范,完成以下任务:

任务一:设置绘图界限(参见视频“6.1 任务一.MP4”)

在“命令”栏中输入“LIMITS”命令,可以设定图形界限的左下角及右上角的坐标。图形界限左下角及右上角的坐标,是按所绘平面图的出图比例和出图时的图纸幅面确定的。如果用 A3 图纸横式幅面,出图比例是 1∶100,需将图形界限的左下角确定为(0,0),右上角确定为(42000,29700)。本项目按 A2 图纸竖式幅面进行设置。

6.1 任务一

用 LIMITS 命令的 ON 选项来打开图形界限。图形界限打开后,图形只能绘制在规定的矩形区域,超出这个范围是不能绘图的,除非用 LIMITS 命令的 OFF 选项关闭图形界限。

图形界限主要是对所绘制的图形进行区域限定的,如果能保证绘图中不出现尺寸错误,其实也可以不用设置图形界限。如果不用图形界限绘图,设置了图形界限后也可以用 LIMITS 命令的 OFF 选项关闭图形界限。

注意:别忘记在命令行输入 ZOOM 命令(简写为 Z),再选择 A 选项(或者从菜单栏选择“视图”—“缩放”—“全部”命令),全屏居中显示绘图界限,方便对整体图形的把握。

任务二:设置图形单位(参见视频“6.1 任务二.MP4”)

在“命令”栏中输入“UNITS”命令,打开“图形单位”对话框,将长度单位的类型设置为“小数”,“精度”设置为“0”,其他使用默认值。

说明:在绘制建筑图形时,最小单位为 mm,设实际尺寸的 1mm 对应计算机中的一个单位。在这种假设下,用于缩放插入内容的单位应设置为 mm。

6.1 任务二

任务三:草图设置(参见视频“6.1 任务三.MP4”)

用命令 DSETTINGS(简写 DS),打开“草图设置”对话框,针对平面图的绘图需要,设置如下:

① “捕捉和栅格”选项卡按默认值设置。

② 在“极轴追踪”选项卡“极轴角设置”中,设置“增量角”为“90°”,其他按默认值。

6.1 任务三

③ “对象捕捉”选项卡,启用对象捕捉,启用对象捕捉追踪,打开端点、中点、圆心、象限点、交点、延长线、垂足、切点等对象捕捉模式,设置如图 6.3 所示。

④ “动态输入”选项卡按默认设置。

说明:以上设置不是一成不变的,在绘图前可以随实际情况进行调整。比如,设置图形单位时,有时实际需要的角度更精确,这时精度设置为 0.0 或更高。

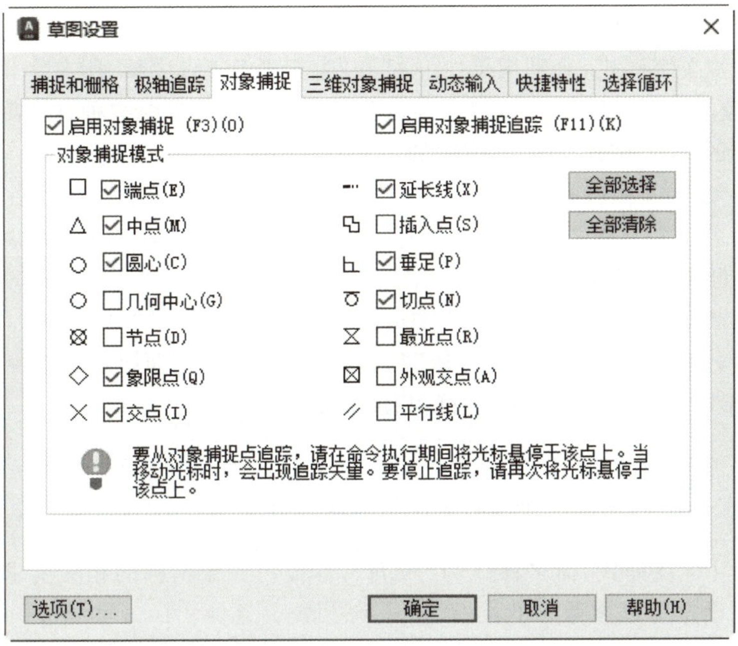

图 6.3　在“草图设置”对话框中设置“对象捕捉”

任务四：创建多线样式(参见视频“6.1 任务四.MP4”)

6.1 任务四

(1) 用命令 MLSTYLE，创建 Q1 样式，封口的直线项的起点和端点勾选，其他项取默认值(默认多线宽度为 1)。用 MLINE 命令借助“Q1”样式绘制墙线时，比例设置为 240，用来绘制 240 的墙。我们将来可以通过调整比例来绘制不同的墙。

(2) 创建名称为“C1”的多线样式，如图 6.4 所示，用于平面图中窗的绘制。用 MLINE 命令借助“C1”样式绘制窗时，我们可以通过调整不同比例来适应不同的窗。

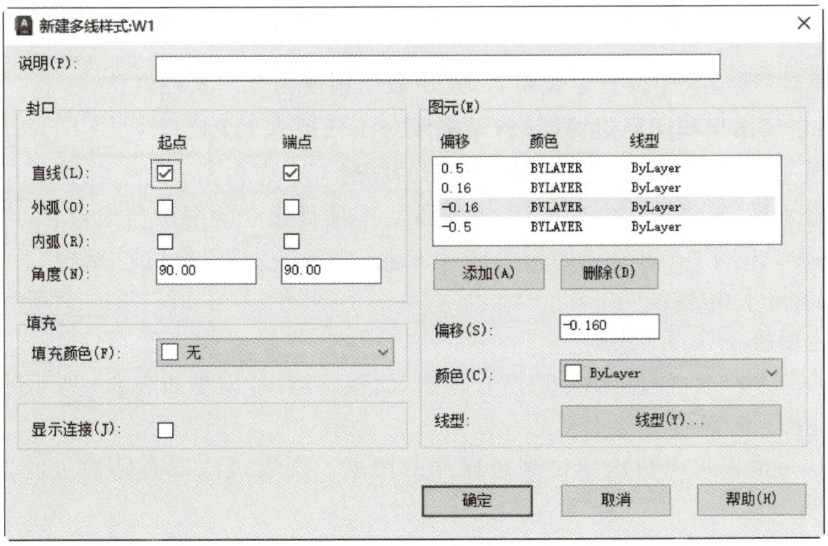

图 6.4　设置平面图中窗的多线样式

任务五:创建图形注释(参见视频"6.1 任务五.MP4")

6.1 任务五

(1) 设置两种文字样式,分别用于"中文"和"字母数字"的注释,所有字体均为直体字,高度为 0,宽度因子为 0.7。高度设置为 0 后,在使用这种样式时就可以设置想用的任何高度,增加了高度的灵活性。

① 用于"中文"的文字样式

文字样式命名为"ZHW",字体名选择"仿宋",语言为"CHINESE_GB2312"。

② 用于"字母数字"的文字样式

文字样式命名为"XW",字体名选择"simplex.shx",大字体选择"hztxt"。只有 shx 文件可以和大字体配合,形成"shx 字体+大字体"的组合,用来指定亚洲语言的大字体文件。不指定大字体,就不能显示亚洲语言特有的字符,只能显示西方字符。

说明:系统变量 MIRRTEXT 用于设置镜像文字的可读性,当变量值为 0 时,镜像后的文字具有可读性;当变量值为 1 时,镜像后的文字不可读。

(2) 设置尺寸标注样式,命名样式为"BZH",参数可根据国标的相关要求进行设置。

具体的样式设定可以参考如下:

① "线"选项卡中设置基线间距为 10,超出尺寸线为 2,起点偏移量为 2,其他默认。

② "符号和箭头"选项卡中设置箭头为"建筑标记",箭头大小为 2.5,其他默认。

③ "文字"选项卡中设置文字样式"XW",文字高度为 3,从尺寸线偏移为 1,其他默认。

④ "调整"选项卡中设置使用全局比例为 50(出图比例的倒数),调整选项为"文字",文字位置为"尺寸线上方,不带引线",其他默认。

提示:也可以使用系统变量 DIMSCALE 设置和调整尺寸标注样式的比例。

注意:在使用"标注特征比例"项的"使用全局比例"的比例值时,若"文字"选项卡中引用的"文字外观"项的"文字高度"值灰显(当使用的文字样式中已经指定了文字高度时,"文字高度"值灰显)时,则全局比例不对灰显的"文字高度"值进行比例缩放。

⑤ "主单位"选项卡中设置单位格式为"小数",精度为"0",其他默认。

任务六:创建图层和图层过滤器(参见视频"6.1 任务六.MP4")

6.1 任务六

根据建筑平面图的实际情况,建筑平面图的图层至少应包括:轴线、门窗、墙体、楼梯、散水坡道、设施、文字、标注、填充等。本项目建立的图层名中包含两个字段,字段之间用"-"间隔。如果要区分专业,也可加入"建筑"或"结构"等字段,如"建筑-平面-轴线"。

(1) 创建图层

输入命令 LAYER,打开"图层特性管理器"面板,可参考创建如表 6.1 所示的图层。

(2) 创建图层过滤器

使用图层过滤器可以快速定位到想操作的图层。图层过滤器有特性过滤器和组过滤器两种。

在"图层特性管理器"面板中单击"新建特性过滤器"按钮,出现"图层过滤器特性"对话框,命名过滤器名称为“平面图层”。在“过滤器定义”项中定义名称为“平面 * ”。同样方法,创建“立面图层”过滤器和“剖面图层”过滤器。

单击“新建组过滤器”按钮,命名组过滤器名称为“布局图层”。单击“所有使用的图层”过滤器,把布局对应的图层拖动到“布局图层”组过滤器。

说明:图层颜色可以自定,图层线型和线宽应符合《房屋建筑制图统一标准》(GB/T 50001—2017)的要求。我们根据这个标准整理出“表6.2　线型线宽”,供参考。

表6.1　图层设置

序号	图层名	描述内容	线宽	线型	颜色	打印属性
1	平面-轴线	定位轴线	0.18	单点长画线	红色	打印
2	平面-墙	墙轮廓线	0.7	实线	白色	打印
3	平面-柱	柱轮廓线	0.7	实线	白色	打印
4	平面-填充	填充	0.18	实线	白色	打印
5	平面-门窗	门窗	0.5	实线	黄色	打印
6	平面-楼梯	楼梯	0.35	实线	白色	打印
7	平面-台阶	台阶	0.35	实线	白色	打印
8	平面-阳台	阳台	0.35	实线	白色	打印
9	平面-雨篷	雨篷	0.35	实线	白色	打印
10	平面-散水坡道	散水、坡道	0.35	实线	白色	打印
11	平面-标注	尺寸标注、标高、轴线编号等	0.35	实线	绿色	打印
12	平面-文字	图中文字	默认	实线	绿色	打印
13	平面-设施	家具、卫生设备	0.18	实线	白色	打印
14	平面-剖切位置线	剖切位置线	0.35	实线	蓝色	打印
15	立面-轴线	定位轴线	0.18	单点长画线	红色	打印
16	立面-地坪线	室外地坪线	1.0	实线	白色	打印
17	立面-标注	尺寸标注、标高、轴线编号等	0.35	实线	绿色	打印
18	立面-门窗	门窗	0.5	实线	黄色	打印
19	立面-阳台	阳台	0.35	实线	白色	打印
20	立面-文字	图中文字	默认	实线	绿色	打印
21	立面-外轮廓线	立面外轮廓线	0.7	实线	白色	打印
22	立面-轮廓线	立面投影线	0.5	实线	灰色	打印
23	立面-细实线	立面细实线	0.35	实线	灰色	打印
24	立面-填充	填充	0.18	实线	白色	打印
25	剖面-轴线	定位轴线	0.18	单点长画线	红色	打印

续表6.1

序号	图层名	描述内容	线宽	线型	颜色	打印属性
26	剖面-地坪线	地坪线	1.0	实线	白色	打印
27	剖面-标注	尺寸标注、标高、轴线编号等	0.35	实线	绿色	打印
28	剖面-文字	图中文字	默认	实线	绿色	打印
29	剖面-可见轮廓线	可见轮廓线	0.5	实线	白色	打印
30	剖面-门窗	未剖切到的门窗	0.5	实线	黄色	打印
31	剖面-楼梯	楼梯	0.5	实线	白色	打印
32	剖面-填充	填充	0.18	实线	白色	打印
33	剖面-剖切面轮廓线	墙、楼板、屋面板	0.7	实线	白色	打印
34	剖面-构配件轮廓线	较小的建筑构配件	0.35	实线	白色	打印
35	布局-视口线	视口线	默认	实线	白色	不打印
36	布局-图框	图框	0.7	实线	绿色	打印

表 6.2 线型线宽

线宽	线型					
	实线	虚线	单点长画线	双点长画线	折断线	波浪线
1.4b	地坪线					
b	主要可见轮廓线、图纸图框线					
0.7b	可见轮廓线、变更云线、图纸标题栏外框线(A2、A3、A4)、图纸对中标志(A2、A3、A4)	不可见轮廓线				
0.5b	可见轮廓线、尺寸线、图纸标题栏外框线(A0、A1)、图纸对中标志(A0、A1)	不可见轮廓线、图例线				
0.35b	图纸标题栏分割线(A2、A3、A4)、图纸幅面线(A2、A3、A4)					
0.25b	图例填充线、家具线、图纸标题栏分割线(A0、A1)、图纸幅面线(A0、A1)	图例填充线、家具线	中心线、对称线、轴线等	假想轮廓线、成型前原始轮廓线	断开界线	断开界线

注:b 取值为 0.7mm。

任务七:设置线型比例(参见视频"6.1 任务七.MP4")

在命令行输入系统变量 LTSCALE,可以直接调整线型比例因子,也可在命令行输入命令 LINETYPE,打开"线型管理器"对话框,单击"显示细节"按钮,打开细节选项组,输入"全局比例因子"为 25(本书后面项目的出图比例为 1∶50)。

6.1 任务七

轴线是使用点画线（单点长画线 ACAD_ISOO4W100）在模型空间绘制的，为了能在图纸空间正确显示，像这种不连续的线型，在绘图前必须进行线型比例的设定。AutoCAD 默认的全局线型缩放比例为 1.0，通常线型比例大致取出图比例倒数的 1/2（在模型空间应按 1∶1 绘图）作为初始值。如果出图比例是 1∶50，“全局比例因子”可以设置 25 为初始值。一般情况下，此种计算方法能满足要求。如果此值不能满足要求，可做适当调整。

任务八：创建图块（参见视频“6.1 任务八.MP4”）

6.1 任务八

（1）创建轴线编号图块

在后面的项目，轴线编号都是在模型空间绘制。由于出图比例都是 1∶50（在图纸空间出图时，在模型空间绘制的图形要缩小 50 倍），因此我们必须把轴线编号放大 50 倍才能在图纸空间正确显示。定义块时，命名为“ZH”，轴线编号的圆直径定为 400，属性（编号文字）高度定为 200。

（2）创建门、窗图块

定义如图 6.5 所示的平面图中的双扇门图块（命名为“M2000”）和单扇门图块（命名为“M1000”）。双扇门的门宽为 2000，单扇门的门宽为 1000，其他尺寸自己拟定一个合理的值。插入门块时，指定合理的比例和方向，就能衍生出相同形状的多种尺寸的双扇门和单扇门。平面图中的窗，我们用多线绘制。

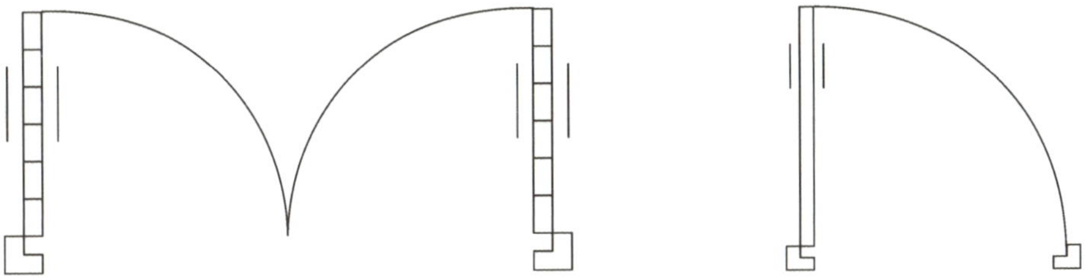

图 6.5　定义双扇门和单扇门

提示：立面图中的门、窗，形式多样，我们可以从相关图库拷贝引用，也可以自己绘制出使用频率高的门窗块，放在模板文件中。

任务九：创建布局（参见视频“6.1 任务九.MP4”）

6.1 任务九

（1）新建布局并更名为“PDF-A2”（大写）。

（2）打印设置：配置打印机/绘图仪名称为 DWG TO PDF.pc5；纸张幅面为 A2、竖向；可打印区域页边距设置为 0，采用单色打印，打印比例为 1∶1。

（3）在布局“PDF-A2”中按 1∶1 比例绘制符合国标的 A2 竖向图框。

（4）绘制标题栏并定义为带属性的块：

① 按图 6.6 所示的标题栏，在 0 层中绘制，不标注尺寸。

“（图名）”“（绘图人姓名）”“（SCALE）”“（TH）”和“（绘图日期）”均为属性，绘图日期用最终完成日期。字高：“（图名）”为 6，其余文字为 4，所有属性和文字均在指定格内居中。

② 将标题栏连同属性一起定义为块，块名为“BTL”，基点为标题栏右下角点。

③ 插入图块“BTL”于图框的右下角。

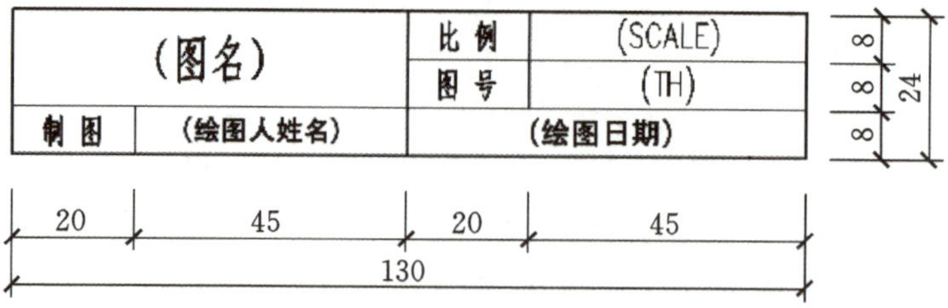

图 6.6　标题栏定义属性

任务十:另存为样板文件

用“另存为”命令,将样板文件取名为“PROJECT01-A2.dwt”保存,其默认保存路径为template 模板目录。

项目小结

本项目主要讲解用户创建自定义图形样板文件的过程及 CAD 绘图前应进行的准备工作。样板文件中指定了图形的样式、设置和布局,包括标题栏。通常设计单位通过创建、维护和分发图形样板文件以在整个组织内保持一致的标准和样式。

拓展阅读

建筑设计标准规范

中国颁布国家建筑标准规范已有长久的历史。公元 1091 年(宋哲宗元祐六年),将作监(古代官署名)编成《元祐法式》,由皇帝下诏颁行。此书是当时世界上唯一的建筑、结构设计与施工规范。公元 1097 年(北宋绍圣四年)由李诫重新组织修订、完善,终于编成流传至今的《营造法式》,于崇宁二年(1103 年)正式在全国实施。清雍正十二年(1734 年)清工部颁布了《工程做法》,共计七十四卷,合 2768 页。这是又一部国家建筑设计标准规范颁布。

如今,建筑法规体系分为法律、规范和标准三个层次,法律主要涉及行政和组织管理(包括惩罚措施),规范侧重于综合技术要求,标准则偏重于单项技术要求。

建筑设计规范亦称“建筑设计标准规范”,指国家或有关部门对基本建设设计所规定的各项技术标准。它是各类工程设计的基本依据,是建筑设计标准化的重要组成部分,是工程建设技术管理中的一项重要基础工作。建筑设计规范制定公布后,由执行机构监督实施。

在建筑设计中,需按国家规范和标准进行设计,以确保建筑安全、经济、适用。现在执行的主要建筑设计规范有以下几种:

《建设工程质量管理条例》(国务院第 279 号令)

《建设工程勘察设计管理条例》(国务院第 687 号令)

《建筑工程设计文件编制深度规定》(2016 版)

《民用建筑设计统一标准》(GB 50352—2019)(注:原国家标准《民用建筑设计通则》(GB 50352—2005)废止)

《房屋建筑制图统一标准》(GB/T 50001—2017)

《总图制图标准》(GB/T 50103—2010)

《建筑制图标准》(GB/T 50104—2010)

《建筑结构制图标准》(GB/T 50105—2010)

《建筑给水排水制图标准》(GB/T 50106—2010)

《建筑模数协调标准》(GB/T 50002—2013)

《建筑防火通用规范》(GB 55037—2022)(注:废止了《建筑设计防火规范》(GB 50016—2014)的部分条款)

《建筑内部装修设计防火规范》(GB 50222—2017)(2018 年 4 月 1 日颁布实施)

《建筑工程抗震设防分类标准》(GB 50223—2008)

《建筑抗震设计标准》(GB 50011—2010)(2024 年版)

《建筑消能减震技术规程》(JGJ 297—2013)

《建筑与市政工程抗震通用规范》(GB 55002—2021)(2022 年 1 月 1 日起实施)

说明:GB 是强制性国家标准,GB/T 是推荐性国家标准,JGJ 是建筑工程行业建设标准。

项目评价

序号	检测项目	评价任务及权重	自评	小组互评	教师评价
1	样板文件的完整性	样板文件是否完整,缺少 1 项扣 5 分(30 分)			
2	样板文件的合理性	样板文件是否合理,不合理 1 项扣 5 分(30 分)			
3	样板文件的创新性	样板文件具有创新性,在满分基础上加 2～5 分(10 分)			
4	完成时间	规定时间内没完成,每超过 10 分钟,扣 2 分(10 分)			
5	学习表现	学习不够主动、团队协作能力差、不爱护设备仪器和环境,酌情扣 10～20 分(20 分)			
任务总评		优□　良□　中□　合格□　不合格□			

注:按学生自评占 20%、小组互评和教师评价各占 40%计算,形成任务评价结论。

项目 6.2　绘制建筑平面图

项目导读

建筑平面图是房屋各层的水平剖面图，表达了房屋的平面形状、大小和房间的布置，墙和柱的位置、尺寸和材料，门窗的位置和大小等，是重要的施工依据。

本项目导学图如图 6.7 所示。

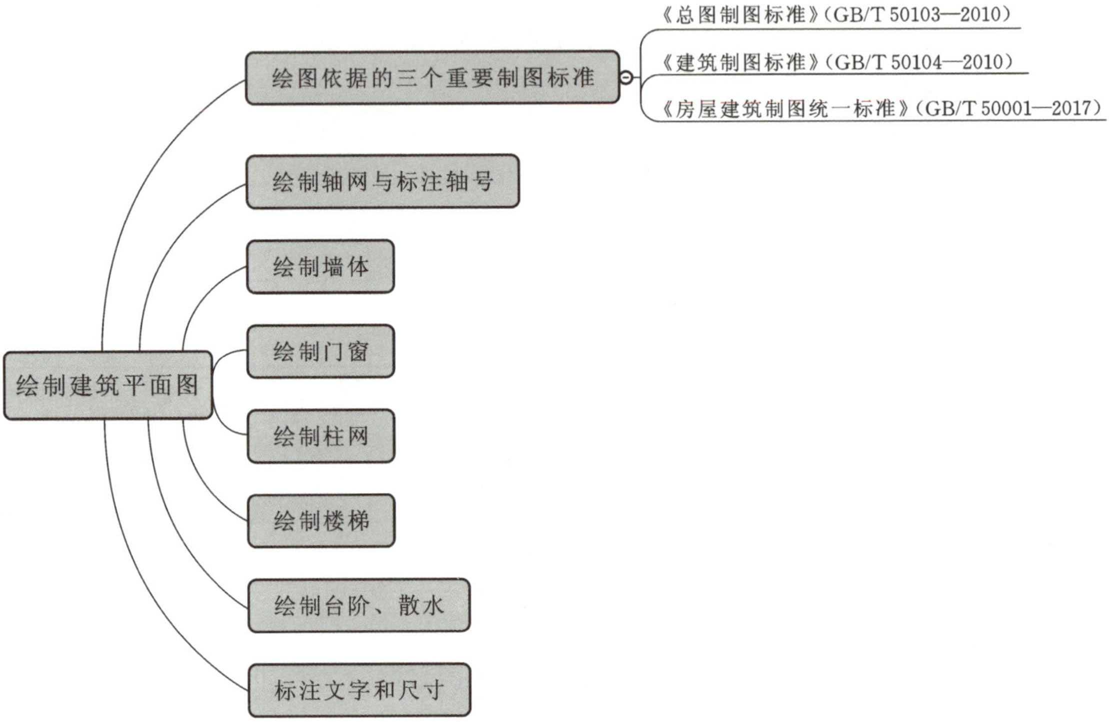

图 6.7　项目 6.2 导学图

学习目标

素质目标

(1) 培养学生遵守相关国家绘图标准进行绘图，逐步养成良好的绘图习惯；

(2) 按 3 人左右的小组学习训练，培养成员沟通、交流的能力，增强团队合作、解决复杂问题的能力；

(3) 通过“拓展阅读”和技能训练，提高学生们的民族自尊与自信，培养爱国情怀。

知识目标

(1) 能够利用制图课所学知识并遵守相关国家绘图标准正确绘制建筑平面图；

(2) 能够利用 CAD 有针对性的绘图命令及绘图辅助工具(如捕捉及正交的方法等)熟练

绘制建筑平面图，比如用多线可以高效绘制墙和窗、用带属性的块绘制轴线编号；

(3) 绘制宽度为 1000mm 的门图例并定义为图块，通过利用插入块命令的比例缩放和角度旋转功能，使其可以绘制任意宽度的门。

技能目标

(1) 能够从众多 CAD 命令中筛选出最适合、最高效的命令绘制平面图，提高绘图效率；

(2) 能够把制图知识与相关国家绘图标准融入到绘制平面图中，能够在规定时间内小组合作完成较复杂平面图的绘制；

(3) 能够利用所学知识，在规定时间内完成绘图设置、预定义常用的图块等。

知识导航

1. 建筑平面图的主要绘制内容

建筑平面图是房屋各层的水平剖面图，表达了房屋的平面形状、大小和房间的布置，墙和柱的位置、厚度和材料，门窗的位置和大小等，是重要的施工依据，在绘制前首先应清楚需绘制的内容。建筑平面图的主要绘制内容如下：

(1) 图名、比例。

(2) 轴网(由定位轴线构成的网格)及其轴号(轴线编号)。

(3) 建筑的内外轮廓、朝向、布置、空间与空间的相互联系、入口、走道、楼梯等，首层平面图需绘制指北针表达建筑的朝向。

(4) 建筑物的门窗开启方向及其编号。

(5) 建筑平面图中的各项尺寸标注和标高标注。

(6) 建筑物的造型结构、室内布置、施工工艺、材料搭配等。

(7) 剖面图的剖切符号及编号。

(8) 详图索引符号。

(9) 施工说明等。

2. 建筑图的制图标准

直接在图纸上绘图(手工制图)时，应在开始之前先确定绘图比例，把工程尺寸缩放到图纸上。实际工程中常用 1∶25、1∶50、1∶100、1∶200 等比例绘制。建筑平面图由于比例小，各层平面图中的卫生间、楼梯间、门窗等投影难以详尽表示，便采用“国标”[《房屋建筑制图统一标准》(GB/T 50001—2017)、《总图制图标准》(GB/T 50103—2010)、《建筑制图标准》(GB/T 50104—2010)及相关的建筑设计规范]规定的图例来表达，而相应的详尽情况则另用较大比例的详图来表达。

用 AutoCAD 绘图(计算机制图)时，常采用 1∶1 的比例绘图(即采用工程尺寸绘图)，出图(即打印图纸)时再按照图中标注的比例缩放打印到图纸上。这个图纸上标注的比值(一般在图名的右侧)常称作出图比例。若采用图中标注的比例绘图，应按照 1∶1 的比例打印成图，但这种方法在绘图前还需要换算，降低了绘图效率，没有发挥 AutoCAD 绘图的特点，很少有人采用。

用计算机按 1∶1 的比例绘图时，下边几项若在模型空间绘制，则应对其按出图比例的倒数进行缩放：

① 文字(如果在模型空间中绘制)

② 标注(如果在模型空间中绘制)

③ 非连续线型

④ 填充图案

比如,在 AutoCAD 模型空间中按 1∶1 绘图,图纸上标注的出图比例是 1∶100,到打印的时候,高度为 500mm 的文字,缩小为 1/100 打印到图纸上时变为 5mm。可见,以上①~④项只有在绘图时按绘图标准规定的尺寸扩大 100 倍进行绘制。

以上①~④项若在图纸空间绘制,则按国家相关标准绘制,也就是不缩放这些元素,以确保在最终打印出的图纸中得到它们的正确尺寸。

我们绘图的最重要的依据就是《房屋建筑制图统一标准》(GB/T 50001—2017),其中最重要的内容整理如下:

(1) 图纸幅面

绘图时图样的大小应符合国家标准,如 A3 图纸幅面是 297mm×420mm,A2 图纸幅面是 420mm×594mm,A1 图纸幅面是 594×841mm,其图框的尺寸见相关的制图标准。

(2) 图名及比例

建筑平面图的常用比例是 1∶50、1∶100、1∶150、1∶200、1∶300。图样下方应注写图名,图名下方应绘一条短粗实线,右侧应注写比例,比例字高宜比图名的字高小一号或二号。

(3) 图线

① 图线宽度。

图线的宽度 b,宜从 2.0mm、1.4mm、1.0mm、0.7mm、0.5mm、0.35mm、0.25mm、0.18mm、0.13mm 线宽系列中选取。图线宽度不应小于 0.1mm。每个图样,应根据复杂程度与比例大小,先选定基本线宽 b,再选用表 6.3 中相应的线宽组。

表 6.3　线宽组(mm)

线宽比	线宽组			
b(粗)	1.4	1.0	0.7	0.5
$0.7b$(中粗)	1.0	0.7	0.5	0.35
$0.5b$(中)	0.7	0.5	0.35	0.25
$0.25b$(细)	0.35	0.25	0.18	0.13

说明:需要缩微的图纸,不宜采用 0.18 及更细的线宽。同一张图纸内,各不同线宽中的细线,可统一采用较细的线宽组的细线。同一张图纸内,相同比例的各图样,应选用相同的线宽组。

图纸的图框和标题栏线,可采用表 6.4 的线宽。

表 6.4　图框线、标题栏线的宽度(mm)

幅面代号	图框线	标题栏外框线	标题栏分格线
A0、A1	b	$0.5b$	$0.25b$
A2、A3、A4	b	$0.7b$	$0.35b$

② 线型。

绘图中主要用到的线型有：实线 Continuous、虚线 ACAD_ISOO2W100（或 Dashed）、单点长画线 ACAD_ISOO4W100（或 Center）、双点长画线 ACAD_ISOO5W100（或 Phantom）。

经过计算可知，线型比例大致取出图比例倒数的一半左右（在模型空间应按 1∶1 绘图）为宜。

单点长画线或双点长画线，当在较小图形中绘制有困难时，可用实线代替。

用粗实线绘制被剖切到的墙、柱断面轮廓线，用中实线或细实线绘制没有剖切到的可见轮廓线（如窗台、梯段等）。尺寸线、尺寸界线、索引符号、标高符号等用细实线绘制，轴线用细单点长画线绘制。在 AutoCAD 中，线的粗细称为线宽，在显示选项卡“默认”—“图层特性”—“图层特性管理器”或菜单命令“格式”—“线宽”中进行线宽的设置。线宽默认是不显示的，要显示线宽，利用“格式”—“线宽”菜单，打开“线宽设置”对话框，选中“显示线宽”选项即可。

线宽的单位是毫米，是一个绝对的值，在 AutoCAD 中采用 1∶1 的比例绘图时，不针对出图比例进行缩放。

一般在 AutoCAD 绘图时，我们只设置线宽，并不显示线宽，到打印出图时打印出来就可以了。这样做的目的是为了提高图形的显示速度，在复杂图形的绘制中尤为重要。

(4) 字体

① 图样及说明中的汉字，宜采用长仿宋体（矢量字体）或黑体，同一图纸字体种类不应超过两种。长仿宋体的宽度与高度的关系应符合表 6.5 的规定，黑体字的宽度与高度应相同。

表 6.5　长仿宋体高宽关系(mm)

字高	20	14	10	7	5	3.5
字宽	14	10	7	5	3.5	2.5

图样及说明中的拉丁字母、阿拉伯数字与罗马数字，宜采用单线简体或 Roman 字体。

文字的字高，应从表 6.6 中选用。字高大于 10mm 的文字宜采用 TrueType 字体，如需书写更大的字，其高度应按$\sqrt{2}$的倍数递增。

表 6.6　文字的字高(mm)

字体种类	中文矢量字体	TRUETYPE 字体及非中文矢量字体
字高	3.5、5、7、10、14、20	3、4、6、8、10、14、20

② 汉字的高度不应小于 3.5mm，拉丁字母、阿拉伯数字或罗马数字的字高不应小于 2.5mm。

(5) 尺寸标注

① 平面图中的尺寸分为外部尺寸和内部尺寸两部分。

外部尺寸：最外一道是外包尺寸，表示房屋外轮廓的总尺寸，即从一端的外墙边到另一端的外墙边总长和总宽的尺寸；中间一道是轴线间的尺寸，表示各房间的开间和进深的大小；最里面的一道是细部尺寸，它表示门窗洞口和窗间墙等水平方向的定形和定位尺寸。底层平面图中还应标出室外台阶、花台、散水等尺寸。

内部尺寸：内部尺寸应注明内墙门窗洞的位置及洞口宽度、墙体厚度、设备的大小和定位尺寸。内部尺寸应就近标注。

② 尺寸界线应用细实线绘制,一般应与被注线段垂直,其一端应离开图样轮廓线不小于 2mm,另一端宜超出尺寸线 2～3mm。

③ 尺寸起止符号一般用中粗(0.5b)斜短线绘制,其斜度方向与尺寸界线呈顺时针 45°,长度宜为 2～3mm。半径、直径、角度与弧长的尺寸起止符号,宜用箭头表示。

④ 互相平行的尺寸线,应从被注写的图样轮廓线由近向远整齐排列,应将大尺寸标在外侧,小尺寸标在内侧。尺寸线到图样最外轮廓之间的距离不宜小于 10mm。平行排列的尺寸线的间距宜为 7～10mm,并应保持一致。

⑤ 所有注写的尺寸数字应离开尺寸线约 1mm。

(6) 剖切符号

用于剖视的剖切符号应由剖切位置线及剖视方向线组成,均应以粗实线绘制。剖切位置线长度宜为 6～10mm,投射方向线应与剖切位置线垂直,画在剖切位置线的同一侧,长度应短于剖切位置线,宜为 4～6mm。为了区分同一形体上的剖面图,在剖切符号上宜用字母或数字标注,并注写在投射方向线一侧。

建(构)筑物剖面图的剖切符号应注在±0.000 标高的平面图或首层平面图上。

断面的剖切符号应只用剖切位置线表示,并应以粗实线绘制,长度宜为 6～10mm。

断面剖切符号的编号宜采用阿拉伯数字,按顺序连续编排,并应注写在剖切位置线的一侧;编号所在的一侧应为该断面的剖视方向。

(7) 详图索引符号

① 图样中的某一局部或构件,如需另见详图,应以索引符号标出。索引符号是由直径为 10mm 的圆和其水平直径组成,圆及水平直径均以细实线绘制。

② 详图的位置和编号,应以详图符号表示。详图符号的圆应以直径为 14mm 的粗实线绘制。

(8) 引出线

引出线应以细实线绘制,宜采用水平方向的直线,与水平方向成 30°、45°、60°、90°的直线,或经上述角度再折为水平线。文字说明宜注写在水平线的上方,也可注写在水平线的端部。

(9) 指北针

指北针是用来指明建筑物朝向的。圆的直径宜为 24mm,用细实线绘制,指针尾部的宽度宜为 3mm,指针头部应标示“北”或“N”。需用较大直径绘制指北针时,指针尾部宽度宜为直径的 1/8。

(10) 标高

标高以细实线绘制的三角形加引出线表示,其高度控制在 3mm 左右,标高符号的尖端指向被标注标高的位置,箭头可向上、向下。标高数字写在标高符号的延长线一端,以 m 为单位,注写到小数点后三位,零点标高数字应写成±0.000,正数标高不用加“+”,但负数标高应注上“-”。标高的文字标注通过“单行文字”命令可以实现。也可以将标高符号保存为带属性的块,通常以三角形顶点作为插入基点。在模型空间绘图时,等腰直角三角形的高度值应是 3mm 乘以出图比例的倒数。

(11) 定位轴线

① 定位轴线应用细单点长画线 ACAD_ISO04W100 绘制。

② 定位轴线一般应编号,编号应注写在轴线端部的圆圈内,字高大概比尺寸标注的文字大

一号。圆应用细实线绘制，直径为 8～10mm，定位轴线圆的圆心，应在定位轴线的延长线上。

③ 横向编号应用阿拉伯数字，从左至右顺序编写；竖向编号应用大写拉丁字母，从下至上顺序编写，但 I、O、Z 字母由于易和阿拉伯数字 1、0、2 混淆，因此不得用作轴线编号。

任务驱动

我们打开在上一项目中制作的模板文件 PROJECT01-A2.dwt，绘制本项目的建筑平面图。本项目在绘制过程中用到的具体数据，都以图 6.8 中的数据为依据（详见“附录 3 某别墅建筑施工图”）。在本项目开始之前，同学们首先认真阅读“图 6.8 一层平面图”，熟悉其中的基本图元与具体数据，为下面的绘制打好基础。素材源文件见“附录 3 某别墅建筑施工图.dwg”。

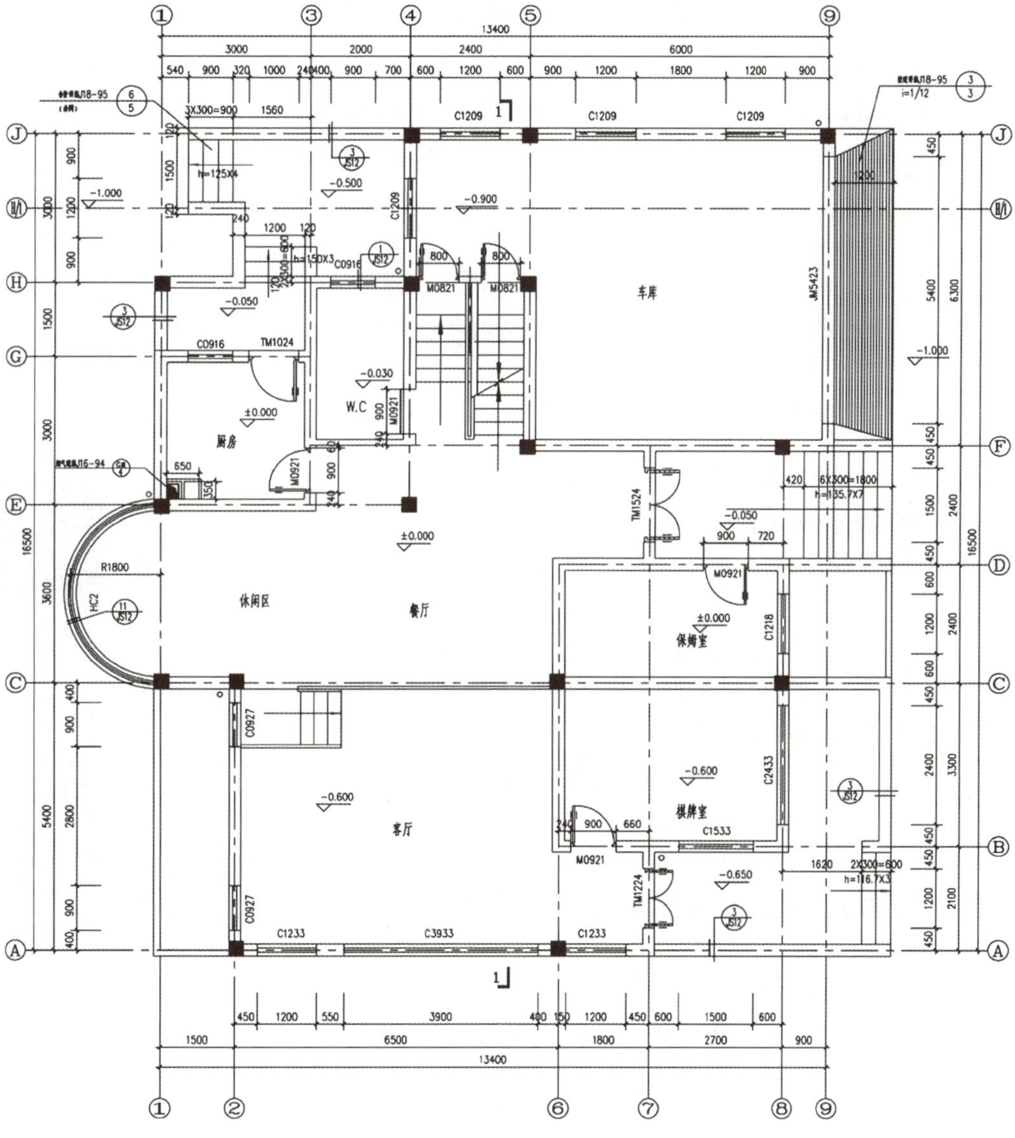

图 6.8　一层平面图

任务一:绘制轴网与标注轴号(参见视频“6.2 任务一.MP4”)

切换“平面-轴线”层为当前层,用单点长画线来绘制轴网。用“项目 6.1 建立图形样板文件”中定义的名称为“ZH”的图块在“平面-标注”图层上对轴线进行编号。

6.2 任务一

任务二:绘制墙体(参见视频“6.2 任务二.MP4”)

墙体分内墙与外墙。墙线用双线表示,并通常以轴线为中心,用多线绘制;也可用偏移命令以轴线为基线向两边偏移生成。由于多线绘制墙体效率高,本任务以“项目 6.1 建立样板文件”中定义的多线样式“Q1”在相应图层绘制。

6.2 任务二

执行“MLEDIT”命令或从菜单中选择“修改”—“对象”—“多线”命令或者双击多线对象,弹出“多线编辑工具”对话框,选取相应的编辑工具,对已绘制的墙体进行编辑。

提示:绘制多线时注意按命令行的提示选择正确的多线样式、对正方式和缩放比例。

利用 T 形编辑工具(T 形闭合、T 形打开、T 形合并)编辑多线时,对多线的选择顺序有要求,如果编辑结果异常,可以在多线编辑状态下输入“U”放弃该操作,也可以用 Ctrl+Z 或工具栏的“撤消”工具放弃该操作,然后改变多线的选择顺序。

说明:对于多线与多线相交,在较早的 AutoCAD 版本中,只能用“多线编辑工具”对其进行相对应的编辑,在没有分解(EXPLODE 命令)之前是不能通过修剪命令(TRIM 命令)进行修剪的,但在 AutoCAD 2016 以后的版本中,多线与多线相交以及多线与直线(或圆等)相交,都是可以直接用修剪命令(TRIM 命令)进行修剪的。

任务三:绘制柱网(参见视频“6.2 任务三.MP4”)

柱子的绘制有两种方法:

① 用粗实线绘制柱子断面外形轮廓,断面选择“SOLID”图案填充类型填充;

② 用“SOLID”命令直接绘制。

6.2 任务三

柱子是承重的构件,可以根据类型尺寸的不同将其制作为图块。

完成轴网、墙体和柱子的绘制,如图 6.9 所示。

任务四:绘制门窗(参见视频“6.2 任务四.MP4”)

《建筑制图标准》(GB/T 50104—2010)规定了各种常用门窗图例(包括门窗的立面和剖面图例),我们应按规定图例绘制门窗。从施工图中门窗的图例及其编号,可了解到门窗的类型、数量及其位置。门的代号是 M,窗的代号是 C。在代号后面写上编号,如 M1,M2,…和 C1,C2,…。同一编号表示同一类型的门窗,它们的构造和尺寸都一样(在平面图上标注不出的门窗编号,应在立面图上标注)。从所写的编号可知门窗共有多少种。一般情况下,在首页图或在与平面图同页图纸上,附有门窗表,表中列出了门窗的构造详图。

6.2 任务四

本任务以“项目 6.1 建立样板文件”中定义的多线样式“C1”绘制窗,以名称为“M1000”或“M2000”的门图块辅助比例系数来绘制相应的单开门和双开门。

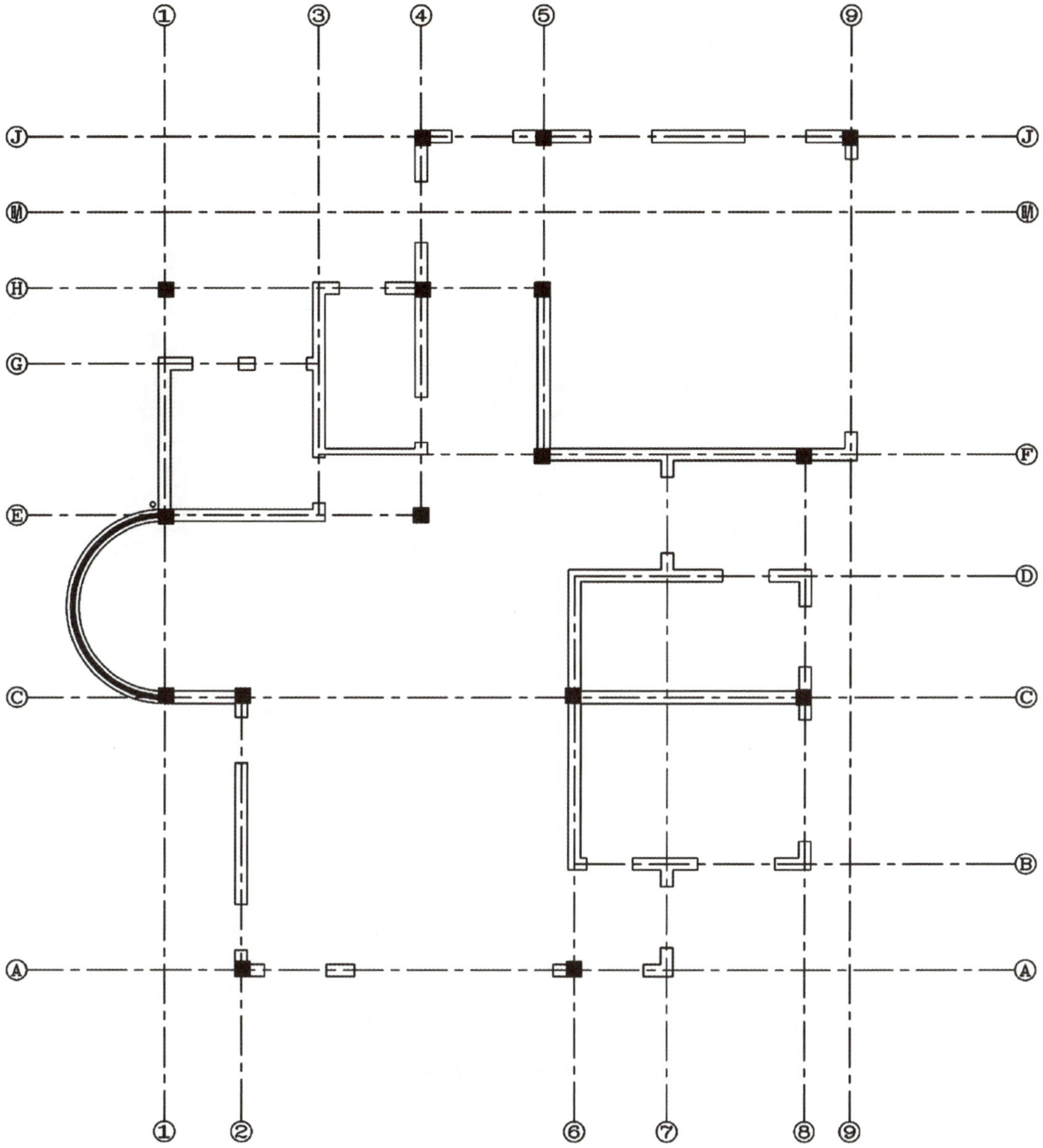

图 6.9　完成轴网、墙体和柱子后的平面图

提示：我们也可以把单开门定义成一个动态块，利用动态块的特点，调整出不同尺寸、不同开向的单开门。

任务五：绘制楼梯（参见视频“6.2 任务五.MP4”）

将“平面-楼梯”层设置为当前层，打开对象捕捉和正交模式，绘制楼梯。

任务六：绘制台阶、栏杆和烟道等（参见视频“6.2 任务六.MP4”）

切换“平面-设施”等相应图层，用“直线”命令绘制台阶、栏

6.2 任务五　　6.2 任务六

杆、散水和烟道等。

完成门窗、楼梯、台阶、栏杆和烟道等的绘制,如图 6.10 所示。

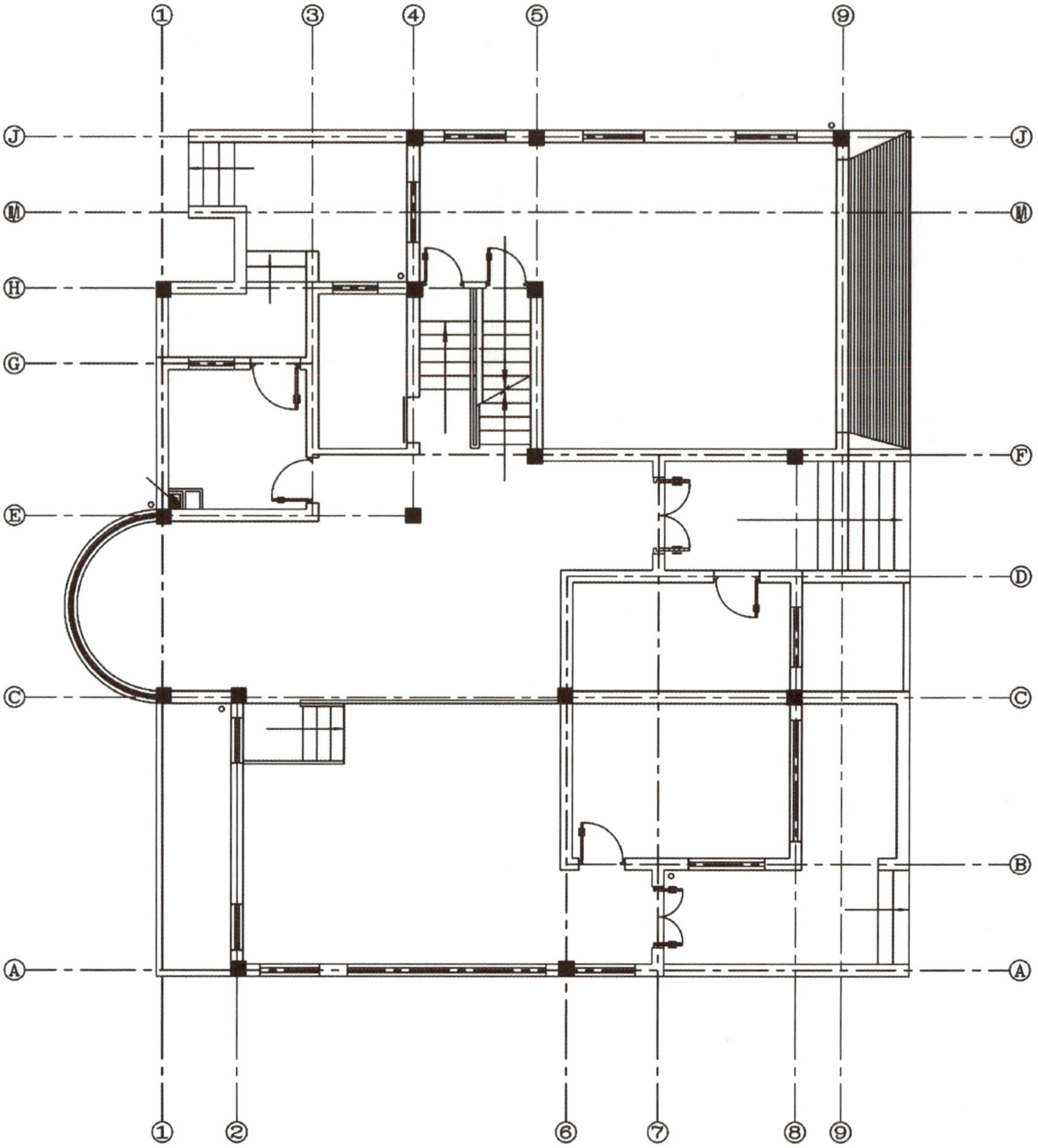

图 6.10　完成门窗、楼梯、台阶等后的平面图

任务七:标注文字和尺寸(参见视频"6.2 任务七.MP4")

将"平面-文字"层设为当前层,以"项目 6.1 建立样板文件"中定义的文字样式"ZHW"标注文字。

将"平面-标注"层设为当前层,以"项目 6.1 建立样板文件"中定义的尺寸标注样式"BZH"标注尺寸。

6.2 任务七

平面图上的尺寸标注有外部尺寸标注和内部尺寸标注。外部尺寸标注一般分为三道,即外轮廓的总尺寸、轴线间的距离、各细部的位置及大小。可以采用基线标注使这三道标注的间隔一致。

完成后的最终结果如图 6.8 所示。

项目小结

建筑平面图是将房屋从门窗口处水平剖切后所得到的俯视图，是整套建筑图中最为重要的图纸之一。平面图中的线宽应粗细有别，层次分明。线宽（线的粗细）在“图层特性管理器”中进行设置，在 AutoCAD 绘图阶段可以不进行线宽的显示，但必须设置线宽的值。

拓展阅读

中国最早的建筑图

大家知道目前考古出土的中国最早的建筑平面图吗？1977 年在河北平山县出土了战国中山王墓“兆域图”（也称“中山兆域图”），是中国迄今已知最早的建筑总平面图实物（也是目前世界上发现的最早的铜质建筑平面设计图），它距今已经有 2000 多年了，它用 1∶500 的比例详细描绘了墓葬的分布。此铜版的出土，证明了周代帝王、诸侯有专职官员为之设计陵园，这对中国建筑史的研究有重要价值。

铜版为长方形，其上用金银镶错出陵园平面图，包括三座大墓、两座小墓的名称、尺寸和中山王的一段诏令。铜版制作有误差，墓被盗时经火焚，略有变形，现长约 94cm，宽约 48cm，厚薄不一，一般厚约 1cm。据图中所注尺寸，可推算出当时一步等于五尺，一尺为 22cm。

当时在发现“中山兆域图”的时候并没有马上发现其价值，考古队员还以为是个没价值的东西，结果专家发现，它居然是一张 2000 多年前的建筑平图设计图。当时这个消息公布之后绝对是振奋人心的。“中山兆域图”的摹本见图 6.11。

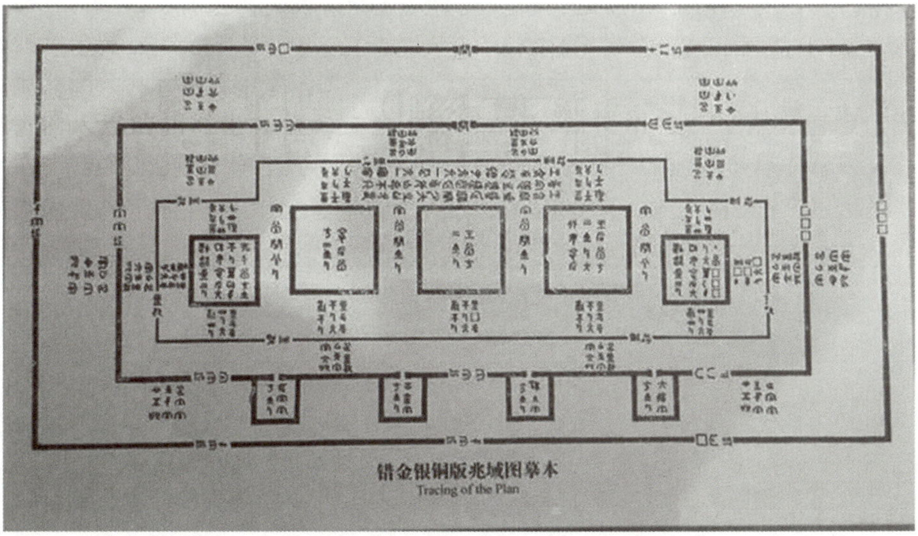

图 6.11　“中山兆域图”摹本

项目评价

建筑平面图技能考核评分表

序号	项目	子项目	详细要求	分值设定	得分
1	绘图设置(15%)	精度设置	精度设置为 0	1	
		图层设置	图层颜色、线型、线宽设置合理	7	
		文字样式设置	符合相关国家制图标准	2	
		标注样式设置	符合相关国家制图标准	5	
2	轴线(10%)	线型比例设置	线型比例设置符合要求	2	
		轴线绘制	所有轴线均在正确的图层上	1	
		轴线位置	所有轴线均在正确的位置上	5	
		轴号标注	轴号中的圆直径尺寸正确	2	
3	墙体(15%)	墙线绘制	所有墙线均在正确的图层上	4	
		墙线位置	所有墙线均在正确的位置上	7	
		墙线修剪	墙线交叉位置应修剪整齐	4	
4	门窗(10%)	门窗绘制	所有门窗调整到正确的图层上	1	
		门窗大小	所有门窗调整到正确的大小	4	
		门窗位置	所有门窗插入在正确的位置上	5	
5	楼梯(5%)	楼梯绘制	所有楼梯绘制到正确的图层上	2	
		楼梯位置	所有楼梯绘制在正确的位置上	3	
6	配件(10%)	散水、台阶、坡道、雨棚	在正确的图层上,线型正确、线宽正确,形状及尺寸正确	10	
7	尺寸标注(10%)	三道尺寸	要求尺寸线间距正确,且尺寸标注不重合	5	
		门窗尺寸	所有门窗均需利用尺寸标注定位	2	
		楼梯尺寸	楼梯需利用尺寸标注定位	1	
		其他	室外配件尺寸标注、墙厚尺寸及位置标注	2	
8	标高(5%)	绘制及标注	房间及室外的标高标注	5	
9	文字标注(10%)	图名	图名字高、下划线宽度、比例字高均正确,字体采用仿宋字	2	
		房间名称	所有房间均应标注用途	4	
		门窗名称	所有门窗均应标注名称,且不同门窗名称不应相同	4	
10	综合评分(10%)	综合评分	图形绘制整体美观,颜色设置合理,字体大小合适,线宽设置合理,必要图素全部完成,所有图素均在其独立的图层内,按时完成	10	
总分					

注:相关国家制图标准是指 GB/T 50001—2017、GB/T 50103—2010、GB/T 50104—2010 等。

项目 6.3 绘制建筑立面图

项目导读

建筑立面图是按正投影法在与房屋立面平行的投影面上所作的投影图，即房屋某个方向外形的正投影图(视图)。建筑立面图应包括投影方向可见的建筑外轮廓线和墙面线脚、构配件、外墙面及必要的尺寸与标高等。

本项目将结合建筑设计理论知识学习建筑立面图中各个元素的绘制方法。

本项目导学图如图 6.12 所示。

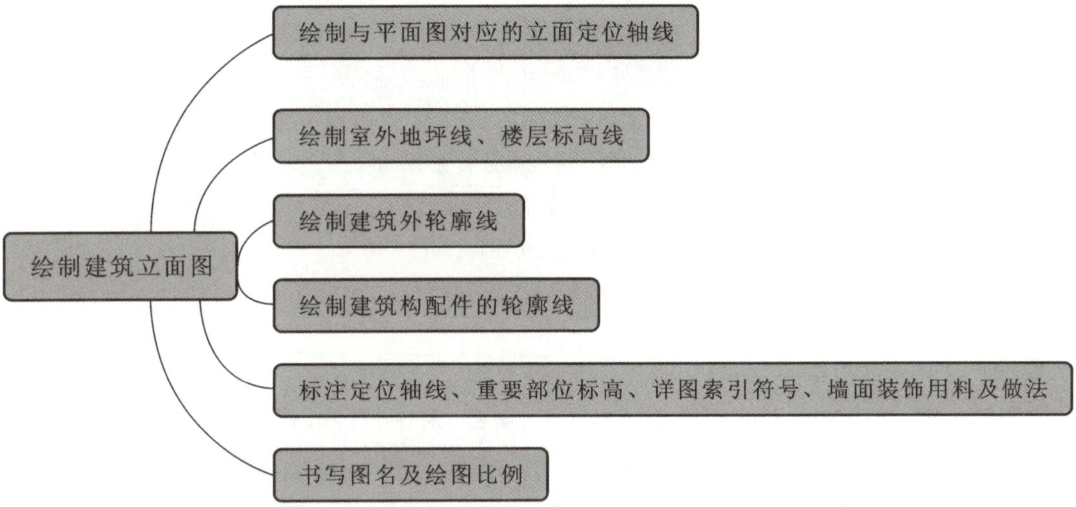

图 6.12 项目 6.3 导学图

学习目标

素质目标

(1) 通过学习训练，培养小组成员互相合作、解决复杂问题的能力，促进小组之间互相竞争，激发学生的学习兴趣；

(2) 通过“拓展阅读”，使学生充分认识国家建筑规范标准的重要性，同时增强法治观念，知法守法。

知识目标

(1) 能够利用 CAD 软件并结合相关国家绘图标准正确绘制建筑立面图；

(2) 能够利用 CAD 有针对性的绘图命令及绘图辅助工具(如捕捉及正交的方法等)熟练地绘制建筑立面图；

(3) 能够正确使用线宽，比如立面图的最外轮廓线用粗实线等。

技能目标

(1) 能把制图知识与相关国家绘图标准融入到绘制立面图中,能在规定时间内小组合作完成较复杂立面图的绘制;

(2) 能够利用绘制平面图中所学的绘图知识,解决在立面图绘制过程中遇到的较复杂问题。

知识导航

建筑立面图可分为正立面图、背立面图、侧立面图。如果按房屋朝向来命名,可分为南、北立面图,东、西立面图。建筑立面图主要用来表达建筑物的外形艺术效果,在施工图中,它主要反映房屋的外貌和立面装修的做法。建筑立面图应包括投影方向可见的建筑外轮廓线和墙面线脚、构配件、外墙面及必要的尺寸与标高等。

建筑立面图基本内容如下:

(1) 女儿墙顶、檐口、柱、变形缝、室外楼梯和消防梯、阳台、栏杆、台阶、坡道、花台、雨篷、线条、烟囱、勒脚、门窗、洞口、门斗及雨水管,其他装饰构件和粉刷分割线示意等;

(2) 外墙的留洞应标注尺寸与标高(宽、高、深及关系尺寸);

(3) 在平面图上表示不出的窗编号,应在立面图上标注;平、剖面图未能表示出来的屋顶、檐口、女儿墙、窗台等标高或高度,应在立面图上分别注明;

(4) 各部分构造、装饰节点详图索引、用料名称或符号;

(5) 建筑物两端轴线编号。

为使立面图外形更清晰,地坪线常用加粗线(取线宽组 b 值的 1.4 倍)画出,立面图的最外轮廓线用粗实线,而凸出墙面的雨篷、阳台、柱子、窗台、窗楣、台阶、花池等投影线用中粗线画出,其余如门、窗、墙面分格线、落水管、材料符号引出线、说明引出线等用细实线画出。

建筑立面图的比例与平面图一致,常用 1∶50、1∶100、1∶200 的比例绘制。

任务驱动

绘制建筑立面图大的原则与平面图类似,先整体布局,再到具体细节。在本项目的绘制中,外轮廓、门窗及阳台、屋顶、标注和标高等内容是比较关键的地方。本项目在绘制过程中用到的具体数据,都以图 6.13 中的数据为依据(详见“附录 3　某别墅建筑施工图”)。在本项目开始之前,同学们首先结合附录 3,认真阅读“图 6.13　①-⑧立面图”,熟悉其中的基本图元与具体数据,为下面的绘制打好基础。素材源文件见“附录 3　某别墅建筑施工图.dwg”。

建筑立面图的绘图步骤见如下任务:

任务一:绘制与平面图对应的立面定位轴线

切换到“立面-轴线”图层,用直线命令绘制与平面图对应的立面定位轴线。

任务二:绘制室外地坪线、楼层标高线

切换到“立面-地坪线”图层,用直线命令绘制室外地坪线。

切换到“立面-轴线”图层,依据各楼层层高用直线命令绘制楼层标高线。

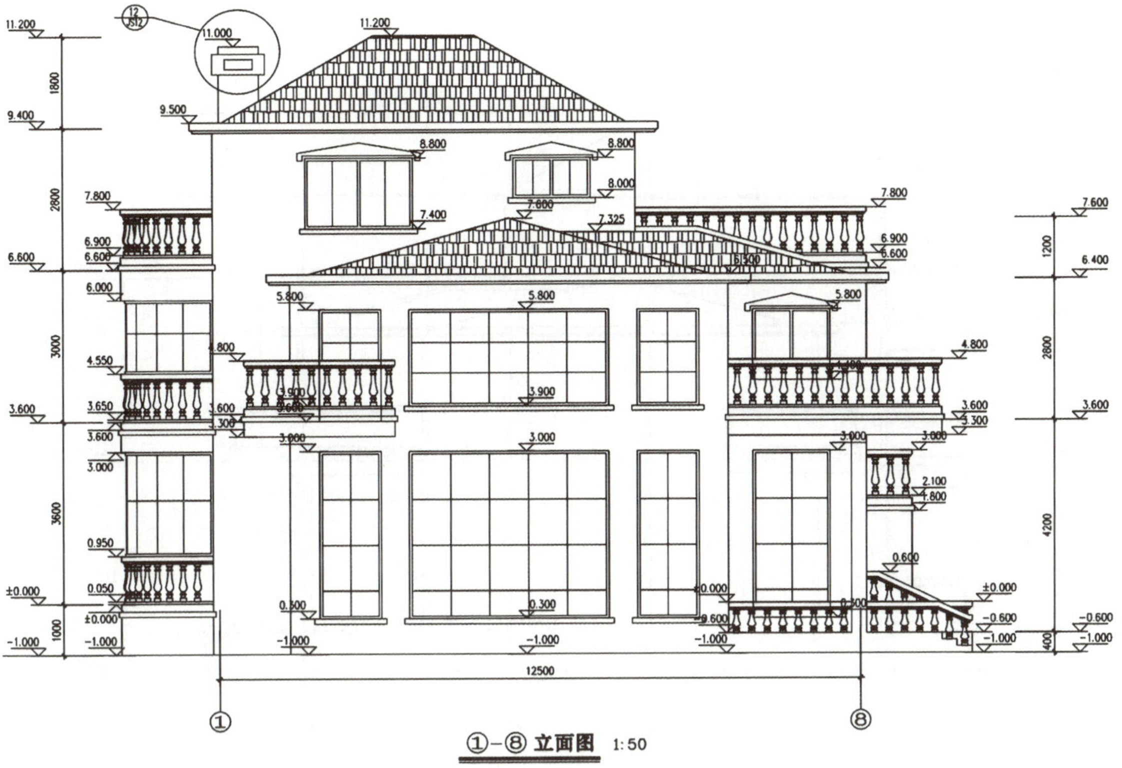

图 6.13　①-⑧立面图

任务三：绘制建筑外轮廓线

切换到“立面-外轮廓线”图层，使用“直线”命令绘制建筑立面图外轮廓。绘制时要参考各层平面图来确定立面图的外轮廓位置。完成结果如图 6.14 所示。

任务四：绘制建筑构配件的轮廓线

(1) 切换到相应图层，绘制墙体的转角线、门窗、阳台、台阶、屋面等大的建筑构配件的轮廓线。若各层门窗及阳台的构件有相同的，在绘制该图形前，首先定义成图块，然后插入图块到指定位置，可以提高绘图效率。

绘制屋顶时，要考虑屋顶应该存在的对象，通常包括雨篷、烟囱等，可以使用图案填充增加图形的表现力。

(2) 切换到相应图层，绘制窗台、雨篷、雨水管、门窗框、门窗扇等小的建筑构配件轮廓线。完成结果如图 6.15 所示。

任务五：标注定位轴线、重要部位标高、详图索引符号、墙面装饰用料及做法

切换到“立面-标注” 图层，标注定位轴线、重要部位标高、详图索引符号。

切换到“立面-文字” 图层，标注墙面装饰用料及做法。

标注标高时，可以先创建带属性的块，然后通过插入属性块的方法，快速标注各个楼层的标高。

任务六：书写图名及绘图比例

切换到“立面-文字” 图层，书写图名及绘图比例。

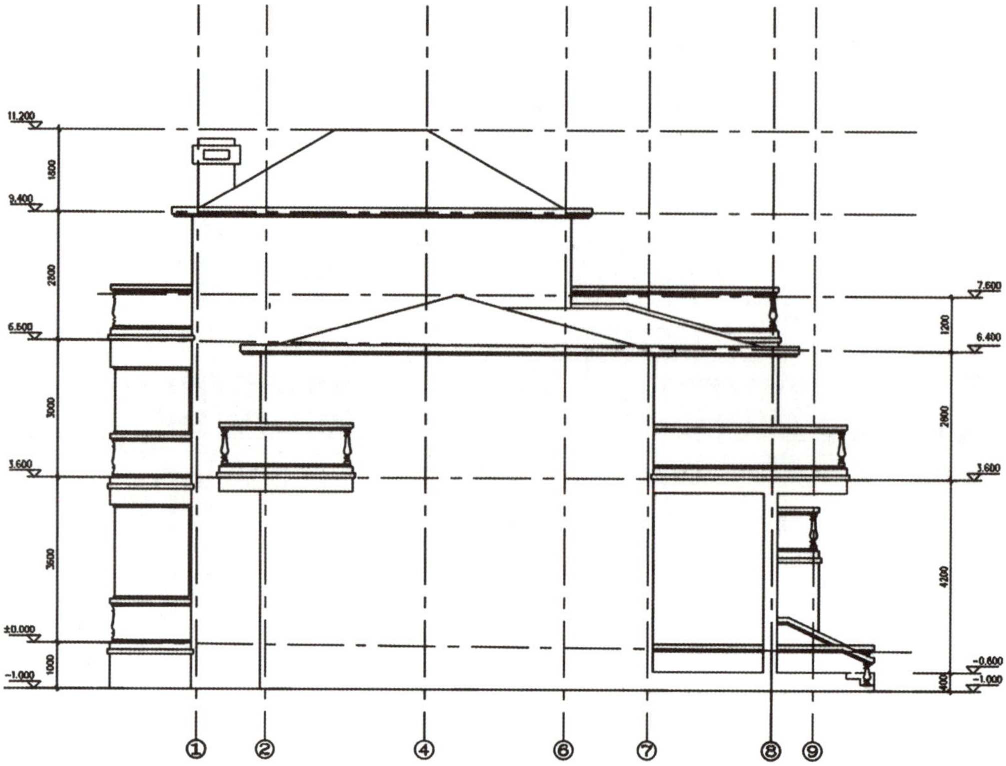

图 6.14　任务一、二、三完成图

图 6.15　任务四完成图

说明：立面图两侧要有轴线及尺寸标注，以反映建筑的总面宽或总进深；重要部位需要标注标高，比如门头、大线脚，包括标高变化剧烈的位置；立面图的外轮廓要用粗实线，以凸显画面的层次。

任务五、六最终完成结果如图 6.13 所示。

项目小结

建筑立面图是在与房屋立面平行的投影面上所作的房屋正投影图，是表达房屋建筑图的基本图样之一，是确定门窗、檐口、雨篷、阳台等的形状和位置以及指导房屋外部装修施工和计算有关预算工程量的依据。建筑立面图的比例一般与平面图一致。立面图的绘制应结合平面图进行。

拓展阅读

中国古代最完整的建筑技术书籍——《营造法式》

《营造法式》是宋将作监（古代官署名）李诫奉敕编修的。北宋建国以后百余年间，大兴土木，宫殿、衙署、庙宇、园囿的建造此起彼伏，造型豪华精美，负责工程的大小官吏贪污成风，致使国库无法应付浩大的开支。因而，建筑的各种设计标准、规范和有关材料、施工定额、指标急待制定，以明确房屋建筑的等级制度、建筑的艺术形式及严格的料例功限以杜防贪污盗窃被提到议事日程。哲宗元祐六年（公元 1091 年），将作监第一次编成《营造法式》，由皇帝下诏颁行，此书史曰《元祐法式》。因该书缺乏用材制度，工料太宽，不能防止工程中的各种弊端，所以北宋绍圣四年（公元 1097 年）又诏李诫重新编修。李诫以他个人 10 余年来修建工程之丰富经验为基础，参阅大量文献和旧有的规章制度，收集工匠讲述的各工种操作规程、技术要领及各种建筑物构件的形制、加工方法，终于编成流传至今的这本《营造法式》，于崇宁二年（公元 1103 年）刊行全国。

《营造法式》就是当时的建筑法规。有了它，无论是对群体建筑的布局设计和单体建筑及构件的比例、尺寸的确定，以及编制各工种的用工计划、工程总造价，还是编制各工种之间先后顺序、相互关系（相当于现在的施工组织设计和进度计划）和质量标准都有法可依、有章可循，既便于建筑设计和施工顺利进行，也便于随时质检和竣工验收。

《营造法式》在北宋刊行的最现实的意义是严格的工料限定。该书是王安石执政期间制订的各种财政、经济的有关条例之一，以杜绝腐败贪污现象。因此书中以大量篇幅叙述工限和料例。例如对计算劳动定额，首先按四季日的长短分中工（春、秋）、长工（夏）和短工（冬）。工值以中工为准，长短工各增减 10%，军工和雇工亦有不同定额。其次，对每一工种的构件，按照等级、大小和质量要求等（如运输远近距离，水的顺逆流，加工木材的软硬），都规定了工值的计算方法。料例部分对于各种材料的消耗都有详尽而具体的定额。这些规定为编造预算和施工组织制定出严格的标准，既便于生产，也便于检查，有效地杜绝了土木工程中贪污盗窃的现象。

《营造法式》的现代意义在于它揭示了北宋统治者的宫殿、寺庙、官署、府第等木构建筑所使用的方法,使我们能在实物遗存较少的情况下,对当时的建筑有非常详细的了解,填补了中国古代建筑发展过程中的重要环节。通过书中的记述,我们还知道现存建筑所不曾保留的、今已不使用的一些建筑设备和装饰,如檐下铺竹网防鸟雀,室内地面铺编织的花纹竹席,椽头用雕刻纹样的圆盘,梁栿用雕刻花纹的木板包裹等。

项目评价

序号	检测项目	评价任务及权重	自评	小组互评	教师评价
1	整体布局	整体布局是否正确,缺少或错误 1 项扣 5 分(25 分)			
2	具体细节	建筑构配件的轮廓线是否正确,不正确 1 项扣 4 分(40 分)			
3	标注尺寸与文字	标注尺寸与文字完整,缺少 1 项扣 1～2 分(15 分)			
4	完成时间	规定时间内没完成,每超过 10 分钟,扣 2 分(10 分)			
5	学习表现	学习不够主动、团队协作能力差、不爱护设备仪器和环境,酌情扣 5～10 分(10 分)			
任务总评		优□　良□　中□　合格□　不合格□			

注:按学生自评占 20%、小组互评和教师评价各占 40%计算,形成任务评价结论。

项目 6.4　绘制建筑剖面图

项目导读

建筑剖面图用以表示房屋内部的结构或构造形式、分层情况和各部位的联系、材料及其高度等,是与平、立面图相互配合的不可缺少的重要图样之一。

本项目导学图如图 6.16 所示。

学习目标

素质目标

(1) 通过平、立、剖面图的绘制,逐步养成良好的绘图习惯,提高绘图效率;

(2) 通过小组技能训练,逐步养成诚实、守信、敬业、严谨的职业精神和良好的职业道德;

(3) 通过“拓展阅读”,使学生充分认识国家建筑规范标准的重要性,同时增强法治观念,

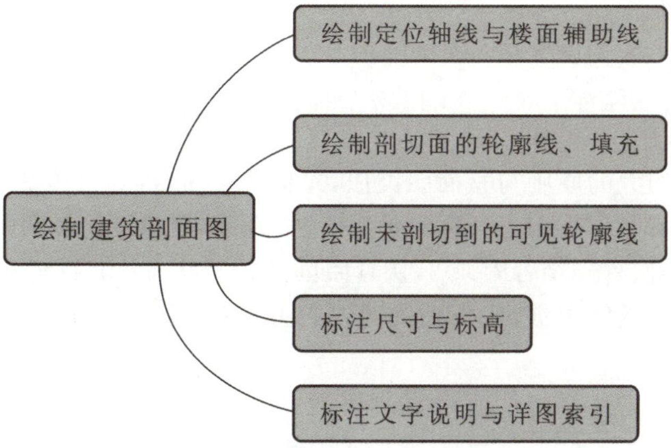

图 6.16　项目 6.4 导学图

知法守法，培养爱国情怀。

知识目标

（1）通过建筑剖面图的绘制，掌握其绘制方法、要点和注意事项等；

（2）能够配合平面图、立面图，做到真正理解剖面图在表达建筑物内部垂直方向高度、楼层分层情况及结构形式和构造方式上所起的作用。

技能目标

（1）能够在规定时间内完成建筑剖面图的绘制；

（2）能够在绘制平面图、立面图、剖面图的基础上总结提高，进而熟练绘制较复杂的建筑施工图。

知识导航

建筑剖面图，是假想用一个或多个垂直于外墙轴线的铅垂剖切面，将房屋剖开，所得的投影图，简称剖面图。建筑剖面图的剖切面应选择在能反映出房屋内部构造比较复杂与典型的部位，并应通过门窗洞的位置。若为多层房屋，应选择在楼梯间或层高不同、层数不同的部位。剖面图的图名应与平面图上所标注剖切符号的编号一致。

剖面图除应画出剖切面剖切到部分的图形外，还应画出沿投射方向看到的部分。用粗实线绘制被剖到的墙体、楼板、屋面板，用中粗实线绘制房屋的可见轮廓线，用细实线绘制较小的建筑构配件的轮廓线、装修面层线等，用特粗实线绘制室内、外地坪线。

剖面图的主要绘制内容有：

（1）必要的定位轴线及轴线编号；

（2）剖切到的屋面、楼面、顶棚、墙体、梁等的轮廓及材料做法。需用详图来表示的，应在相应部位标注详图索引符号；

（3）建筑物内部分层情况以及竖向、水平方向的分隔；

（4）没被剖切到，但在剖视方向可以看到的建筑物构配件；

（5）屋顶的形式及排水坡度；

（6）标高及必须标注的局部尺寸；

(7) 必要的文字注释。

任务驱动

绘制建筑剖面图的大的原则与立面图类似,先整体布局,再到具体细节。本项目在绘制过程中用到的具体数据,都以图 6.17 中的数据为依据(详见“附录 3　某别墅建筑施工图”)。在本项目开始之前,同学们首先结合附录 3,认真阅读“图 6.17　1—1 剖面图(楼梯 2—2 剖面)”,熟悉其中的基本图元与具体数据,为下面的绘制打好基础,素材源文件见“附录 3　某别墅建筑施工图.dwg”。

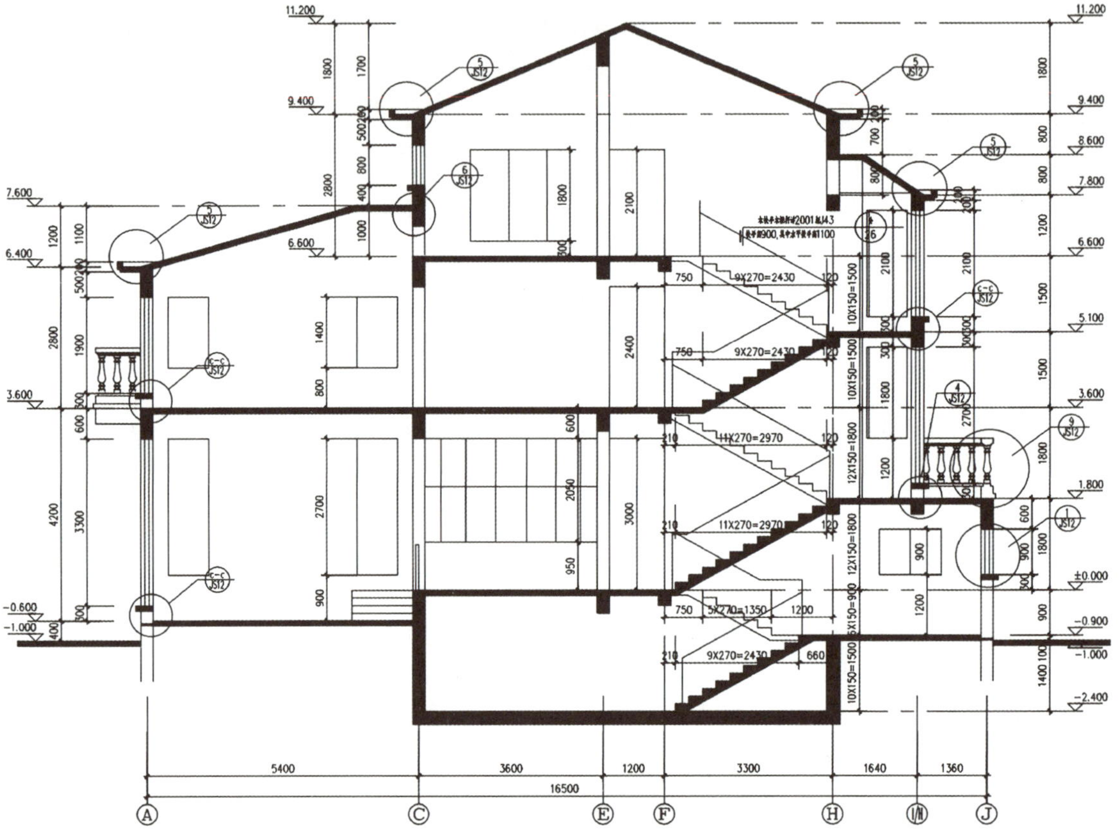

1—1剖面图(楼梯 2—2 剖面) 1:50

图 6.17　1—1 剖面图(楼梯 2—2 剖面)

建筑立面图的绘图步骤见如下任务:

任务一:绘制定位轴线与楼面辅助线

(1) 用“直线”命令在“剖面-轴线”层绘制竖向的定位轴线,在“剖面-标注”层标注轴线编号;

(2) 用“直线”命令在“剖面-轴线”层绘制水平方向的各层楼面辅助线,在“剖面-标注”层标注标高及层间尺寸。

任务二：绘制剖切面的轮廓线、填充

在相应的图层绘制剖切到的墙、梁、楼板、楼梯、楼梯平台、台阶、女儿墙、檐口等的轮廓线，并对楼板、梁、屋顶、楼梯等进行填充，能用图例表达的门窗等按图例绘制。

任务三：绘制未剖切到的可见轮廓线

在相应的图层绘制未剖切到的楼梯、台阶、女儿墙、檐口等可见构件的轮廓线，能用图例表达的门窗等按图例绘制。完成任务三后的结果如图 6.18 所示。

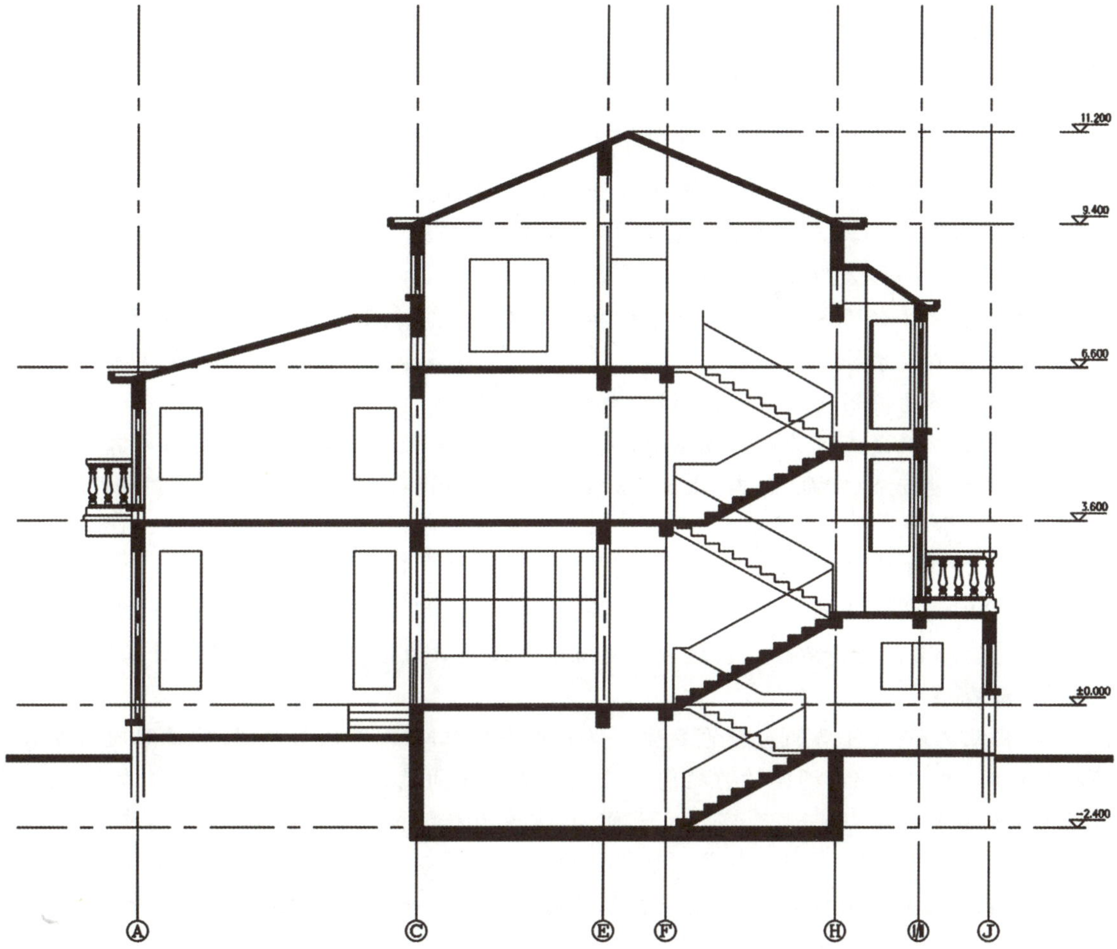

图 6.18　可见的细节构件

任务四：标注尺寸与标高

在“剖面-标注”层对建筑构件的尺寸、标高等进行更详细的标注。

任务五：标注文字说明与详图索引

对需要文字说明的部分进行文字说明，需另见详图的部分加索引符号索引。

最终结果如图 6.17 所示。

项目小结

本项目主要讲解了 CAD 绘制建筑剖面图的方法。绘制建筑剖面图的方法与绘制建筑立面图的方法类似，先整体布局，再到具体细节。建筑剖面图的比例一般与平面图、立面图一致。剖面图的绘制应结合平面图与立面图进行。

拓展阅读

清代官方颁布的标准设计规范——清工部《工程做法》

清工部《工程做法》，清代官式建筑通行的标准设计规范，原书封面书名为《工程做法则例》，而中缝书名为《工程做法》，共 74 卷，雍正十二年(1734 年)刊行，是继宋代《营造法式》之后官方颁布的又一部较为系统全面的建筑工程专书。

全书内容大体分为各种房屋营造范例和应用工料估算额限两部分。自土木瓦石，搭材起重，油画裱糊，以至铜铁件安装等作，总计 17 个专业，20 多个工种，分门别类，各有条款详细的规程。大木作各卷并附有屋架侧样(横断面图)示意简图。

《工程做法》既是工匠营造房屋标准，又是主管部门验收工程、核定经费的明文依据。应用范围主要是营建坛庙、宫殿、仓库、城垣、寺庙、王府等房屋和油画裱糊工程。对于民间修造，与《清会典・工部门・营建房屋规则》所载禁限条例相辅为用，起着建筑法规监督限制作用，俗称“工部律”。清代官式建筑，有大式、小式之分，《工程做法》所举 27 种不同形制的建筑物，包括大式建筑 23 例，小式 4 例。大、小式之分，按所处地位或用途而区别。封建社会，建筑间数多寡，标志着使用者的身份地位。清代宫殿建筑以九五间数为尊，宅第民居，多不过三间，或三间两耳，一正两厢。

《工程做法》规定了各间房屋的名称。以五开间为例，中间一间为明间，靠近明间的左右两间称为次间，左右两端的两间称为梢间。房屋的宽度明间最大，依次递减，或者一概相等。建筑物间数一般取单数，如一、三、五、七、九间，极少使用双数。书中所编各例，多属单体建筑，以长方形为主，宫殿和民居通用，形成一种常行格式。清制以斗口为标准，斗口即平身科斗拱大斗迎面安装翘昂处的刻口宽度，也就是材本身的宽度。自一寸至六寸分为十一个等级，每等相差半寸。

按照《工程做法》规定，大至地盘布局、间架组成格式，小至部件径寸大小、卯眼出入搭接长短，多用斗口表示。按照所选口分尺寸，大致可以求得整个建筑的主要尺寸。根据构造要求，另有固定的辅助数字，配合斗口数，作为调整局部尺寸之用。口分等级虽多，通常应用时最大不过四寸半，一般使用三寸半至二寸半斗口，小则使用一寸半斗口。大式不带斗栱做法，则直接用营造尺度量。木构建筑，以大木作为主，石、瓦、土工安磉筑基，台明方广，都以大木作地盘布局为依据。彩画油饰之工，大都因袭明代遗制成法，变化不大。

《工程做法》在总结前代传统经验成果的基础上，定出一代营造准绳，但对匠作操作技术，往往疏于记述，如大木放线方法，柱木侧脚、生起之制，见于清代的建筑实例尤多，而在本书中则没有记载。

项目评价

序号	检测项目	评价任务及权重	自评	小组互评	教师评价
1	整体布局	整体布局是否正确，缺少或错误1项扣5分(25分)			
2	具体细节	建筑构配件的轮廓线是否正确，不正确1项扣4分(40分)			
3	标注尺寸与文字	标注尺寸与文字是否完整，缺少1项扣1～2分(15分)			
4	完成时间	规定时间内没完成，每超过10分钟，扣2分(10分)			
5	学习表现	学习不够主动、团队协作能力差、不爱护设备仪器和环境，酌情扣5～10分(10分)			
任务总评		优□　良□　中□　合格□　不合格□			

注：按学生自评占20%、小组互评和教师评价各占40%计算，形成任务评价结论。

项目6.5　绘制建筑详图

项目导读

建筑详图(简称详图)是为了满足施工需要，将建筑平、立、剖面图中的某些复杂部位用较大比例绘制而成的图样。本项目主要讲解建筑详图的基本知识、图识内容，并通过实例讲述建筑详图的绘制步骤和方法。

本项目导学图如图6.19所示。本项目用到的详细数据参见“附录3　某别墅建筑施工图”。

学习目标

素质目标

(1) 培养学生设计上追求独具匠心、质量上追求精益求精、技艺上追求尽善尽美的“工匠精神”；

(2) 培养学生看问题要全面，统筹兼顾，但又要善于抓住重点；

(3) 通过绘图训练，激发主动学习热情，提高科学思维和创新意识，培养学生自主学习的内外动力和能力。

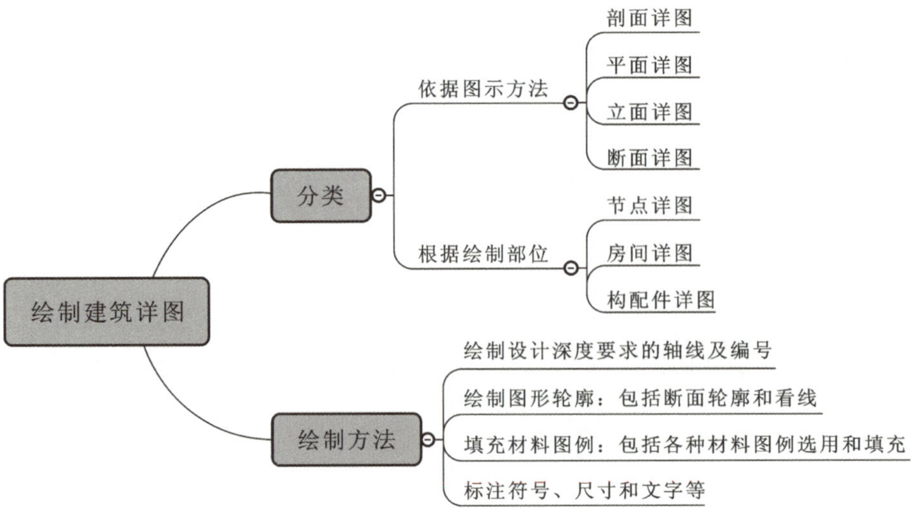

图 6.19　项目 6.5 导学图

知识目标

(1) 能够利用 CAD 的绘图工具正确绘制剖面详图(如外墙身和楼梯间等)；

(2) 能够利用 CAD 的绘图工具熟练绘制平面详图(如卫生间和厨房等)；

(3) 能够利用 CAD 的绘图工具熟练绘制断面详图(如楼梯踏步)。

技能目标

(1) 能够将建筑平、立、剖面图中的某些复杂部位通过索引符号找到相关的详图；

(2) 能够在专业知识基础上总结提高，进而熟练绘制节点详图、房间详图和构配件详图；

(3) 绘制的详图能够做到图例正确、线型分明、构造关系清楚、尺寸齐全、文字说明详尽；

(4) 能够在规定时间内独立完成较复杂详图的绘制(如外墙身和楼梯间等)。

知识导航

1. 建筑详图的概念

前面介绍的平、立、剖面图均是全局性的图纸，由于比例的限制，不可能将一些复杂的细部或局部做法表示清楚，因此需要将这些细部、局部的构造、材料及相互关系采用较大的比例详细绘制出来，以指导施工。这样的建筑图形称为建筑详图(简称详图)，也称大样图。对于局部平面(如厨房、卫生间)放大绘制的图形，习惯叫作放大图。建筑详图作为建筑细部施工图，是制作建筑构配件(如门窗、阳台、楼梯和雨水管等)、构造节点(如窗台、檐口和勒角等)、进行施工和编制预算的依据。

2. 建筑详图的图示内容

需要绘制详图的位置一般有室内外墙节点、楼梯、电梯、厨房、卫生间、门窗、室内外装饰等构造详图或局部平面放大图。室内外墙身节点一般用平面和剖面表示，常用比例为 1∶20。平面节点详图表示出墙、柱或构造柱的材料和构造关系。剖面节点详图即常说的墙身详图，需要表示出墙体与室内外地坪、楼面、屋面的关系，同时表示出相关的门窗洞口、梁或圈梁、雨篷、阳台、女儿墙、檐口、散水、防潮层、屋面防水、地下室防水等构造的做法。墙身详图可以从室内外地坪、防潮层处开始一直画到女儿墙压顶。为了节省图纸空间，可以在门窗洞口处断开，也可以重点绘制地坪、中间层和屋面处的几个节点，而将中间层重复使用的节点集中到一个详图中表示。节点一般由上至下进行编号。

3. 建筑详图的分类

依据图示方法，建筑详图可分为剖面详图（如外墙身和楼梯间等）、平面详图（如卫生间和厨房等）、立面详图（如门窗）、断面详图（如楼梯踏步）等，采取哪种图示方法要根据细部构造的复杂程度而定。常用的建筑详图根据绘制部位基本上可分为3大类：节点详图、房间详图和构配件详图。

4. 建筑详图的绘制

建筑详图按正投影法绘制，由于比例较大，要做到图例和线型分明、构造关系清楚、尺寸齐全、文字说明详尽，是对平、立、剖面等基本图样的补充和深化。

在建筑详图设计中，必须画出索引符号和详图符号。详图符号应与被索引图样上的索引符号相对应，在详图符号的右下侧注写比例。在详图中如需另画详图时，则在其相应部位画上索引符号。索引符号用来索引详图，而索引出的详图，应画出详图符号来表示详图的位置和编号，并用索引符号和详图符号相互之间的对应关系，建立详图与被索引的图样之间的联系，以便相互对照查询。

建筑详图应把所用的各种材料及其规格、各部分的做法和施工要求等用文字详尽说明。

绘制建筑详图的一般步骤如下：

(1) 绘制设计深度要求的轴线及编号；

(2) 图形轮廓绘制：包括断面轮廓和看线；

(3) 材料图例填充：包括各种材料图例选用和填充；

(4) 符号、尺寸、文字等标注：包括设计深度要求的标高、详图符号和比例、折断符号和尺寸标注、说明文字等。

示例导学

示例一：绘制楼梯详图（参见视频“6.5 示例一.MP4”）

6.5 示例一

楼梯详图包括平面、剖面及节点三部分。平面、剖面常用1：50的比例绘制，楼梯中的节点详图可以根据对象大小酌情采用1：5、1：10、1：20等比例。楼梯平面图与建筑平面图不同的是，它只需绘制出楼梯及四面相接的墙体；而且，楼梯平面图需要准确地表示出楼梯间净梯段宽度、踏步宽度和级数、栏杆（栏板）的大小及位置，以及楼面、平台处的标高等。楼梯间剖面图只需绘制出与楼梯相关的部分，相邻部分可用折断线断开。选择在底层第一跑梯段并能够剖到门窗的位置剖切，向底层另一跑梯段方向投射。尺寸需要标注层高、平台、梯段、门窗洞口、栏杆高度等竖向尺寸，并应标注出室内外地坪、平台、平台梁底面的标高。水平方向需要标注定位轴线及编号、轴线尺寸、平台和梯段尺寸等。梯段尺寸一般用“踏步宽（高）×级数＝梯段宽（高）”的形式表示。此外，楼梯剖面上还应注明构造节点详图的索引编号。示例如“图6.20 楼梯详图”所示。

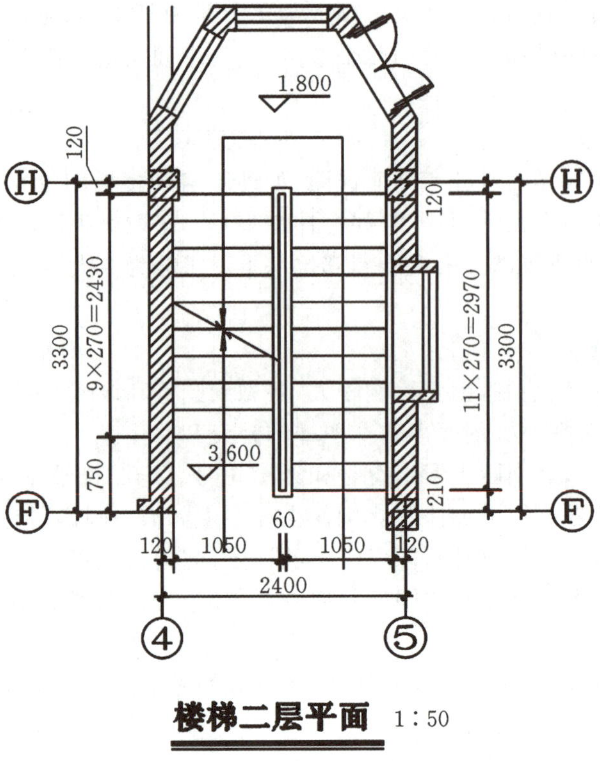

图 6.20　楼梯详图

示例二：绘制檐口大样详图(参见视频“6.5 示例二.MP4”)

檐口又称屋檐，是屋面与外墙墙身的交接部位，作用是方便排除屋面上的雨水和保护墙身。本示例练习檐口大样详图的绘制方法与技巧。示例见图 6.21 所示。

6.5 示例二

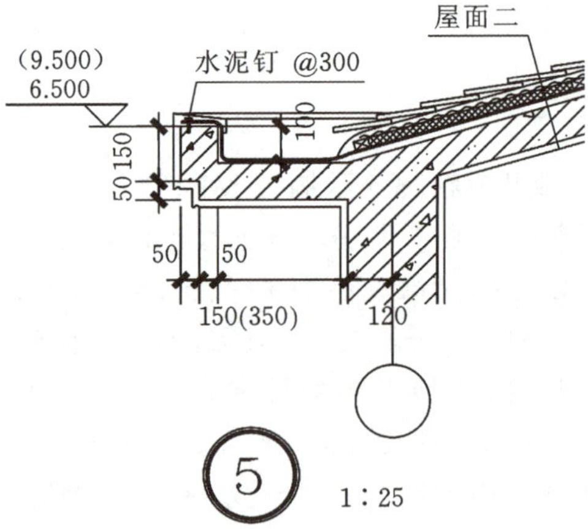

图 6.21　檐口大样详图

任务驱动

在下面的绘图任务中不要求标注尺寸。

任务一：绘制外墙剖面详图

外墙剖面详图详细地表达了建筑物的屋面、楼层、阳台、地面、檐口构造，楼板与墙的连接，门窗过梁、窗台、勒脚和散水等处构造的情况，外墙剖面详图实际上是建筑剖面的局部放大图，是建筑施工的重要依据。

本任务绘制某别墅外墙剖面详图(图 6.22)，练习外墙剖面详图的绘制方法、操作步骤和技巧，素材源文件见“附录 3　某别墅建筑施工图.dwg”。

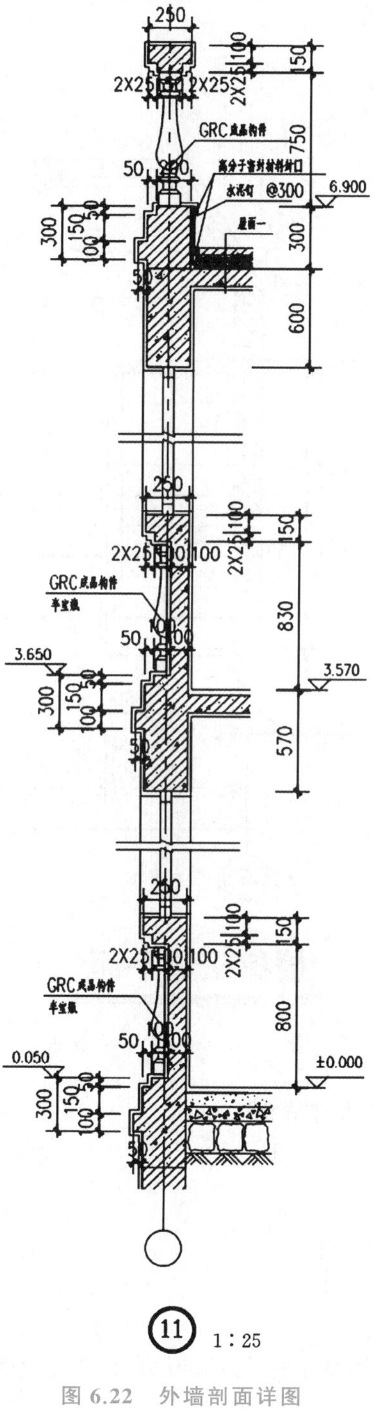

图 6.22　外墙剖面详图

外墙剖面详图包括的图示内容及规定画法参考如下：

① 绘制定位轴线、详图符号和比例；

② 绘制表示墙身厚度与定位轴线关系的图形轮廓；

③ 绘制外墙与其他部分的构造和联系的图形轮廓；

④ 对剖面进行材料图例填充；

⑤ 标注标高、符号、尺寸、文字：包括设计深度要求的标高、详图符号和比例、折断符号和尺寸标注、说明文字等。

任务二：绘制楼梯详图

绘制图 6.23 所示的楼梯三层平面图。

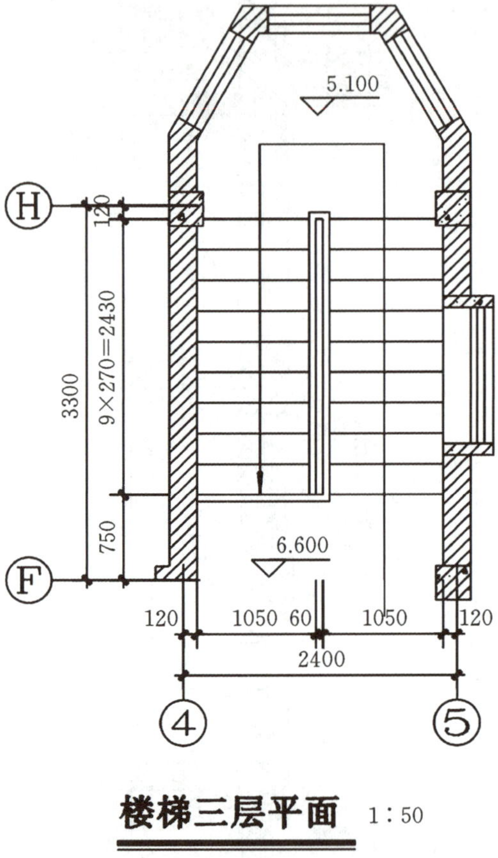

图 6.23　楼梯三层平面图

任务三：绘制示例 2 的檐口大样详图

本任务绘制示例 2 的檐口大样详图，如图 6.21 所示，素材源文件见“附录 3　某别墅建筑施工图.dwg”。

项目小结

本项目主要讲解建筑详图的基本知识、图识内容，并通过实例(外墙剖面详图、楼梯详图)

讲述了建筑详图的绘制步骤和方法。

拓展阅读

从故宫的抗震能力说起

故宫(图 6.24)建筑的抗震能力备受瞩目,因为其位于中国最活跃的地震区域之一。故宫作为一座古老的宫殿建筑,历经数百年的风雨,其抗震能力得到了充分的验证。在 1976 年的唐山大地震中,尽管故宫距离震中数百千米,仍然受到了地震的影响。但幸运的是,其并未遭受重大破坏。这次地震成为了对故宫抗震能力的一次重要考验。

故宫的抗震能力主要得益于其榫卯结构。榫卯结构是中国古建筑中常见的一种连接方式,通过榫头和卯榫的相互嵌套,构建了稳固的结构。

图 6.24　故宫

科学家们进行了一系列模拟地震实验,结果显示,榫卯结构能够有效分散地震产生的力量,减轻地震对建筑的影响。这一传统结构的应用不仅在故宫中得到了验证,还在现代建筑中得到了广泛应用,成为中国古建筑的创举。

虽然故宫展现了榫卯结构的抗震能力,钢筋混凝土建筑也备受关注。钢筋混凝土建筑在现代建筑中得到了广泛应用,其强度和稳定性使其成为一种理想的建筑材料。然而,钢筋混凝土建筑的抗震能力相较于榫卯结构仍有局限性。

钢筋混凝土建筑的主要问题在于其刚性和脆性。钢筋混凝土结构刚性较大,对地震产生的力量难以有效分散,容易导致局部破坏和倒塌。此外,钢筋混凝土结构的脆性也使其在地震中容易产生裂缝和破坏。这些问题使得钢筋混凝土建筑在地震区域的安全性备受质疑。

因此,对于地震区域的建筑来说,榫卯结构的抗震能力更胜一筹。榫卯结构能够灵活地分散地震产生的力量,保证建筑整体的稳定性。在故宫建筑中,榫卯结构的成功应用不仅证明了其在抗震方面的优势,也为今后的建筑设计提供了有益的借鉴。

项目评价

序号	检测项目	评价任务及权重	自评	小组互评	教师评价
1	图形的完整性	图形绘制是否完整，缺少 1 项扣 5 分(30 分)			
2	图形的准确性	图形绘制是否准确，不准确 1 项扣 5 分(30 分)			
3	图形布局	图形布局不美观，酌情扣 2～5 分(10 分)			
4	完成时间	规定时间内没完成，每超过 10 分钟，扣 2 分(10 分)			
5	学习表现	学习不够主动、团队协作能力差、不爱护设备仪器和环境，酌情扣 10～20 分(20 分)			
任务总评		优□　良□　中□　合格□　不合格□			

注：按学生自评占 20%、小组互评和教师评价各占 40%计算，形成任务评价结论。

项目 6.6　布局与出图

项目导读

CAD 有“模型空间”和“图纸空间”两种不同的工作空间。在两种不同工作空间的基础上，衍生出模型空间出图、图纸空间的布局出图和跨空间出图。随着 CAD 技术的发展，出现注释性对象及运用注释性对象出图，使出图和打印更加灵活和高效。

本项目导学图如图 6.25 所示。

学习目标

素质目标

(1) 按 3 人左右的小组学习训练，培养成员沟通、交流的能力，增强团队合作、解决复杂问题的能力。

(2) 通过技能训练，养成诚实、守信、敬业、严谨的职业精神和良好的职业道德。

知识目标

(1) 能够利用前面绘制的图形，能够在模型空间和图纸空间熟练出图；

(2) 能够在注释对象的基础上在模型空间熟练创建注释性对象，能够在图纸空间熟练使

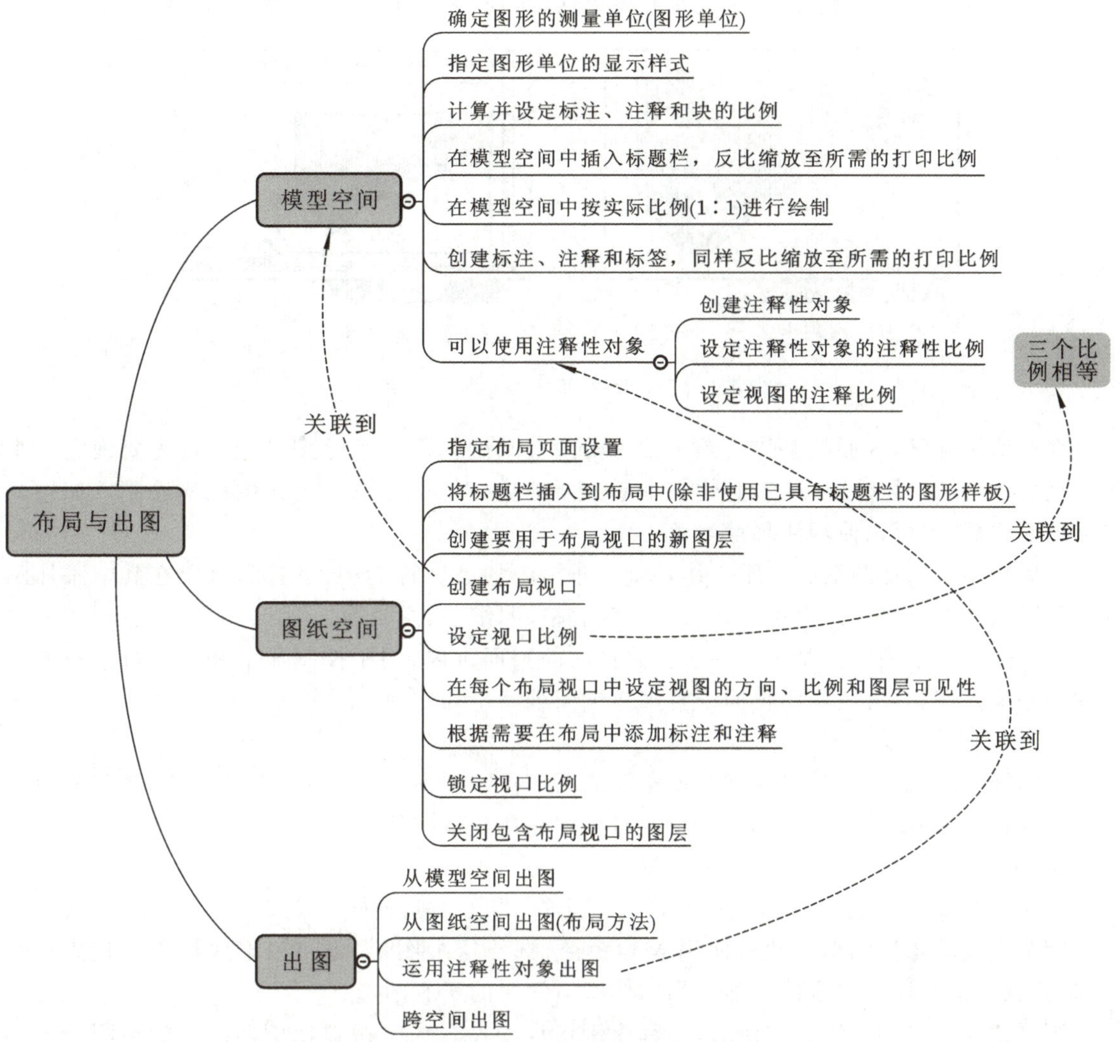

图 6.25　项目 6.6 导学图

用注释性对象出图；

(3) 完全理解注释性对象的注释性比例、视图的注释比例、布局中的视口比例在出图中的作用。

技能目标

(1) 通过对出图知识的学习，能够熟练掌握分别在图纸空间和模型空间中绘制什么更高效；

(2) 能够灵活运用注释性对象，快速完成复杂图形的绘制、布局与出图。

知识导航

1. 模型空间和图纸空间

CAD 有“模型空间”和“图纸空间”两种不同的工作环境。模型空间可以从位于绘图区域左下角处的“模型”选项卡访问,图纸空间可以从“布局”选项卡访问,如图 6.26 所示。

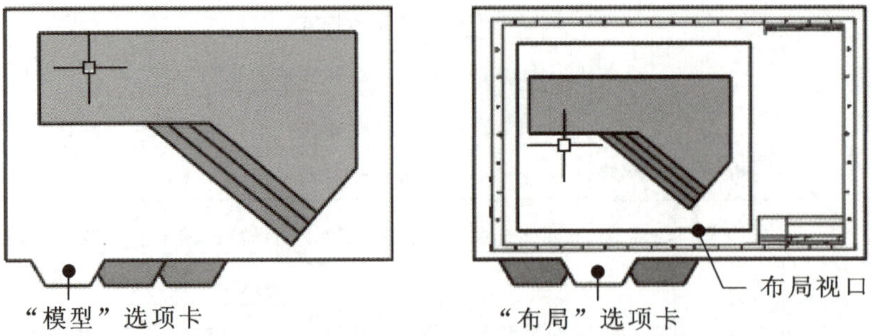

图 6.26　“模型”选项卡和“布局”选项卡

在默认情况下,我们的工作开始于称为模型空间的无限三维绘图区域。首先要确定 1 个单位是表示 1mm 或者 1m 或者其他某个最方便的单位。然后,以 1∶1 的比例绘制。如果要自动缩放注释,也可以使用注释性对象。

布局是用于创建图纸的二维工作环境。布局内的区域称为图纸空间,可以在其中添加图框、标题栏、注释、视口等,也可以在其中创建表格、明细表、说明等。图纸空间中的视口用来显示模型空间的缩放视图。每个布局会存储自己的页面设置,用于控制显示和打印每个布局的外观和格式。例如,可以使用页面设置来指定图纸大小和方向。

2. 视口操作

在图纸空间可以建立视口,把模型空间的图形投影到视口中。在图纸空间中,注释性对象的注释性比例与视口比例相同时,注释性对象才能在视口中显示。

① 新建视口

使用 MV 命令,绘制矩形,就形成视口。此外,也可以先画好一个图形(如一个圆,或者一个封闭多段线的异形图形),然后使用 MV 命令,选择这个图形,也可以形成视口。新建一个视口后,默认会在视口中全范围显示当前模型空间中的所有图形。

当创建新视口并设置其比例时,注释比例将自动设置为与视口比例匹配。如果两个比例不匹配,可以单击“视口比例同步”按钮,以将注释比例与视口比例匹配。当两个比例匹配时,“视口比例同步”按钮为蓝色。

② 设定视口比例

选择视口,单击视口中心附近的三角形比例夹点或在状态栏上的视口比例,从弹出的列表中单击所需的比例。这时,选定的缩放比例将应用到视口中。

单击视口的边界,可以用 RO 命令旋转视口。也可以通过视口的夹点,更改视口的大小和形状。

③ 进入视口

双击视口区域内部任意位置,或使用 MS 命令,直接进入上一个视口。进入视口后,就相当于进入了模型空间,可以进行任何模型空间中的操作。当位于模型空间时,视口的边界会变粗,如图 6.27 所示。

④ 退出视口回到图纸空间

使用 PS 命令或双击视口区域外部任意位置。

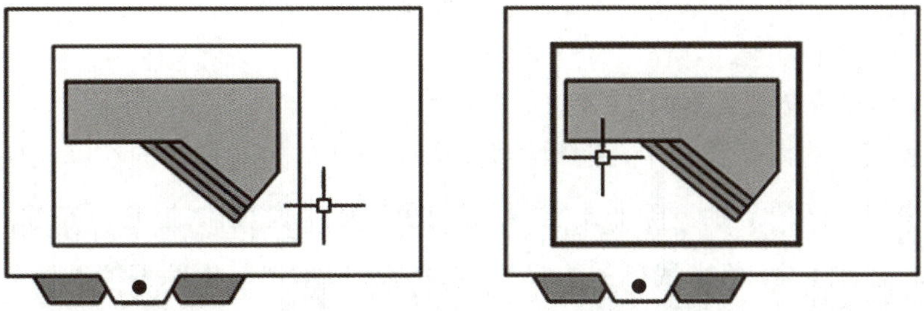

“布局”选项卡，图纸空间　　“布局”选项卡，模型空间

图 6.27　布局中的图纸空间与模型空间

当输出或打印布局时，可以隐藏视口的边界。为此，请在单独的图层上创建所有视口对象，然后关闭该图层。

⑤ 锁定视口比例

设定好所需的视口比例后，可以锁定视口比例。单击状态栏上的视口锁定按钮 ，可以锁定视口比例。视口比例锁定后，进入视口滚动滚轮，不再可以缩放显示视口内的图形，而仍然是缩放显示整个布局(相当于没有进入视口滚动滚轮)。但是要注意，双击进入被锁定的视口，虽然不能缩放显示，但是仍然可以对视口内的模型内容进行任意操作。也就是说，锁定的是显示比例，而不是锁定所有操作。

3. 注释性对象

用下面的注释对象样式，生成的文字、标注、多重引线都是注释性对象：

(1) 文字样式：

① 依次单击“注释”选项卡—“文字”面板。

② 在“样式”列表中，选择一个要修改的样式。

③ 在“大小”下，单击“注释性”。

(2) 标注样式：

① 依次单击“注释”选项卡—“标注”面板—“对话框启动器”。

② 在“样式”列表框中，选择一种样式，然后单击“修改”。

③ 在“调整”选项卡的“标注特征比例”下，单击“注释性”。

(3) 多重引线样式：

① 依次单击“注释”选项卡—“引线”面板—“对话框启动器”。

② 在“样式”列表框中，选择一种样式，然后单击“修改”。

③ 在“引线结构”选项卡的“比例”下，单击“注释性”。

插入用下面方法定义的块，就生成注释性对象：

(4) 块定义：

① 依次单击“插入”选项卡—“块定义”面板—“创建块”下拉菜单—“创建块”。

② 在“名称”下拉列表中，选择要修改的块。

③ 在“方式”下，单击“注释性”并单击“确定”。

④ 在“块-重新定义块”对话框中，单击“重新定义块”。

在“选项”中选择了“注释性”的图案填充，就生成注释性对象：

(5) 图案填充:

① 运行 HATCH 命令。

② 单击“图案填充创建”选项卡—“选项”—注释性。

在“模型”选项卡的模型空间中,注释性对象的注释性比例与视图的注释比例相同时,注释性对象才能在模型空间中显示。除非用“注释可见性”按钮强制控制所有注释性对象的可见性。在“布局”选项卡中,单击视口的边界线,选择视口,当视口比例不等于注释比例时,单击状态栏的视口控制区的“视口比例同步”按钮,使视口比例等于注释比例。

重要提示:如果状态栏上的“自动缩放”按钮处于激活状态,则当注释比例发生更改时,该按钮可用于将当前注释比例自动添加到图形中的所有注释性对象。请谨慎使用此功能,以避免不同比例添加过多可能不需要的注释。

示例导学

为下面四个示例提供了如图 6.28 所示的平面图(素材源文件见“图 6.28 所示源文件.dwg”),供出图使用。

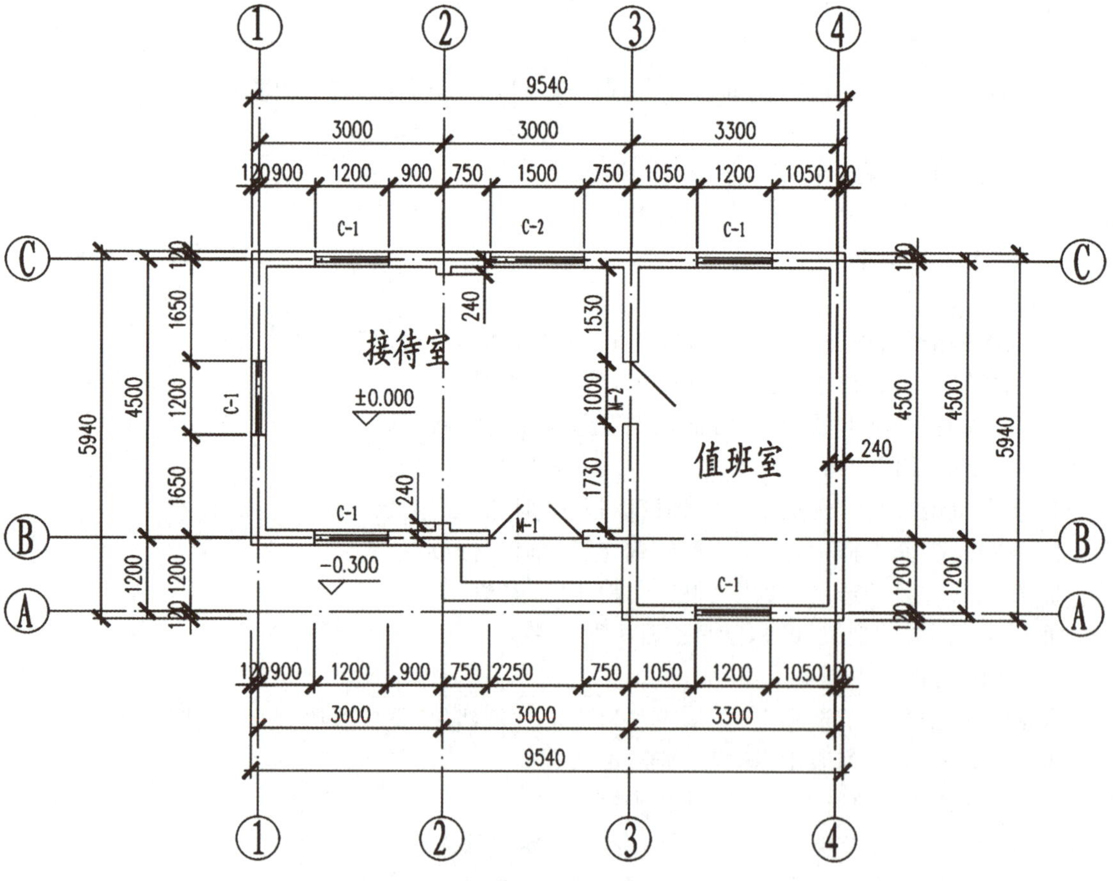

图 6.28　平面图

示例一：从模型空间出图（参见视频“6.6 示例一.MP4”）

6.6 示例一

对于具有一个视图的二维图形，可以完全在模型空间中绘制图形、进行注释并打印，无需使用布局。从模型空间出图的具体操作步骤如下：

① 确定图形的测量单位（图形单位）。

在模型空间中进行绘制之前，请确定屏幕上每种单位所代表的内容。例如，将 1 个图形单位确定为等于 1mm。

② 指定图形单位的显示样式。

使用 UNITS 命令指定图形单位的显示样式。

③ 计算并设定标注、注释和块的比例。

在绘制之前，应该设定图形中的标注、注释和块的比例。事先对这些元素进行缩放可确保在打印最终的图形时它们的尺寸正确。

文字：创建文字时设置文字高度或在文字样式中设置固定文字高度。

标注：在标注样式中或使用 DIMSCALE 系统变量设置标注比例。

线型：使用 CELTSCALE 和 LTSCALE 系统变量设置非连续线型的比例。也可以使用线型管理器设置非连续线型的比例，如图 6.29 所示。

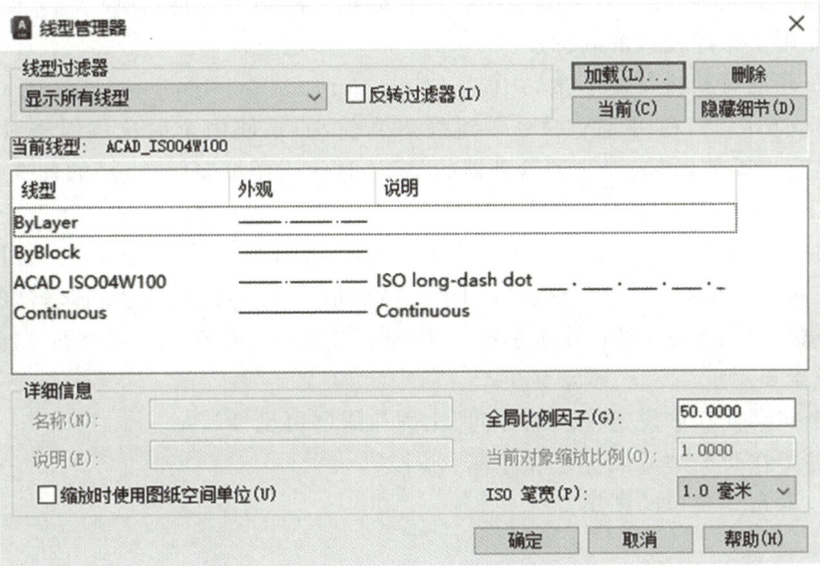

图 6.29　线型管理器

说明：LTSCALE 系统变量设置全局比例因子，CELTSCALE 系统变量设置当前对象缩放比例。非连续线型的比例由“全局比例因子×当前对象缩放比例”的值决定。当前对象缩放比例（CELTSCALE）只对修改了此比例之后的线型有影响，对修改 CELTSCALE 之前画的没有影响，这就是为什么叫“当前”的原因。缩放时使用图纸空间单位（PSLTSCALE）是指在布局的视口里面是否按照视口打印比例进行缩放。PSLTSCALE 的值为 0 时，就会取消“缩放时使用图纸空间单位”的勾选；PSLTSCALE 的值为 1 时，就会对“缩放时使用图纸空间单位”进行勾选。

填充图案:在“图案填充和渐变色”对话框中或使用 HPSCALE 系统变量设置填充图案的比例。

块:插入块时指定块的插入比例,或在“插入”对话框或“设计中心”中设置插入比例。

如果要自动缩放注释,也可以使用注释性对象。

④ 在模型空间中插入标题栏,反比缩放至所需的打印比例。

⑤ 在模型空间中按实际比例(1∶1)绘制图形(比如墙、柱、梁、门窗等)。

⑥ 创建标注、注释和标签,同样反比缩放至所需的打印比例。

⑦ 按预先确定的比例出图。

示例二:从图纸空间出图(布局方法)(参见视频“6.6 示例二.MP4”)

6.6 示例二

在模型空间中创建几何图形和注释,从布局中进行打印。如果在布局中标注尺寸,那么将标注特征比例设置为“将标注缩放到布局”,标注样式将自动缩放。在图纸空间(在布局上)中出图时,操作步骤如下:

① 在模型空间中创建图形。

② 单击布局选项卡以访问图纸空间。

③ 指定布局页面设置,例如,输出设备、图纸尺寸、图形区域、输出比例和图形方向。

④ 将标题栏插入到布局中(除非使用已具有标题栏的图形样板)。

⑤ 创建要用于布局视口的新图层。

⑥ 创建布局视口并将其置于布局中。

在图纸空间出图时,在用 MV 命令创建视口之前,如果使用全局比例因子对非连续线型在模型空间进行了缩放,则取消线型管理器的“缩放时使用图纸空间单位”的勾选(或者设置系统变量 PSLTSCALE 的值为 0),如图 6.29 所示,否则非连续线型在图纸空间不能正确显示。

在图纸空间出图时,在用 MV 命令创建视口之前,如果没有使用全局比例因子对非连续线型在模型空间进行缩放(保持全局比例因子的默认值为 1),则应对线型管理器的“缩放时使用图纸空间单位”进行勾选(或者设置系统变量 PSLTSCALE 的值为 1),否则非连续线型在图纸空间不能正确显示。

⑦ 在每个布局视口中设定视图的方向、比例和图层可见性。

⑧ 根据需要在布局中添加标注和注释。

⑨ 关闭包含布局视口的图层。

⑩ 输出布局。

如果要在模型空间中注释图形并自动缩放注释,也可以使用注释性对象。

示例三:运用注释性对象出图(参见视频“6.6 示例三.MP4”)

6.6 示例三

本实例通过将对象定义为非注释性或注释性来控制注释对象的缩放方式进行出图。非注释性对象要求根据用于打印图形的比例计算出固定的大小或比例。注释性对象会根据注释比例自动进行调整,以采用相同的大小或比例实现显示的一致性,而不考虑视图的显示比例。注释性对象的注释性比例是一个列表,可能是一个或多个指定的比例。

为布局中的每个视口指定一个视口比例,使其与注释性对象的注释性比例列表中的某个值相等,这样注释性对象就显示在视口中。“注释可见性”按钮可以控制所有注释性对象的可见性。

注释性对象工作流程如下：

① 创建或修改注释样式。

使用注释样式管理器来创建或编辑注释样式。

② 将注释样式置为当前。

将要用于新对象的注释样式置为当前。

③ 将注释比例置为当前。

将显示注释性对象应使用的注释比例置为当前。

④ 创建注释对象。

从用户界面或命令提示使用一个注释命令。

⑤ 为注释性对象指定其他注释比例(可选)。

如果使用注释性样式创建一个或多个注释对象，根据需要可指定其他比例。

⑥ 重新定位注释性对象的新的比例图示。

指定给每个注释性对象新的比例后，可根据需要重新定位新的比例图示。

⑦ 创建布局或将其置为当前。

在图形中创建一个布局或将其置为当前。

⑧ 创建视口并设置其比例。

创建新视口，或选择一个现有视口来设置其比例，以便按合适的大小在模型空间中显示对象。

示例四：跨空间出图(参见视频"6.6 示例四.MP4")

在模型空间中创建几何图形，在布局(标注比例设置为1)上的图纸空间中创建注释、填充、图框、标题栏、轴线编号及标高，轴线编号及标高用带属性的块，然后从布局进行打印。

6.6 示例四

任务驱动

根据以下任务要求，最终以PDF格式文件出图，素材源文件见"附录3　某别墅建筑施工图.dwg"。

任务一：从模型空间出图

把在"项目6.2 绘制建筑平面图"中绘制的一层平面图(图6.8)，从模型空间出图。

任务二：从图纸空间出图(布局方法)

把在"项目6.2 绘制建筑平面图"中绘制的一层平面图(图6.8)，从图纸空间出图。要求：图框、标题栏放在图纸空间，其他图形在模型空间绘制。

任务三：运用注释性对象出图

把在"项目6.2 绘制建筑平面图"中绘制的一层平面图(图6.8)中的下面的注释对象、图案填充和块改成注释性对象并出图：

① 图案填充

② 多行和单行文字对象和文字样式

③ 标注和标注样式
④ 多重引线和多重引线样式
⑤ 块和属性定义

说明：不支持将表对象和样式作为注释性对象。

任务四：跨空间出图

在模型空间中，把任务三的图纸中的注释性对象删除，只剩下创建的几何图形，在布局(标注比例设置为 1)上的图纸空间中创建注释、填充、图框、标题栏、轴线编号及标高，轴线编号及标高等用带属性的块，然后从布局进行出图。

任务五：修改样板文件

综合运用布局及注释性对象的相关知识，修改“项目 6.1 建立样板文件”中建立的样板文件，使样板文件更科学、更完善，适合各种出图方式。

项目小结

本项目主要讲解了 CAD 出图的四种方法：从模型空间出图、从图纸空间出图(布局方法)、运用注释性对象出图、跨空间出图。运用注释性对象绘图，在多比例绘图和出图时占有绝对优势。深入理解以上四种出图方法后，可以大大提高绘图及出图效率。

拓展阅读

CAD 与 BIM

随着计算机技术的发展，CAD 的出现，甩掉了图板、丁字尺、铅笔、圆规、量角器、橡皮等手绘工具，大大提高了绘图效率，这是绘图史上的第一次革命。随着信息技术的发展，CAD 技术的缺陷也逐步显露出来，BIM(建筑信息模型)技术应运而生，这是绘图史上的第二次革命。以上过程如图 6.30 所示。

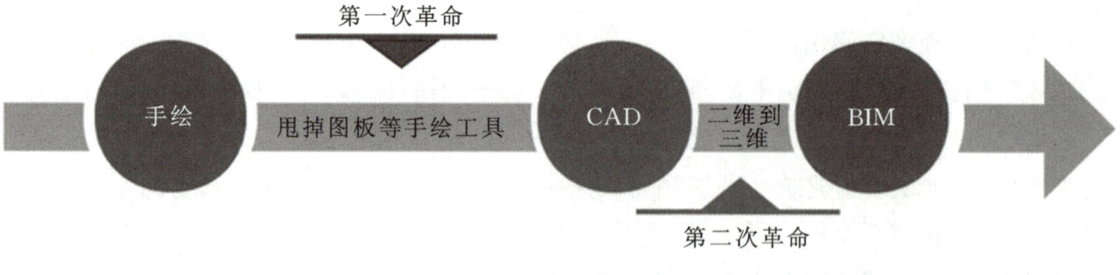

图 6.30　绘图发展史

在 CAD 技术中，对于建筑项目的表现多以点、线、面的 2D 平面形式，再配合相关的建筑符号或标识。平面、立面、节点都是独立绘制的，数据之间靠人工建立联系，稍有疏漏，就会出错。工作模式基本是以专业为单位，相互独立，缺乏协同与沟通，经常造成设计变更。

在BIM技术中，利用参数化技术建立BIM三维模型，通过BIM协同，将各专业、各环节的数据信息进行集成。在模型完成时，所有细部信息已经涵盖，可以随意增加立面及节点；所有的标注都是自动生成，数据相互联动，不会出现错误。通过BIM三维模型，能清晰地看出构件之间有无碰撞，找出管线与梁、装饰结构的矛盾之处。BIM技术将建筑设计、施工、运行直至建筑全生命周期的终结等各种信息整合于一个三维模型信息数据库中，为建筑全生命周期提供数据支持和帮助。

虽然BIM技术有诸多优点，但并不意味着CAD技术会在短时间内被BIM技术所取代。目前，CAD技术还是一种很实用的技术，CAD技术仍在不断发展和完善。CAD技术与BIM技术共存是当前的现状。在将来，肯定会随着新技术的更迭衍生，打破这种技术共存局面。让我们拭目以待吧！

项目评价

序号	检测项目	评价任务及权重	满分	自评	小组互评	教师评价
1	从模型空间出图	图形单位、显示样式	2			
		设定标注、注释和块的比例	2			
		在模型空间中插入标题栏、图框	2			
		创建标注、注释、轴线编号及标高等	8			
		图形的整体正确性	4			
		出图设置	2			
2	从图纸空间出图	布局中的页面设置	2			
		布局中的标题栏、图框	2			
		创建布局视口、设定视口比例	2			
		布局视口中设定视图的方向、比例和图层可见性	2			
		创建标注、注释、轴线编号及标高等	6			
		图形的整体正确性	4			
		出图设置	2			
3	运用注释性对象出图	创建注释性对象、注释性比例	10			
		设定视图的注释比例	2			
		设定视口比例	2			
		图形的整体正确性	4			
		出图设置	2			

续表

序号	检测项目	评价任务及权重	满分	自评	小组互评	教师评价
4	跨空间出图	模型空间的几何图形(即图纸空间以外的内容)	6			
		图纸空间中的内容:注释、填充、图框、标题栏,轴线编号及标高用带属性的块	8			
		图形的整体正确性	4			
		出图设置	2			
5	学习表现	学习不够主动、团队协作能力差、不爱护设备仪器和环境,酌情扣 10～20 分	20			
任务总评		优□　良□　中□　合格□　不合格□				

注:按学生自评占 20%、小组互评和教师评价各占 40%计算,形成任务评价结论。

模块7　三维建筑建模

模块导读

AutoCAD 不仅具有强大的二维绘图功能，还具备较强的三维造型能力。若物体并无复杂的外表曲面及多变的空间结构关系，则使用 AutoCAD 可以很方便地建立物体的三维模型。本模块我们将运用 CAD 基本的三维绘图知识，去创建一个三维建筑模型。

模块导学图如图 7.1 所示。

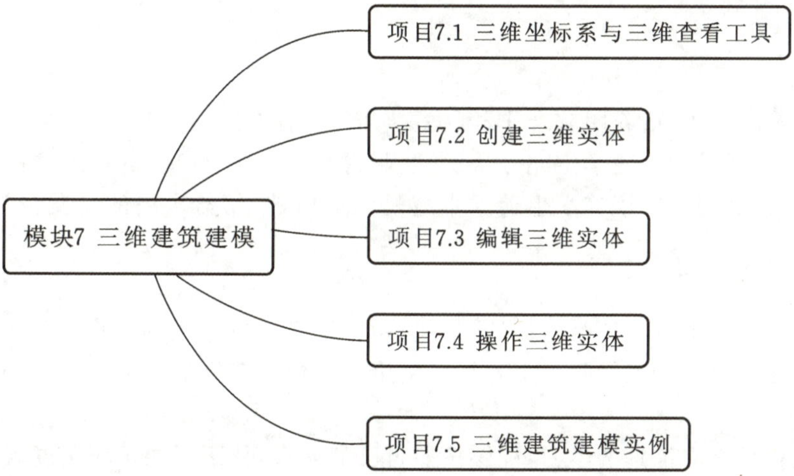

图 7.1　模块导学图

项目 7.1　三维坐标系与三维查看工具

项目导读

三维坐标系是在三维空间中定位的工具，三维查看工具是从不同角度观察三维模型的工具。理解并灵活应用这两个工具，才能为在三维空间中创建三维模型打下坚实的基础。

本项目导学图如图 7.2 所示。

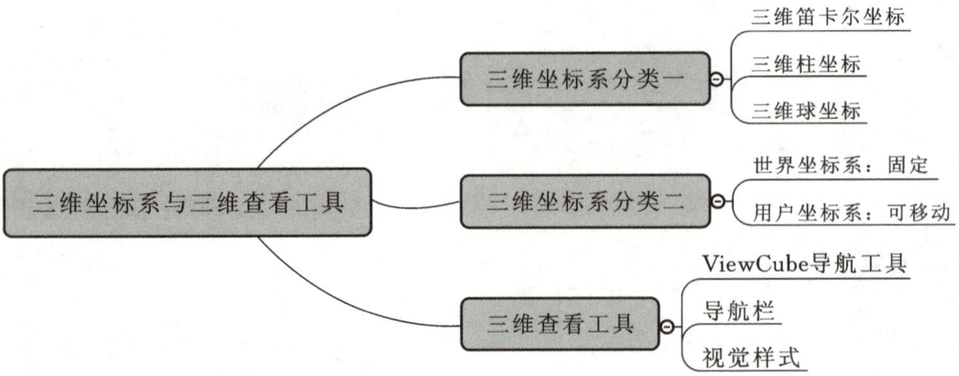

图 7.2　项目 7.1 导学图

学习目标

素质目标

(1) 通过技能训练，培养团队合作、解决复杂问题的能力。

(2) 通过“拓展阅读”，使学生充分认识“敬业、精益、专注、创新”的工匠精神。

(3) 通过“拓展阅读”，培养学生追求卓越的创造精神、精益求精的品质精神、用户至上的服务精神。

知识目标

(1) 运用在数学中所学三维坐标知识，能够在 CAD 三维建模的虚拟空间中准确定位；

(2) 能够在世界坐标系的基础上熟练应用用户坐标系定位新的工作平面和新的三维工作空间；

(3) 通过三维查看工具的学习，能够按照自己的需求，从不同的工作角度观察模型。

技能目标

(1) 能够把 CAD 中的三维虚拟空间和现实中的三维空间结合起来，为模型的建立打下坚实的基础；

(2) 能够在世界坐标系的基础上建立适合自己建模的用户坐标系并命名，为建立复杂模型打下坚实基础。

知识导航

1. 使用三维坐标

在三维空间中创建对象时，可以使用笛卡尔坐标、柱坐标或球坐标定位点。

(1) 三维笛卡尔坐标

三维笛卡尔坐标(又称三维直角坐标)通过使用三个坐标值来指定精确的位置：X、Y 和 Z。

输入三维笛卡尔坐标值(X,Y,Z)类似于输入二维坐标值(X,Y)。除了指定 X 和 Y 值以外，还需要使用以下格式指定 Z 值：X,Y,Z。

注意：下例假设动态输入处于关闭状态，即，坐标在命令行上输入。在动态输入状态下，默认坐标为相对坐标。如果启用动态输入，可以使用＃前缀来指定绝对坐标。

在图 7.3 中，坐标值(3,2,5)表示一个沿 X 轴正方向 3 个单位，沿 Y 轴正方向 2 个单位，沿 Z 轴正方向 5 个单位的点。

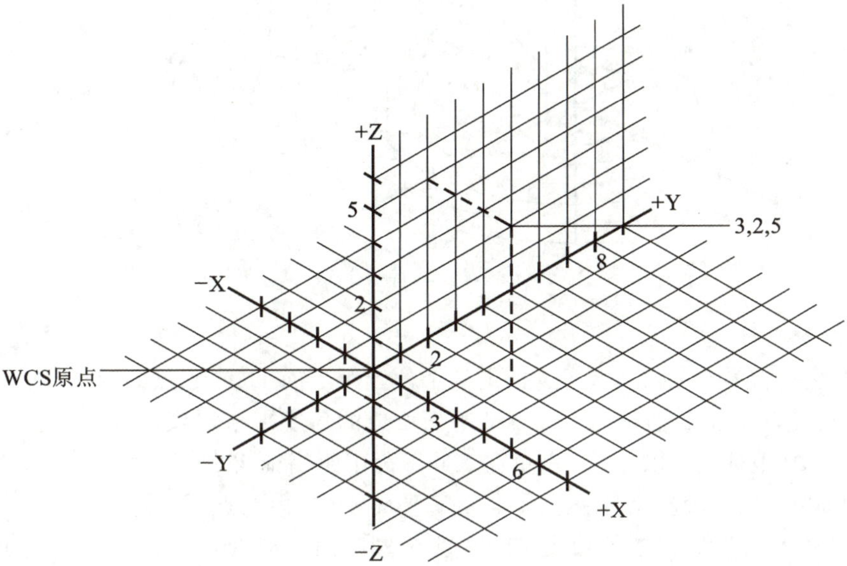

图 7.3　三维笛卡尔坐标

使用默认 Z 值：当以“X，Y”格式输入坐标时，将从上一输入点复制 Z 值。因此，可以按“X，Y，Z”格式输入一个坐标，然后保持 Z 值不变，使用“X，Y”格式输入随后的坐标。例如，输入直线的以下坐标：

指定第一点：1，7，5；

指定下一点或[放弃(U)]：6，9；

直线的两个端点的 Z 值均为 5。当开始或打开任意图形时，Z 的初始默认值大于 0。

使用绝对坐标和相对坐标：使用三维坐标时，可以输入基于原点的绝对坐标值，也可以输入基于上一输入点的相对坐标值。要输入相对坐标，需使用@符号作为前缀。例如，输入“@1，0，0”表示在 X 轴正方向上距离上一点一个单位的点。要在命令行中输入绝对坐标，无需输入任何前缀。

(2) 三维柱坐标

三维笛卡尔坐标值(X，Y，Z)的 X 与 Y 的表示方法若用极坐标表示就形成了三维柱坐标(又称三维柱面坐标)。柱坐标通过定义某点在 XY 平面中距 UCS 原点的距离，在 XY 平面中与 X 轴所成的角度以及 Z 值来定位该点。

在插图 7.4 中，坐标“5＜30，6”表示距当前 UCS 的原点 5 个单位、在 XY 平面中与 X 轴成 30°角、沿 Z 轴 6 个单位的点。坐标“8＜60，1”表示在 XY 平面中距当前 UCS 的原点 8 个单位、在 XY 平面中与 X 轴成 60°角、沿 Z 轴 1 个单位的点。

从图 7.4 中可以看出，柱坐标“r＜α，h”表示的点在半径为 r 的柱面上。

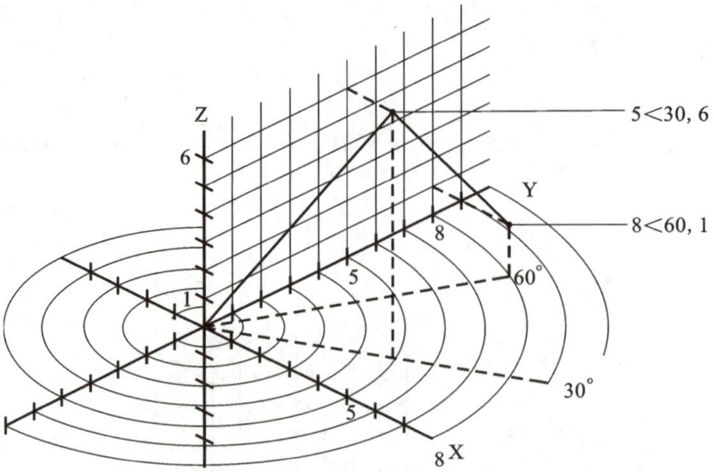

图 7.4 三维柱坐标

(3) 三维球坐标

三维球坐标(又称球面坐标)通过指定某个位置距当前 UCS 原点的距离、在 XY 平面中与 X 轴所成的角度以及在 Z 轴正向上与 XY 平面所成的角度来指定该位置。

在图 7.5 中,坐标"8<30<30"表示在 XY 平面中距当前 UCS 的原点 8 个单位、在 XY 平面中与 X 轴成 30°角以及在 Z 轴正向上与 XY 平面成 30°角的点。坐标"5<45<15"表示距原点 5 个单位、在 XY 平面中与 X 轴成 45°角、在 Z 轴正向上与 XY 平面成 15°角的点。

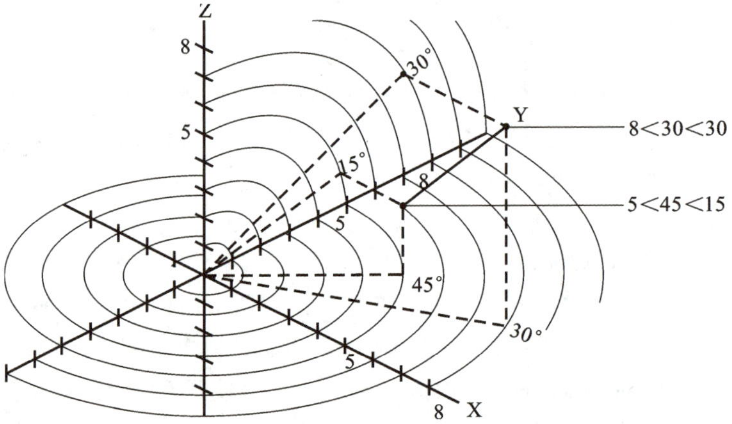

图 7.5 三维球坐标

从图 7.5 中可以看出,球坐标"r<α<β"表示的点在半径为 r 的球面上。

2. 认识世界坐标系和用户坐标系

有两个坐标系:一个是被称为世界坐标系(WCS)的固定坐标系,一个是被称为用户坐标系(UCS)的可移动坐标系。WCS 和 UCS 在新图形中最初是重合的。

在三维环境中创建或修改对象时,可以在三维模型空间中移动和重新定向 UCS 以简化工作。UCS 的 XY 平面称为工作平面。

UCS 图标在确定正轴方向和旋转方向时遵循传统的右手定则。如图 7.6 所示,伸出食指和中指,食指指向 Y 轴的正方向。中指所指示的方向即 Z 轴的正方向。通过旋转手,可以看到 X、Y 和 Z 轴如何随着 UCS 的改变而旋转。将右手拇指指向轴的正方向，卷曲其余四指。右手四指所指示的方向即轴的正旋转方向。

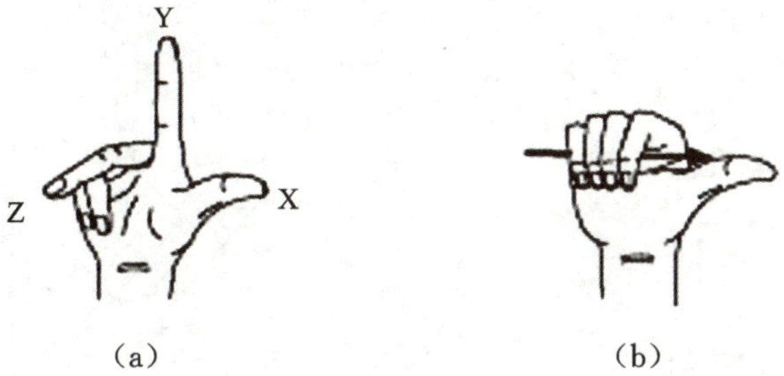

图 7.6　应用右手定则

可以通过单击 UCS 图标并使用其夹点或使用 UCS 命令来更改当前 UCS 的位置和方向。使用 UCSICON 命令可以显示 UCS 图标的选项。

UCS 用于输入坐标、在二维工作平面上创建三维对象以及在三维中旋转对象。

移动和旋转 UCS 对于二维工作是一项便捷的功能，对于三维工作是一项基本功能。

使用 UCS 图标的鼠标右键单击快捷菜单(图 7.7)、鼠标悬停菜单(图 7.8)、UCS 图标的原点和轴夹点(图 7.9)或 UCS 命令，可以移动 UCS 的原点和方向。

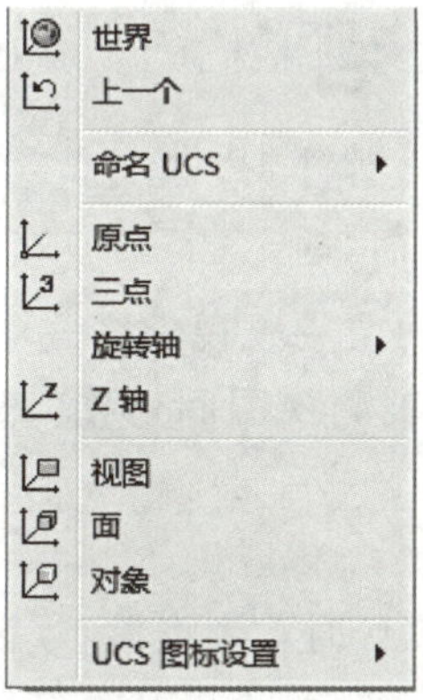

图 7.7　UCS 图标的鼠标右键单击快捷菜单

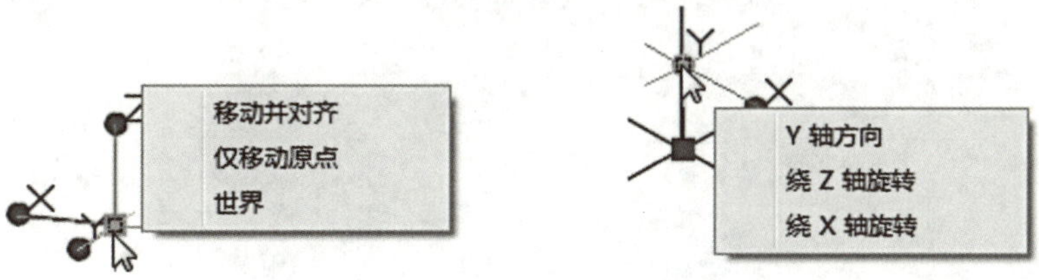

图 7.8　UCS 图标的鼠标悬停菜单

控制 UCS 的原点位置与坐标轴的方向是三维建模的基础。通过移动和重新定向 UCS 的 XY 平面(工作平面)更利于建立复杂模型。

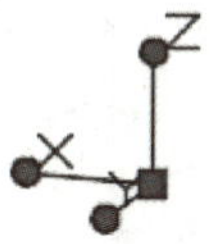

图 7.9　UCS 原点和轴夹点

3. 在实体模型中使用动态 UCS

如果动态 UCS 功能处于启用状态，则可以在光标悬停在三维实体上的平整面、平面网格元素或平面点云线段上方时,动态地对齐 UCS。

在命令执行期间,可以通过在三维实体或点云的平整面上移动光标,而不是使用 UCS 命令来动态对齐 UCS。结束该命令后,UCS 将恢复到其上一个位置和方向。

例如,可以使用动态 UCS 在实体模型的一个角度面上创建长方体,如图 7.10 所示。

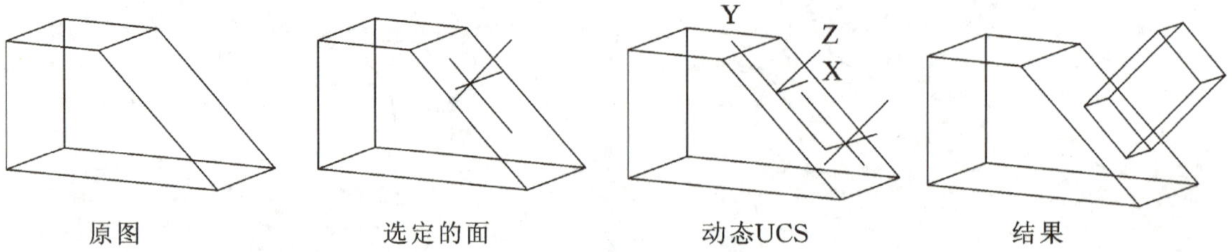

图 7.10　使用动态 UCS 功能

在图 7.10 左侧的插图中,UCS 未与角度面对齐。可以在状态栏上单击“动态 UCS”按钮,打开动态 UCS 或按 F6 键,而不是重新定位 UCS。

如图 7.10 中间两张插图所示,将指针完全移动到边的上方时,光标将更改为显示动态 UCS 轴的方向。如图 7.10 右侧插图所示,可以轻松地在角度面上创建对象。

说明:默认情况下,状态栏上不会显示所有工具。如果“动态 UCS”不在状态栏上显示,则可以单击状态栏上的“自定义”按钮并选择“动态 UCS”来显示它。按钮显蓝色,表明“动态 UCS”处于启用状态(默认)。按钮显灰色,表明“动态 UCS”处于禁用状态。

4. 利用 ViewCube 导航工具

ViewCube 是用户在二维模型空间或三维视觉样式中处理图形时显示的导航工具。通过 ViewCube,用户可以在标准视图和等轴测视图间切换。ViewCube 工具将在视图更改时提供有关模型当前视点的直观反映。

(1) 利用 ViewCube 切换视图

当光标放置在 ViewCube 工具上时,它将变为活动状态。用户可以拖动或单击 ViewCube、切换至可用预设视图之一、滚动当前视图或更改为模型的主视图。ViewCube 工具的默认位置在当前视图的右上角,样式如图 7.11 所示。

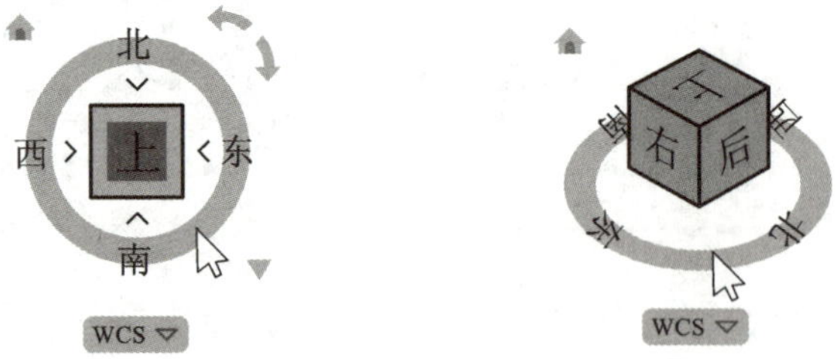

图 7.11　ViewCube 工具

ViewCube 提供 26 个已定义部分,按类别分为三组:角(8 个)、边(12 条)和面(6 个),用户可以单击这些部分来更改模型的当前视图。每一个角代表基于模型三个侧面所定义的视点,可以将模型的当前视图重定向为四分之三视图。每条边可以基于模型的两个侧面,将模型的视图重定向为半视图。每个面分别代表模型的标准正交视图:上、下、前、后、左、右。

指南针显示在 ViewCube 下方,用于指示为模型定义的北向。可以单击指南针上的基本方向字母以旋转模型,也可以单击并拖动指南针环以交互方式围绕轴心点旋转模型。

用户还可以单击并拖动 ViewCube,将模型视图重定向为除 26 个预定义部分之一外的自定义视图。如果将 ViewCube 拖动到靠近其中一个预设方向的位置,且设定为捕捉到最近的视图,则 ViewCube 将旋转到最近的预设方向。

ViewCube 以不活动状态或活动状态显示。当处于非活动状态时,默认情况下会显示为部分透明,以便不会遮挡模型的视图。当处于活动状态时,它是不透明的,可能会遮挡模型当前视图中的对象视图。

ViewCube 围绕选择集轴心点重定向视图。如果未选择对象,则轴点位于视图的中心。如果选择了对象,则轴点位于选定对象的中心。如果选择了多个对象,则轴点位于选定对象的范围的中心。

从一个面视图查看模型时,ViewCube 附近将显示两个滚动箭头按钮。使用滚动箭头可将当前视图围绕视图中心顺时针或逆时针旋转 90°。

若在 ViewCube 处于活动状态时从一个面视图查看模型,则四个正交三角形会显示在 ViewCube 附近。可以使用这些三角形切换到其中一个相邻面视图。

(2) ViewCube 工具的快捷菜单

在 ViewCube 工具上单击鼠标右键,出现如图 7.12 所示的快捷菜单。

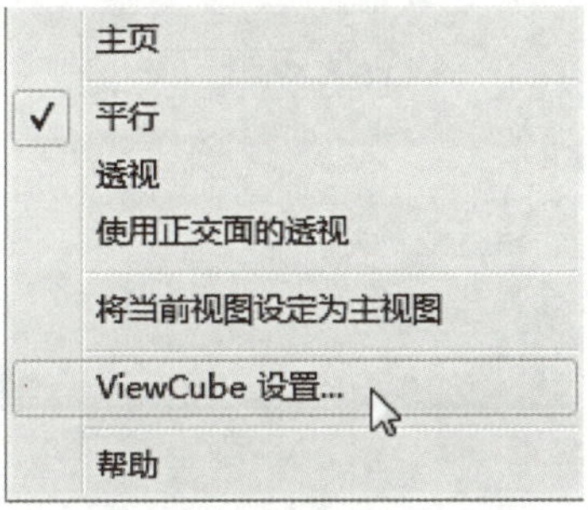

图 7.12　ViewCube 的快捷菜单

使用 ViewCube 快捷菜单可恢复和更改主视图、在视图投影模式之间切换或访问 ViewCube 设置。

ViewCube 快捷菜单包含以下选项:

① 主页:恢复随模型一起保存的主视图。主视图是一种特殊视图,使用它易于返回到已知或熟悉的模型的视图。可以将模型的任意视图定义为主视图。

提示:单击 ViewCube 工具上方的“主视图”按钮  也可以将保存的主视图应用于当前视图。

② 平行:将当前视图切换到平行投影。

③ 透视:将当前视图切换至透视投影。

平行投影模式并非用户通常在现实世界中观看对象所用的方式。现实世界中的对象是以透视投影呈现的。图 7.13 显示了同一个模型在平行投影和透视投影中的不同表现方式。两者都基于相同的观察方向。

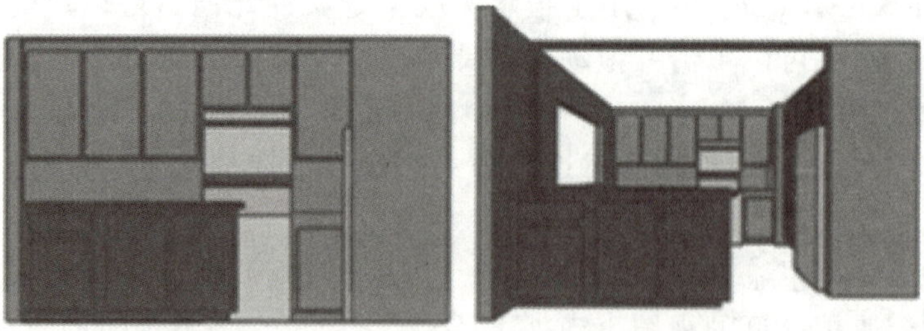

平行投影　　　　透视投影

图 7.13　平行投影与透视投影

④ 使用正交面的透视:将当前视图切换至透视投影(除非当前视图与 ViewCube 工具上定义的面视图对齐)。

⑤ 将当前视图设定为主视图:根据当前视图定义模型的主视图。为模型定义一个主视图,以便可以在使用导航工具时恢复熟悉的视图。

⑥ ViewCube 设置:显示对话框,从中可以设置其位置、大小、处于非活动状态时的不透明度级别、UCS 菜单的显示、指南针显示等,如图 7.14 所示。

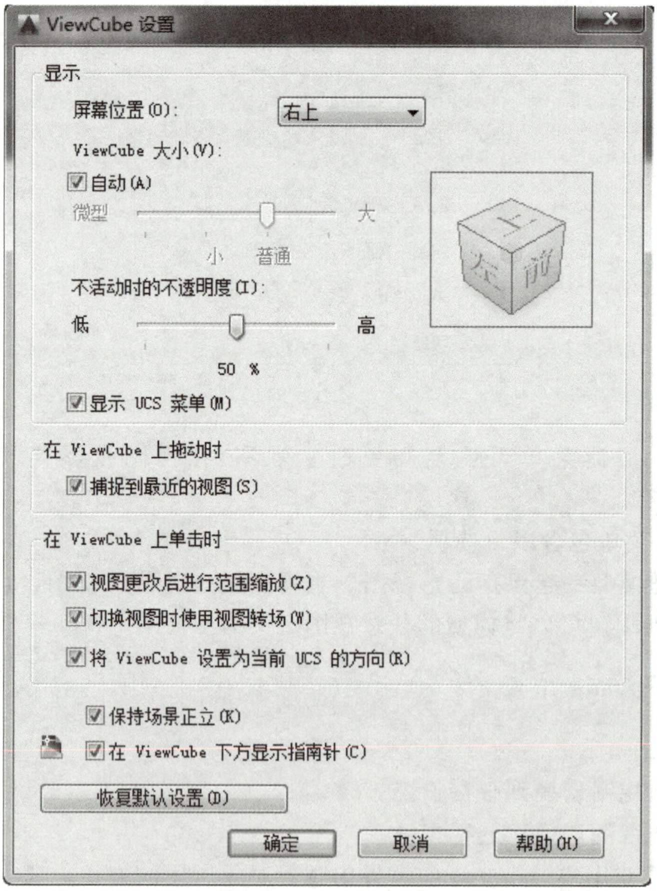

图 7.14　ViewCube 设置

⑦ 帮助：启动联机帮助系统并显示用于 ViewCube 工具的主题。

(3) 利用 ViewCube 工具的 UCS 菜单

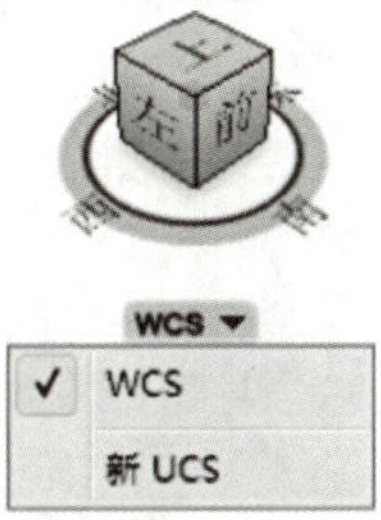

图 7.15　UCS 菜单

单击 ViewCube 下方的下拉按钮，弹出 UCS 菜单，如图 7.15 所示。UCS 菜单显示了模型中当前 UCS 的名称。通过该菜单，可以恢复随模型一起保存的已命名 UCS，也可以切换为 WCS 或定义新的 UCS。通过菜单上的 WCS 项目，可以将坐标系从当前 UCS 切换为 WCS。通过新 UCS，可以基于一个、两个或三个点旋转当前 UCS，从而定义新 UCS。单击“新 UCS”时，将以默认名称“未命名”定义一个新 UCS。若要以名称保存新定义的 UCS，请使用 UCS 命令中的“命名”选项。

可以使用当前 UCS 或 WCS 设置 ViewCube 方向。通过将 ViewCube 设置为当前 UCS 的方向，用户可了解建模的方向。通过使用 WCS 设置 ViewCube 方向，用户可以基于模型的北向和向上方导航模型。

5. 利用导航栏

导航栏是一组导航工具集，在当前绘图区域的一个边上方沿该边浮动。

通过单击导航栏上的按钮之一或单击按钮旁边的下拉按钮并在下拉列表中选择某个工具，可以启动导航工具，如图 7.16 所示。

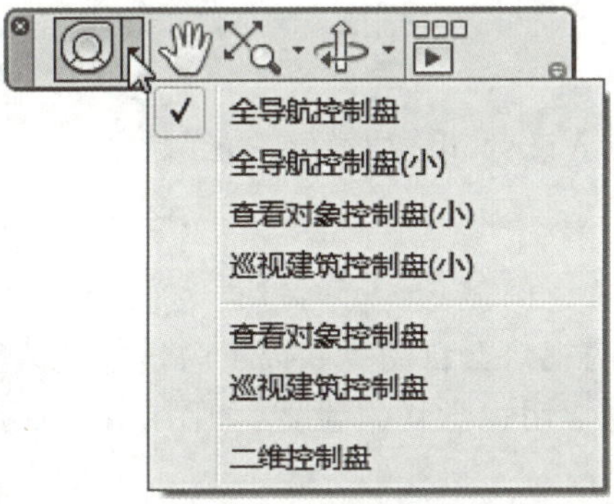

图 7.16　导航工具集

导航栏中提供以下导航工具：

① ViewCube：指示模型的当前方向，并用于重定向模型的当前视图。

② SteeringWheels ：提供在专用导航工具之间快速切换的控制盘集合。

③ 平移：平行于屏幕移动视图。与使用相机平移一样，不会更改图形中的对象位置或比例，而只是更改视图。

④ “缩放”工具：一组导航工具，用于增大或缩小模型的当前视图的比例。类似于使用相机进行缩放，不更改图形中对象的绝对大小，只改变视图的放大比例。

⑤ 动态观察工具：用于旋转模型当前视图的导航工具集。

⑥ ShowMotion ：用户界面元素，可提供用于创建和回放以便进行设计查看、演示和书签样式导航的屏幕显示。

导航栏可进行定制。如图 7.17 所示,在导航栏下拉菜单中点击导航工具前对应的开关,可关闭对应的工具;再次点击开关的位置,可打开对应的工具。

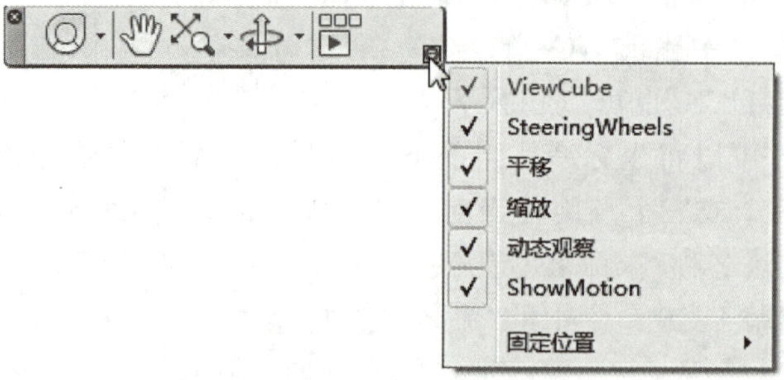

图 7.17　定制导航栏

导航栏链接到 ViewCube 工具时,其位于 ViewCube 之上或之下,并且方向为竖直。当没有链接到 ViewCube 时,导航栏可以沿绘图区域的一条边自由对齐。重新定位导航栏时需拖动如图 7.18 所示的手柄来完成。

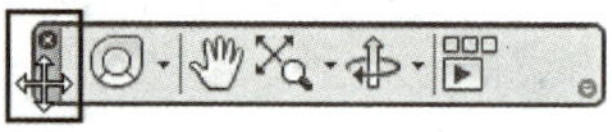

图 7.18　重新定位导航栏

提示:导航栏必须断开与 ViewCube 的链接才能独立放置。

6. 使用视觉样式

视觉样式控制边、光源和着色的显示。可通过更改视觉样式的特性控制其效果。应用视觉样式或更改其设置时,关联的视口会自动更新以反映这些更改。

在功能区中可以更改某些常用视觉样式设置,如图 7.19 所示,或打开视觉样式管理器进行设置。

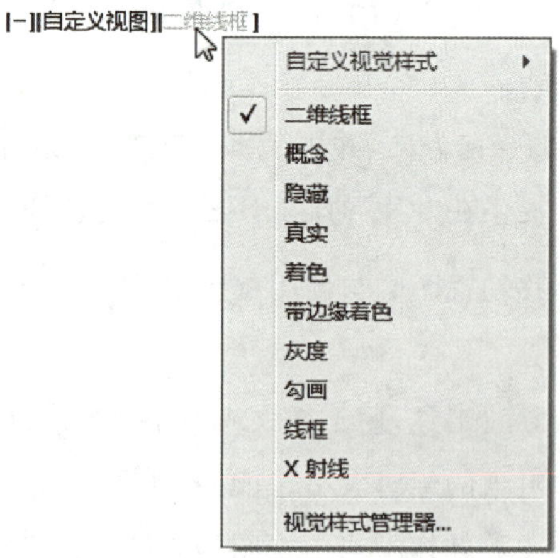

图 7.19　可用的视觉样式

AutoCAD 提供以下预定义的视觉样式:

① 二维线框：通过使用直线和曲线表示边界的方式显示对象。

② 概念：使用平滑着色和古氏面样式显示对象。古氏面样式在冷暖颜色而不是明暗效果之间转换。效果缺乏真实感，但是可以更方便地查看模型的细节。

③ 消隐：使用线框表示法显示对象，而隐藏表示背面的线。

④ 真实：使用平滑着色和材质显示对象。

⑤ 着色：使用平滑着色显示对象。

⑥ 带边缘着色：使用平滑着色和可见边显示对象。

⑦ 灰度：使用平滑着色和单色灰度显示对象。

⑧ 勾画：使用线延伸和抖动边修改器显示手绘效果的对象。

⑨ 线框：通过使用直线和曲线表示边界的方式显示对象。

⑩ X 射线：以局部透明度显示对象。

图 7.20 显示了四种不同的视觉样式，可以看到对图形显示效果的不同。

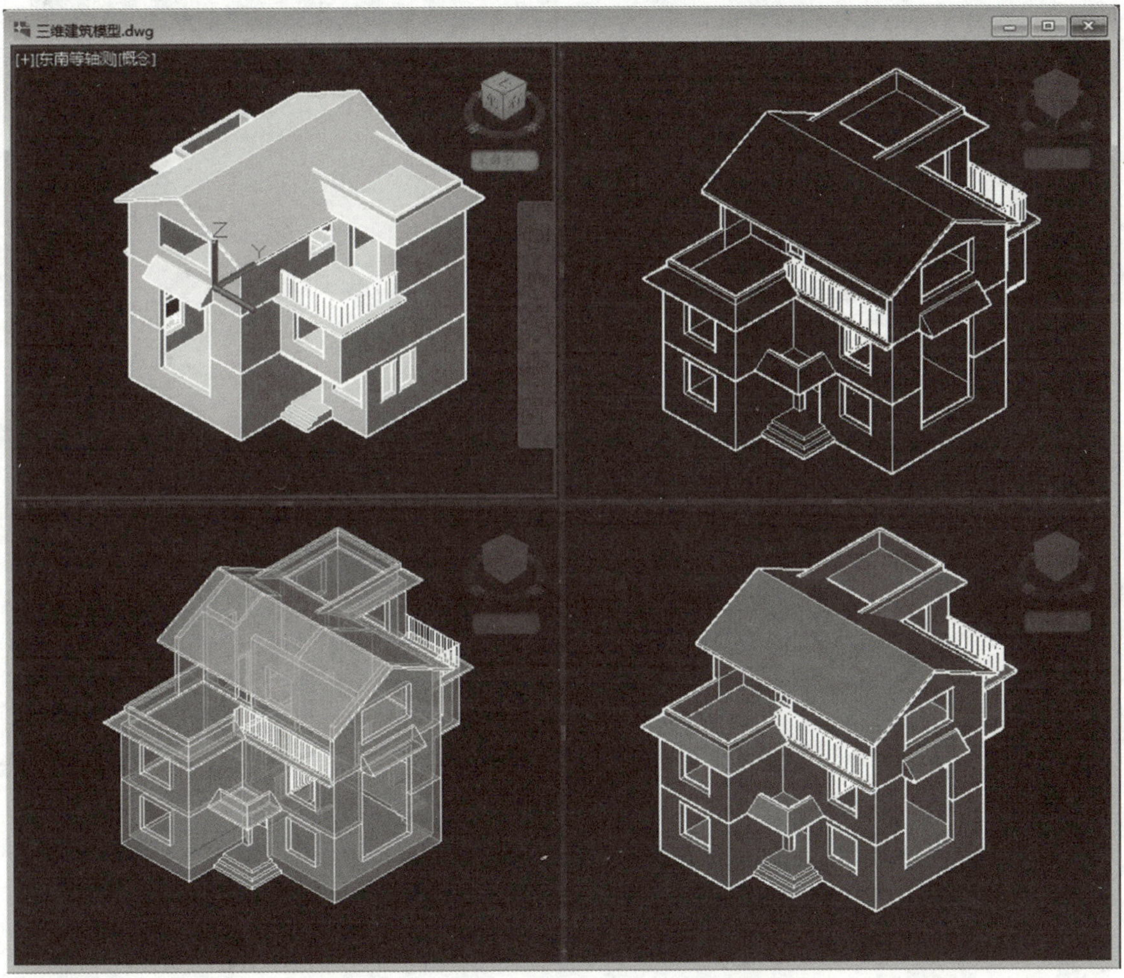

图 7.20　四种不同的视觉样式

可以随时选择一种视觉样式并更改其设置。这些更改反映在应用该视觉样式的视口中。对当前视觉样式所做的任何更改都将保存在图形中。

示例一：使用原点夹点移动 UCS 原点(参见视频"7.1 示例一.MP4")

① 单击 UCS 图标。

② 单击并拖动方形原点夹点到其新位置。

UCS 原点(0,0,0)被重新定义到指定的点处。

7.1 示例一

说明：要精确放置原点，需使用"对象捕捉""栅格捕捉"或输入特定的 X、Y、Z 坐标。

示例二：围绕 X、Y 或 Z 轴旋转 UCS(参见视频"7.1 示例二.MP4")

在 UCS 图标上单击鼠标右键，并单击"旋转轴"。再单击 X、Y 或 Z。拖动光标时，UCS 将围绕指定轴正向旋转。也可以指定旋转角度。

7.1 示例二

说明：将光标悬停在 X、Y 和 Z 轴端点处的夹点上，以访问旋转选项。

示例三：使用"三点"指定新 UCS 方向(参见视频"7.1 示例三.MP4")

① 在 UCS 图标上单击鼠标右键，然后单击"三点"。

② 指定新原点。

③ 指定新的正 X 轴上的点。

④ 指定新的 XY 平面上的点。

7.1 示例三

示例四：按名称保存定义的 UCS(参见视频"7.1 示例四.MP4")

① 在 UCS 图标上单击鼠标右键，然后单击"命名 UCS" ➤ "保存"。

② 输入名称。

7.1 示例四

说明：最多可以输入 255 个字符，包括字母、数字和特殊字符，如美元符号($)、连字符(-)和下画线(_)。

示例五：使用动态 UCS 在图 7.21 所示的实体模型的表面上绘制圆(参见视频"7.1 示例五.MP4")

7.1 示例五

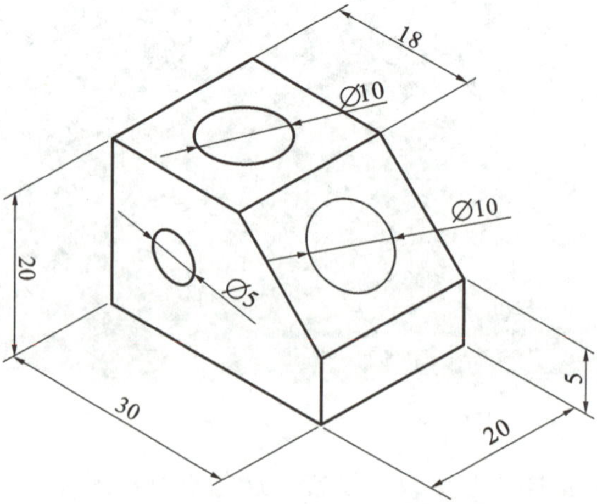

图 7.21　使用动态 UCS

① 在状态栏上单击“动态 UCS”按钮 或按 F6 键，打开动态 UCS；

② 定位圆所在的面，捕捉所在的圆心，输入半径或直径画圆；

③ 重复第②步，完成另外两个圆的绘制。

任务驱动

在下面的绘图任务中不要求标注尺寸。

任务一：完成“示例导学”的“示例一”

任务二：完成“示例导学”的“示例二”

任务三：完成“示例导学”的“示例三”

任务四：更改 UCS 的 Z 轴方向

① 在 UCS 图标上单击鼠标右键，然后单击 Z 轴。

② 指定新的原点(0,0,0)。

③ 指定位于 Z 轴正半轴上的一点。

任务五：将 UCS 与现有三维对象对齐

① 单击 UCS 图标，然后单击“移动和对齐”。

② 在希望将其对齐的对象部分上拖动 UCS 图标。

③ 单击以放置新的 UCS。

任务六：恢复上一个 UCS

在 UCS 图标上单击鼠标右键，然后单击“上一个”。

任务七：将 UCS 恢复为 WCS 方向

单击 UCS 原点夹点，然后单击“世界”。

任务八：完成“示例导学”的“示例四”

任务九：删除定义的 UCS

① 依次单击“视图”选项卡—“坐标”面板—“命名 UCS”。

② 在 UCS 对话框的“命名 UCS”选项卡上，选择要删除的 UCS 定义。

③ 按 Delete 键。

不能删除当前 UCS 或具有默认名称 UNNAMED 的 UCS。

任务十：恢复命名的 UCS 定义

在 UCS 图标上单击鼠标右键，单击“命名 UCS”，然后单击要恢复的 UCS 定义。

任务十一：恢复预设的 UCS 方向

①依次单击“视图”选项卡—“坐标”面板—“命名 UCS”。

②在“UCS”对话框的“正交 UCS”选项卡上，从列表中选择一个 UCS 方向。

③单击“置为当前”。

④单击“确定”。

UCS 改变为选定的选项。

任务十二:重命名 UCS 的定义

① 依次单击“视图”选项卡—“坐标”面板—“命名 UCS”。

② 在 UCS 对话框的“命名 UCS”选项卡上,在要重命名的 UCS 定义上单击鼠标右键,然后单击“重命名”。

③ 输入新的名称。

④ 单击“确定”。

任务十三:完成“示例导学”的“示例五”

任务十四:利用 ViewCube 和导航栏工具,观察图 7.21 所示的实体模型

任务十五:利用不同的视觉样式,观察图 7.21 所示的实体模型

项目小结

本项目主要讲解了 CAD 三维坐标系的使用方法和三维图形的查看方法。本部分内容是三维建模的基础,对后面的学习起重要的前导作用。

拓展阅读

什么是工匠精神?

工匠精神,英文是 Craftsman's spirit,是一种职业精神,它是职业道德、职业能力、职业品质的体现,是从业者的一种职业价值取向和行为表现。“工匠精神”的基本内涵包括敬业、精益、专注、创新等方面的内容。

敬业是从业者基于对职业的敬畏和热爱而产生的一种全身心投入的认认真真、尽职尽责的职业精神状态。中华民族历来有“敬业乐群”“忠于职守”的传统,敬业是中国人的传统美德,也是当今社会主义核心价值观的基本要求之一。早在春秋时期,孔子就主张人在一生中始终要“执事敬”“事思敬”“修己以敬”。“执事敬”,是指行事要严肃认真不怠慢;“事思敬”,是指临事要专心致志不懈怠;“修己以敬”,是指加强自身修养保持恭敬谦逊的态度。

精益就是精益求精,是从业者对每件产品、每道工序都凝神聚力、精益求精、追求极致的职业品质。所谓精益求精,是指已经做得很好了,还要求做得更好,“即使做一颗螺丝钉也要做到最好”。正如老子所说“天下大事,必作于细”。能基业长青的企业,无不是精益求精才获得成功的。

专注就是内心笃定而着眼于细节的耐心、执着、坚持的精神,这是一切“大国工匠”所必须具备的精神特质。从中外实践经验来看,工匠精神都意味着一种执着,即一种几十年如一日的坚持与韧性。“术业有专攻”,一旦选定行业,就一门心思扎根下去,心无旁骛,在一个细分产品上不断积累优势,在各自领域成为“领头羊”。在中国早就有“艺痴者技必良”的说法,如《庄子》中记载的游刃有余的“庖丁解牛”、《核舟记》中记载的奇巧人王叔远等。

“工匠精神”还包括追求突破、追求革新的创新内蕴。古往今来,热衷于创新和发明的工匠们一直是世界科技进步的重要推动力量。新中国成立初期,我国涌现出一大批优秀的工匠,如倪志福、郝建秀等，他们为社会主义建设事业做出了突出贡献。改革开放以来，"汉字激光照排系统之父"王选、"中国第一、全球第二的充电电池制造商"王传福、从事高铁研制生产的铁路工人和从事特高压、智能电网研究运行的电力工人等都是"工匠精神"的优秀传承者，他们让中国创新重新影响了世界。

古语云："玉不琢，不成器"。工匠精神不仅体现了对产品精心打造、精工制作的理念和追求，更是要不断吸收最前沿的技术，创造出新成果。工匠精神是社会文明进步的重要尺度、是中国制造前行的精神源泉、是企业竞争发展的品牌资本、是员工个人成长的道德指引。"工匠精神"就是追求卓越的创造精神、精益求精的品质精神、用户至上的服务精神。

项目评价

序号	检测项目	评价任务及权重	自评	小组互评	教师评价
1	任务 1～15	每个任务 4 分(60 分)			
2	查看三维图形	灵活运用查看工具(10 分)			
3	完成时间	在规定时间内完成任务 1～15，每超过 5 分钟，扣 1 分(15 分)			
4	学习表现	学习不够主动、团队协作能力差、不爱护设备仪器和环境，酌情扣 10～15 分(15 分)			
任务总评		优□　良□　中□　合格□　不合格□			

注：按学生自评占 20%、小组互评和教师评价各占 40%计算，形成任务评价结论。

项目 7.2　创建三维实体

项目导读

实体模型是最常用的三维模型，可以从图元实体(例如圆锥体、长方体、圆柱体和棱锥体)或通过拉伸、旋转、扫掠或放样闭合的二维对象来创建三维实体。

本项目导学图如图 7.22 所示。

学习目标

素质目标

(1) 通过学习训练，促进小组成员养成积极向上、独立思考的能力，加强团队合作、解决复杂问题的能力；

(2) 通过小组间相互竞争，逐步养成积极完成教学任务的良好习惯，变被动学习为主动学习；

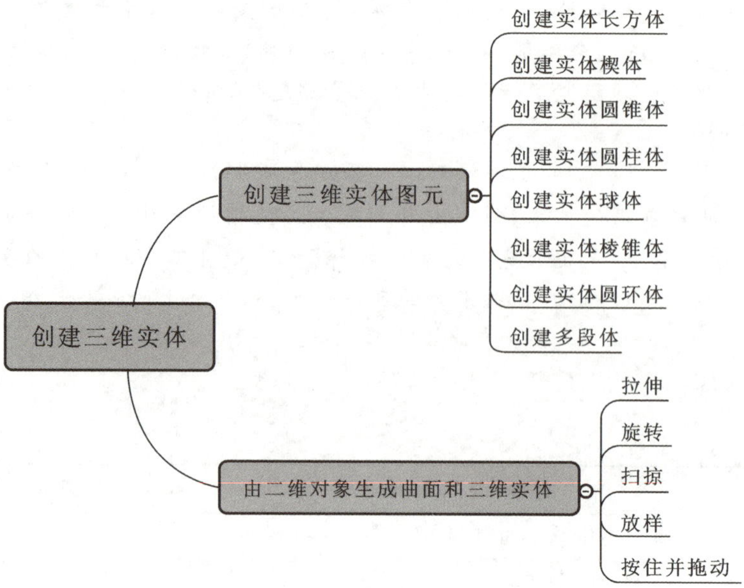

图 7.22　项目 7.2 导学图

(3) 通过“拓展阅读”,提升学生对中国建筑的文化自信,使学生充分认识中国建筑的民族智慧,培养学生敬业、精益、专注的工匠精神和追求突破、追求革新的创新精神。

知识目标

(1) 能够利用 CAD 绘图工具熟练绘制长方体、圆锥体、圆柱体、球体、圆环体、楔体、多段体和棱锥体等实体图元;

(2) 能够运用三维坐标知识,结合专业知识,在 CAD 中精确定位并建立三维模型;

(3) 能够通过对二维几何图形进行拉伸、扫掠、放样和旋转,构造出较复杂曲面和三维实体。

技能目标

(1) 能够在基本几何体的基础上,绘制出较复杂组合体;

(2) 能够根据三视图顺利绘制出三维实体;

(3) 能够对较复杂三维实体进行分析,分解出基本形体,并在二维几何图形的基础上通过拉伸、扫掠、放样和旋转等操作来生成这些基本形体。

知识导航

AutoCAD 三维建模分为实体建模、曲面建模和网格建模三类。

实体模型是表示三维对象的体积,并且具有特性,如质量、重心和惯性矩。可以从图元实体(例如圆锥体、长方体、圆柱体和棱锥体)或通过拉伸、旋转、扫掠和放样闭合的二维对象来创建三维实体。还可以使用布尔运算(例如并集、差集和交集)组合三维实体。

曲面模型是不具有质量或体积的薄壳。可以使用某些用于实体模型的相同工具来创建曲面模型:例如扫掠、放样、拉伸和旋转。还可以通过对其他曲面进行过渡、修补、偏移、创建圆角和延伸来创建曲面。

网格模型是用多边形(包括三角形和四边形)来定义三维形状的顶点、边和面的组成。与实体模型不同，网格没有质量特性。但是，与三维实体一样，用户可以使用 AutoCAD 来创建长方体、圆锥体和棱锥体等图元网格形状。可以通过不适用于三维实体或曲面的方法来修改网格模型。例如，可以应用锐化、分割以及增加平滑度，可以拖动网格子对象（面、边和顶点）建立对象的形状。

使用网格模型可提供隐藏、着色和渲染实体模型的功能，而无须使用质量和惯性矩等物理特性。

1. 创建三维实体图元

三维的基本实体造型是指长方体、圆锥体、圆柱体、球体、圆环体、楔体、多段体和棱锥体，这些实体造型称为实体图元。

(1) 创建实体长方体

单击“常用”选项卡—“建模”面板—长方体或执行 BOX 命令，可以创建实体长方体或实体立方体。

创建实体长方体或实体立方体时，始终将长方体或立方体的底面绘制为与当前 UCS 的 XY 平面（工作平面）平行，如图 7.23 所示。

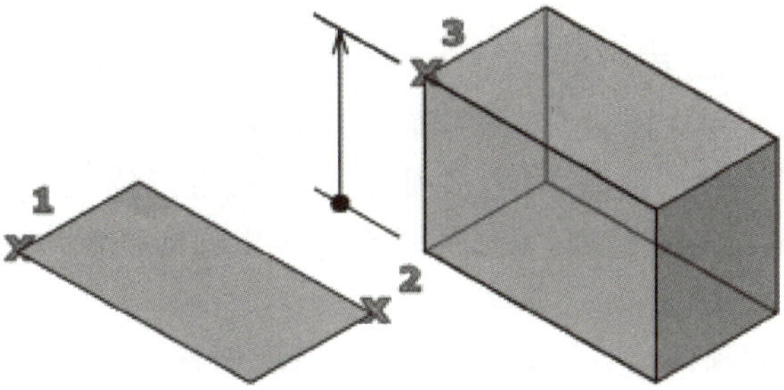

图 7.23　创建实体长方体

如果在创建长方体时使用了“立方体”或“长度”选项，则还可以在单击以指定长度时指定长方体在 XY 平面中的旋转角度。

通过使用“中心点”选项可以创建使用指定中心点的长方体。

(2) 创建实体楔体

单击“常用”选项卡—“建模”面板—楔体或执行 WEDGE 命令，可以创建实体楔体。将楔体的底面绘制为与当前 UCS 的 XY 平面平行，斜面正对第一个角点，楔体的侧面与 Z 轴平行，如图 7.24 所示。

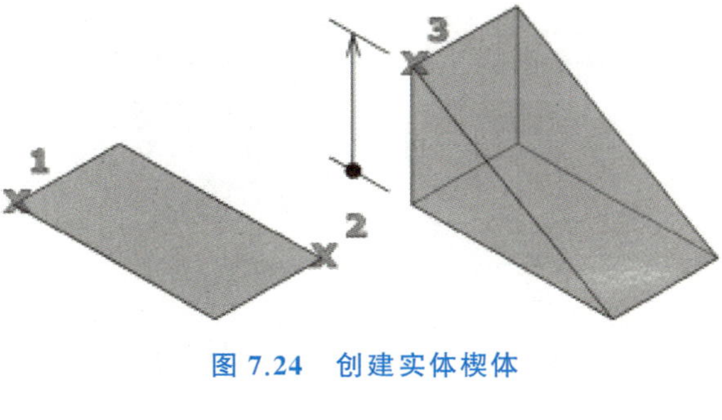

图 7.24　创建实体楔体

如果在创建楔体时使用了“立方体”或“长度”选项，则还可以在单击以指定长度时指定楔体在 XY 平面中的旋转角度。

通过使用“中心点”选项可以创建使用指定中心点的楔体。

(3) 创建实体圆锥体

单击“常用”选项卡—“建模”面板—圆锥体或执行 CONE 命令，可以以圆或椭圆为底面、将底面逐渐缩小到一点来创建实体圆锥体，也可以通过逐渐缩小到与底面平行的圆或椭圆平面来创建圆台，如图 7.25 所示。

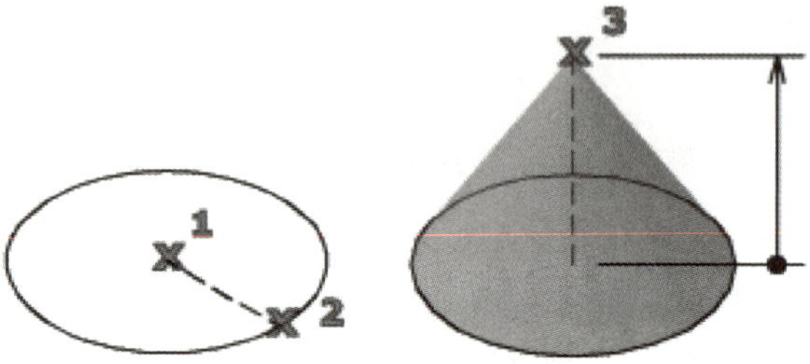

图 7.25　创建实体圆锥体

默认情况下，圆锥体的底面位于当前 UCS 的 XY 平面上。圆锥体的高线与 Z 轴平行。

可以使用 CONE 命令的“轴端点”选项确定圆锥体的高度和方向。轴端点是圆锥体的顶点或顶面的中心点(如果使用“顶面半径”选项)。轴端点可以位于三维空间的任意位置。

使用 CONE 命令的“三点”选项，可以通过在三维空间的任意位置指定三个点来定义圆锥体的底面。

使用 CONE 命令的“顶面半径”选项可以创建从底面逐渐缩小到椭圆或平整面的圆台。

要创建需要特定角度来定义边的圆锥体，需绘制一个二维圆，然后使用 EXTRUDE 命令和“倾斜角”选项使圆沿 Z 轴按一定角度逐渐缩小形成锥体。但是，使用此方法创建的实体为拉伸实体，而不是真正的实体圆锥体图元。

(4) 创建实体圆柱体

单击“常用”选项卡—“建模”面板—圆柱体或执行 CYLINDER 命令，可以创建以圆或椭圆为底面的实体圆柱体。如图 7.26 所示，使用圆心(1)、半径上的一点(2)和表示高度的一点(3)创建了圆柱体。

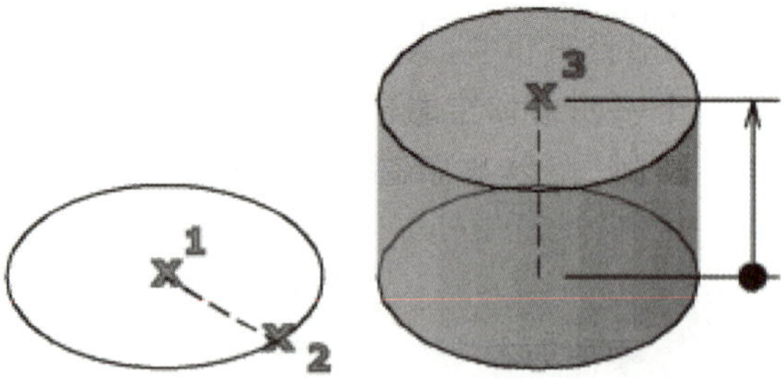

图 7.26　创建实体圆柱体

可以使用 CYLINDER 命令的“轴端点”选项确定圆柱体的高度和方向。轴端点是圆柱体顶面的中心点。轴端点可以位于三维空间的任意位置。

使用 CYLINDER 命令的“三点”选项，可以通过在三维空间的任意位置指定三个点来定义圆柱体的底面。

要构造具有特定细节的圆柱体（例如沿其侧向有凹槽），需先使用闭合的 PLINE 命令创建圆柱体底面的二维轮廓，然后使用 EXTRUDE 命令沿 Z 轴定义其高度。但是，使用此方法创建的实体为拉伸实体，而不是真正的实体圆柱体图元。

（5）创建实体球体

单击“常用”选项卡—“建模”面板—球体或执行 SPHERE 命令，可以创建实体球体。指定中心点后，放置球体使其中心轴平行于当前用户坐标系（UCS）的 Z 轴。如图 7.27 所示，通过指定圆心和半径上的点创建球体。

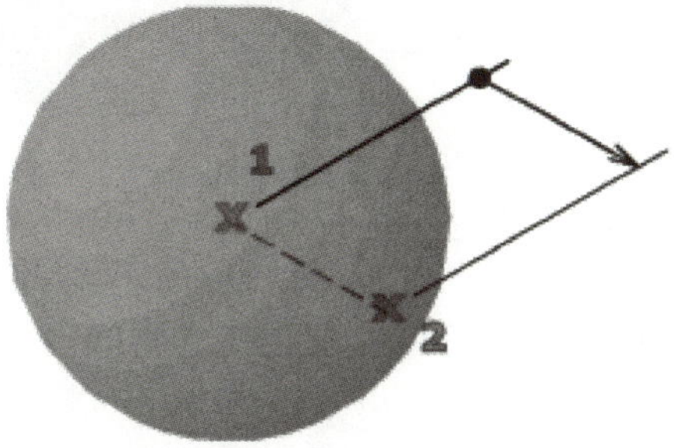

图 7.27　创建实体球体

也可以使用 SPHERE 命令中的以下任意一个选项定义球体：

① 三点：通过在三维空间的任意位置指定三个点来定义球体的圆周。这三个指定点还定义了圆周平面。

② 两点：通过在三维空间的任意位置指定两个点来定义球体的圆周。圆周平面由第一个点的 Z 值定义。

③ 相切、相切、半径：定义具有指定半径且与两个对象相切的球体。指定的切点投影在当前 UCS 上。

（6）创建实体棱锥体

单击“常用”选项卡—“建模”面板—棱锥体或执行 PYRAMID 命令，可以创建实体棱锥体。可以定义棱锥体的侧面数（介于 3～32 之间）。默认情况下，使用基点的中心、边的中点和可确定高度的另一个点来定义棱锥体，如图 7.28 所示。

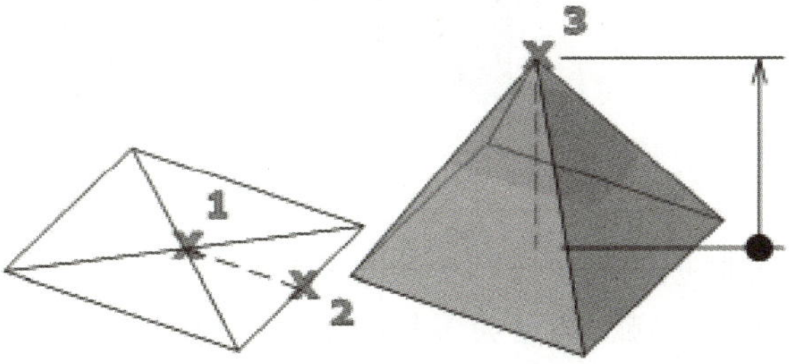

图 7.28　创建实体棱锥体

可以使用 PYRAMID 命令的"轴端点"选项指定棱锥体轴的端点位置。该端点是棱锥体的顶点或顶面中心点(如果使用"顶面半径"选项)。轴端点可以位于三维空间的任意位置。轴端点定义了棱锥体的长度和方向。

可以使用"顶面半径"选项创建棱台,使其顶面逐渐缩小到一个与底面边数相同的平整面。

(7) 创建实体圆环体

单击"常用"选项卡—"建模"面板—圆环体或执行 TORUS 命令,可以通过指定圆环体的圆心、半径或直径以及围绕圆环体的圆管的半径或直径创建圆环体,如图 7.29 所示。

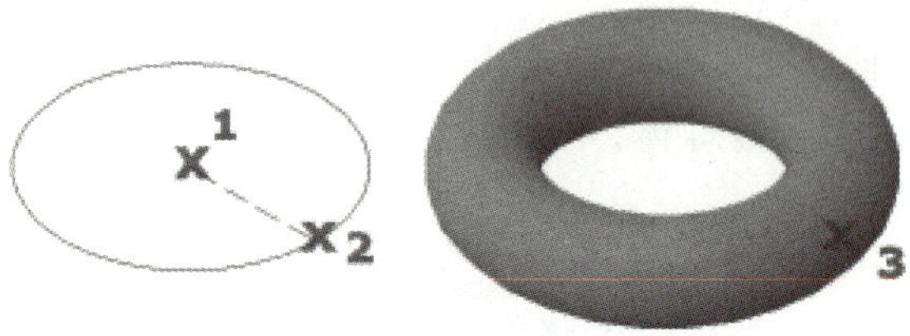

图 7.29　创建实体圆环体

圆环体由两个半径值定义,一个是圆管的半径,另一个是从圆环体中心到圆管中心的距离。

使用 TORUS 命令的"三点"选项,可以通过在三维空间的任意位置指定不共线的三个点来定义圆环体的圆周。

将圆环体绘制为与当前 UCS 的 XY 平面平行,且被该平面平分(如果使用 TORUS 命令的"三点"选项,此结果可能不正确)。

圆环可能是自交的。自交的圆环没有中心孔,因为圆管半径比圆环半径的绝对值大。

(8) 创建多段体

单击"常用"选项卡—"建模"面板—多段体或执行 POLYSOLID 命令,可以创建具有固定高度和宽度的直线段和曲线段的多段体。用户也可以将现有直线、二维多段线、圆弧或圆转换为多段体。如图 7.30 所示,创建具有固定高度和宽度的多段体。

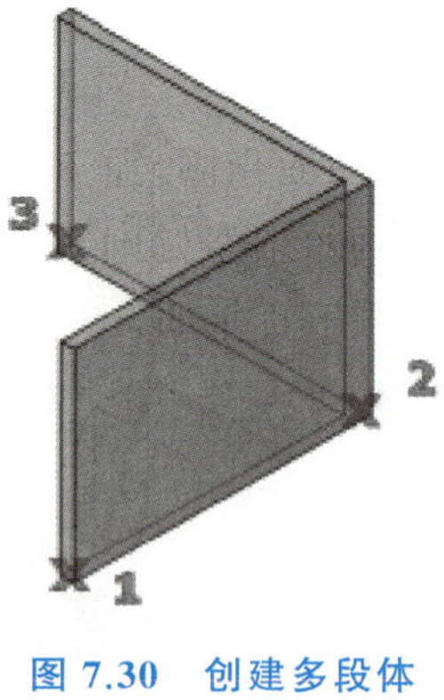

图 7.30　创建多段体

可以使用以下选项控制创建的多段体的大小和形状:

① 创建圆弧式段:使用"圆弧"选项为多段体添加曲线段。具有曲线段的多段体的轮廓与路径保持垂直。

② 从二维对象创建多段体：使用“对象”选项将诸如多段线、圆、直线或圆弧等对象转换为多段体。

③ 闭合第一个点与最后一个点之间的间隙：使用“闭合”选项创建相连的线段。

④ 设定高度和宽度：使用 POLYSOLID 命令的“高度”和“宽度”选项分别设置多段体的高度和宽度。

⑤ 设定与指定点相关的对象的绘制位置：使用“对正”选项将多段体的路径置于指定点右侧、左侧或正中间。

2. 由二维对象生成曲面和三维实体

可通过对二维几何图形进行拉伸、扫掠、放样和旋转来构造曲面和三维实体。拉伸、扫掠、放样和旋转闭合曲线时，若将“模式”选项设定为“实体”，则创建实体；若将“模式”选项设定为“曲面”，则创建曲面。

(1) 拉伸

单击“实体”选项卡—“实体”面板—“拉伸”或执行 EXTRUDE 命令，可以创建拉伸曲线形状的实体或曲面。开放曲线可创建曲面，而闭合曲线可创建实体或曲面。如图 7.31 所示，通过将闭合曲线拉伸到三维空间创建三维实体。

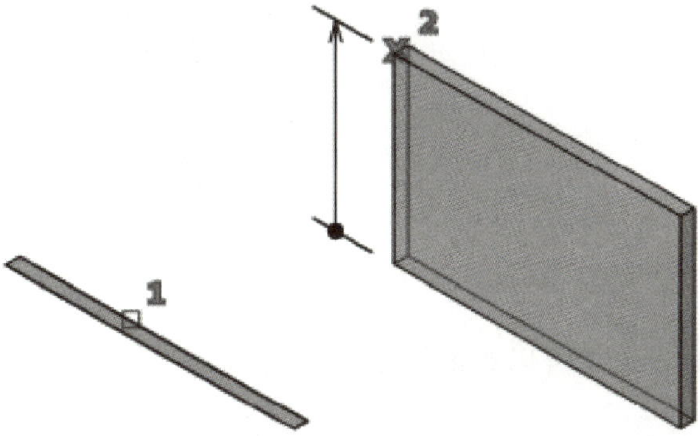

图 7.31　创建拉伸实体

拉伸对象时，可以指定以下任意一个选项：

① 模式：设定拉伸是创建曲面还是实体。

② 指定拉伸路径：使用“路径”选项，可以通过指定要作为拉伸的轮廓路径或形状路径的对象来创建实体或曲面，如图 7.32 所示。拉伸对象始于轮廓所在的平面，止于在路径端点处与路径垂直的平面。要获得最佳结果，需使用“对象捕捉”确保路径位于被拉伸对象的边界上或边界内。

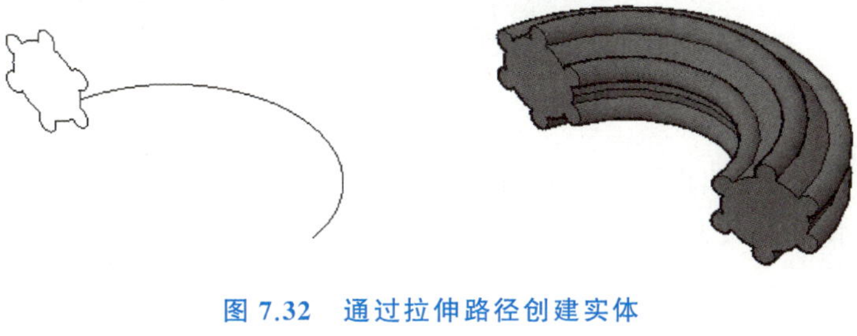

图 7.32　通过拉伸路径创建实体

拉伸不同于扫掠。沿路径拉伸轮廓时,轮廓会按照路径的形状进行拉伸,即使路径与轮廓不相交。扫掠通常可以实现更好的控制,并能获得更出色的结果。

③ 倾斜角:在定义要求成一定倾斜角的零件方面,倾斜拉伸非常有用,例如铸造车间用来制造金属产品的铸模,如图 7.33 所示。

图 7.33　带倾斜角的路径拉伸

④ 方向:通过“方向”选项,可以指定两个点以设定拉伸的长度和方向。如图 7.34 所示,拉伸以直线的下端点到上端点为拉伸的长度和方向。

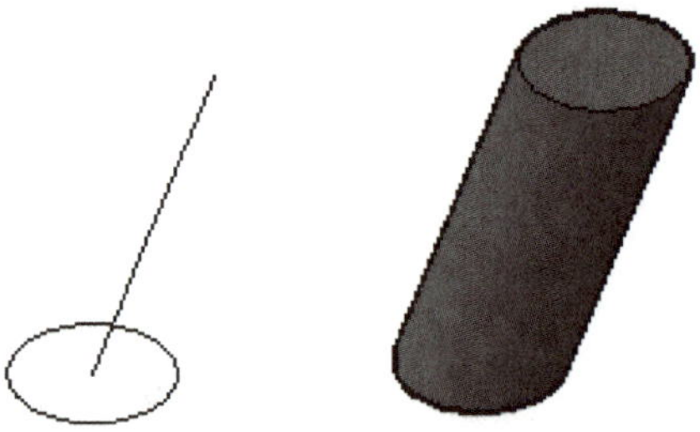

图 7.34　设定拉伸的长度和方向

⑤ 表达式:输入数学表达式可以约束拉伸的高度。

(2) 旋转

单击“实体”选项卡—“创建”面板—“旋转”或执行 REVOLVE 命令,可以通过绕轴旋转曲线来创建三维对象,如图 7.35 所示。

图 7.35　通过绕轴旋转 270°、360°来创建三维对象

当“模式”选项设置为“曲面”时,将创建曲面,如果“模式”设置为“实体”将创建实体,无论曲线是开放还是闭合。旋转实体时,只能使用 360°的旋转角度。

旋转选项如下:

① 模式：设定旋转是创建曲面还是实体。

② 起点角度：为旋转指定距旋转的对象所在平面的偏移。

③ 反转：更改旋转方向。

④ 表达式：输入公式或方程式来指定旋转角度。此选项仅在创建关联曲面时才可用。

(3) 扫掠

单击“实体”选项卡—“实体”面板—“扫掠”或执行 SWEEP 命令，可以通过沿路径扫掠轮廓来创建三维实体或曲面，如图 7.36 所示。

SWEEP 命令通过沿指定路径延伸轮廓形状（被扫掠的对象）来创建实体或曲面。沿路径扫掠轮廓时，轮廓将被移动并与路径垂直对齐。开放轮廓可创建曲面，而闭合曲线可创建实体或曲面。可以沿路径扫掠多个轮廓对象。

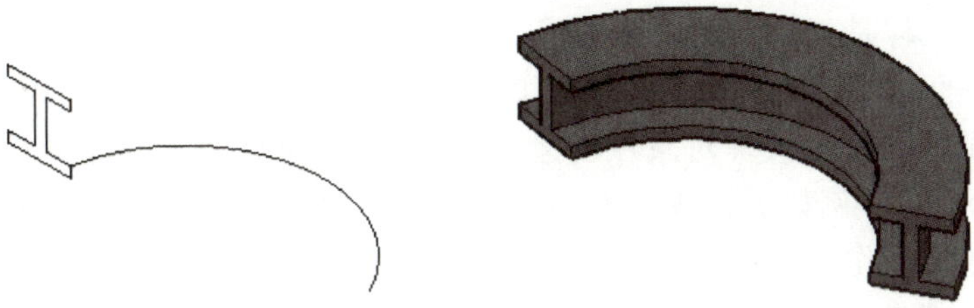

图 7.36　通过沿路径扫掠轮廓来创建三维实体或曲面

扫掠对象时，可以指定以下任意一个选项：

① 模式：设定扫掠是创建曲面还是实体。

② 对齐：如果轮廓与扫掠路径不在同一平面上，需指定轮廓与扫掠路径对齐的方式。

③ 基点：在轮廓上指定基点，以便沿轮廓进行扫掠。

④ 比例：指定从开始扫掠到结束扫掠将更改对象大小的值。输入数学表达式可以约束对象的缩放。

⑤ 扭曲：通过输入扭曲角度，对象可以沿轮廓长度进行旋转。输入数学表达式可以约束对象的扭曲角度。

(4) 放样

单击“实体”选项卡—“实体”面板—“放样”或执行 LOFT 命令，可以在若干横截面之间的空间中创建三维实体或曲面。

通过在包含两个或更多横截面轮廓的一组轮廓中对轮廓进行放样来创建三维实体或曲面。横截面轮廓可定义所生成的实体对象的形状，必须至少指定两个横截面，如图 7.37 所示。

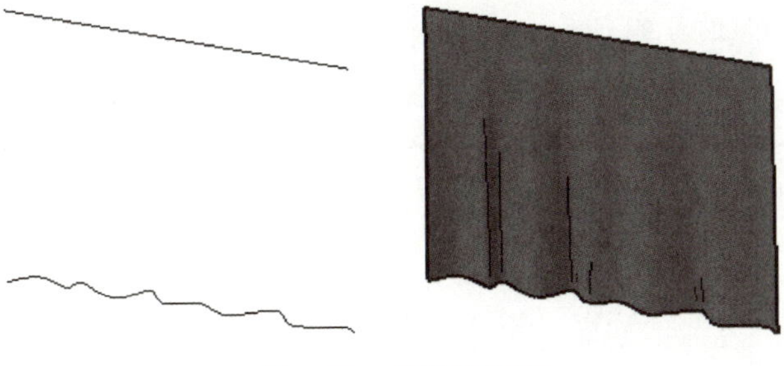

图 7.37　放样的窗帘

横截面轮廓可以是开放曲线或闭合曲线。开放的横截面创建曲面，闭合的横截面创建实体或曲面(具体取决于指定的模式)，如图 7.38 所示。

图 7.38　放样创建的实体与曲面

放样选项：

① 模式：设定放样是创建曲面还是实体。

② 横截面轮廓：选择一系列横截面轮廓以定义新三维对象的形状。

具有不同横截面设置的放样对象在创建放样对象时，可以通过指定轮廓穿过横截面的方式调整放样对象的形状(例如尖锐或平滑的曲线)，也可以过后在“特性”选项板中修改设置。

③ 路径：为放样操作指定路径，以便更好地控制放样对象的形状。为获得最佳结果，路径曲线应始于第一个横截面所在的平面，止于最后一个横截面所在的平面。

④ 导向曲线：指定导向曲线，以与相应横截面上的点相匹配。此方法可防止出现意外结果，例如三维对象中出现皱褶。

每条导向曲线必须与每个横截面相交，且始于第一个横截面，止于最后一个横截面。

(5) 按住并拖动

单击“常用”选项卡—“建模”面板—“按住并拖动”或使用 PRESSPULL 命令，可以通过拉伸和偏移动态修改对象。

要过滤选择以仅包含二维对象、面或边，需在移动光标的同时按住 Ctrl 键。也可以按 Ctrl＋Shift＋E 组合键启动按住并拖动操作。按住并拖动行为响应所选择的对象类型以创建拉伸和偏移，如表 7.1 所示。

表 7.1　按住并拖动行为响应分类

选择	按住并拖动行为
打开二维对象(例如圆弧)	拉伸以创建曲面
闭合的二维对象(例如圆)	拉伸以创建三维实体
在有边界区域的内部	拉伸以创建三维实体
三维实体面	偏移面，展开或压缩三维实体

如图 7.39 所示，可拉伸两个多段线间的区域以创建三维实体墙。

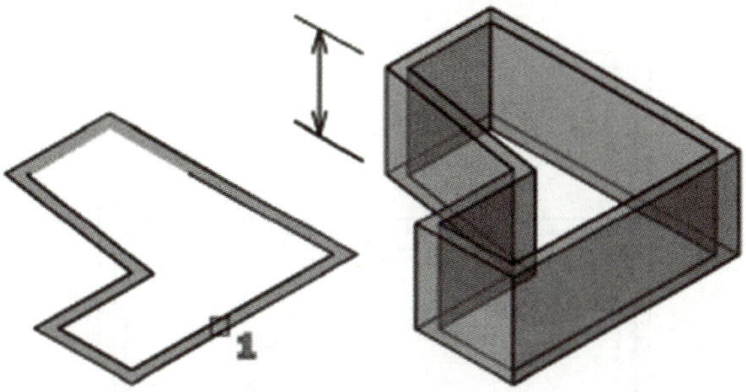

图 7.39　按住并拖动创建三维实体墙

示例导学

示例一：绘制三维窗模型(自定合理尺寸)(参见视频“7.2 示例一.MP4”)

7.2 示例一

绘制步骤如下：

① 用直线或多段线绘制如图 7.40 所示的图形。

图 7.40　绘制轮廓

② 使用 REGION 命令把三个矩形创建成三个面域。

③ 单击“常用”选项卡—“实体编辑”面板—“差集”或执行 SUBTRACT 命令，从外侧的大矩形区域中删除内侧的两个小矩形区域。

④ 单击“实体”选项卡—“实体”面板—“拉伸”或执行 EXTRUDE 命令，拉伸出窗框实体，如图 7.41 所示。

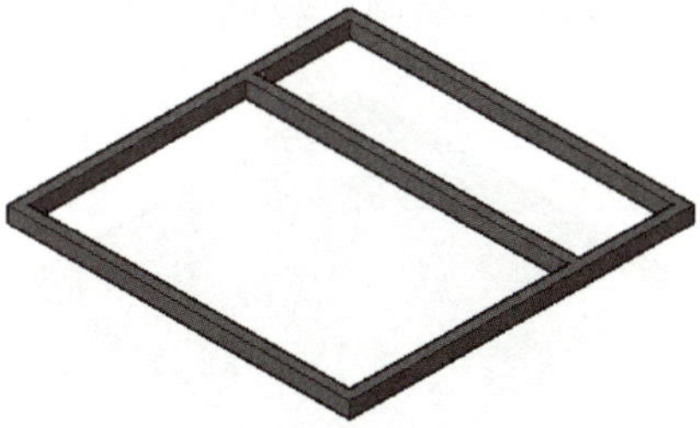

图 7.41　拉伸

⑤ 绘制如图 7.42 所示的两个矩形,参照②到④步,创建一侧的窗扇,如图 7.43 所示。

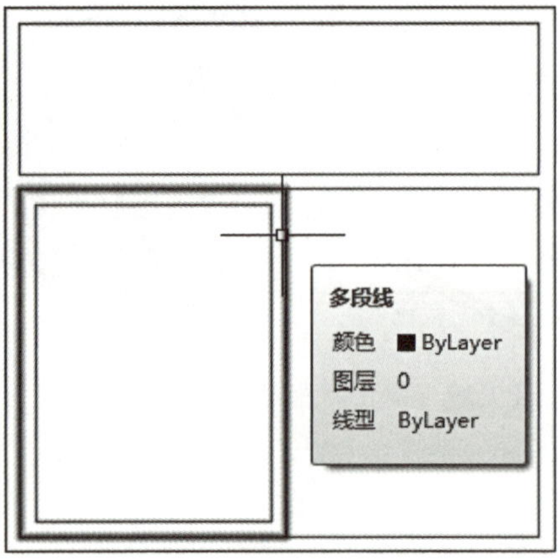

图 7.42　绘制窗扇轮廓

图 7.43　拉伸

⑥ 用 COPY 命令复制出另一窗扇,如图 7.44 所示。

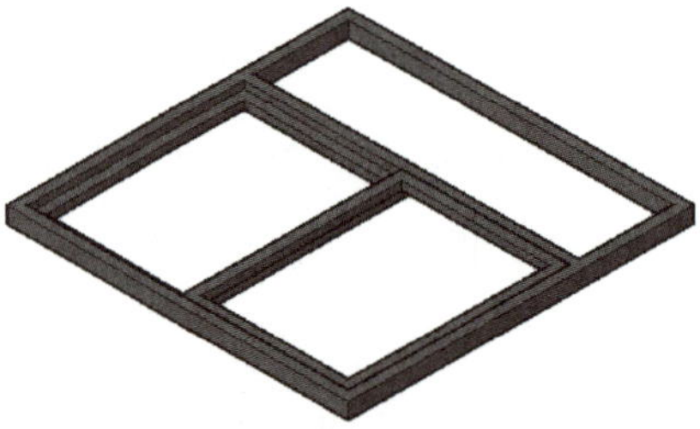

图 7.44　复制另一窗扇

⑦ 利用 BOX 命令,结合"对象捕捉",绘制出玻璃,并移动到合适的位置,如图 7.45 所示。

图 7.45　绘制玻璃

示例二:绘制三维模型(参见视频"7.2 示例二.MP4")

7.2 示例二

绘制如图 7.46 所示的三维组合体模型。

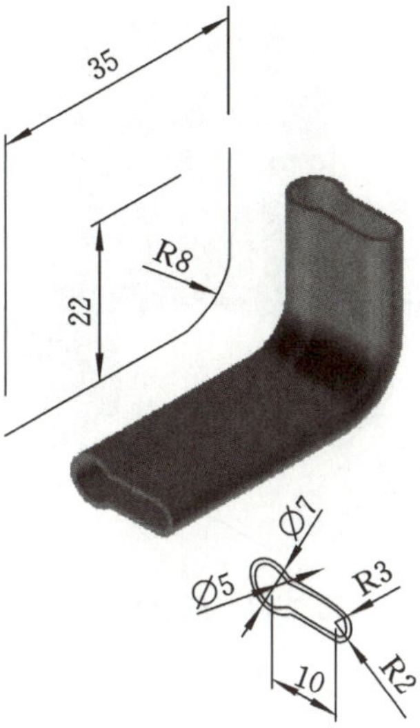

图 7.46　三维模型

示例三:根据三视图绘制三维模型(参见视频"7.2 示例三.MP4")

7.2 示例三

根据如图 7.47 所示的三视图,绘制三维组合体模型。

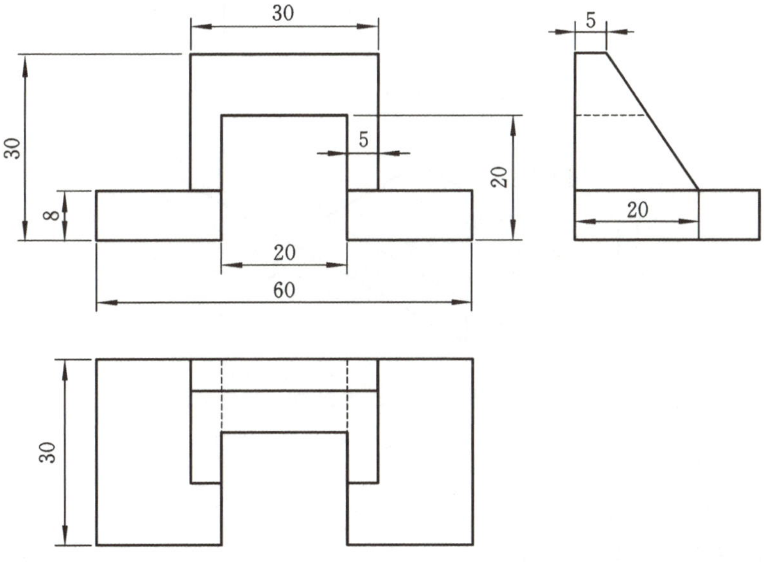

图 7.47　根据三视图绘制三维模型

任务驱动

任务一:绘制三维模型(参见视频"7.2 任务一.MP4")

7.2 任务一

根据如图 7.48 所示的图形,绘制三维模型。

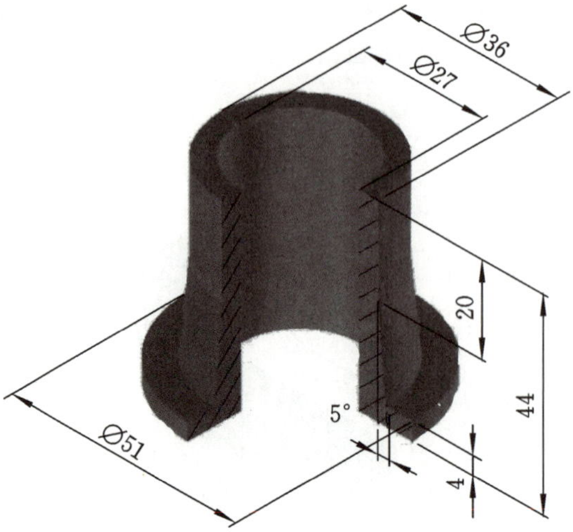

图 7.48　三维模型

任务二:绘制三维模型

根据如图 7.49 所示的图形,绘制三维模型。

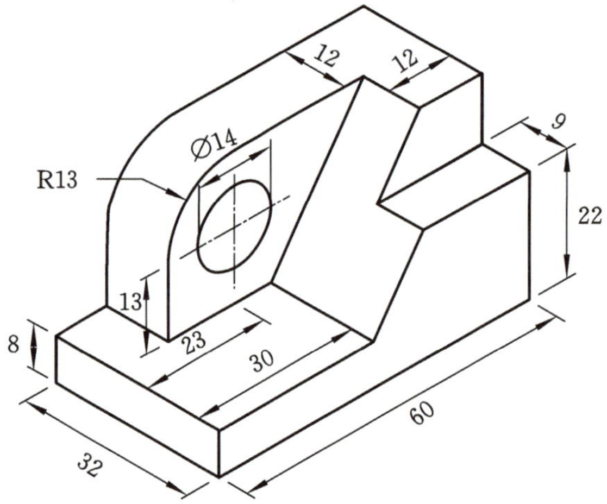

图 7.49　三维模型

任务三:绘制三维模型

绘制如图 7.50 所示的三维模型。

任务四:根据三视图绘制三维模型

根据如图 7.51 所示的三视图,绘制三维模型。

任务五:绘制三维模型

自定合理尺寸,绘制图 7.32～图 7.39 所示模型。熟练掌握拉伸、旋转、扫掠、放样等常见三维造型命令。

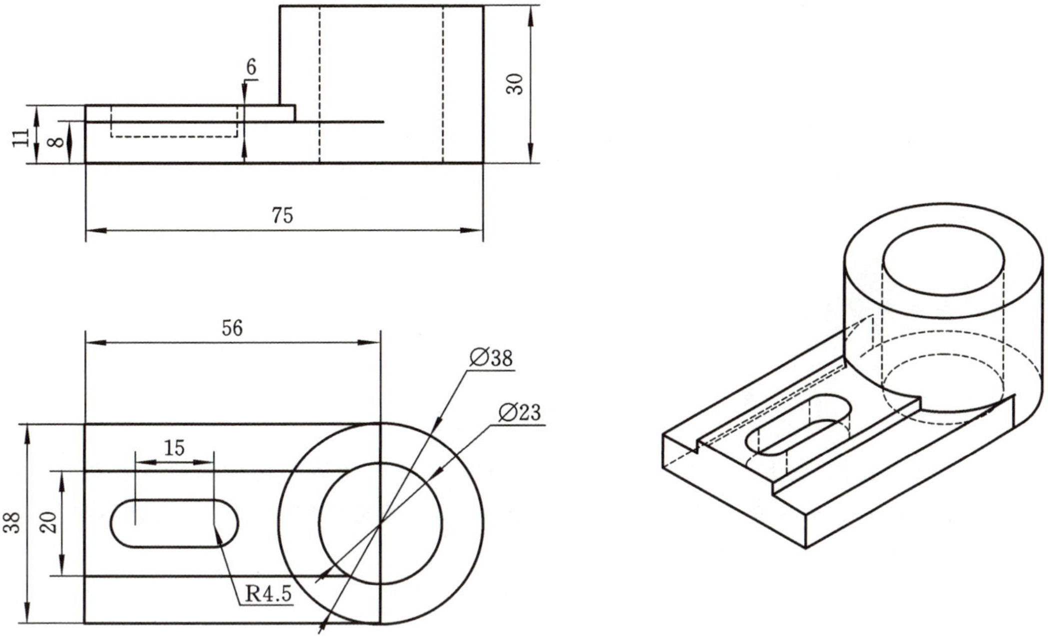

图 7.50　绘制三维模型

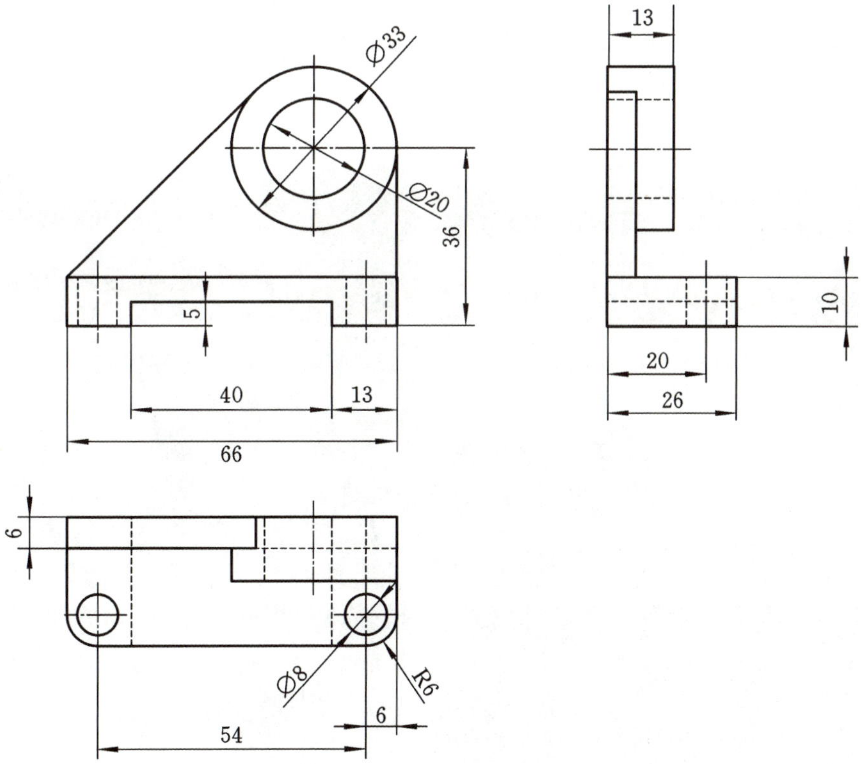

图 7.51　根据三视图绘制三维模型

项目小结

本项目主要讲解了三维造型最常用的两类几何方法:①基本几何体(如长方体、圆锥体、圆柱体、球体、圆环体、楔体、多段体和棱锥体等实体图元)的绘制方法;②通过对二维几何图形进行拉伸、扫掠、放样和旋转等构造出曲面和三维实体的方法。

拓展阅读

样式雷(一)

央视有一档献礼“故宫 600 年”的文化节目“国家宝藏”,讲述了部分在故宫收藏的“国家宝藏”,其中有一件宝贝很多人都不知道,但是它十分珍贵,因为中国五分之一的世界文化遗产都跟它有关。这件宝贝,就是《样式雷图档》。

清代皇家建筑设计机构叫“样式房”。清代 200 多年间,雷氏家族有 7 代人担任样式房掌案(首席建筑设计师),设计修建了坛庙、园林、陵墓、府邸、宫殿等一系列皇家建筑,包括圆明园、承德避暑山庄、故宫(一部分)、颐和园、清东陵、清西陵等。这些建筑深深烙上了“雷氏风格”,所以被称为样式雷(图 7.52)。雷氏先祖在明朝就开始从事木工行当,到了清初,雷家木工手艺传承至雷发达,一个传奇建筑世家的辉煌就此拉开序幕。

图 7.52　“样式雷”设计建造的皇家建筑

1683年，为修建皇家宫苑，工部营造所面向全国招募能工巧匠。那年，年逾花甲的雷发达，以艺应募，从南京来到北京。雷发达受雇营造所时，恰逢康熙重修三大殿，由于其技术高超，很快就从众多工匠中脱颖而出。

主持紫禁城重修设计时，他大胆创新，保留了中轴线上大殿建筑的严格对称，但轴线两侧建筑物排布只求大致对称，而在细节处寻求变化与不同。这样，既突出了中心，体现了“居中为尊”，又形成了统一而有主次的整体。雷发达创新的这一建筑模式，在日后三百余年，对中国建筑美学产生了重大影响。

晚年，他写下《工部工程做法则例》《工程营造录》，成为我国古代建筑设计的“指导典范”。

雷式声誉最好、名气最大、最受朝廷赏识的，是第二代传承人雷金玉。雷金玉跟随父亲雷发达进京之初，在国子监读过书，后“弃文从工”，跟随父亲一起参加皇家宫殿的营造。在紫禁城太和殿修缮之时，康熙帝亲临现场观看。没想到这个节骨眼却发生了意外，脊檩不能合榫，工部官员吓得满头大汗。幸好雷金玉赶来，持斧而上，使脊檩合榫到位。康熙大喜，封雷金玉为内务府总理钦工处掌案。从此，雷金玉的才华便有了用武之地，他主持设计修建了圆明园、畅春园。

在畅春园修建中，雷金玉以高超技艺，在设计、计算、组装等环节，以各种创新征服了众多工匠，声名鹊起。他把宋代以来沿用的“斗拱”进行改进，以卯口宽度为基本尺寸，形成由“斗拱”变“斗口”的新模式，让设计与施工能够更加科学地衔接。后来，建筑所用柱子梁枋的粗细、高低，都是以“斗口”为基本单位来计算。

雍正即位后，开始大规模修建圆明园。此时，雷金玉虽已年过六旬，雍正帝仍命其担任圆明园样式房掌案。圆明园最大特点是平地造园，即使按现在人的眼光，也不得不佩服当年样式雷的设计智慧。西方人把圆明园称为“万园之园”，足见其在世界园林史上的至尊地位。雷氏家族也由此迎来了掌控皇家建筑的样式雷时代。

项目评价

序号	检测项目	评价任务及权重	自评	小组互评	教师评价
1	任务1～4	每个任务15分(60分)			
2	任务5	拉伸/旋转/扫掠/放样/按住并拖动各4分(20分)			
3	完成时间	在规定时间内完成任务1～5，每超过5分钟，扣1分(10分)			
4	学习表现	学习不够主动、团队协作能力差、不爱护设备仪器和环境，酌情扣5～10分(10分)			
任务总评		优□　良□　中□　合格□　不合格□			

注：按学生自评占20%、小组互评和教师评价各占40%计算，形成任务评价结论。

项目 7.3　编辑三维实体

项目导读

编辑三维实体是指在一个三维实体的基础上进行加工、处理,使之满足设计要求。

本项目导学图如图 7.53 所示。

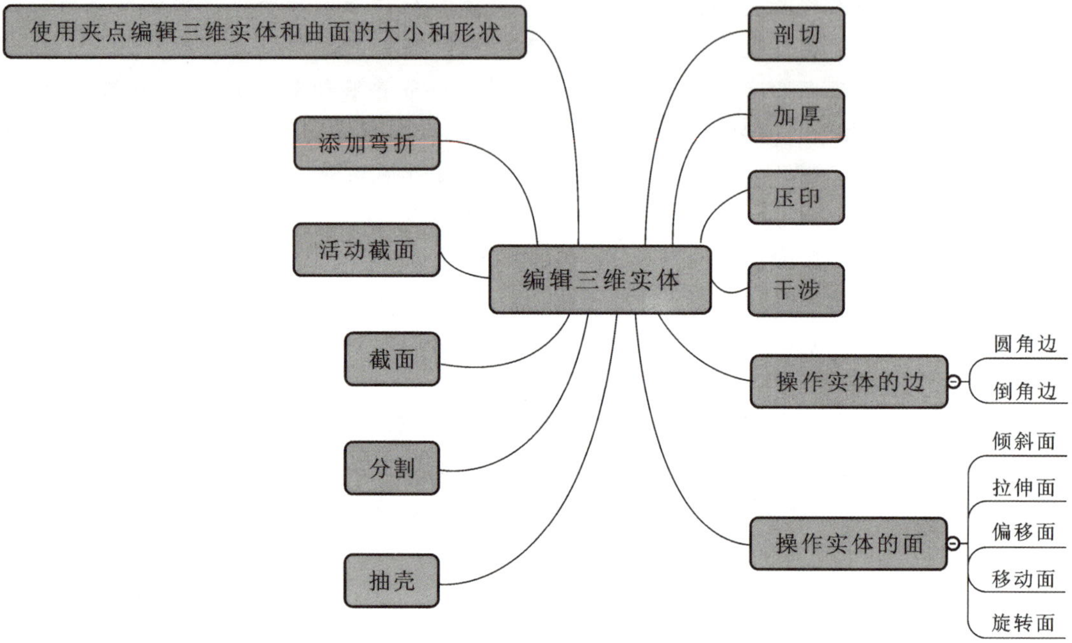

图 7.53　项目 7.3 导学图

学习目标

素质目标

(1) 通过绘图训练,不断提高绘图效率,培养学生的责任意识和责任担当。

(2) 按 3 人左右的小组学习训练,培养小组成员的动手能力、设计能力、自学能力,增强团队合作、解决复杂问题的能力。

(3) 通过“拓展阅读”和技能训练,培养学生的爱国奉献精神、勇于探索和创新的大国工匠精神。

知识目标

(1) 能够熟练运用剖切、加厚、抽壳等工具对三维实体进行二次造型;

(2) 能够熟练使用夹点编辑三维实体和曲面的大小和形状;

(3) 能够熟练利用 CAD 的实体编辑工具,对实体的边、面进行精细加工,实现三维实体的复杂造型。

技能目标

(1) 通过对三维实体进行剖切、加厚、抽壳等编辑操作，能顺利完成较复杂三维实体的造型；

(2) 能够对较复杂三维实体进行具体分析，分解出基本形体，从而提高把复杂问题简单化的能力。

知识导航

对一个三维实体进行编辑，主要有以下工具：

1. 剖切

单击“常用”选项卡—“实体编辑”面板—“剖切”或执行 SLICE 命令，可以通过剖切或分割现有对象，修改三维实体和曲面，如图 7.54 所示。

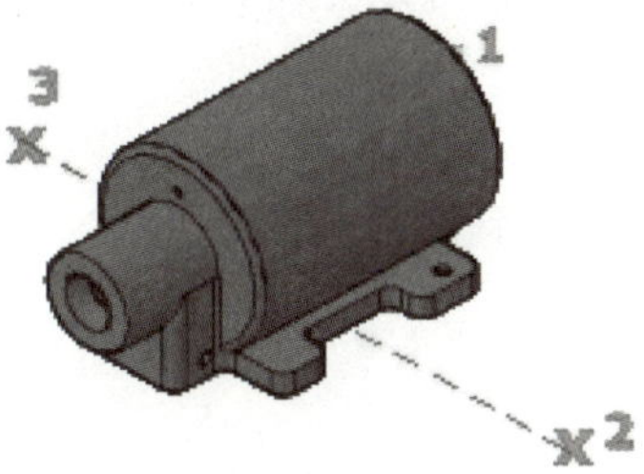

图 7.54　剖切实体

使用 SLICE 命令剖切三维实体或曲面时，必须指定剖切平面或选择某个曲面。

① 可以使用指定的平面和曲面对象剖切三维实体对象；

② 可以通过指定的平面剖切曲面对象；

③ 不能直接剖切网格或将其用作剖切曲面。

可以保留剖切对象的一半，或两半均保留，如图 7.55 所示。

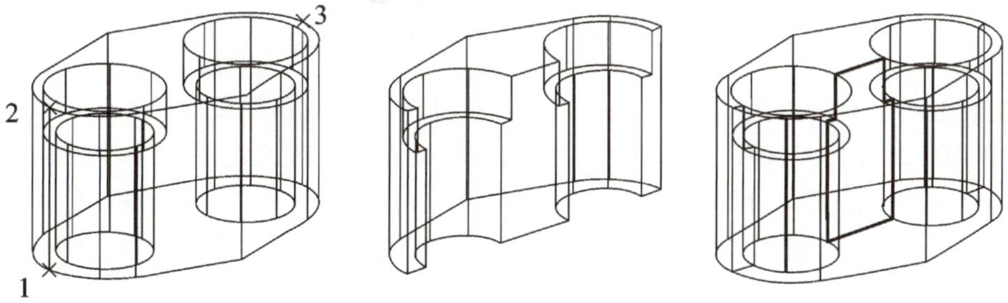

指定用于定义剖切平面的三个点　　保留对象的一半　　两半都保留

图 7.55　剖切实体

剖切对象将保留原始对象的图层和颜色特性，但是生成的实体或曲面对象不会保留原始对象的历史记录。

2. 加厚

单击“常用”选项卡—“实体编辑”面板—“加厚”或执行 THICKEN 命令，可以按指定的厚度将曲面转换为三维实体，如图 7.56 所示。

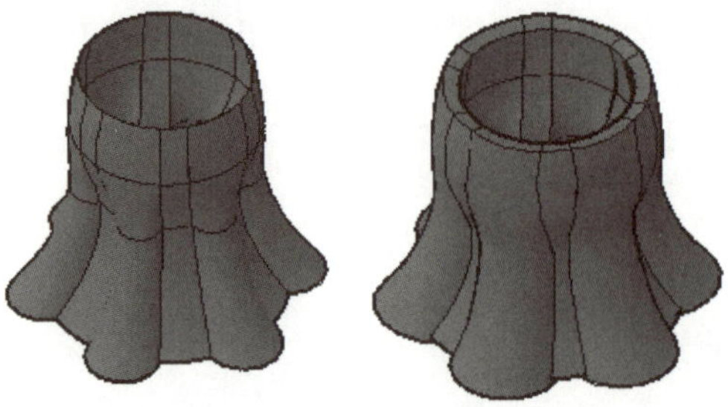

图 7.56　加厚曲面

创建复杂的三维曲线式实体的一种有用方法是：首先创建一个曲面，然后通过加厚将其转换为三维实体。如果选择要加厚某个网格面，则可以先将该网格对象转换为实体或曲面，然后再完成此操作。

选择“加厚”选项后系统将显示以下提示：

要加厚的曲面：指定要加厚成为实体的一个或多个曲面。

厚度：设定加厚对象的厚度或高度。

3. 压印

单击“实体”选项卡—“实体编辑”面板—“压印”或执行 IMPRINT 命令，可以压印三维实体或曲面上的二维几何图形，从而在平面上创建其他边，如图 7.57 所示。

图 7.57　实体表面压印二维几何图形

位于某个面上的二维几何图形，或三维几何实体与某个面相交获得的形状，可以与这个面合并，从而创建其他边。这些边可以提供视觉效果，并可进行压缩或拉长以创建缩进和拉伸。

为了使压印操作成功，被压印的对象必须与选定对象的一个或多个面相交。“压印”选项仅限于以下对象执行：圆弧、圆、直线、二维和三维多段线、椭圆、样条曲线、面域、体和三维实体。

选择“压印”选项后系统将显示以下提示：

选择三维实体或曲面：指定要进行压印的三维实体或曲面对象。

选择要压印的对象：指定与选定三维对象相交的对象。

是否删除源对象：指定是否要删除形状用作压印轮廓的对象。

通过压印其他对象(例如圆弧和圆)，将面分割到三维实体和曲面上的其他镶嵌面。

使用 IMPRINT 命令，可以通过压印与某个面重叠的共面对象向三维实体添加新的镶嵌面。压印提供可用来重塑三维对象的形状的其他边。

压印时可以删除或保留原始对象。

4. 干涉

单击“常用”选项卡—“实体编辑”面板—“干涉”或执行 INTERFERE 命令，可以通过两组选定三维实体之间的干涉创建临时三维实体。

干涉通过表示相交部分的临时三维实体亮显，如图 7.58 所示。也可以选择保留重叠部分。

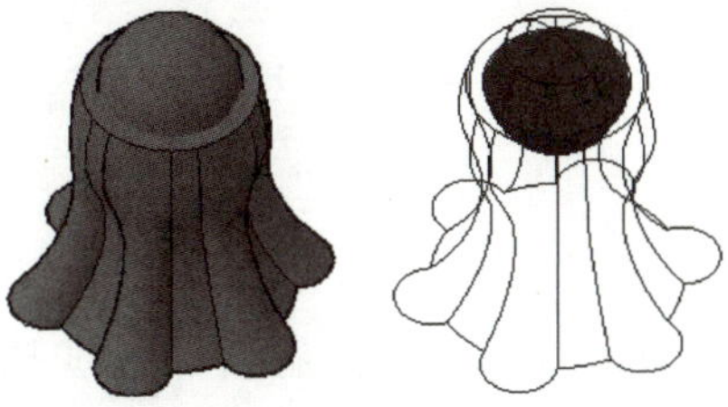

图 7.58　干涉的临时三维实体亮显

选择“干涉”选项后系统将显示以下提示：

第一组对象：指定要检查的一组对象。如果不选择第二组对象，则会在此选择集中的所有对象之间进行检查。

第二组对象：指定要与第一组对象进行比较的其他对象集。如果同一个对象选择两次，则该对象将作为第一个选择集的一部分进行处理。

检查：为两组对象启动干涉检查。

检查第一组对象：仅为第一个选择集启动干涉检查。

嵌套选择：使用户可以访问嵌套在块和外部参照中的单个实体对象。

选择嵌套对象：指定要将哪个嵌套对象包括到选择集中。

退出：恢复法线对象选择（而非嵌套对象）。

设置：显示“干涉设置”对话框。

5. 实体的边的操作

（1）圆角边

单击“实体”选项卡—“实体编辑”面板—“圆角边”或执行 FILLETEDGE 命令，可以选择多条边，输入圆角半径值或单击并拖动圆角夹点，为实体对象的边制作圆角，如图 7.59 所示。

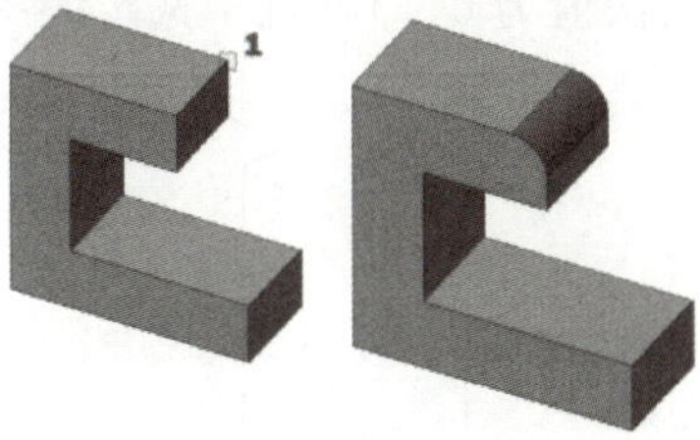

图 7.59　圆角边

（2）倒角边

单击“实体”选项卡—“实体编辑”面板—“倒角边”或执行 CHAMFEREDGE 命令，可以同时选择属于相同面的多条边,输入倒角距离值,或单击并拖动倒角夹点,为三维实体边和曲面边建立倒角,如图 7.60 所示。

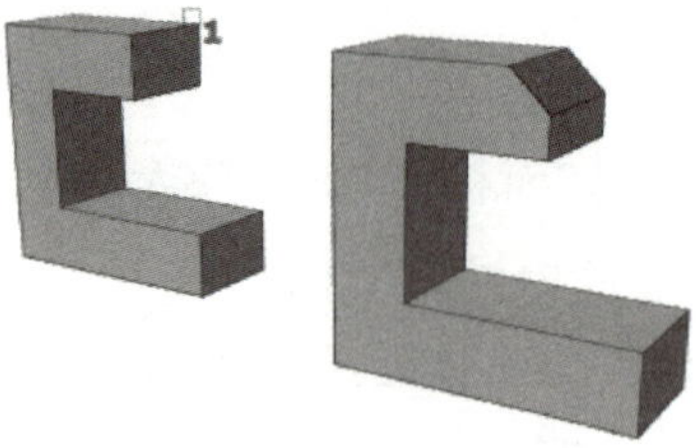

图 7.60　倒角边

6. 实体的面的操作

(1) 倾斜面

单击“实体”选项卡—“实体编辑”面板—“倾斜面”或执行 SOLIDEDIT 命令(“倾斜”选项),可以以指定的角度倾斜三维实体上的面,如图 7.61 所示。倾斜角的旋转方向由选择基点和第二点(沿选定矢量)的顺序决定。默认角度为 0,可以垂直于平面拉伸面。选择集中所有选定的面将倾斜相同的角度。

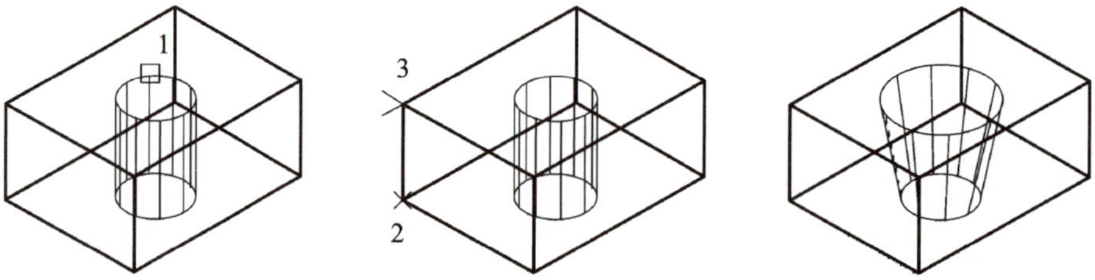

选定面　　基点和选定的第二点　　倾斜10° 的面

图 7.61　倾斜三维实体上的面

(2) 拉伸面

单击“实体”选项卡—“实体编辑”面板—“拉伸面”或执行 SOLIDEDIT 命令(“拉伸”选项),可以按高度拉伸:拉伸高度输入正值,则沿面的法向拉伸;输入负值,则沿面的反法向拉伸。拉伸的倾斜角度若为正角度,将往里倾斜选定的面;若为负角度将往外倾斜选定的面,如图 7.62 所示。拉伸的倾斜角度默认值为 0,即垂直于选定的平面拉伸。

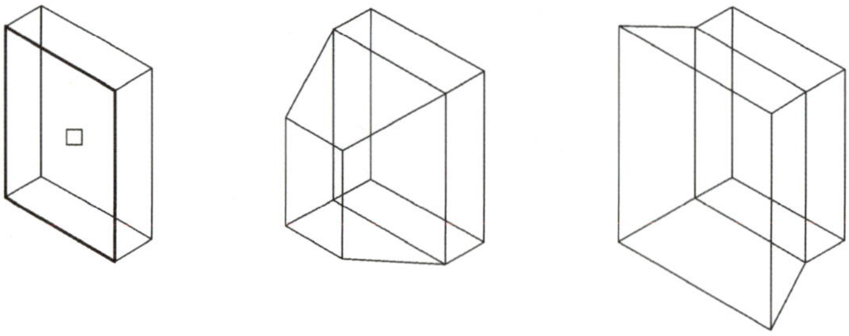

选定面　　正角度拉伸面　　负角度拉伸面

图 7.62　拉伸面

也可以按路径拉伸：以指定的直线或曲线来设置拉伸路径。所有选定面的轮廓将沿此路径拉伸，如图 7.63 所示。

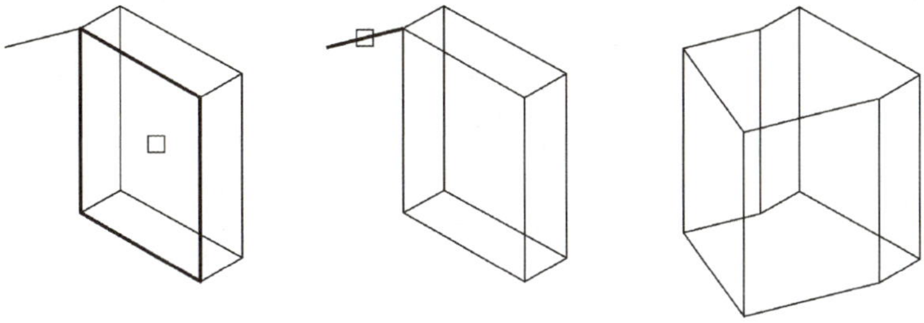

选定面　　选定路径　　拉伸后的面

图 7.63　按路径拉伸

（3）偏移面

单击“实体”选项卡—“实体编辑”面板—“偏移面”或执行 SOLIDEDIT 命令（“偏移”选项），可以按指定的距离，将面均匀地偏移，如图 7.64 所示。面偏移值为正值会增大实体的大小或体积，面偏移值为负值会减小实体的大小或体积。

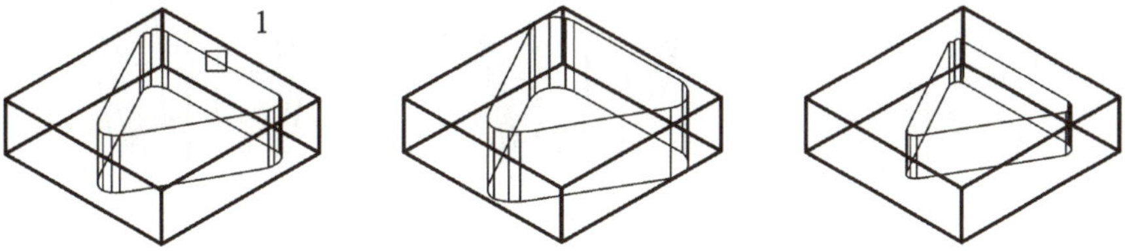

选定面　　面偏移值=1　　面偏移值=-1

图 7.64　偏移面示意图

（4）移动面

执行 SOLIDEDIT 命令（“移动”选项），可以按指定的高度或距离移动选定的三维实体对象的面，如图 7.65 所示。

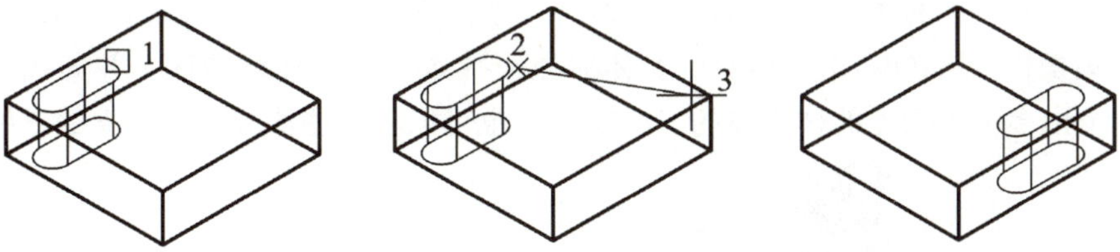

选定面　　基点和选定的第二点　　移动后的面

图 7.65　移动选定面

（5）旋转面

执行 SOLIDEDIT 命令（“旋转”选项），可以绕指定的轴旋转一个或多个面或实体的某些部分，如图 7.66 所示。

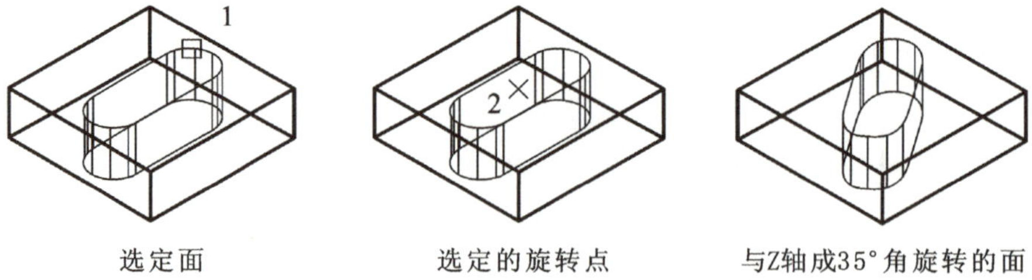

图 7.66　旋转选定的面

7. 抽壳

单击“实体”选项卡—“实体编辑”面板—“抽壳”或执行 SOLIDEDIT 命令(“抽壳”选项),可以将三维实体转换为中空薄壁或壳体。

将实体对象转换为壳体时,可以通过将现有面朝其原始位置的内部或外部偏移来创建新面。指定抽壳偏移距离时,正偏移值沿面的正方向创建壳壁,负偏移值沿面的负方向创建壳壁,如图 7.67 所示。

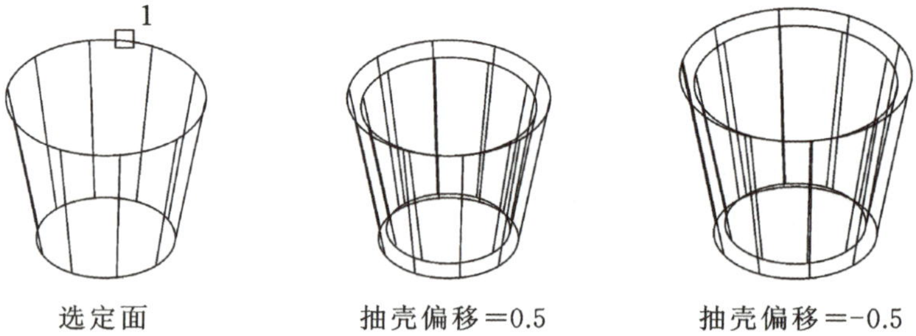

图 7.67　抽壳

连续相切面处于偏移状态时,可以将其看作一个面。

8. 分割

单击“常用”选项卡—“实体编辑”面板—“分割”或执行 SOLIDEDIT 命令(“分割实体”选项),可以将一个不相连的体(有时称为块)分割为几个独立的三维实体对象,如图 7.68 所示。

使用并集操作(UNION)组合离散的实体对象可导致生成不连续的体。并集或差集操作可导致生成一个由多个不相连的体组成的三维实体。也可以将这些体分割为独立的三维实体。

图 7.68　分割

注：分割实体并不分割形成单一体积的 Boolean 对象。

9. 截面

单击“常用”选项卡—“截面”面板—“截面平面”或执行 SECTIONPLANE 命令，可以通过三维对象创建剪切平面的方式创建截面对象，如图 7.69 所示。截面平面对象可创建三维实体、曲面、网格和点云的截面。使用带有截面平面对象的活动截面分析模型时，可以将截面另存为块，以便在布局中使用保存的块。

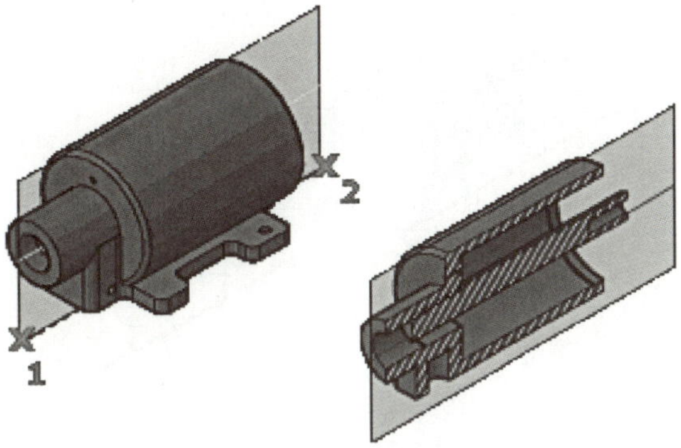

图 7.69　截面平面

10. 活动截面

单击“常用”选项卡—“截面”面板—“截面”面板下拉菜单—“活动截面”或执行 LIVESECTION 命令，打开选定截面对象的活动截面，如图 7.70 所示。

打开时，将显示与截面对象相交的三维对象的横截面。活动截面仅可以与使用 SECTIONPLANE 创建的对象一起使用。

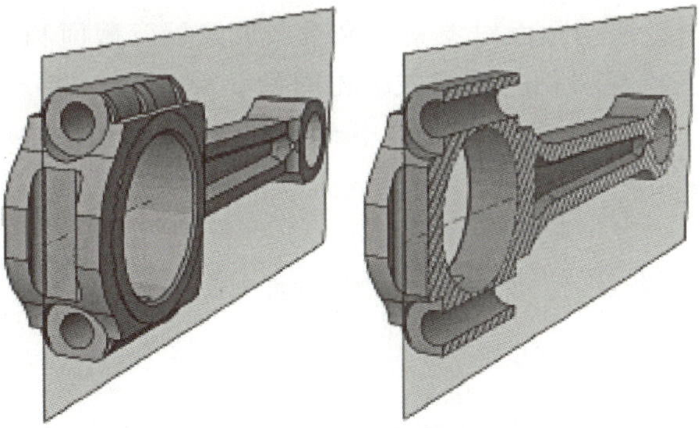

图 7.70　活动截面

选择“活动截面”选项后系统将显示以下提示：

选择截面对象：打开选定截面对象的活动截面。

活动截面是用于在三维实体、曲面或面域中查看剪切几何体的分析工具。

可以通过在对象中移动截面对象来使用活动截面分析模型。例如，在引擎部件中滑动截面对象可以帮助用户看到其内部部件。还可以使用此方法创建可保存或重复使用的横截面视图。

11. 添加弯折

单击“常用”选项卡—“截面”面板—“截面”面板下拉菜单—“添加弯折”或执行 SECTIONPLANEJOG 命令，将折弯线段添加至截面对象，如图 7.71 所示。

创建截面对象时可以将折弯或角度插入其中。选择“添加弯折”后，将在截面线上创建折弯。创建的折弯线段与截面线成 90°角。

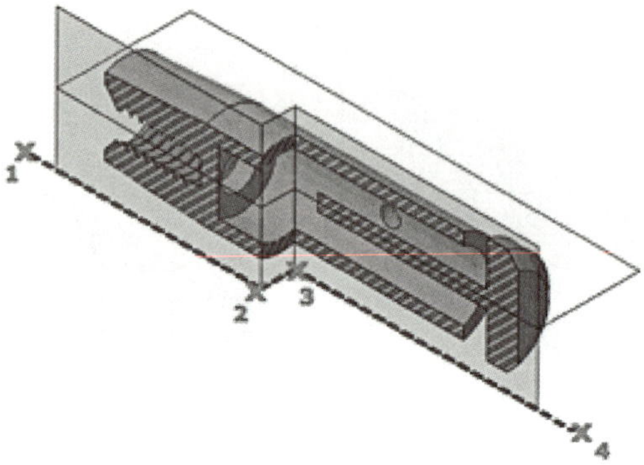

图 7.71　添加弯折

选择“添加弯折”选项后系统将显示以下提示：

选择截面对象：指定要修改的截面线。

截面线上要添加折弯的点：指定折弯的位置。

可以创建具有多条线段(折弯)的截面平面，还可以将折弯添加到现有截面平面。

添加到现有截面对象的折弯将创建一个垂直于选定线段的线段。其视点的方向为方向夹点设定的方向。“最近点”对象捕捉会临时打开，以帮助将折弯放置到截面上。

不能将折弯添加到截面对象的侧面线或背面线。

添加折弯后，可以通过拖动截面对象夹点来重新放置折弯截面和调整其大小。

12. 使用夹点编辑三维实体和曲面的大小和形状

使用夹点可以更改三维实体和曲面的大小和形状，操作方法取决于对象的类型以及创建该对象使用的方法。

(1) 网格对象

这种对象仅显示中心夹点，但可以使用三维移动小控件、三维旋转小控件或三维缩放小控件来编辑网格对象。

(2) 图元实体和多段体

这种对象可以拖动夹点以更改图元实体和多段体的形状和大小。例如，可以更改圆锥体的高度和底面半径，而不丢失圆锥体的整体形状。拖动顶面半径夹点可以将圆锥体变换为具有平顶面的圆台，如图 7.72 所示。

(3) 拉伸实体和曲面

这种对象是通过拉伸二维对象创建三维实体和曲面的。选定拉伸实体和曲面时，将在其轮廓上显示夹点。轮廓是指用于定义拉伸实体或曲面形状的原始轮廓。拖动轮廓夹点可以修改对象的整体形状。如果拉伸是沿扫掠路径创建的，则可以使用夹点来操作该路径。如果路

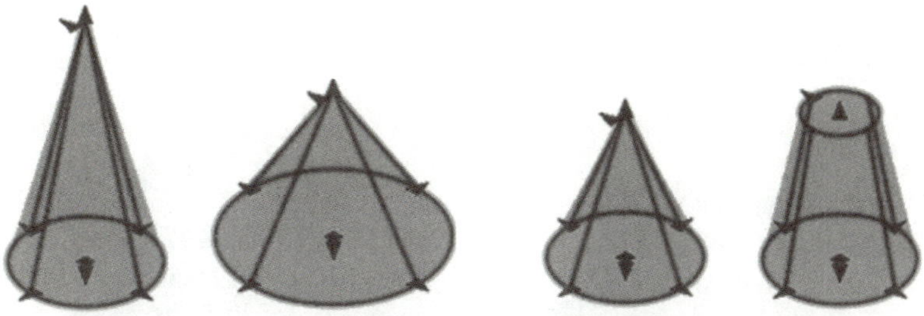

图 7.72　图元实体夹点的使用

径未使用，则可以使用拉伸实体或曲面顶部的夹点来修改对象的高度。

(4) 扫掠实体和曲面

选定扫掠实体和曲面时，将在扫掠截面轮廓以及扫掠路径上显示夹点。可以拖动这些夹点以修改实体或曲面，如图 7.73 所示。在轮廓上单击并拖动夹点时，所作更改将被约束到轮廓曲线的平面上。

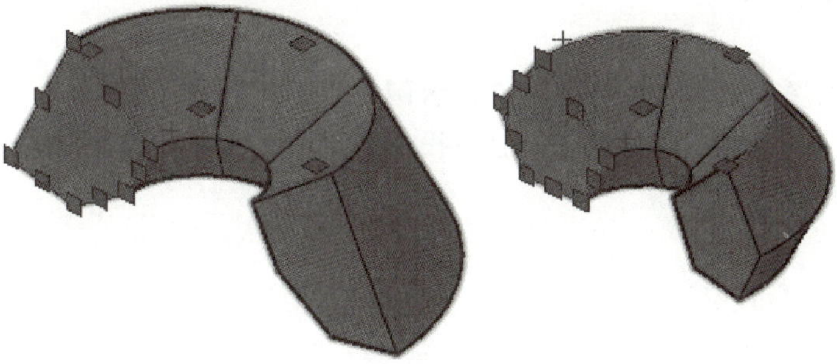

图 7.73　扫掠实体夹点的使用

(5) 放样实体和曲面

根据放样实体和曲面的创建方式，实体或曲面在其定义的横截面或路径上显示夹点，拖动夹点可以修改实体或曲面，如图 7.74 所示。如果沿路径放样对象，则只能编辑第一个和最后一个横截面之间的路径部分。用户不能使用夹点来修改使用导向曲线创建的放样实体或曲面。

横截面　放样实体　修改过横截面的放样实体

图 7.74　放样实体夹点的使用

(6) 旋转实体和曲面

选定旋转实体和曲面时，将在位于其起点的旋转轮廓上显示夹点。可以使用这些夹点来修改曲面的实体轮廓,如图 7.75 所示。在旋转轴的端点处也将显示夹点。可以通过将夹点拖动到其他位置来重新定位旋转轴。

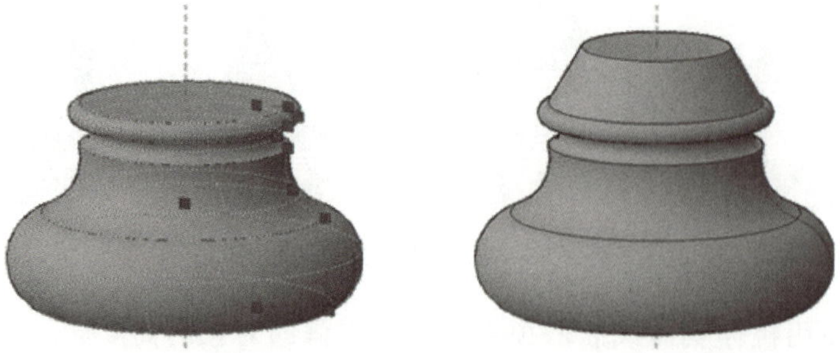

旋转曲面　　修改轮廓后的旋转曲面

图 7.75　旋转实体夹点的使用

示例导学

示例一:不等坡屋面建模(参见视频"7.3 示例一.MP4")

已知不等坡屋面的厚度为 150mm,水平投影轮廓、尺寸和坡度如图 7.76 所示。根据该图,完成屋面建模。

7.3 示例一

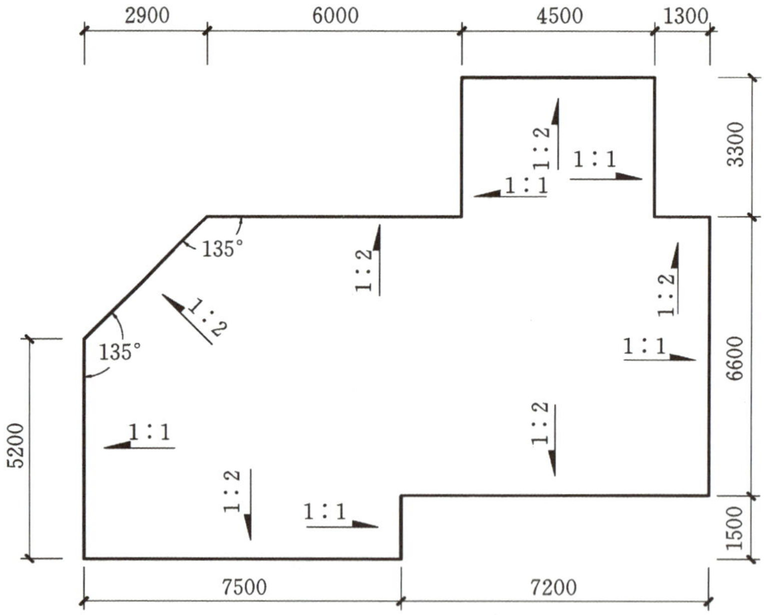

图 7.76　坡屋面的水平投影轮廓、尺寸和坡度

示例二:不等坡屋面建模

已知不等坡屋面的厚度为 150mm,水平投影轮廓、尺寸和坡度如图 7.77 所示。根据该图,完成屋面建模。

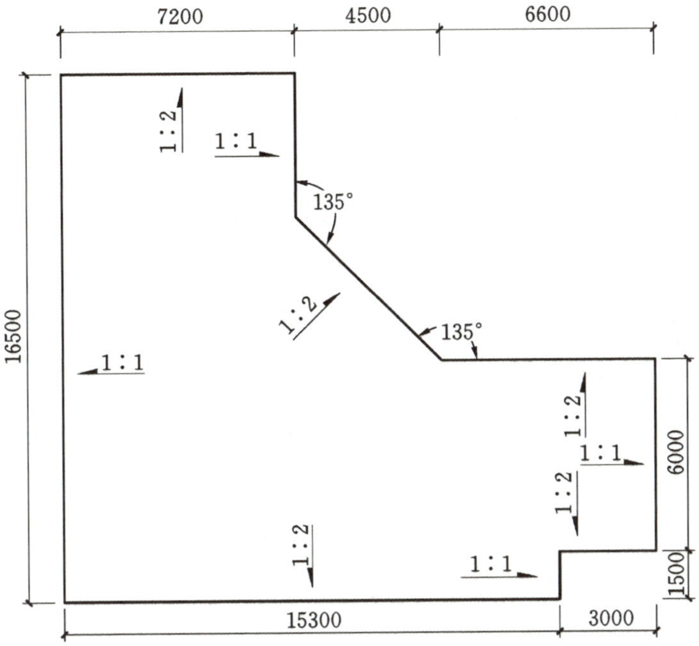

图 7.77　坡屋面的水平投影轮廓、尺寸和坡度

示例三:三维建模(参见视频“7.3 示例三.MP4”)

7.3 示例三

根据图 7.78 所示尺寸,绘制三维模型。

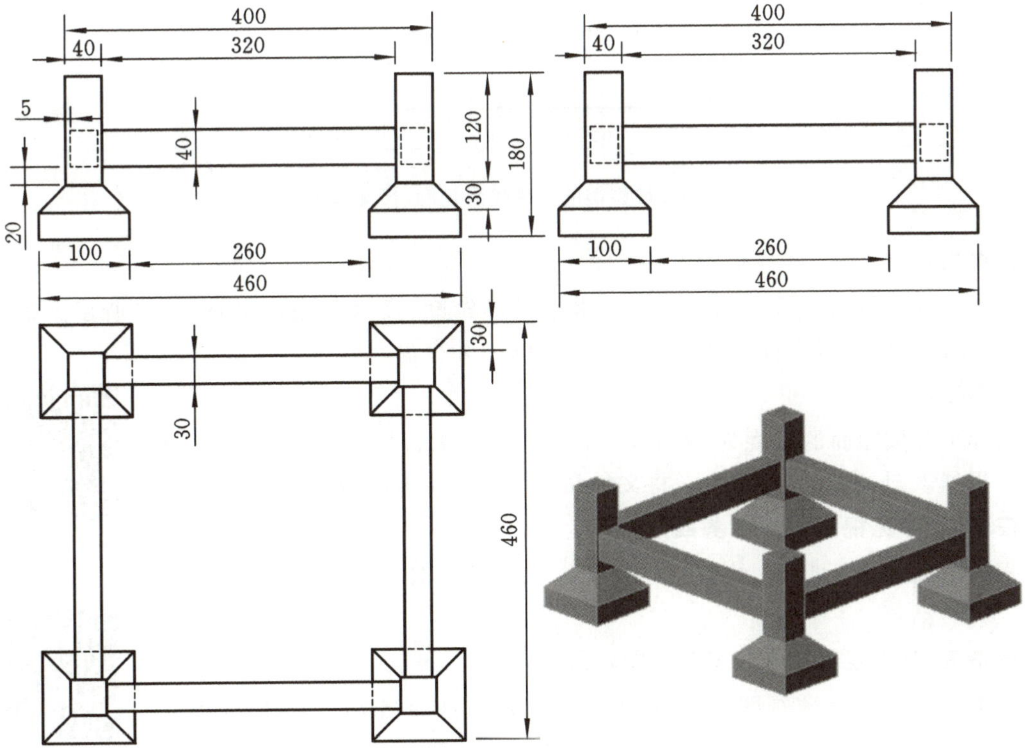

图 7.78　三维建模

任务驱动

在下面的绘图任务中不要求标注尺寸。

任务一：

已知不等坡屋面的厚度为 150mm，水平投影轮廓、尺寸和坡度如图 7.79 所示。根据该图，完成屋面建模。将文件命名为“TASK01.dwg”并存盘。

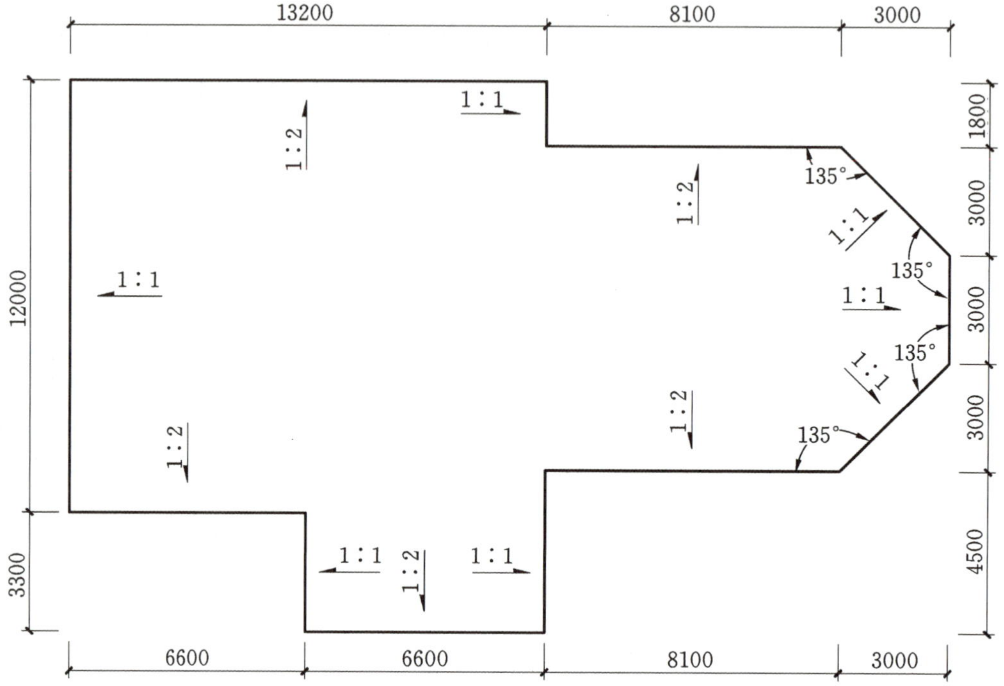

图 7.79　坡屋面的水平投影轮廓、尺寸和坡度

任务二：

已知不等坡屋面的厚度为 150mm，水平投影轮廓、尺寸和坡度如图 7.80 所示。根据该图，完成屋面建模。将文件命名为“TASK02.dwg”并存盘。

任务三：

已知不等坡屋面的厚度为 150mm，水平投影轮廓、尺寸和坡度如图 7.81 所示。根据该图，完成屋面建模。将文件命名为“TASK03.dwg”并存盘。

任务四(参见视频“7.3 任务四.MP4”)：

根据图 7.82 所示尺寸，绘制三维模型。将文件命名为“TASK04.dwg”并存盘。

7.3 任务四

任务五(参见视频“7.3 任务五.MP4”)：

根据图 7.83 所示三视图，绘制三维模型。将文件命名为“TASK05.dwg”并存盘。

7.3 任务五

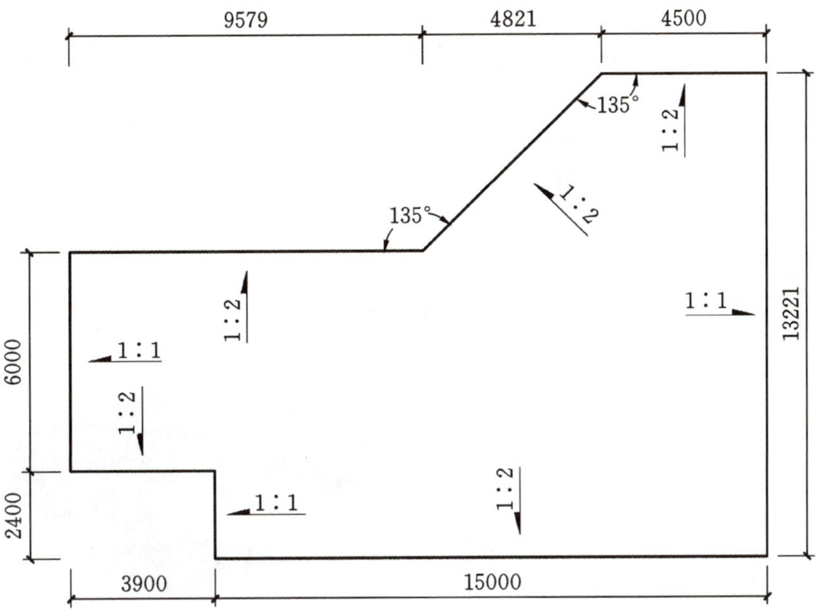

图 7.80　坡屋面的水平投影轮廓、尺寸和坡度

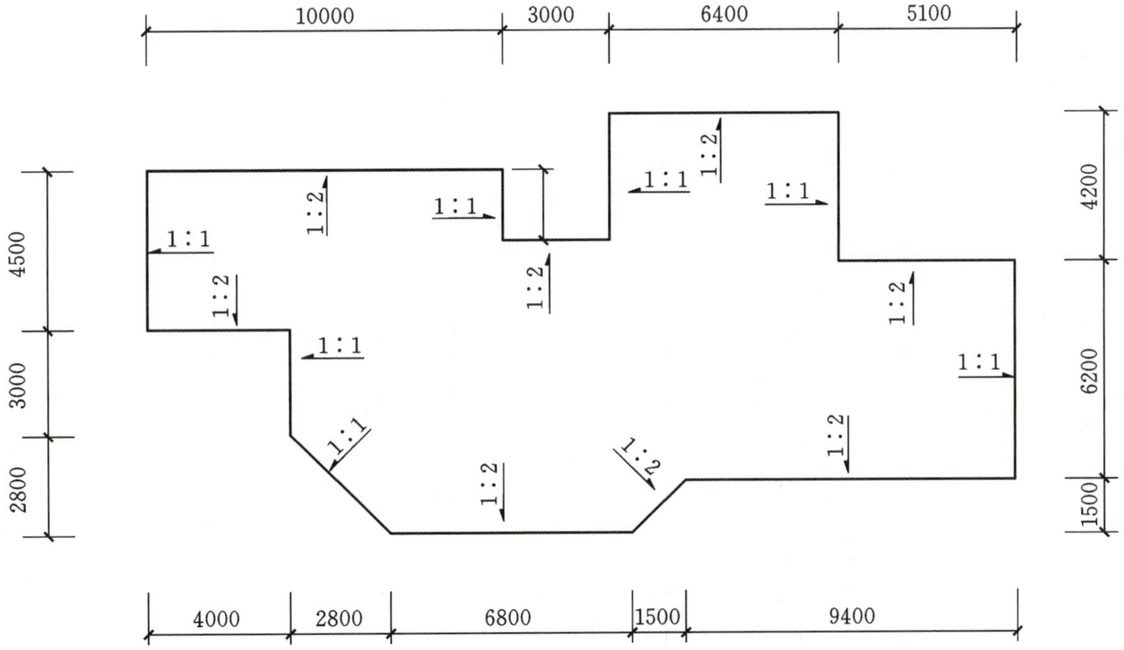

图 7.81　坡屋面的水平投影轮廓、尺寸和坡度

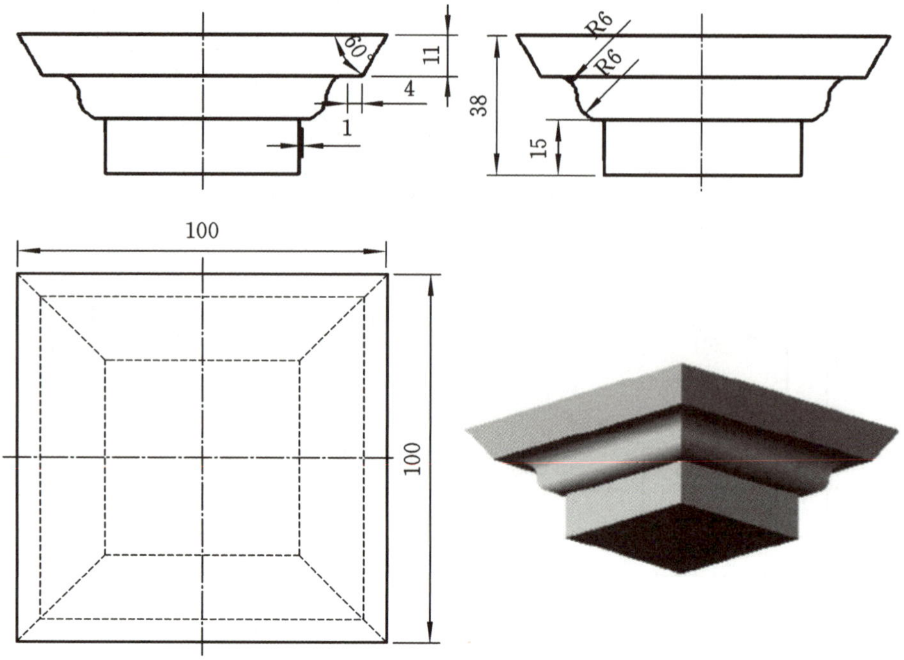

图 7.82　三维建模

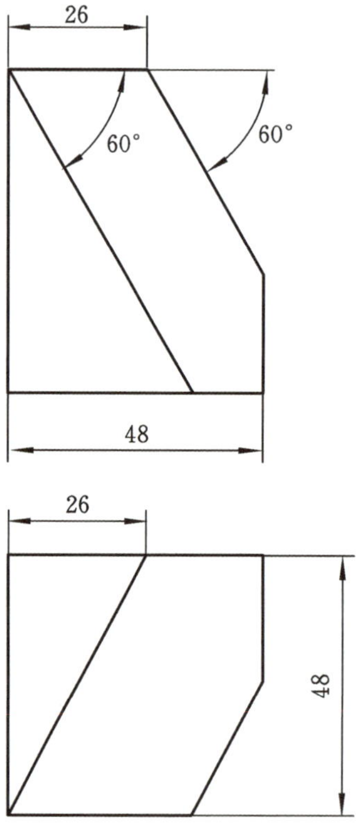

图 7.83　三维建模

项目小结

本项目主要讲解了以下内容：使用剖切、加厚、抽壳等工具进行三维造型；对实体的边、面进行精细加工；使用夹点编辑三维实体和曲面的大小和形状。

拓展阅读

样式雷（二）

1729 年 11 月，雷金玉病逝，子侄们无一人能担起样式房掌案职位，举家迁回了原籍。唯雷金玉的第六位夫人张氏，带着三个月大的幼子雷声澂，留居北京。为了子承父业，重振样式房，张氏对雷声澂从小严格要求，精心培养。雷声澂不负厚望，成年后接掌样式房，成为第三代“样式雷”传人，雷氏技艺得以传承。但由于缺少行家的指点帮助，他并无大的建树。

为了重振“样式雷”的辉煌，雷声澂把精力用在教育儿子上，终于培养出雷家玮、雷家玺、雷家瑞三个大师级人物，同时供职样式房，组成最为强大的阵容。三兄弟最擅谋篇布局，设计了万寿山、玉泉山、香山等庭园工程，并扩建了著名的承德避暑山庄。

颐和园，更是三兄弟的代表作。当时颐和园叫做清漪园，1750 年，乾隆为庆祝母后六十大寿，启动清漪园工程，让“样式雷”负责设计。

嘉庆“昌陵”成为“样式雷”第一个陵寝杰作，由雷家玺设计，地点位于清西陵太平峪。昌陵地宫结构宏大、四门九券雕刻精细。陵寝券顶是用一块块砖砌筑的，合拢这样的券顶是相当困难的，但雷家玺成功地将金券合拢，堪称奇迹。

雷家玺 61 岁时猝然去世，当时，他的儿子雷景修只有 22 岁。雷家玺生前觉得雷景修经验尚乏，就把样式房掌案交给了同事郭九。好在雷景修深知父亲临终用意，从此潜心技艺，诚心接受郭九指派，在经过 24 年卧薪尝胆后，终于以高超技艺使雷家重获样式房掌案之职，成为雷氏家族承前启后的关键人物。

遗憾的是，雷景修虽技艺高超，但鲜有用武之地。他生活的道光、咸丰年间，清廷内忧外患，国势衰微，大规模园林宫殿建造纷纷停下脚步。直到咸丰帝病故，让他修建定陵，一身绝技才得以施展和发挥。

正因为鲜有用武之地，雷景修干了另一件大事，他开始整理祖上传下来的设计图纸和烫样模型，并建了三间屋子来收藏。英法联军焚烧圆明园时，雷景修又把工部样式房的图纸和烫样，迅速转移到自己家中妥善收藏，“样式雷”图档才得以保存下来。

“样式雷”留下的各种珍贵图档（如图 7.84 所示），仅国家图书馆就收藏了两万多张。涵盖了众多类型，如正立面、侧立面、旋转图、等高线图等，工程每个细节、结构每个尺寸，都有记载。“样式雷”图档还创造性地绘制出建筑物透视图，用来反映建筑构造之间的复杂关系，这充分证明中国古代建筑水平达到了新的高峰。

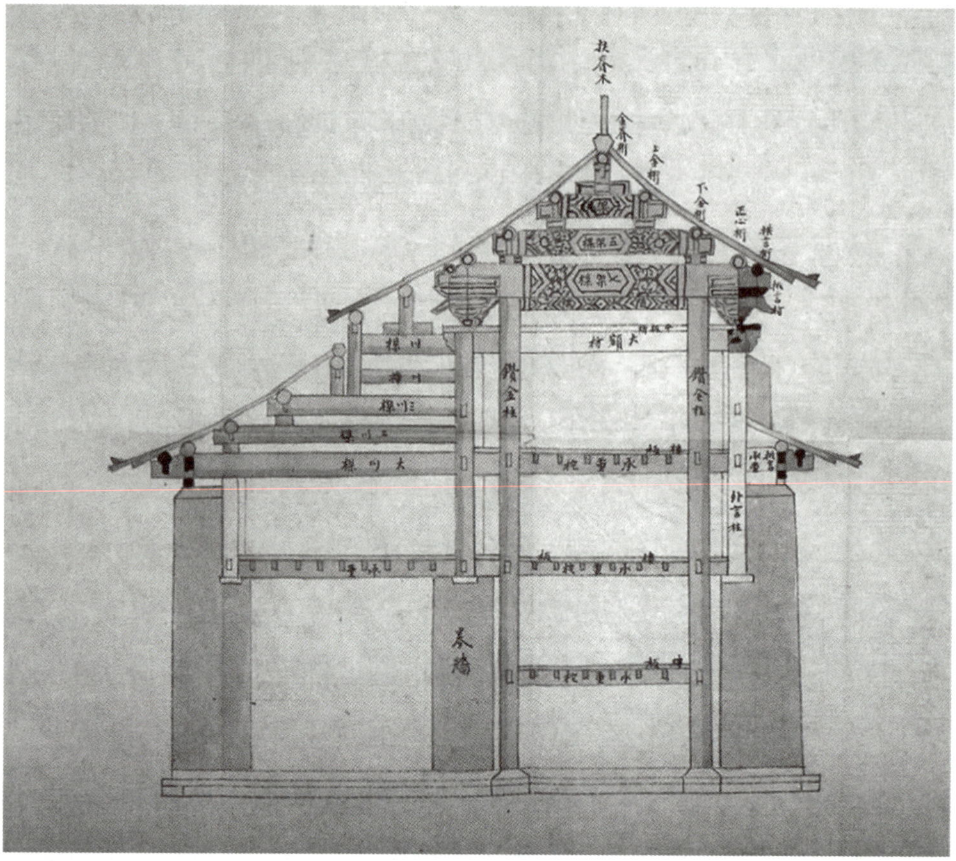

图 7.84 “样式雷”图档

项目评价

序号	检测项目	评价任务及权重	自评	小组互评	教师评价
1	任务 1～4	每个任务 15 分(60 分)			
2	任务 5	10 分			
3	完成时间	在规定时间内完成任务 1～5,每超过 5 分钟,扣 1 分(15 分)			
4	学习表现	学习不够主动、团队协作能力差、不爱护设备仪器和环境,酌情扣 10～15 分(15 分)			
任务总评		优□　良□　中□　合格□　不合格□			

注:按学生自评占 20%、小组互评和教师评价各占 40%计算,形成任务评价结论。

项目 7.4　操作三维实体

项目导读

操作三维实体是指对三维实体进行变换，实现旋转、移动、对齐、镜像、阵列、布尔运算等操作。

本项目导学图如图 7.85 所示。

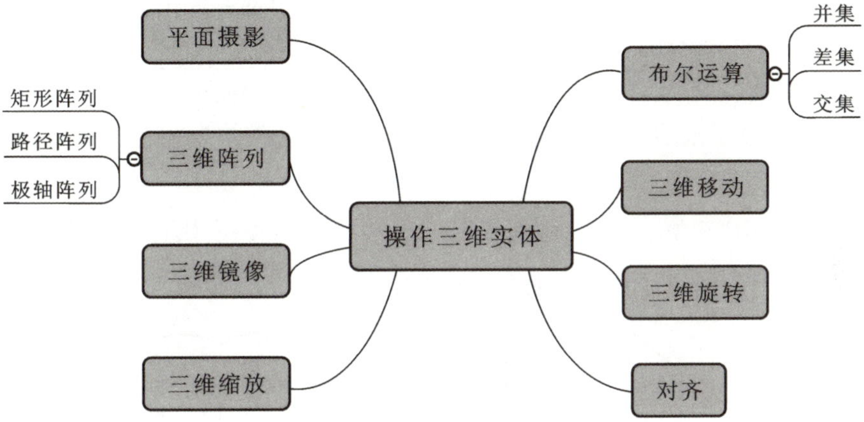

图 7.85　项目 7.4 导学图

学习目标

素质目标

(1) 按 3 人左右的小组学习训练，培养成员主动学习、自主学习的能力，增强团队合作、解决复杂问题的能力，从而适应和促进社会的快速变化；

(2) 通过“拓展阅读”和技能训练，培养学生自觉保护文化遗产、发扬民族文化创新的意识，为建设具有中国特色的社会主义国家而努力。

知识目标

(1) 能够对多个三维实体通过布尔运算(并集、差集、交集)，产生新的三维实体；

(2) 能够利用 CAD 的三维移动、旋转、对齐命令改变三维实体的位置和方向；

(3) 能够利用 CAD 的三维镜像、阵列命令按特定规律复制出新的三维实体。

技能目标

(1) 能够通过布尔运算(并集、差集、交集)在基本几何体的基础上创建出较复杂组合体；

(2) 能够在三视图的基础上，熟练生成三维实体；反之，还要能从三维实体生成三视图。

知识导航

对一个或多个三维实体进行操作，主要有以下工具：

1. 布尔运算

通过合并、减去或找出两个或两个以上三维实体、曲面或面域的相交部分来创建复合三维对象的过程称作布尔运算。

复合实体是使用以下任意命令从两个或两个以上实体、曲面或面域中创建的：UNION、SUBTRACT 和 INTERSECT。

三维实体将记录如何创建这些实体的过程。该历史记录允许用户查阅组成复合实体的原始形状。

创建复合对象(复合实体、曲面或面域)的方法有以下三种：

(1) 并集，将两个或多个三维实体、曲面或二维面域合并为一个复合三维实体、曲面或面域。

依次单击“常用”选项卡—“实体编辑”面板—“并集”或执行 UNION 命令，可以合并两个或两个以上对象的总体积或总面积，如图 7.86 和图 7.87 所示。

使用UNION之前的实体　　使用UNION之后的实体

图 7.86　实体的并集

使用UNION之前的面域　　使用UNION之后的面域

图 7.87　面域的并集

(2) 差集，通过从一个对象减去另一个对象的一个重叠面域或三维实体来创建新对象。

依次单击“常用”选项卡—“实体编辑”面板—“差集”或执行 SUBTRACT 命令，可以从一组对象中删除与另一组对象的公共部分或区域，如图 7.88 和图 7.89 所示。

(3) 交集，通过重叠实体、曲面或面域创建三维实体、曲面或二维面域。

依次单击“常用”选项卡—“实体编辑”面板—“交集”或执行 INTERSECT 命令，可以从两个或两个以上重叠对象的公共部分或区域创建复合对象，如图 7.90 和图 7.91 所示。INTERSECT 命令用于删除非重叠部分，以及从剩余部分中创建复合对象。

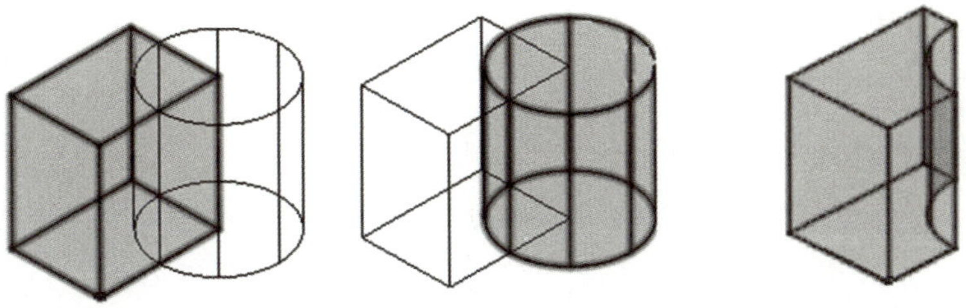

要从中减去对象的实体　　要减去的实体　　使用SUBTRACT后的实体

图 7.88　实体的差集

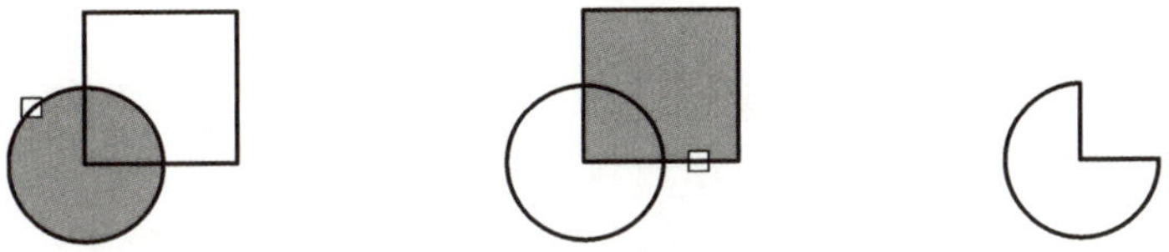

要从中减去面积的面域　　要减去的面域　　使用SUBTRACT后的面域

图 7.89　面域的差集

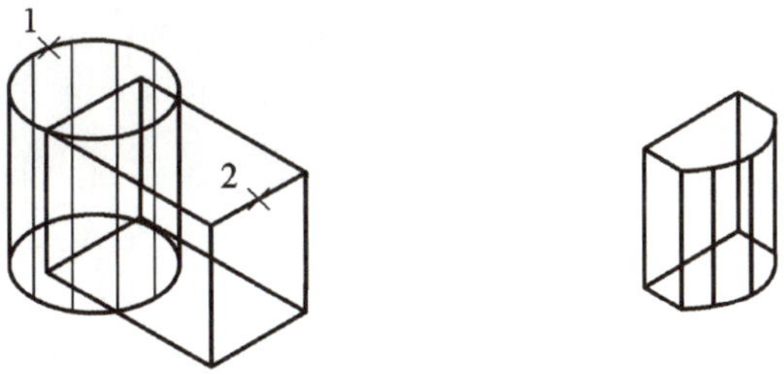

选定要相交的对象　　结果

图 7.90　实体的交集

使用INTERSECT之前的面域　　使用INTERSECT之后的面域

图 7.91　面域的交集

除从相同对象类型创建复合对象外，也可以从混合曲面和实体创建复合对象。

① 混合交集：实体和曲面相交可生成曲面。

② 混合差集：从曲面减去三维实体会生成曲面，但无法从三维实体对象中减去曲面。

③ 混合并集：无法在三维实体和曲面对象之间创建并集。

不能将实体与网格对象合并，但可以将网格对象转换为三维实体，再与实体合并。如果混合对象的选择集包含面域，则将忽略面域。

提示:面域是具有物理特性(例如质心)的二维封闭区域。可以使用“常用”选项卡—“绘图”面板—“面域”,选择对象(这些对象必须各自形成闭合区域,例如圆或闭合多段线)以创建面域。也可以使用“常用”选项卡—“绘图”面板—“边界”,在“边界创建”对话框的“对象类型”列表中,选择“面域”,单击“拾取点”,在图形中每个要定义为面域的闭合区域内指定一点并按 Enter 键,定义带边界的面域。面域可以进行布尔运算。

2. 三维移动

单击“常用”选项卡—“修改”面板—“三维移动”按钮或执行 3DMOVE(三维移动)命令,可以自由移动三维实体模型。

选择要移动的三维对象后,可以通过基点与目标点进行移动,如图 7.92 所示。也可以通过显示出的小控件进行移动。通过小控件可以进行以下两种约束移动:

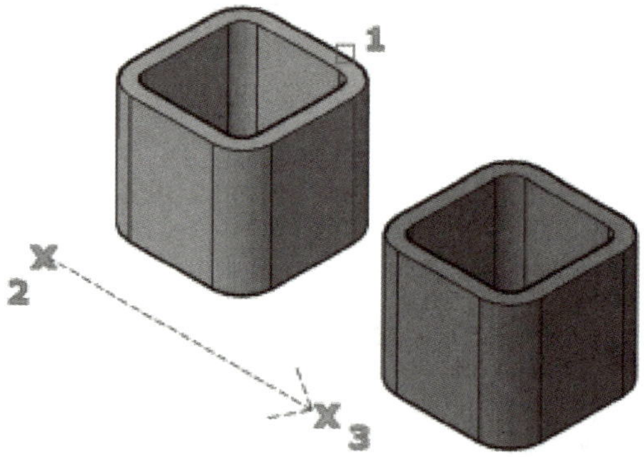

图 7.92 三维移动

(1) 沿轴移动

将光标悬停在小控件上的轴控制柄上时,将显示与轴对齐的矢量,且指定轴将变为黄色,单击轴控制柄,则将移动约束到轴上,如图 7.93 所示。

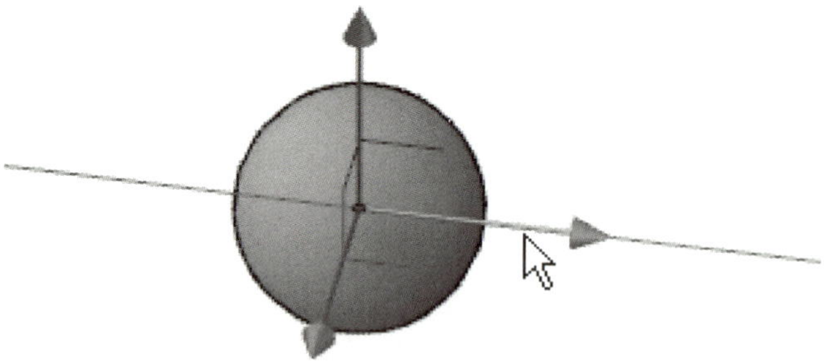

图 7.93 将移动约束到轴上

拖动光标时,选定的对象和子对象的移动将沿约束到的亮显的轴移动,如图 7.94 所示。可以单击或输入值以指定距基点的移动距离。如果输入值,对象的移动方向将沿光标移动的初始方向。

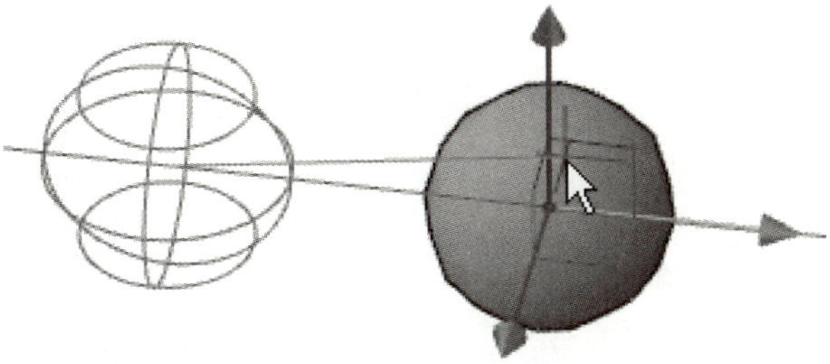

图 7.94　沿轴移动

(2) 沿平面移动

单击轴之间的矩形区域,矩形变为黄色后,单击该矩形,将移动约束到该平面上,如图 7.95 所示。

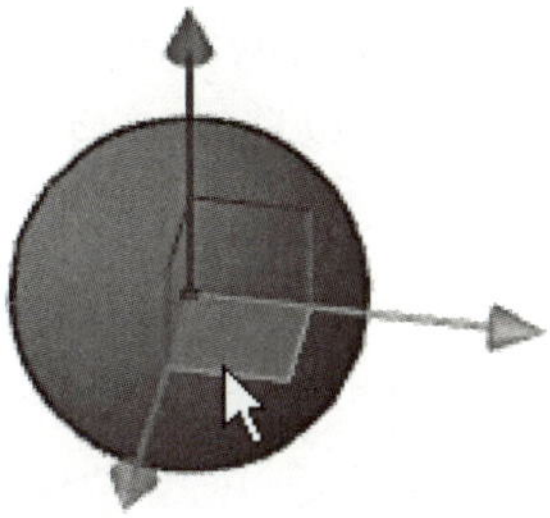

图 7.95　将移动约束到平面上

拖动光标时,选定的对象和子对象将仅沿亮显的平面移动,如图 7.96 所示。单击或输入值可以指定距基点的移动距离。

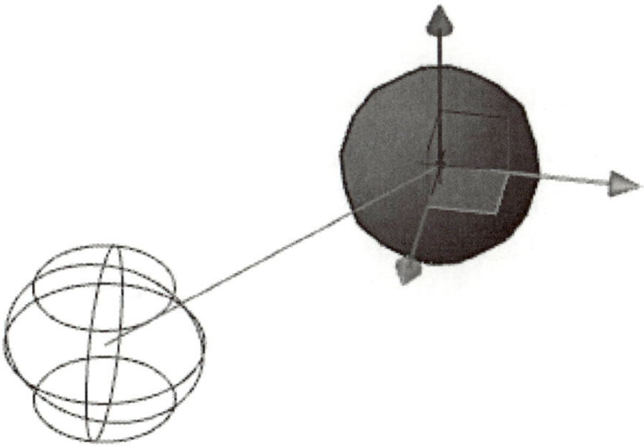

图 7.96　沿平面移动

3. 三维旋转

单击“常用”选项卡—“修改”面板—“三维旋转”按钮或执行 3DROTATE(三维旋转)命令,可以自由地通过三维旋转小控件来旋转选定的三维实体模型。

选择要旋转的对象和子对象后,三维小控件将显示在选择集的中心。指定基点(设定旋转的中心点)以及在三维旋转小控件上指定旋转轴后,可将对象绕指定轴旋转,如图 7.97 所示。

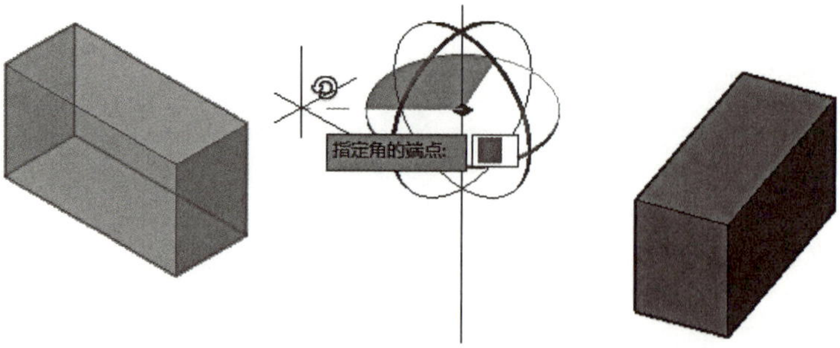

图 7.97　三维旋转

4. 对齐

单击“常用”选项卡—“修改”面板—“修改”面板下拉菜单—“对齐”按钮或执行 ALIGN(对齐)命令，可以在二维和三维空间中将对象与其他对象对齐。

可以指定一对、两对或三对源点和定义点以移动、旋转或倾斜选定的对象，从而将选定的对象与其他对象上的点对齐，如图 7.98 所示。

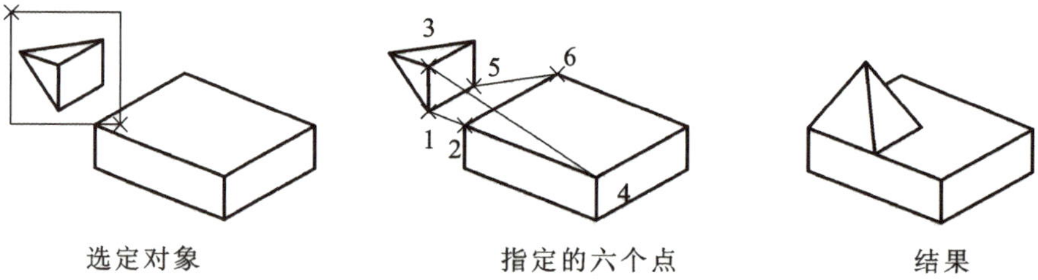

图 7.98　对齐

5. 三维缩放

单击“常用”选项卡—“修改”面板—“三维缩放”按钮或执行 3DSCALE(三维缩放)命令，可以统一更改三维对象的大小，也可以沿指定轴或平面进行更改。

将光标悬停在缩放小控件上时，中心三角区域变为黄色，单击鼠标，出现一条黄色虚线，随鼠标的移动，将统一缩放选定的对象和子对象，如图 7.99 所示。单击或输入值以指定选定基点的比例。

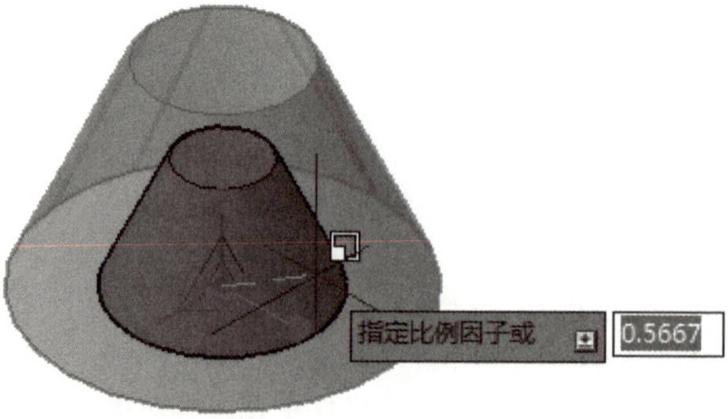

图 7.99　三维缩放

6. 三维镜像

单击“常用”选项卡—“修改”面板—“修改”面板下拉菜单—“三维镜像”按钮或执行MIRROR3D(三维镜像)命令,可以通过指定镜像平面来镜像对象,如图 7.100 所示。

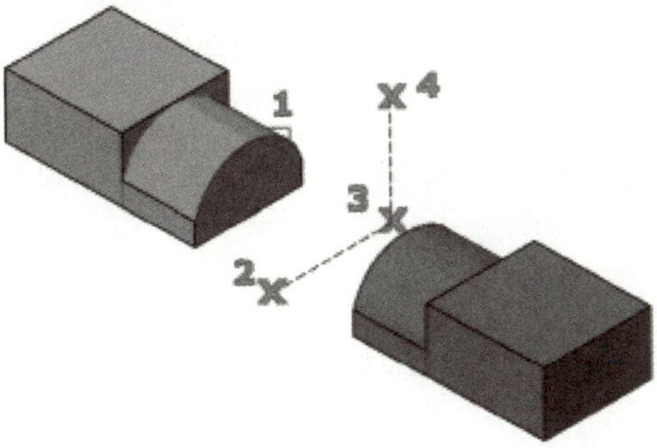

图 7.100　三维镜像

镜像平面可以是以下平面:

① 平面对象所在的平面;

② 通过指定点且与当前 UCS 的 XY、YZ 或 XZ 平面平行的平面;

③ 由三个指定点(2、3 和 4)定义的平面,如图 7.101 所示。

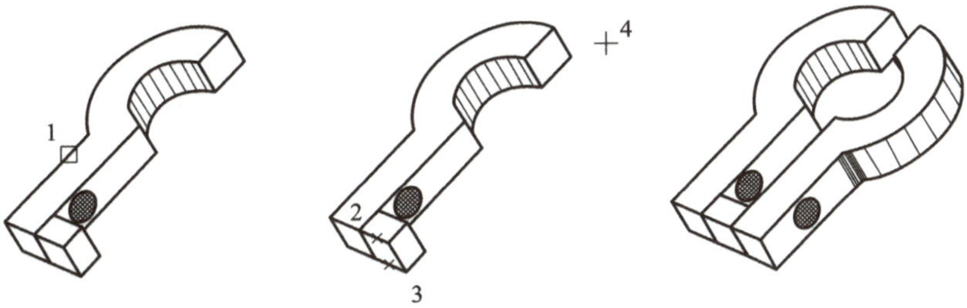

要镜像的对象　定义镜像平面　结果

图 7.101　由 2、3 和 4 点定义的镜像平面

7. 三维阵列

三维阵列用于创建以阵列模式排列的对象的副本。有三种类型的阵列:矩形阵列、路径阵列和极轴阵列,如图 7.102 所示。

图 7.102　矩形阵列、路径阵列和极轴阵列

ARRAY 命令是对 3DARRY 命令的增强。3DARRAY 命令保留传统行为,创建非关联三维矩形或环形阵列。增强的 ARRAY 命令,允许创建关联或非关联、二维或三维、矩形、路径或环形阵列。

执行 ARRAY 命令系统将显示以下提示：

选择对象：指定要排列的对象。

矩形：将选定对象的副本分布到行数、列数和层数的任意组合(与 ARRAYRECT 命令相同)。

路径：沿路径或部分路径均匀分布选定对象的副本(与 ARRAYPATH 命令相同)。

极轴：在绕中心点或旋转轴的环形阵列中均匀分布对象副本(与 ARRAYPOLAR 命令相同)。

(1) 矩形阵列

单击“常用”选项卡—“修改”面板—“矩形阵列”按钮或执行 ARRAYRECT 命令，可以进行矩形阵列。

“矩形阵列”上下文菜单提供完整范围的设置，用于调整间距、项目数和阵列层级。也可以使用选定矩形阵列上的夹点来更改阵列配置，如图 7.103 所示。

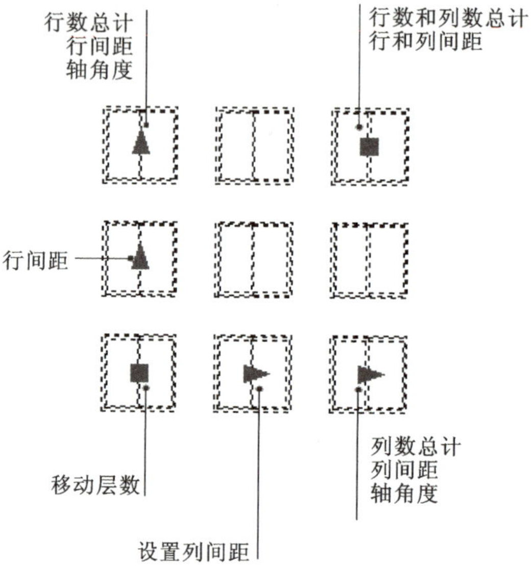

图 7.103　矩形阵列的夹点

(2) 路径阵列

单击“常用”选项卡—“修改”面板—“修改”面板下拉菜单—“路径阵列”按钮或执行 ARRAYPATH 命令，可以进行路径阵列。

“路径阵列”上下文菜单提供完整范围的设置，用于调整间距、项目数和阵列层级。也可以使用选定路径阵列中的夹点来更改阵列配置，如图 7.104 所示。

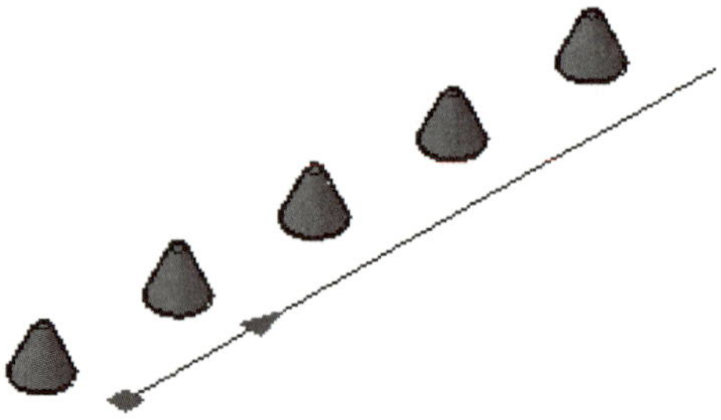

图 7.104　路径阵列的夹点

如果拖动方形基准夹点，可以将更多行添加到阵列中，如图 7.105 所示。

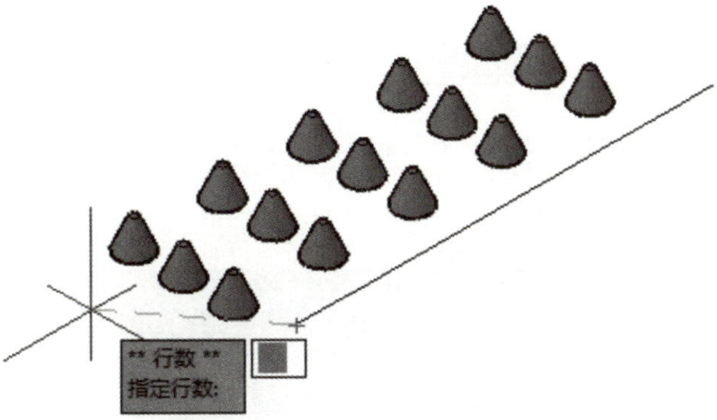

图 7.105　路径阵列的基准夹点

如果拖动三角形夹点，可以更改沿路径进行排列的项目数，如图 7.106 所示。

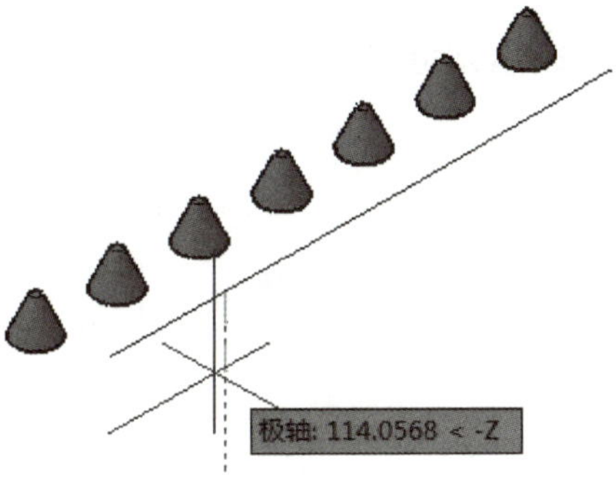

图 7.106　路径阵列的三角形夹点

（3）极轴阵列

单击“常用”选项卡—“修改”面板—“修改”面板下拉菜单—“极轴阵列”按钮或执行 ARRAYPOLAR 命令，可以进行极轴阵列。

“极轴阵列”上下文菜单提供完整范围的设置，用于对间距、项目数和阵列中的层级进行调整。也可以在选定的极轴阵列上使用夹点来更改阵列配置，如图 7.107 所示。

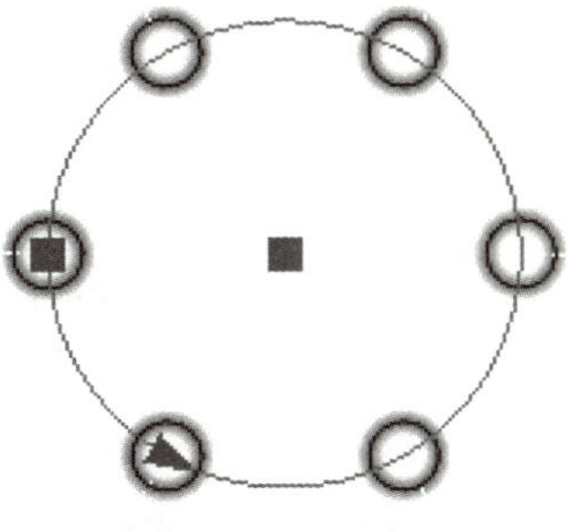

图 7.107　极轴阵列的夹点

将光标悬停在方形基准夹点上时，选项菜单可提供选择。例如，可以选择拉伸半径，然后拖动以增大或缩小阵列项目和中心点之间的间距，如图 7.108 所示。

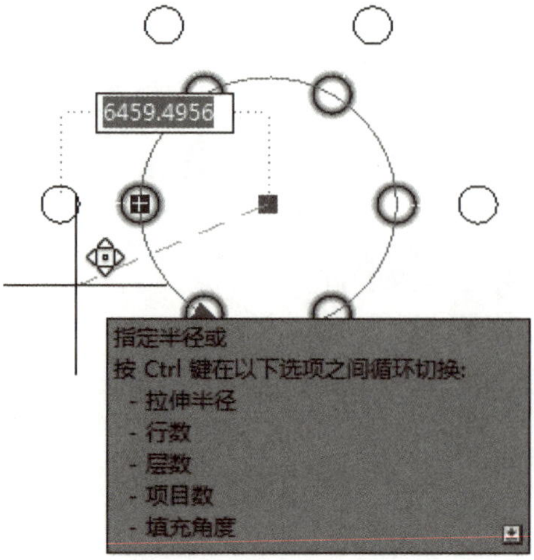

图 7.108　极轴阵列的方形基准夹点

如果拖动三角形夹点,可以更改填充角度,如图 7.109 所示。

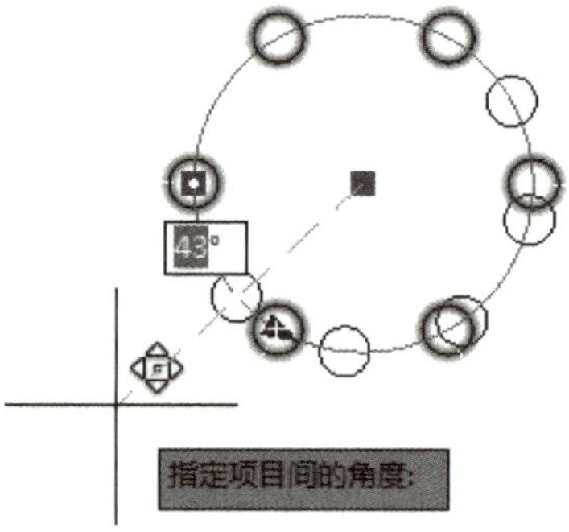

图 7.109　极轴阵列的三角形夹点

8. 平面摄影

单击"常用"选项卡—"截面"面板—"平面摄影"按钮或执行 FLATSHOT 命令,将显示"平面摄影"对话框,如图 7.110 所示。单击"创建"按钮,可以创建投影到 XY 平面上的三维模型的展平二维对象,如图 7.111 所示。

通过"创建"按钮创建的二维对象可作为块来使用,也可以另存为独立的图形文件。仅可以在模型空间中执行平面摄影过程。

从设置所需视图(包括正交视图或平行视图)开始,将捕获模型空间视口中的所有三维对象,在模型空间中执行平面摄影过程。因此,需确保将不想捕捉的对象放置到处于关闭或冻结状态的图层上。

创建块时,可以通过调整"平面摄影"对话框中的"前景线"和"暗显直线"设置来控制隐藏线的显示方式。要获取最佳网格对象,需清除"暗显直线"下的"显示"框,以便不表示隐藏线。

所有三维实体、曲面和网格的边均被视线投影到与观察平面平行的平面上。这些边的二维表示作为块插入到 UCS 的 XY 平面上。可以分解此块以进行其他更改,还可以将结果另存为独立的图形文件。

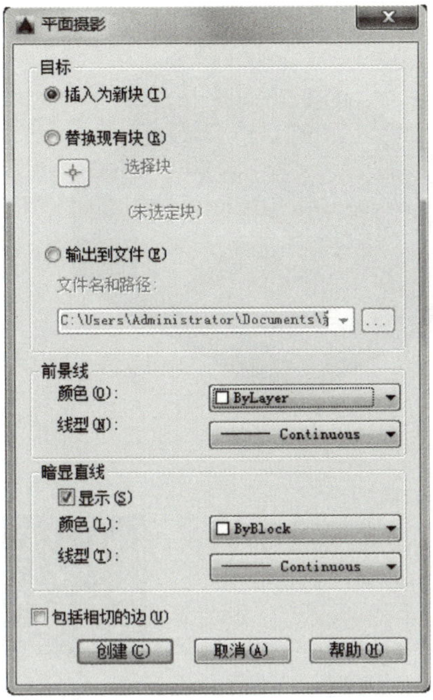

图7.110　“平面摄影”对话框

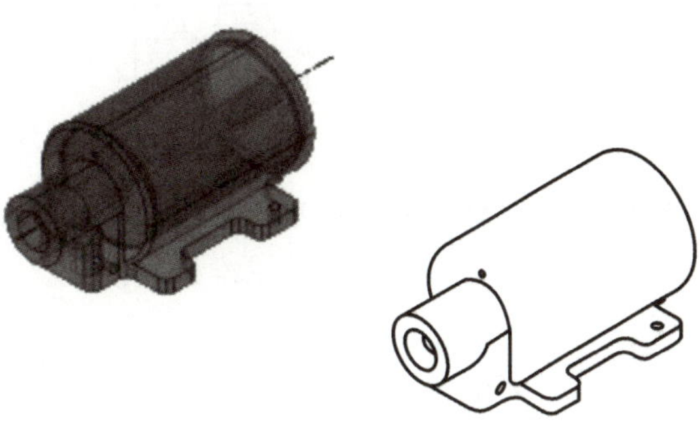

图7.111　平面摄影

说明：可以将CAD三维模型转换为三视图的常用命令有：

① 平面摄影(FLATSHOT)命令；

② VIEWBASE命令；

③ SOLVIEW、SOLDRAW命令；

④ SOLPROF命令。

示例导学

7.4示例一

示例一：三维建模(参见视频“7.4示例一.MP4”)

根据图7.112所示尺寸，绘制三维模型。

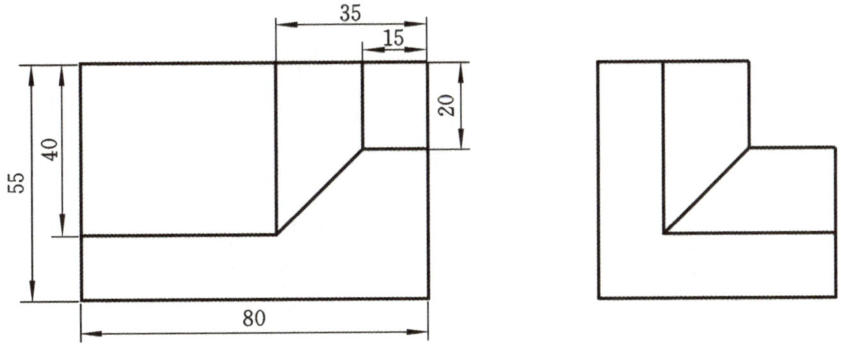

图7.112　三维建模

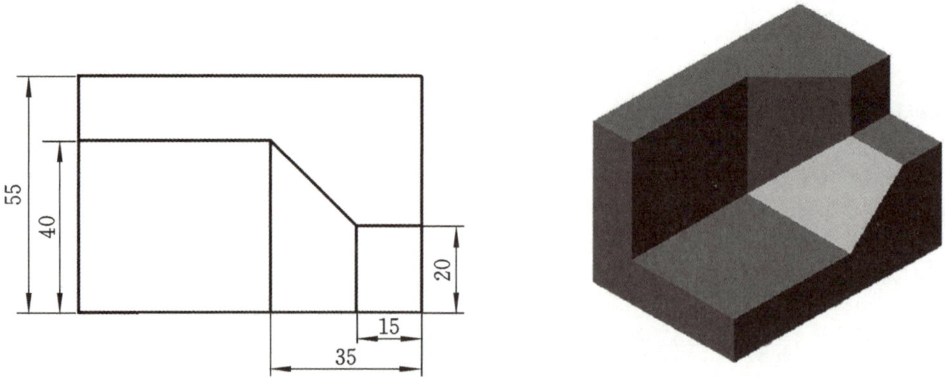

续图 7.112

示例二:三维楼梯建模(参见视频"7.4 示例二.MP4")

根据图 7.113 所示尺寸,绘制三维楼梯模型。

7.4 示例二

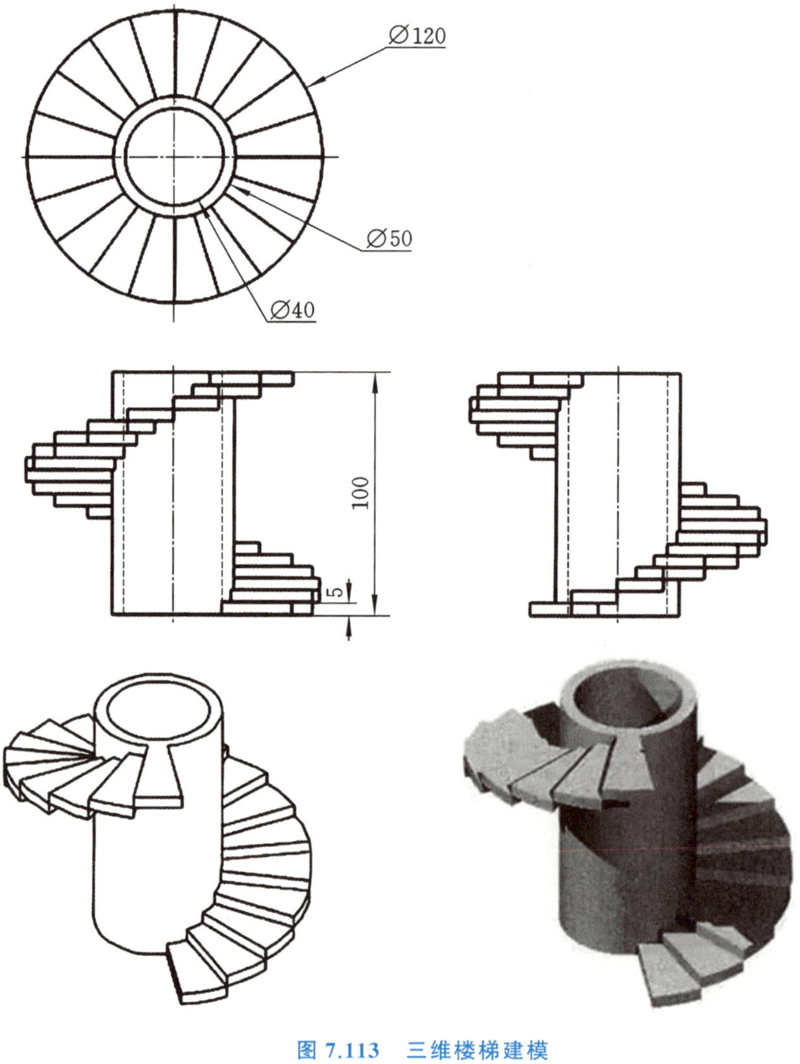

图 7.113　三维楼梯建模

示例三：从三维实体生成三视图（参见视频“7.4 示例三.MP4”）

已知不等坡屋面水平投影轮廓、尺寸和坡度，如图 7.114 所示，不考虑屋面厚度，创建三维屋顶模型并由三维模型投影出三视图（无需标注尺寸）。

7.4 示例三

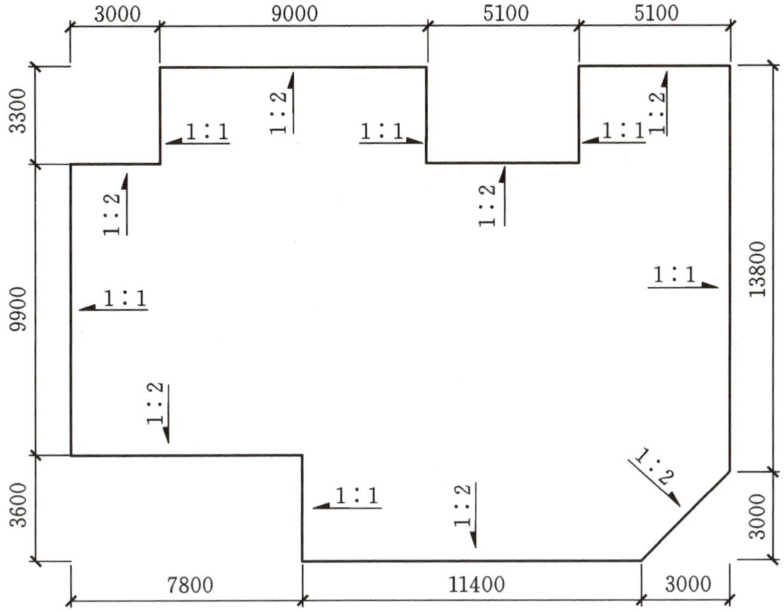

图 7.114　坡屋面的水平投影轮廓、尺寸和坡度

任务驱动

在下面的绘图任务中不要求标注尺寸。

任务一：三维建模

根据图 7.115 所示尺寸，绘制三维模型并由三维模型投影出三视图（无需标注尺寸）。将文件命名为“TASK01.dwg”并存盘。

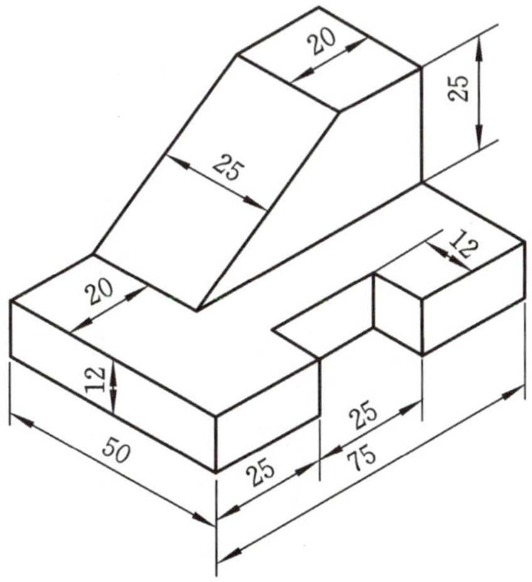

图 7.115　三维建模

任务二:三维建模

根据图 7.116 所示尺寸,绘制三维模型并由三维模型投影出三视图(无需标注尺寸)。将文件命名为“TASK02.dwg”并存盘。

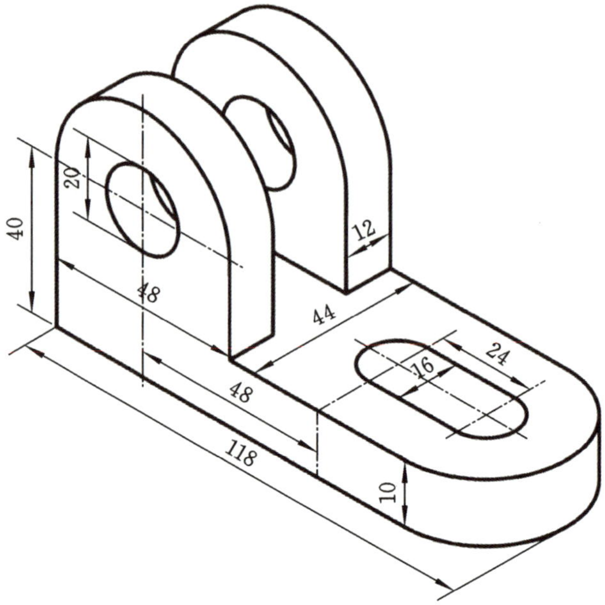

图 7.116　三维建模

任务三:三维建模

根据图 7.117 所示尺寸,绘制三维模型并由三维模型投影出三视图(无需标注尺寸)。将文件命名为“TASK03.dwg”并存盘。

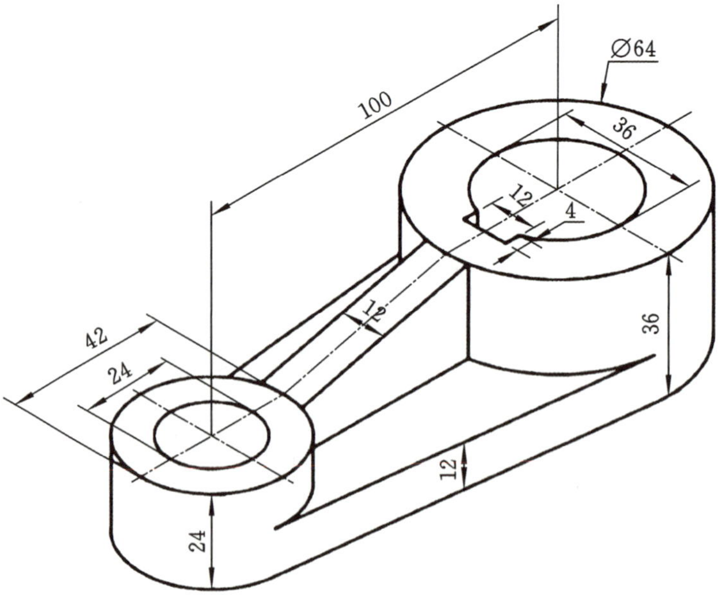

图 7.117　三维建模

任务四：三维建模

根据图 7.118 所示尺寸，绘制三维模型并由三维模型投影出三视图（无需标注尺寸）。将文件命名为“TASK04.dwg”并存盘。

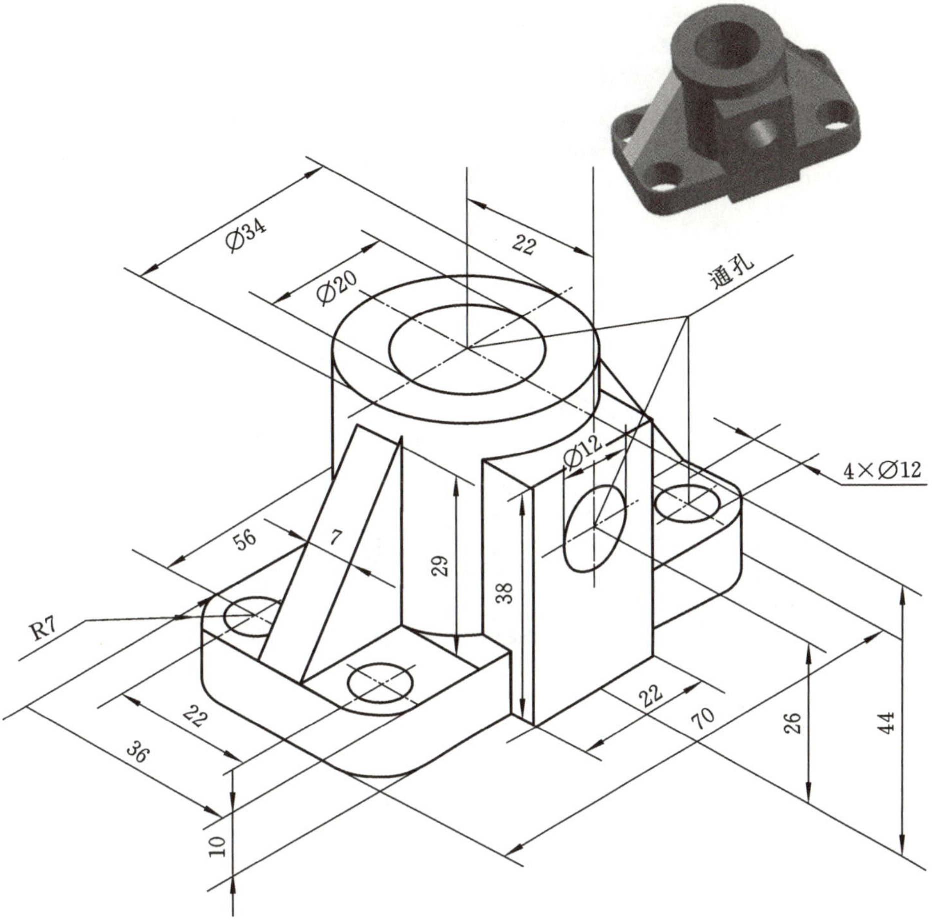

图 7.118　三维建模

任务五：三维建模

根据图 7.119 所示尺寸，绘制三维模型并由三维模型投影出三视图（无需标注尺寸）。将文件命名为“TASK05.dwg”并存盘。

任务六：绘制示例二图 7.113 所示的三维楼梯模型。

项目小结

本项目主要讲解了 CAD 对三维实体进行操作的旋转、移动、对齐、镜像、阵列、布尔运算、平面摄影等命令。其中平面摄影命令可以将 CAD 三维模型在模型空间中转换为三视图。

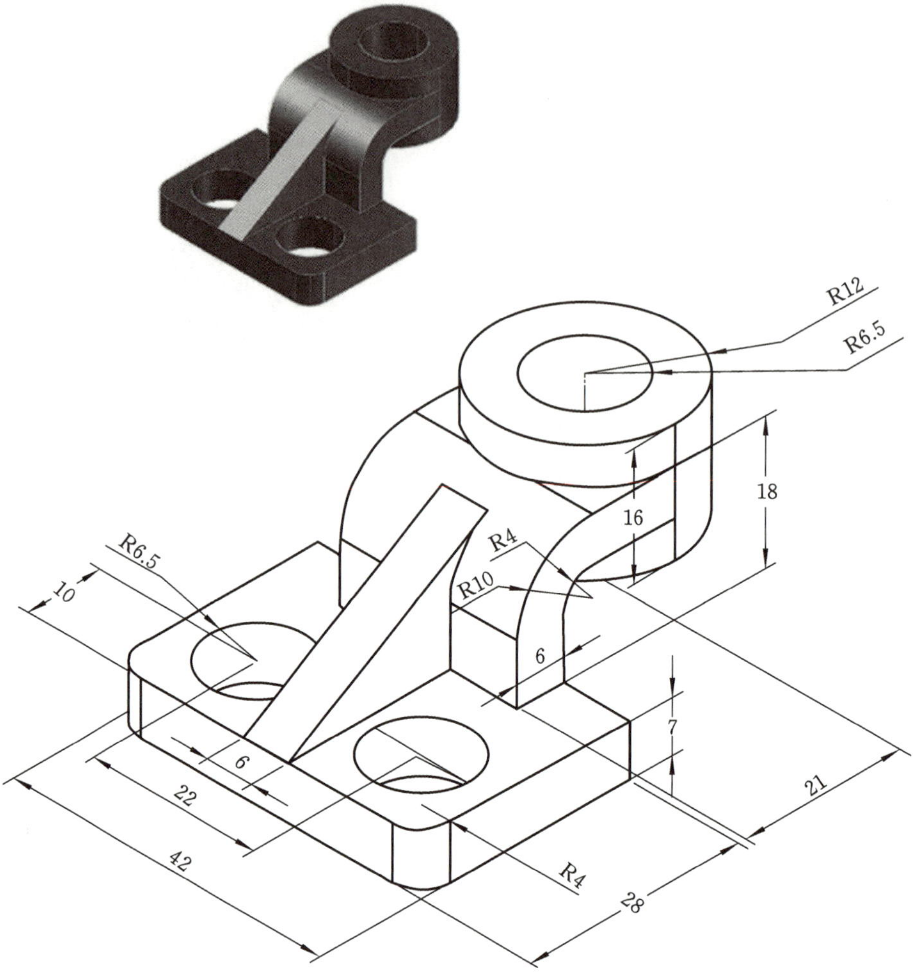

图 7.119　三维建模

拓展阅读

样式雷(三)

制作烫样也是样式雷的绝活。样式雷完成建筑设计方案后,会按 1/100 或 1/200 比例制作模型小样,然后进呈内廷,供皇帝审定。之所以叫烫样,因为是用纸板、秫秸和木头为原材料,再用剪子、毛笔、蜡版、烙铁熨烫成型。所有烫样均可层层拆卸,打开烫样屋顶,便可看到内部梁架结构、彩画式样,上面还贴着一个个尺寸标签。圆明园廓然大公烫样局部,揭开的屋顶下,内部格局清晰可见,如图 7.120 所示。可惜的是,烫样工艺后随雷家的衰落而失传。烫样不仅是效果展示,还是施工参考模型。从平面到立体,原理与现代建筑的三维空间设计如出一辙。

1860 年,英法联军入侵,火烧圆明园。雷家为保护祖先耗尽心血建造的花园而奋起反抗,雷景修女婿被侵略强盗乱刀刺死,女儿带领全家老幼 14 口,自焚殉园。

图 7.120 圆明园廓然大公烫样局部

1866 年，雷景修病逝，40 岁的雷思起，顺利接过父亲掌案之职。雷思起一生经历道光、同治、光绪三帝，主持修建了定陵、定东陵、惠陵和西苑，及许多王公贵胄的府邸、园林、陵寝。

定陵更是雷思起的旷世之作。因建陵有功，雷思起被钦封五品职衔。咸丰帝定陵完工后，慈安、慈禧两位太后开始着手准备自己的陵寝，于是，雷思起又挑起重担。工程好不容易完工了，慈安去世，慈禧开始独揽大权。为了体现身份和地位高于慈安，她下令将建好的陵墓内部全部重新修缮，为了让慈禧满意，雷思起数次更改设计，耗尽心血，积劳成疾，从此不振。

1866 年，太平天国被镇压；1868 年，北方捻军被消灭。经此两役，清廷元气大伤。但 1873 年，慈禧竟然异想天开，想重修被英法联军烧掉的圆明园，她想把四十寿辰放在圆明园举办。因时间太紧，雷思起率人不分昼夜、加班加点，终于在一个月内完成全部画样和烫样。

重修圆明园，国库根本拔不出款，加之遭到文祥、李鸿藻、宝廷等大臣反对，同治帝于 1874 年 9 月被迫发布上谕："圆明园工程，均著即行停止。"工程虽停，但雷思起却累垮了，不久便撒手西去，终年 50 岁。

雷思起去世后，儿子雷廷昌成为样式房新掌案，主持重建了天坛祈年殿、紫禁城太和门，以及慈禧太后万寿庆典的点景楼台等。因惠陵金券合拢和隆恩殿上梁有功，他被朝廷赐为二品，样式雷家族荣耀达到巅峰。

圆明园重修停工后，为顾全慈禧颜面，大臣们又提出修葺三海的建议。三海，即紫禁城南面的北海、中海、南海。其中最大的工程就是修建富丽堂皇的仪鸾殿。毫无疑问，重任又落到雷廷昌肩上。仪鸾殿建成后，慈禧立马迁入居住，召见群臣，成为清廷的实际政治中心。

1897 年，慈禧再度启动圆明园重修工程，雷廷昌的儿子雷献彩，做了圆明园样式房掌案，成为第八代样式雷传承人。然而，1900 年八国联军再次入侵，北京城内外各类皇家建筑再度罹劫。

事后，雷廷昌、雷献彩又进行了大规模修复重建，1907 年，雷廷昌去世。清末崇陵、摄政王府等重大工程，则由雷献彩主持完成。

1911 年,辛亥革命爆发,帝制结束,样式房差务消失,样式雷退出历史舞台,但留下了故宫、天坛、颐和园等建筑奇观。

项目评价

序号	检测项目	评价任务及权重	自评	小组互评	教师评价
1	任务 1~5	每个任务 12 分(60 分)			
2	任务 6	沿路径阵列占 10 分(20 分)			
3	完成时间	在规定时间内完成任务 1~6,每超过 5 分钟,扣 1 分(10 分)			
4	学习表现	学习不够主动、团队协作能力差、不爱护设备仪器和环境,酌情扣 5~10 分(10 分)			
任务总评		优□　良□　中□　合格□　不合格□			

注:按学生自评占 20%、小组互评和教师评价各占 40%计算,形成任务评价结论。

项目 7.5　三维建筑建模实例

学习目标

素质目标

(1) 按 3 人左右的小组学习训练,培养团队合作、解决复杂问题的能力;

(2) 通过“拓展阅读”和技能训练,培养学生认真、负责、敬业、严谨的大国工匠精神。

知识目标

(1) 能够熟练运用常用三维建模命令建立三维模型;

(2) 能够灵活运用所学三维建模知识,完成较复杂项目。

技能目标

(1) 能够根据三维模型的特点,快速准确地绘制出三维模型;

(2) 能够对所学三维建模知识综合运用并总结提高,用最优解决方案轻松应对较复杂项目。

示例导学

本项目以平面图为基础,灵活应用前面所学三维绘图基础知识,绘制了如图 7.121 所示的三维建筑模型(参见视频“7.5 示例.MP4”)。素材源文件见“图 7.121 所示源文件.dwg”。

7.5 示例

图 7.121　三维建筑模型

绘制过程如下：

1. 一层地面的建模及台阶的建模

① 打开一层平面图，关闭与建模无关的图层，并用东南轴测图显示，如图 7.122 所示。

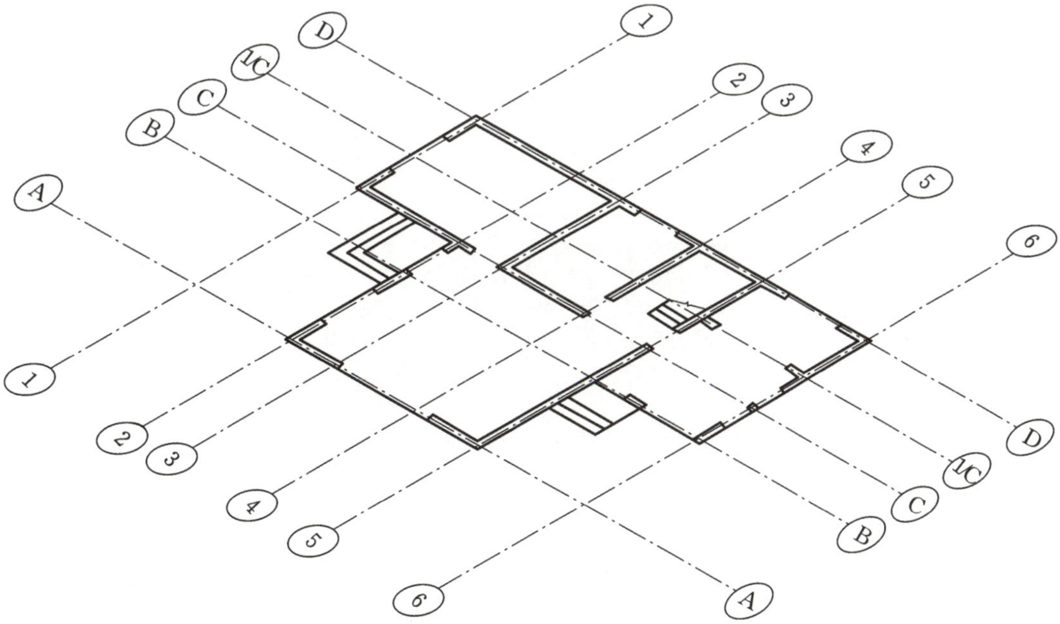

图 7.122　在东南轴测图中显示一层平面图

② 新建“地面与台阶”图层,并设为当前层。利用多段线(宽度设为 0)勾勒出一层地面的轮廓如图 7.123 所示。

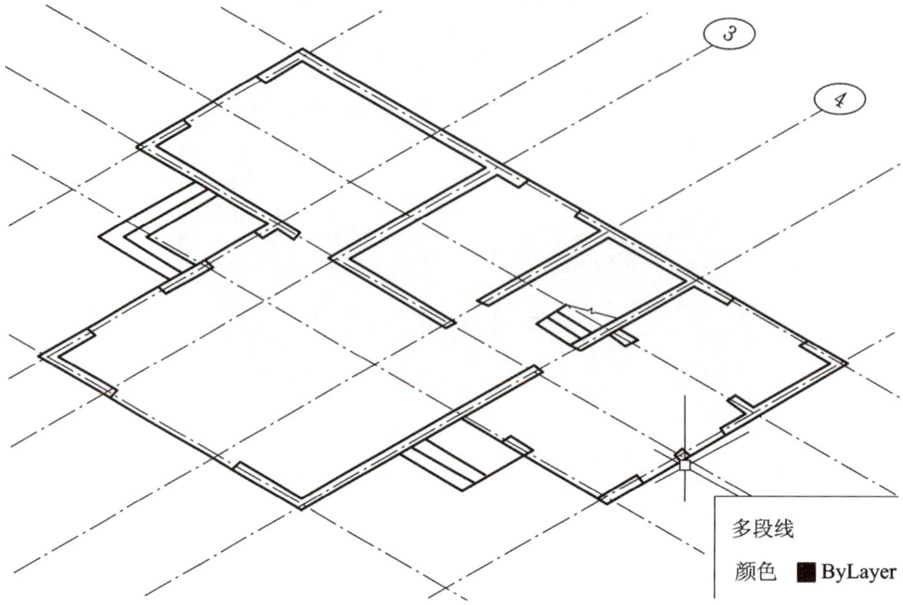

图 7.123　勾勒一层地面的轮廓

③ 利用按住并拖动工具(PRESSPULL 命令)对刚形成的闭合多段线按住并拖动 450,形成地面,如图 7.124 所示。或者用工具(REGION 命令)把刚形成的闭合多段线转化成面域,再用拉伸工具(EXTRUDE 命令)形成地面,效果一样。

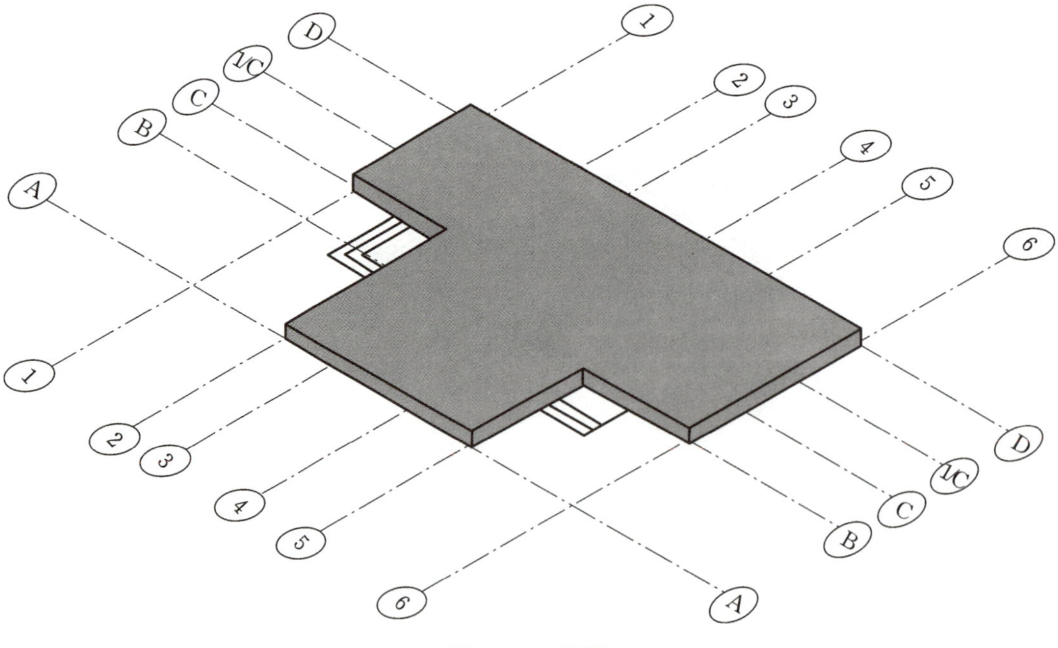

图 7.124　地面

④ 用与制作地面同样的方法制作每一层台阶。

提示：为了更方便操作，可以关闭平面图中不相关的图层，只显示台阶部分。在东南轴测图中制作东南方的台阶，在西南轴测图中制作西南方的台阶。第一级台阶高度 150，第二级台阶高度 300，第三级台阶高度 450，在西南轴测图中显示为图 7.125 所示的样子。

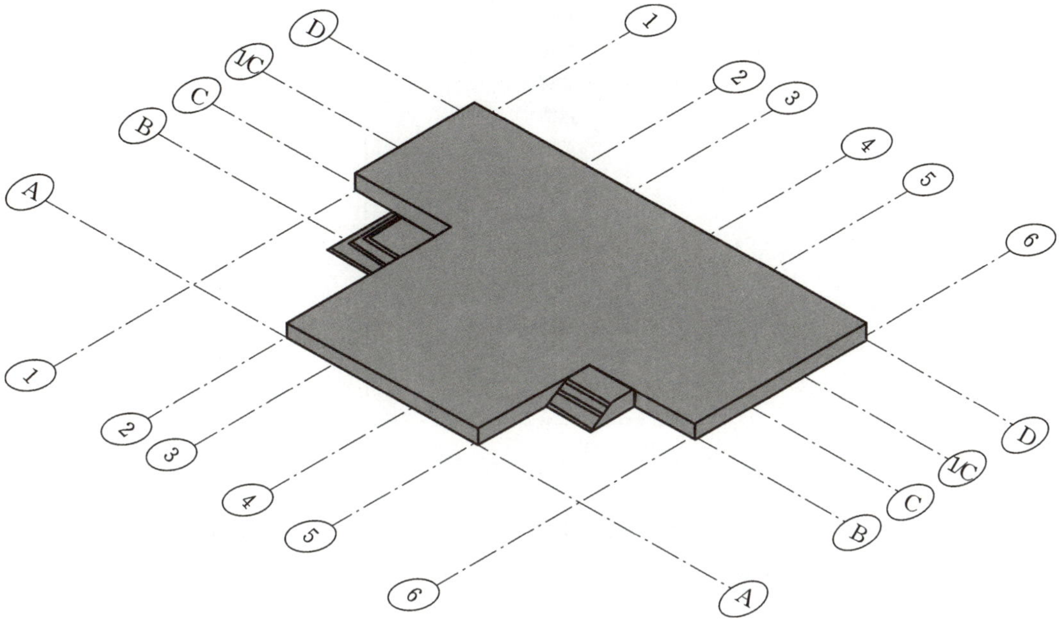

图 7.125　地面与台阶

2. 一层墙体的建模

① 新建“一层墙体”图层，并设为当前层。关闭“地面与台阶”图层。

② 单击当前工作区左上角的“视口”控件[一]，展开图 7.126 所示的视口控件菜单，执行“四个：相等”菜单项。这时当前工作区就被四个视口所取代。

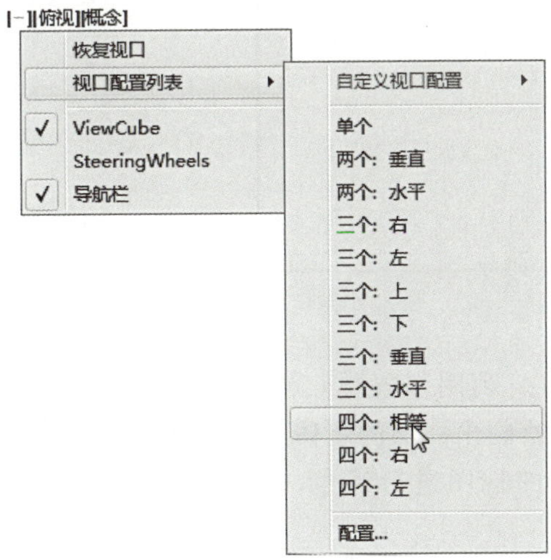

图 7.126　打开四个视口

③ 单击激活左下角的视口,展开视图控件菜单,如图 7.127 所示,执行"东南等轴测"菜单项。这时当前视口就显示为"东南等轴测"视图。

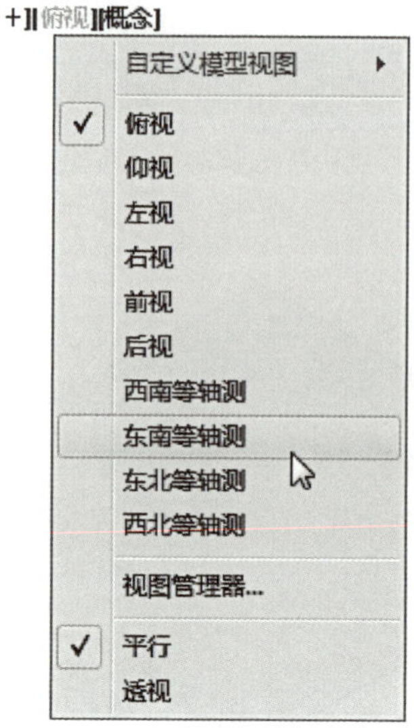

图 7.127　显示"东南等轴测"视图

④ 重复第③步,把左上角的视口设置为"俯视"视图,把右上角的视口设置为"前视"视图,把左下角的视口设置为"左视"视图,如图 7.128 所示。

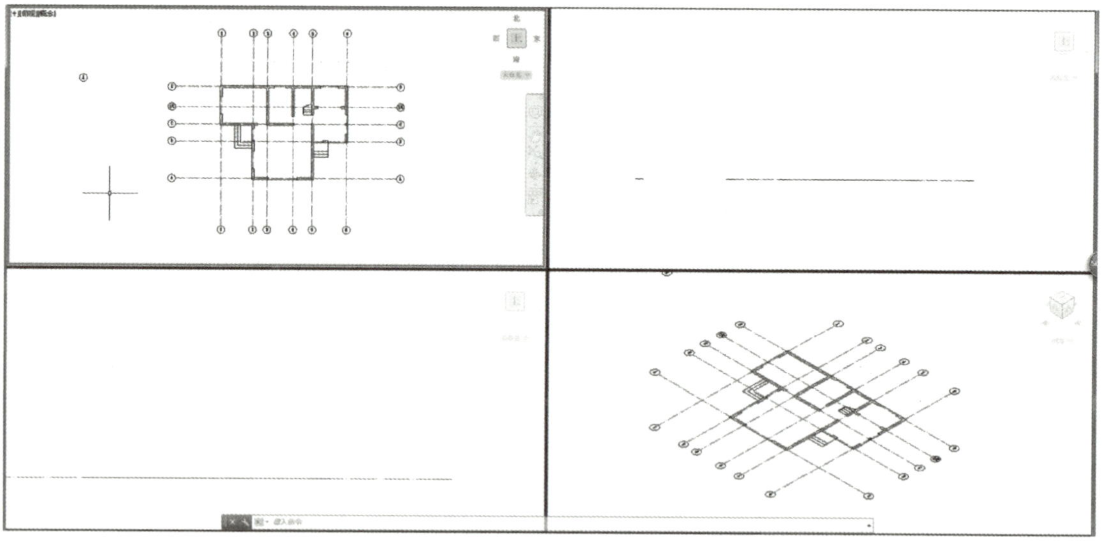

图 7.128　调整视口的视图

⑤ 激活左上角的视口。利用多段体(宽度设为 240,高度设为 3000,对正方式设为"居中"),结合"捕捉"等工具,绘制出一层的墙体,如图 7.129 所示。在绘制墙体的过程中,同时要对其他三个视口中的不同的视图进行观察,若发现墙体的三维模型出现问题,及时纠正,如图 7.130 所示。

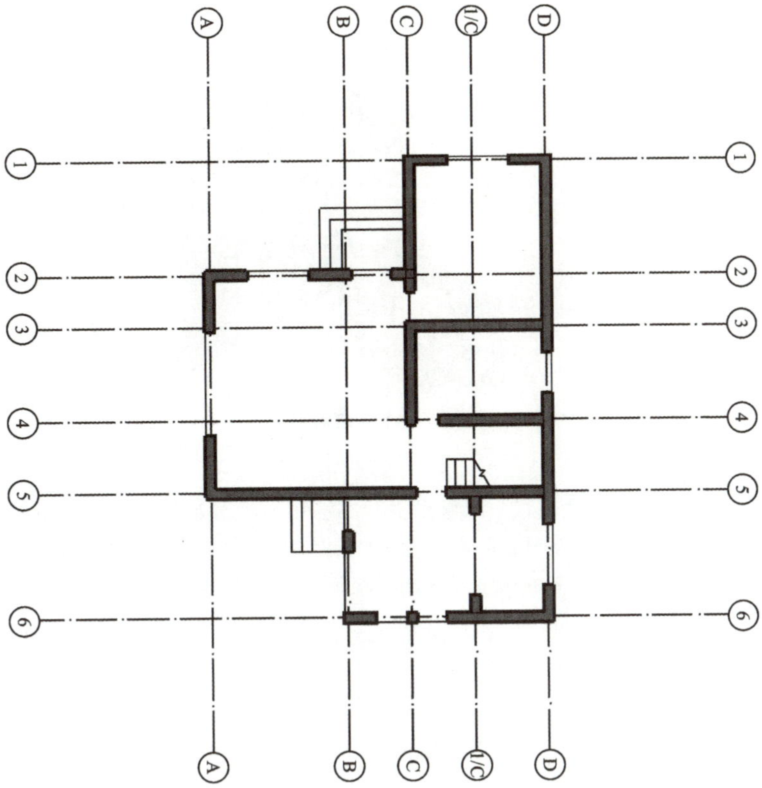

图 7.129　俯视图中的墙体

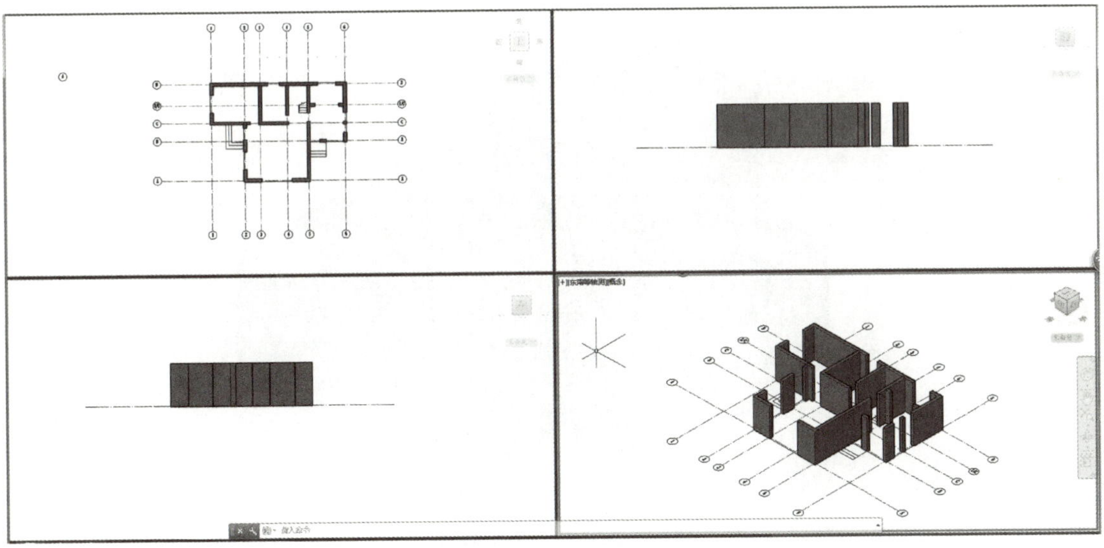

图 7.130　四个视图中的墙体

⑥ 门的上部和窗的上下部，用“长方体”结合不同的视图及捕捉工具进行填补，留下正确的门窗洞口，如图 7.131 所示。

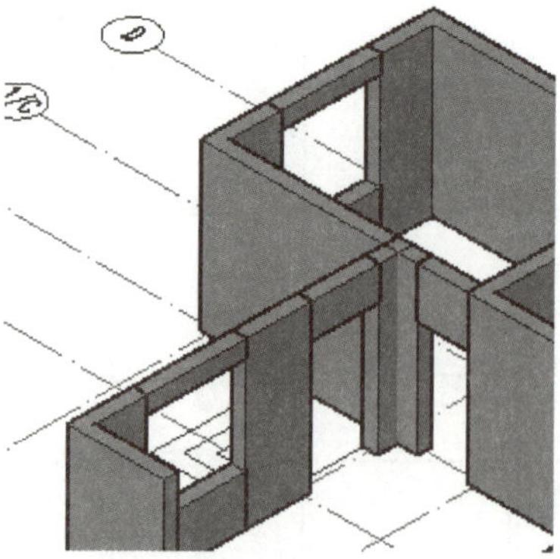

图 7.131　填补墙体

提示：制作窗台下部的墙体时，在俯视图中非常容易捕捉窗口下方地面位置的两个对角点形成“长方体”的长宽值，高度值输入窗台的高度值(正值)。制作窗口上部的墙体时，在东南等轴测等视图中非常容易捕捉窗口上方和屋顶相交位置墙体的两个对角点形成“长方体”的长宽值，高度值输入窗口上部墙体的高度值(向下绘制长方体)。

3. 合并墙体

单击“常用”选项卡—“实体编辑”面板—“并集”按钮或执行 UNION 命令，把完成的墙体合并。打开“地面与台阶”图层，把墙体向上移动 450。在东南等轴测视图观察模型是否正确，如图 7.132 所示。若有问题则修正。

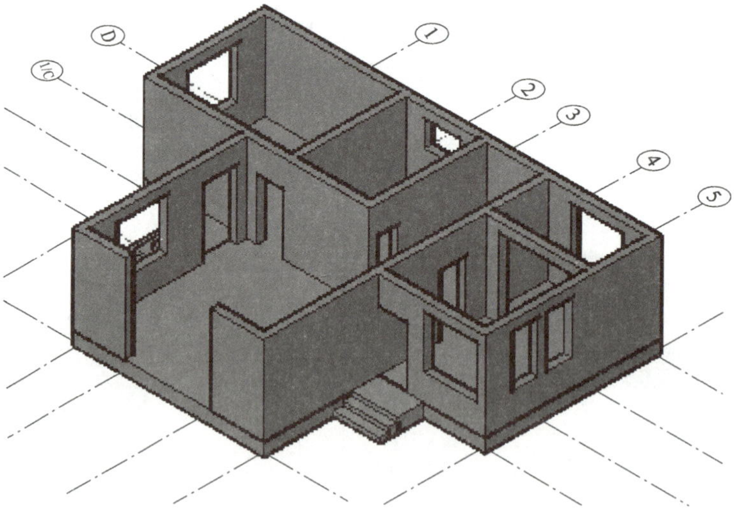

图 7.132　合并墙体

4. 二层墙体建模

新建“二层墙体”图层，关闭“地面与台阶”及“一层墙体”图层。结合二层平面图，用前面绘制一层地面与一层墙体的方法绘制二层楼板及墙体。绘制完成后，打开“地面与台阶”及“一层墙体”图层，把新绘制的二层楼板及墙体移动并对齐到一层墙体的上方，如图 7.133 所示。

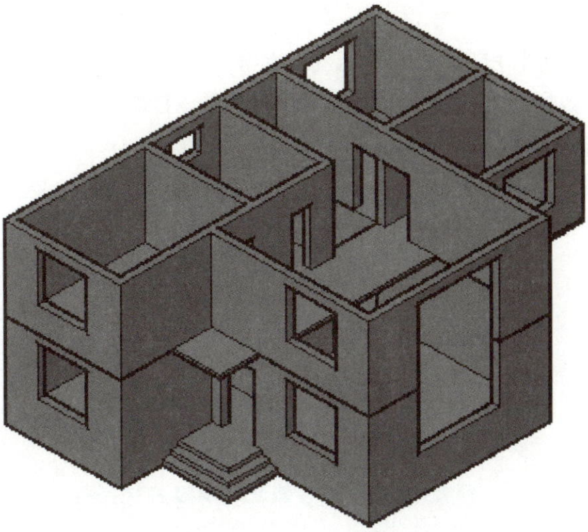

图 7.133　一层及二层主体模型

5. 二层走廊边的栏杆的建模

阵列二层走廊边的栏杆，步骤如下：

① 在状态栏上单击“动态 UCS”按钮 或按 F6 键，打开动态 UCS；

② 在俯视图中，定位二层走廊栏杆所在的面，在栏杆所在的部位画一根线，作为阵列栏杆的路径；

③ 单击“常用”选项卡—“建模”面板—“圆柱体”按钮 或执行 CYLINDER 命令，在路径的一侧端点创建一根半径为 15，高度为 1200 的实体圆柱体栏杆；

④ 单击“常用”选项卡—“修改”面板—“修改”面板下拉菜单—“路径阵列”按钮 或执行 ARRAYPATH 命令，对圆柱体栏杆进行路径阵列，栏杆间距为 180。

⑤ 激活左视图，视觉样式改为二维线框，绘制栏杆上方的水平圆柱体扶手。在俯视图或者前视图中调整水平圆柱体扶手的位置，如图 7.134 所示。

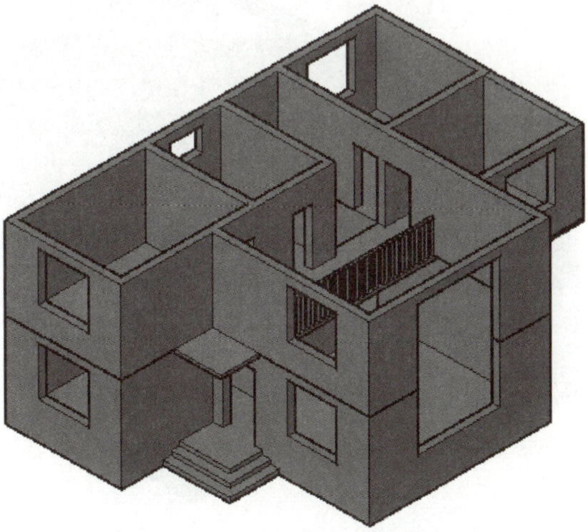

图 7.134　阵列二层走廊边的栏杆

6. 女儿墙建模

绘制西南进户门上方平台的女儿墙造型，步骤如下：

① 在前视图中用多段线绘制女儿墙的截面轮廓，在俯视图中绘制扫掠路径，注意路径与截面轮廓的对正点要正确，如图 7.135 所示。

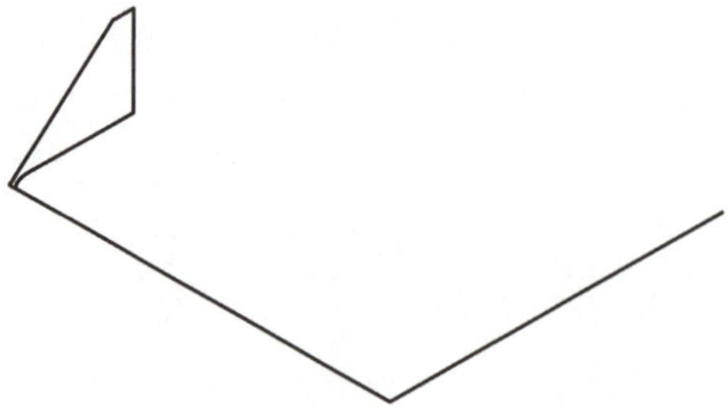

图 7.135 女儿墙截面轮廓及扫掠路径

② 单击“实体”选项卡—“实体”面板—“扫掠”按钮或执行 SWEEP 命令，沿路径扫掠截面轮廓来创建门上方平台的女儿墙造型，如图 7.136 所示。把扫掠生成的女儿墙放置到门上方的位置，如图 7.137 所示。

图 7.136 扫掠

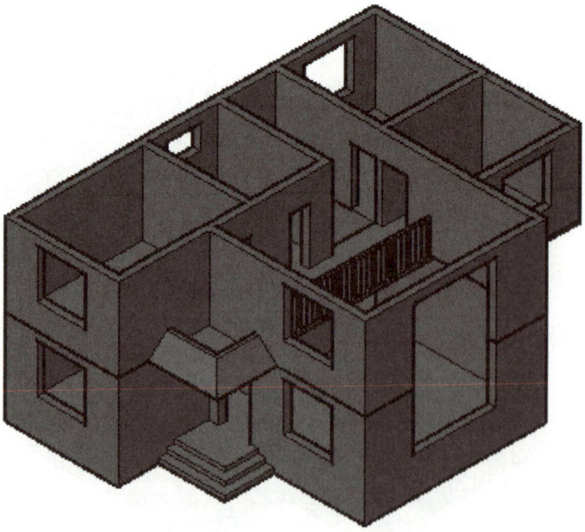

图 7.137 女儿墙放置门上方后的模型

7. 绘制三层模型

利用前面介绍的方法，绘制三层墙体及阵列栏杆，扫掠女儿墙及尖顶屋顶，结果如图 7.138 所示。

图 7.138　主体造型

8. 绘制三维楼梯

步骤如下：

① 用多段线在左视图中绘制楼梯平台下部梯段的截面轮廓，如图 7.139 所示。

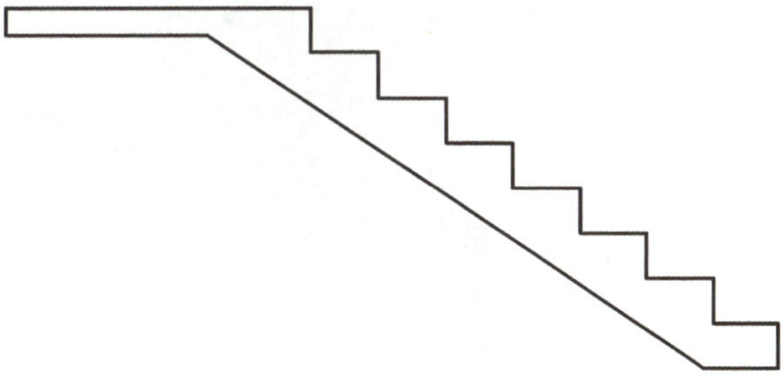

图 7.139　楼梯的截面轮廓

② 用工具（REGION 命令）把刚形成的闭合多段线转化成面域，再用“拉伸”工具（EXTRUDE 命令）拉伸 1050，形成平台下部的梯段，如图 7.140 所示。

③ 用同样的方法绘制楼梯各梯段的截面轮廓，转化成面域，拉伸 1050，再和平台下部梯段拼接，并把楼梯井相对的区域用长方体填补，最后阵列出楼梯栏杆，如图 7.141 所示。

④ 把楼梯移动到室内楼梯的位置。

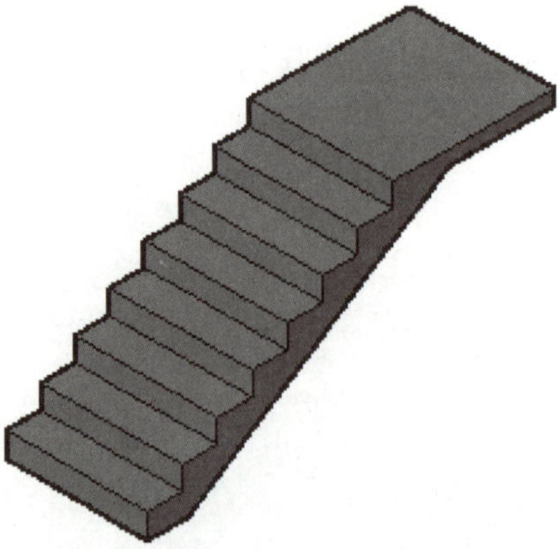

图 7.140　平台下部的梯段

图 7.141　三维楼梯

9. 参考“项目 7.2 创建三维实体”示例一,绘制所有用到的三维门窗模型。

10. 利用三维移动、旋转、复制等工具,安装三维门窗。通过上面的讲解与练习,这步会变得非常简单,这里不再示例完成。

任务驱动

以“附录 3　某别墅建筑施工图”为依据，建立相应别墅三维模型。素材源文件见“项目 7.5 任务源文件.dwg”。

项目小结

本项目通过一个别墅项目的综合训练，考查自己对较复杂项目的完成能力。

拓展阅读

样式雷(四)

2007 年 6 月 20 日，经联合国教科文组织认定，样式雷建筑图档入选“世界记忆遗产名录”(图 7.142)。

图 7.142　入选“世界记忆遗产名录”

样式雷图纸抖落灰尘，呈现在世人面前，诉说了一个家族与一个王朝的传奇故事。从第一代雷发达初涉皇家建筑设计，到第七代雷廷昌达到顶峰，再到第八代传奇终结，雷氏家族与清王朝，命运一体、荣辱与共。

清代最重要的皇家建筑，大多出自样式雷之手。故宫(图 7.143)、天坛、颐和园、承德避暑山庄、清东陵、清西陵……先后被列为世界文化遗产。中国皇家建筑的伟大奇迹，离不开“样式雷”，离不开雷氏家族的心手相传，离不开每一个雷氏族人的坚守。

图 7.143 故宫太和门

大国工匠,在乎手艺,更在于内心,矢志不渝,薪火相传,这才是真正的工匠精神。

"样式雷"家族两百余年风雨沉浮的故事,展现了中国传统建筑史上最美、最辉煌的一页。这个辉煌而神秘的清代御用建筑师世家,设计了中国五分之一的世界文化遗产。"一家样式雷,半部古建史",一代代"样式雷"凭着天赋、勤奋和坚韧,终成中国营造的集大成者,在华夏大地上留下了一幅幅优美的人文风景。

项目评价

序号	检测项目	评价任务及权重	自评	小组互评	教师评价
1	图形的完整性	图形绘制是否完整,缺少 1 项扣 5 分(30 分)			
2	图形的准确性	图形绘制是否准确,不准确 1 项扣 5 分(30 分)			
3	完成时间	规定时间内没完成,每超过 10 分钟,扣 2 分(20 分)			
4	学习表现	学习不够主动、团队协作能力差、不爱护设备仪器和环境,酌情扣 10～20 分(20 分)			
任务总评		优□ 良□ 中□ 合格□ 不合格□			

注:按学生自评占 20%、小组互评和教师评价各占 40%计算,形成任务评价结论。

附　　录

附录 1　建筑制图的规定

“建筑 CAD”课程主要参考的标准为《房屋建筑制图统一标准》(GB/T 50001—2017)，该标准编制组经广泛调查研究、认真总结实践经验，参考有关国际标准和国外先进标准，并在广泛征求意见的基础上，修订了本标准。

1. 图纸幅面规格

(1) 图纸幅面

绘图时，图样的大小和规格应符合附表 1.1 中规定的图纸幅面及图框尺寸。各号图纸基本幅面的尺寸关系是：沿上一号图纸的长边对裁，即为下一号图纸的幅面大小。

附表 1.1　幅面及图框尺寸(mm)

尺寸代号	幅面代号				
	A0	A1	A2	A3	A4
$b \times l$	841×1189	594×841	420×594	297×420	210×297
c	10				5
a	25				

注意：表中 b 为幅面短边尺寸，l 为幅面长边尺寸，c 为图框线与幅面线间宽度，a 为图框线与装订边间宽度。

需要微缩复制的图纸，其一个边上应附有一段准确米制尺度，四个边上均应附有对中标志，米制尺度的总长应为 100mm，分格应为 10mm。对中标志应画在图纸内框各边长的中点处，线宽应为 0.35mm，并应伸入内框边，在框外应为 5mm。对中标志的线段，应于图框长边尺寸 l_1 和图框短边尺寸 b_1 范围取中。

另外还有以下规定：

① 图纸以短边作为垂直边称为横式，以短边作为水平边称为立式。一般 A0～A3 图纸宜横式使用；必要时，也可立式使用。

② 一个工程设计中，每个专业所使用的图纸，一般不宜多于两种幅面，不含目录及表格所采用的 A4 幅面。

③ 图纸的短边尺寸不应加长，A0～A3 幅面长边尺寸可加长，但应符合附表 1.2 的规定。

附表 1.2　图纸长边加长尺寸(mm)

幅面尺寸	长边尺寸	长边加长后尺寸
A0	1189	1486 $\left(A0+\frac{1}{4}l\right)$　1635 $\left(A0+\frac{3}{8}l\right)$　1783 $\left(A0+\frac{1}{2}l\right)$　1932 $\left(A0+\frac{5}{8}l\right)$　2080 $\left(A0+\frac{3}{4}l\right)$　2230 $\left(A0+\frac{7}{8}l\right)$　2378 $(A0+l)$

续附表1.2

幅面尺寸	长边尺寸	长边加长后尺寸
A1	841	1051 $\left(A1+\frac{1}{4}l\right)$　1261 $\left(A1+\frac{1}{2}l\right)$　1471 $\left(A1+\frac{3}{4}l\right)$　1682 $(A1+l)$　1892 $\left(A1+\frac{5}{4}l\right)$　2102 $\left(A1+\frac{3}{2}l\right)$
A2	594	743 $\left(A2+\frac{1}{4}l\right)$　891 $\left(A2+\frac{1}{2}l\right)$　1041 $\left(A2+\frac{3}{4}l\right)$　1189 $(A2+l)$　1338 $\left(A2+\frac{5}{4}l\right)$　1486 $\left(A2+\frac{3}{2}l\right)$　1635 $\left(A2+\frac{7}{4}l\right)$　1783 $(A2+2l)$　1932 $\left(A2+\frac{9}{4}l\right)$　2080 $\left(A2+\frac{5}{2}l\right)$
A3	420	630 $\left(A3+\frac{1}{2}l\right)$　841 $(A3+l)$　1051 $\left(A3+\frac{3}{2}l\right)$　1261 $(A3+2l)$　1471 $\left(A3+\frac{5}{2}l\right)$　1682 $(A3+3l)$　1892 $\left(A3+\frac{7}{2}l\right)$

提示:有特殊要求的图纸,可采用 $b\times l$ 为 841mm×891mm 与 1189mm×1261mm 的幅面。

(2)标题栏

图纸中应有标题栏、图框线、幅面线、装订边和对中标志。图纸的标题栏及装订边的位置,应符合下列规定:横式使用的图纸,应按附图 1.1 规定的形式布置,立式使用的图纸,应按附图 1.2 规定的形式进行布置。

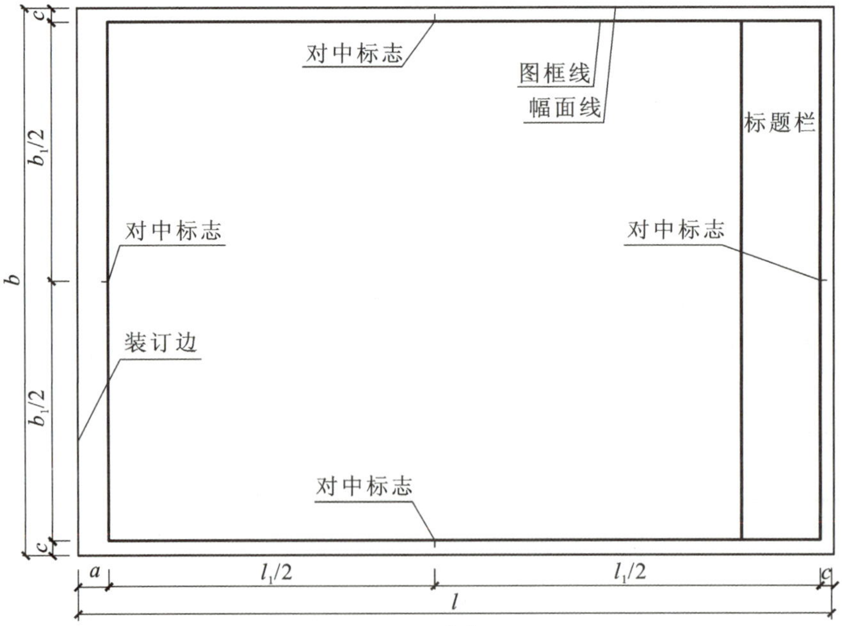

(a)

附图 1.1　横式图幅

(a)A0～A3 横式图幅 1;(b)A0～A3 横式图幅 2;(c)A0～A1 横式图幅 3

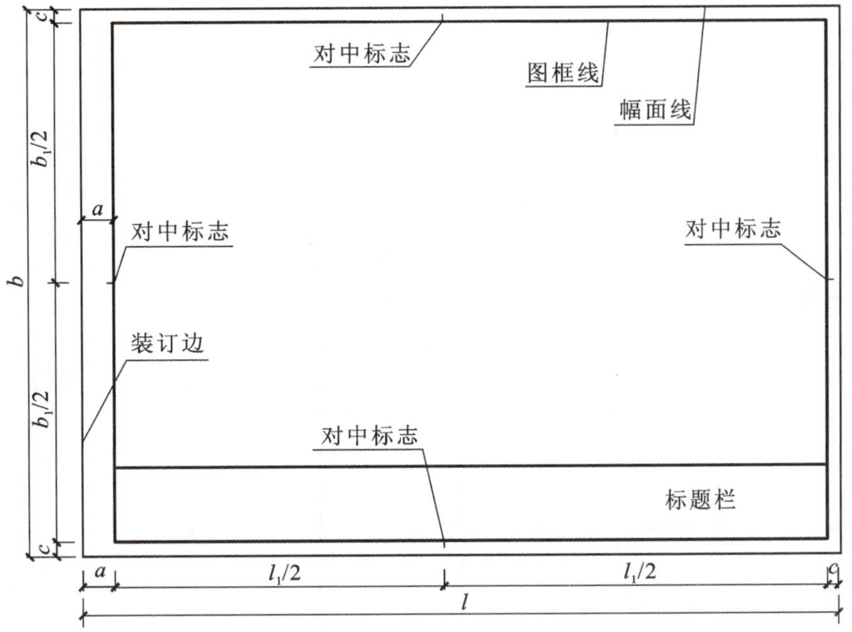

(b)

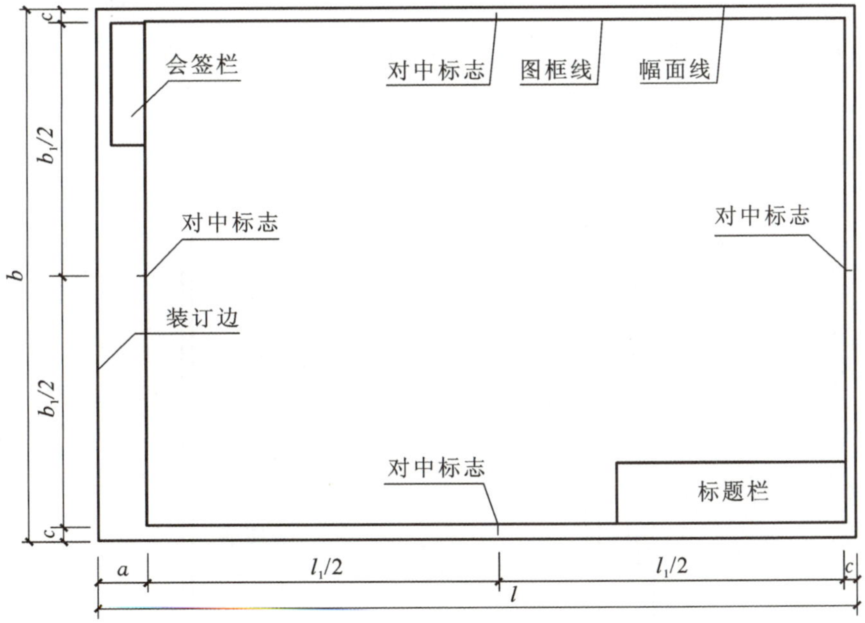

(c)

续附图 1.1

应根据工程的需要选择标题栏、会签栏的尺寸、格式及分区。当采用附图 1.1(a)、附图 1.1(b)、附图 1.2(a)、附图 1.2(b)布置时，标题栏应按附图 1.3 所示布局，当采用附图 1.1(c)、附图 1.2(c)布置时，标题栏、会签栏应按附图 1.4 所示布局。

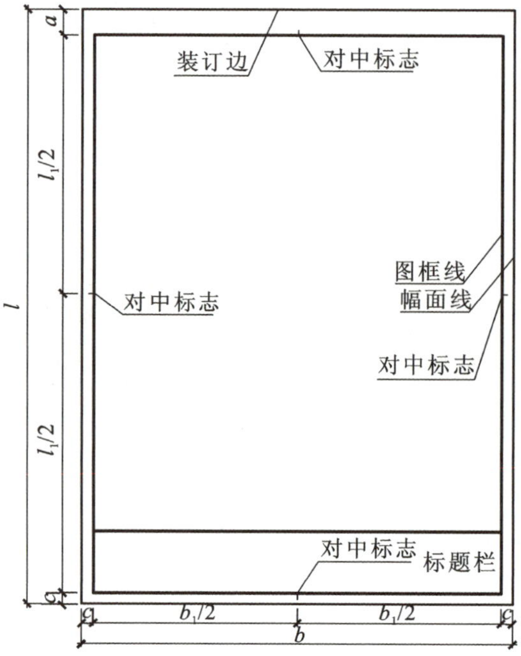

(a)

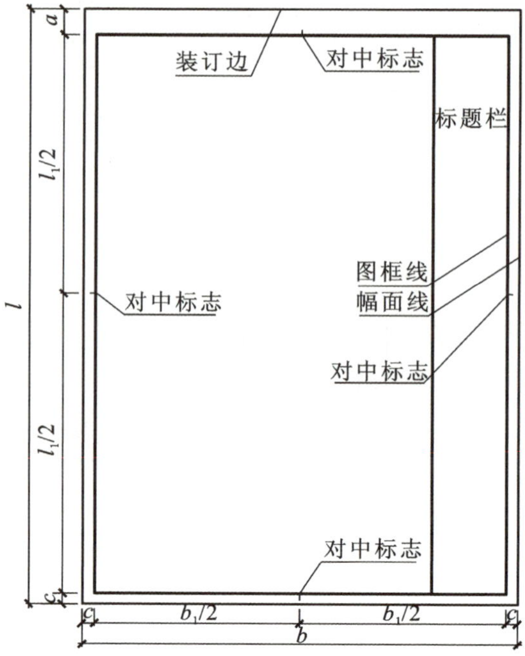

(b)

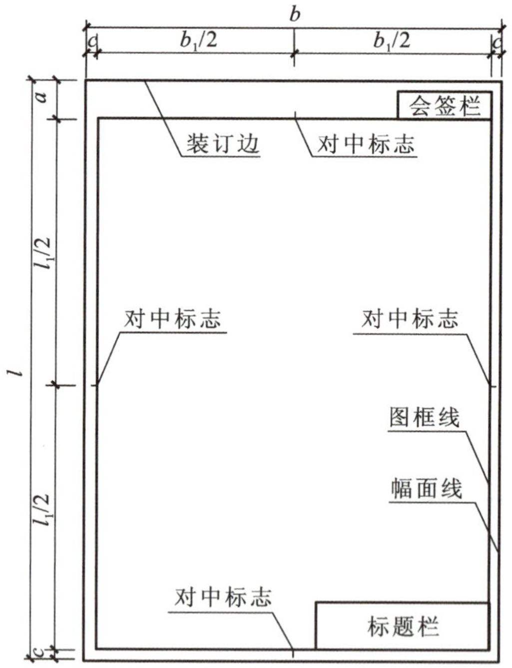

(c)

附图 1.2 立式图幅

(a)A0～A4 立式图幅 1;(b)A0～A4 立式图幅 2;(c)A0～A2 立式图幅 3

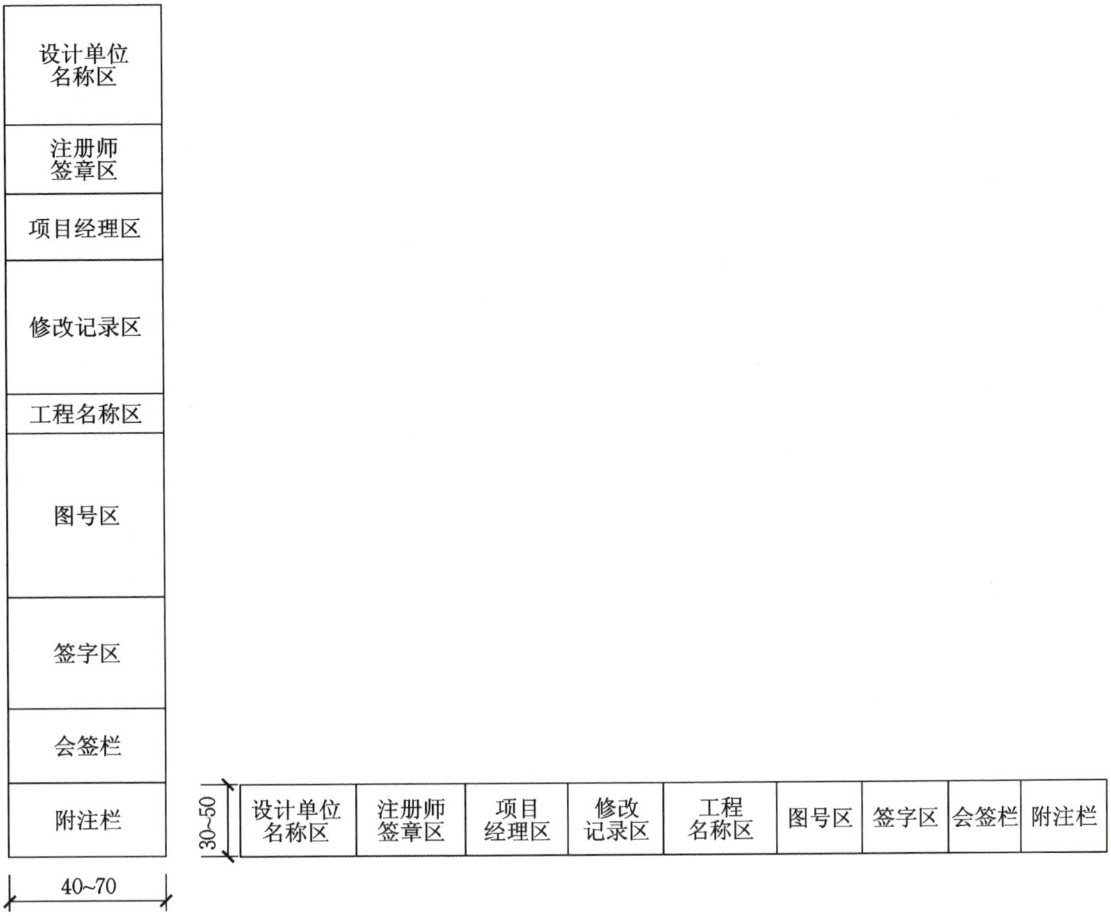

附图 1.3　标题栏

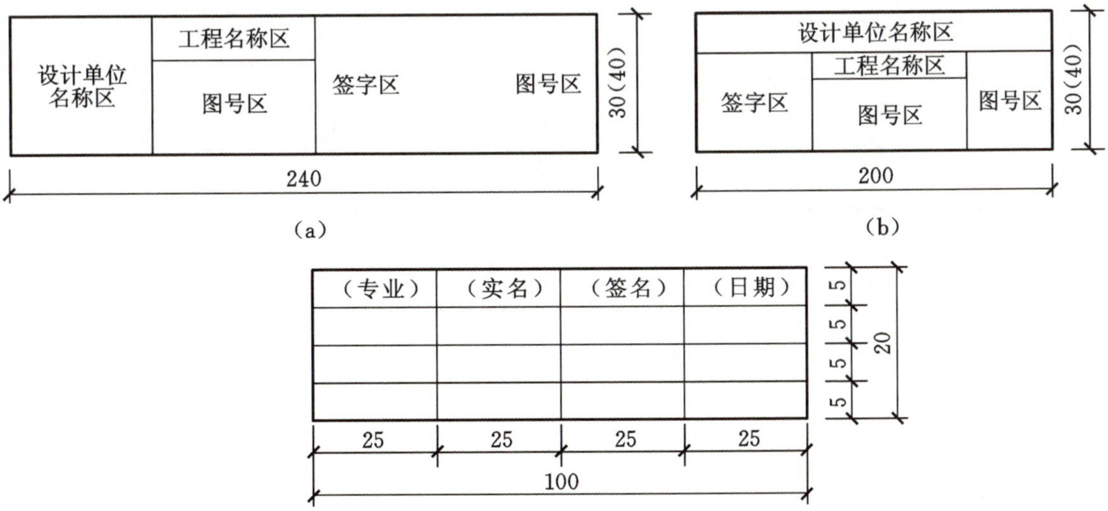

附图 1.4　标题栏、会签栏

(a)标题栏 1;(b)标题栏 2;(c)会签栏

(3) 图纸编排顺序

工程图纸应按专业顺序编排,依次按图纸目录、设计说明、总图、建筑图、结构图、给水排水图、暖通空调图、电气图等编排。各专业的图纸,应按图纸内容的主次关系、逻辑关系进行分类,做到有序排列。

2. 图线

(1) 基本规定

每个图样,应根据复杂程度与比例大小,先选定基本线宽 b,再选用附表 1.3 中相应的线宽组。图线的宽度 b,宜从下列线宽系列中选取:1.4mm、1.0mm、0.7mm、0.5mm。

附表 1.3 线宽组(mm)

线宽比	线宽组			
b	1.4	1.0	0.7	0.5
$0.7b$	1.0	0.7	0.5	0.35
$0.5b$	0.7	0.5	0.35	0.25
$0.25b$	0.35	0.25	0.18	0.13

注:①需要微缩的图纸,不宜采用 0.18mm 及更细的线宽。

②同一张图纸内,各不同线宽中的细线,可统一采用较细的线宽组的细线。

(2) 工程建设制图的图线

工程建设制图,应选用附表 1.4 所示的图线。

附表 1.4 工程建设制图的线型与线宽

名称		线型	线宽	一般用途
实线	粗		b	主要可见轮廓线
	中粗		$0.7b$	可见轮廓线、变更云线
	中		$0.5b$	可见轮廓线、尺寸线
	细		$0.25b$	图例填充线、家具线
虚线	粗		b	见各有关专业制图标准
	中粗		$0.7b$	不可见轮廓线
	中		$0.5b$	不可见轮廓线、图例线
	细		$0.25b$	图例填充线、家具线
单点长画线	粗		b	见各有关专业制图标准
	中		$0.5b$	见各有关专业制图标准
	细		$0.25b$	中心线、对称线、轴线等
双点长画线	粗		b	见各有关专业制图标准
	中		$0.5b$	见各有关专业制图标准
	细		$0.25b$	假想轮廓线、成型前原始轮廓线
折断线	细		$0.25b$	断开界线
波浪线	细		$0.25b$	断开界线

注:同一张图纸内,相同比例的各图样应选用相同的线宽组。

（3）图框和标题栏线的线宽

图纸的图框和标题栏线，可采用附表 1.5 所示的线宽。

附表 1.5　图框线、标题栏线的宽度（mm）

幅面代号	图框线	标题栏外框线 对中标志	标题栏分格线 幅面线
A0、A1	b	$0.5b$	$0.25b$
A2、A3、A4	b	$0.7b$	$0.35b$

3. 字体

图纸上所需书写的文字、数字或符号等，均应笔画清晰、字体端正、排列整齐；标点符号应清楚正确。文字的字高，应从附表 1.6 中选用。字高大于 10mm 的文字宜采用 TrueType 字体，如需书写更大的字，其高度应按$\sqrt{2}$的倍数递增。

附表 1.6　文字的字高（mm）

字体种类	中文矢量字体	TrueType 字体及非中文矢量字体
字宽	3.5、5、7、10、14、20	3、4、6、8、10、14、20

图样及说明中的汉字，宜优先采用 TrueType 字体中的宋体字型，采用矢量字体时应为长仿宋体字型。同一图纸字体种类不应超过两种。矢量字体的宽高比宜为 0.7，且应符合附表 1.7 的规定，打印线宽宜为 0.25～0.35mm；TrueType 字体宽高比宜为 1。大标题、图册封面、地形图等的汉字，也可书写成其他字体，但应易于辨认，其宽高比宜为 1。

附表 1.7　长仿宋字高宽关系（mm）

字高	3.5	5	7	10	14	20
字宽	2.5	3.5	5	7	10	14

图样及说明中的字母、数字，宜优先采用 TrueType 字体中的 Roman 字型，书写规则应符合附表 1.8 的规定。

附表 1.8　字母及数字的书写规则

书写格式	字体	窄字体
大写字母高度	h	h
小写字母高度（上下均无延伸）	$\frac{7}{10}h$	$\frac{10}{14}h$
小写字母伸出的头部或尾部	$\frac{3}{10}h$	$\frac{4}{14}h$
笔画宽度	$\frac{1}{10}h$	$\frac{1}{14}h$
字母间距	$\frac{2}{10}h$	$\frac{2}{14}h$

续附表1.8

书写格式	字体	窄字体
上下行基准线的最小间距	$\frac{15}{10}h$	$\frac{21}{14}h$
词间距	$\frac{6}{10}h$	$\frac{6}{14}h$

注:(1) 字母及数字,当需写成斜体字时,其斜度应是从字的底线逆时针向上倾斜 75°。斜体字的高度和宽度应与相应的直体字相等。

(2) 字母及数字的字高不应小于 2.5mm。

(3) 数量的数值注写,应采用正体阿拉伯数字。各种计量单位凡前面有量值的,均应采用国家颁布的单位符号注写。单位符号应采用正体字母。

(4) 分数、百分数和比例数的注写,应采用阿拉伯数字和数字符号。

(5) 当注写的数字小于 1 时,应写出个位的“0”,小数点应采用圆点,齐基准线书写。

(6) 长仿宋汉字、字母、数字应符合现行国家标准《技术制图 字体》(GB/T 14691—1993)的有关规定。

4. 比例

(1) 基本规定

图样的比例,应为图形与实物相对应的线性尺寸之比。比例的符号为“∶”,比例应以阿拉伯数字表示,如 1∶1、1∶2、1∶100 等。比例宜注写在图名的右侧,字的基准线应取平;比例的字高宜比图名的字高小一号或二号。

(2) 常用比例

建筑制图所用的比例应根据图样的用途与被绘对象的复杂程度,从附表 1.9 中选用,并应优先采用表中常用比例。

附表 1.9 建筑制图常用比例

图名	常用比例	必要时可用比例
总平面图	1∶500;1∶1000;1∶2000;1∶5000	1∶2500;1∶1000
竖向布置图、管线综合图、断面图等	1∶100;1∶200;1∶500;1∶1000;1∶2000	1∶300;1∶500
平面图、立面图、剖面图、结构布置图、设备布置图	1∶50;1∶100;1∶200	1∶150;1∶300;1∶400
详图	1∶1;1∶2;1∶5;1∶10;1∶20;1∶25;1∶50	1∶3;1∶15;1∶30;1∶40

注:①一般情况下,一个图样应选用一种比例。根据专业制图需要,同一图样可选用两种比例。

② 特殊情况下也可自选比例,这时除应注出绘图比例外,还应在适当位置绘制出相应的比例尺。需要缩微的图纸应绘制比例尺。

5. 常用符号

(1) 剖切符号

采用常用方法表示时,剖面的剖切符号应由剖切位置线及剖视方向线组成,均应以粗实线绘制,线宽宜为 b。剖面的剖切符号应符合下列规定:

① 剖切位置线的长度宜为 6～10mm。

② 剖视方向线应垂直于剖切位置线，长度应短于剖切位置线，宜为 4～6mm。

③ 绘制时，剖视剖切符号不应与其他图线相接触。

④ 剖视剖切符号的编号宜采用粗阿拉伯数字，按剖切顺序由左至右、由下向上连续编排，并应注写在剖视方向线的端部。

(2) 索引符号

图样中的某一局部或构件，如需另见详图，应以索引符号索引[附图 1.5(a)]。索引符号由直径为 8～10mm 的圆和水平直径组成，圆及水平直径线宽宜为 0.25b。

索引符号编写应符合下列规定：

① 当索引出的详图与被索引的详图同在一张图纸内，应在索引符号的上半圆中用阿拉伯数字注明该详图的编号，并在下半圆中间画一段水平细实线[附图 1.5(b)]。

② 当索引出的详图与被索引的详图不在同一张图纸中，应在索引符号的上半圆中用阿拉伯数字注明该详图的编号，在索引符号的下半圆用阿拉伯数字注明该详图所在图纸的编号[附图 1.5(c)]。数字较多时，可加文字标注。

③ 当索引出的详图采用标准图时，应在索引符号水平直径的延长线上加注该标准图集的编号[附图 1.5(d)]。需要标注比例时，应在文字的索引符号右侧或延长线下方，与符号下对齐。

④ 当索引符号用于索引剖视详图时，应在被剖切的部位绘制剖切位置线，并以引出线引出索引符号，引出线所在的一侧应为剖视方向(附图 1.6)。

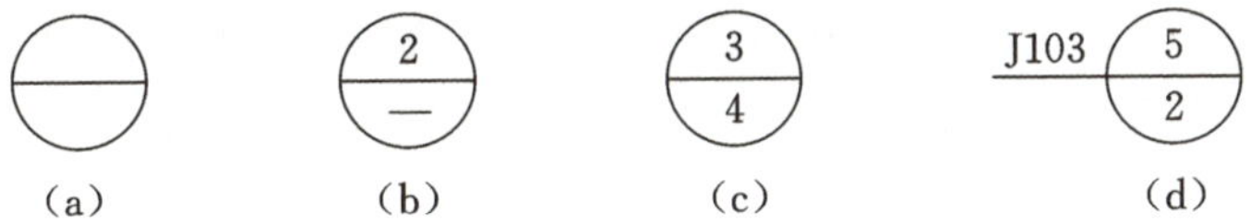

附图 1.5　索引符号

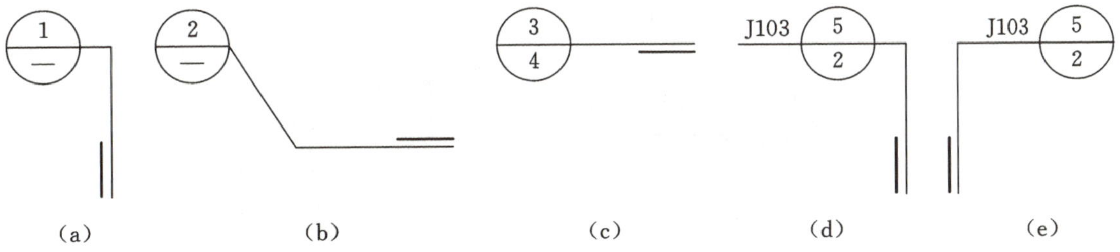

附图 1.6　用于索引剖视详图的索引符号

零件、钢筋、杆件及消火栓、配电箱、管井等设备的编号宜以直径为 4～6mm 的圆表示，圆线宽为 0.25b，同一图样应保持一致，其编号应用阿拉伯数字按顺序编写。

(3) 详图符号

详图符号表示详图的位置和编号。详图符号的圆直径应为 14mm，线宽为 b。当详图与被索引的图样同在一张图纸内时，应在详图符号内用阿拉伯数字注明详图的编号[附图 1.7(a)]；当详图与被索引的图样不在同一张图纸内时，应用细实线在详图符号内画一水平直径，在上半圆中注明详图编号，在下半圆中注明被索引的图纸的编号[附图 1.7(b)]。

附图 1.7 详图索引

(a)与被索引的图样同在一张图纸内;(b)与被索引的图样不在同一张图纸内

(4) 引出线

引出线线宽应为 0.25b,宜采用水平方向的直线,或与水平方向成 30°、45°、60°、90°的直线,并经上述角度再折成水平线。文字说明宜注写在水平线的上方[附图 1.8(a)],也可注写在水平线的端部[附图 1.8(b)],索引详图的引出线,应与水平直径线相连接[附图 1.8(c)]。同时引出的几个相同部分的引出线,宜互相平行[附图 1.8(d)],也可画成集中于一点的放射线[附图 1.8(e)]。

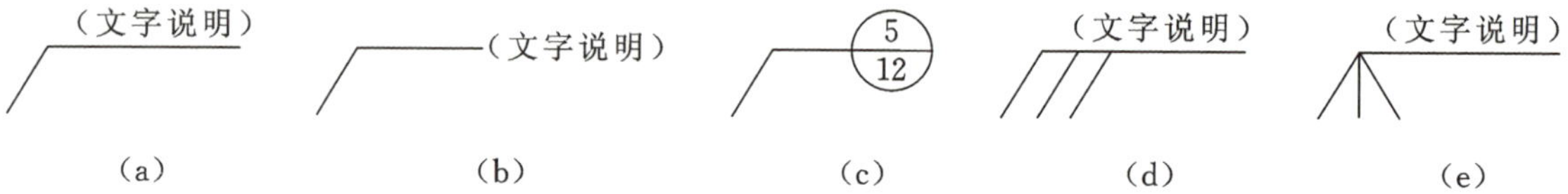

附图 1.8 引出线和共用引出线

多层构造或多层管道共用引出线,应通过被引出的各层,并用圆点示意对应各层次。文字说明宜注写在水平线的上方,或注写在水平线的端部,说明的顺序应由上至下,并应与被说明的层次对应一致;如层次为横向排序,则由上至下的说明顺序应与由左至右的层次对应一致(附图 1.9)。

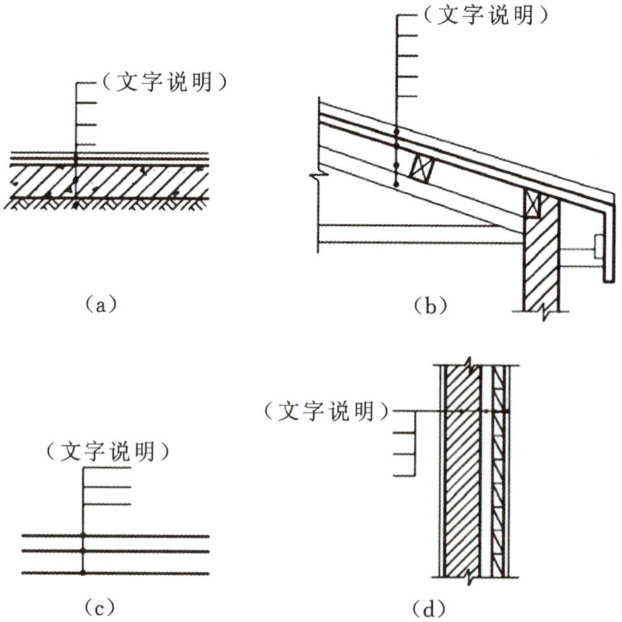

附图 1.9 多层引出线

（5）标高

标高符号应以等腰直角三角形表示，按附图 1.10 所示形式用细实线绘制，如标注位置不够，也可按附图 1.10(b)所示形式绘制。标高符号的具体画法如附图 1.10(c)、附图 1.10(d)所示。

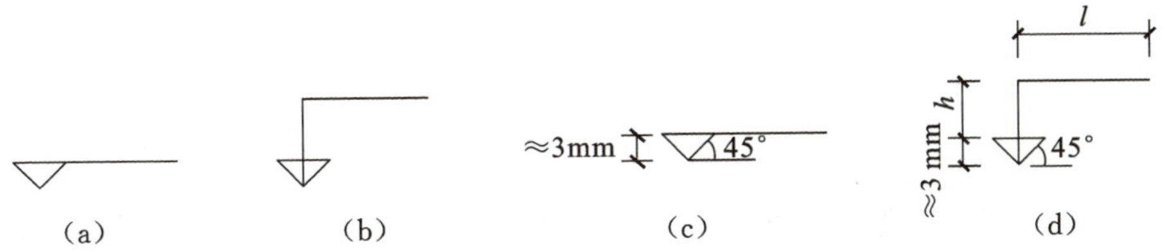

附图 1.10　标高符号

总平面图室外地坪标高符号，宜用涂黑的三角形表示，如附图 1.11 所示。标高符号的尖端应指至被注高度的位置，尖端一般应向下，也可向上。标高数字应注写在标高符号的上侧或下侧，如附图 1.12 所示。标高数字应以米为单位，注写到小数点以后第三位。在总平面图中，可注写到小数点以后第二位。在图样的同一位置需表示几个不同标高时，标高数字可按附图 1.13 的形式注写。

附图 1.11　总平面图室外地坪标高符号图

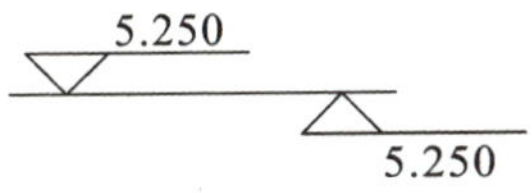

附图 1.12　标高的指向

零点标高应注写成±0.000，正数标高不注“+”，负数标高应注“－”，例如 3.000、－0.600。

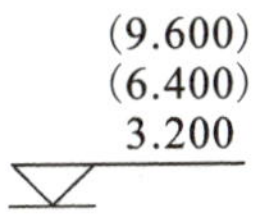

附图 1.13　同一位置注写多个标高数字

（6）其他符号

对称符号：应由对称线和两端的两对平行线组成。对称线应用单点长画线绘制，线宽宜为 0.25b；平行线应用实线绘制，其长度宜为6～10mm，每对的间距宜为 2～3mm，线宽宜为 0.5b；对称线应垂直平分于两对平行线，两端超出平行线宜为 2～3mm[附图 1.14(a)]。

连接符号：应以折断线表示需连接的部分。两部位相距过远时，折断线两端靠图样一侧应标注大写英文字母表示连接编号。两个被连接的图样应用相同的字母编号[附图 1.14(b)]。

指北针：形状宜符合附图 1.14(c)的规定，其圆的直径宜为 24mm，用细实线绘制；指针尾部的宽度宜为 3mm，指针头部应注“北”或“N”字。需用较大直径绘制指北针时，指针尾部的宽度宜为直径的 1/8。

风玫瑰：指北针与风玫瑰结合时宜采用互相垂直的线段，线段两端应超出风玫瑰轮廓线 2～3mm，垂点宜为风玫瑰中心，北向应注“北”或“N”字，组成风玫瑰所有线宽均宜为 0.5b。

变更云线：对图纸中局部变更部分宜采用云线，并宜注明修改版次。修改版次符号宜为边长 0.8cm 的正等边三角形，修改版次应采用数字表示[附图 1.14(d)]。变更云线的线宽宜按 0.7b 绘制。

6. 定位轴线及其编号

定位轴线应用 0.25b 线宽的单点长画线绘制。定位轴线应编号，编号应注写在轴线端部

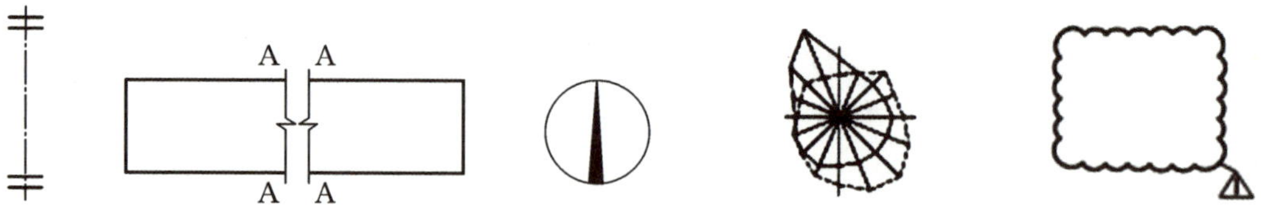

附图 1.14　其他符号

(a)对称符号;(b)连接符号;(c)指北针、风玫瑰;(d)变更云线

的圆内。圆应用 0.25b 线宽的实线绘制,直径宜为 8～10mm。定位轴线圆的圆心应在定位轴线的延长线上或延长线的折线上。除较复杂需采用分区编号或圆形、折线形外,平面图上定位轴线的编号,宜标注在图样的下方及左侧,或在图样的四面标注。横向编号应用阿拉伯数字,从左至右顺序编写;竖向编号应用大写英文字母,从下至上顺序编写(附图 1.15)。

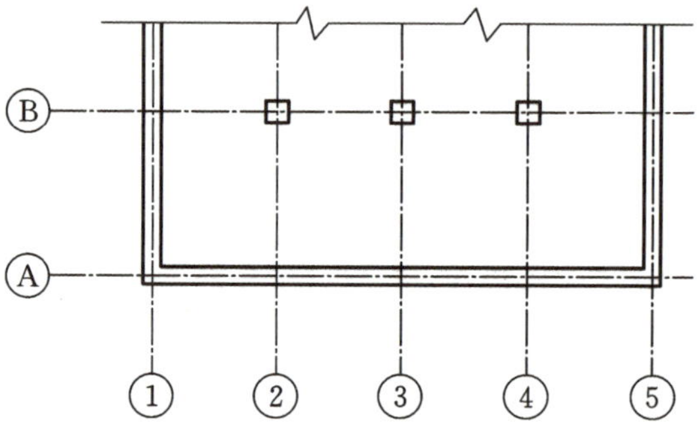

附图 1.15　定位轴线的编号顺序

英文字母作为轴线号时,应全部采用大写字母,不应用同一个字母的大小写来区分轴线号。英文字母的 I、O、Z 不得用作轴线编号。当字母数量不够使用时,可增用双字母或单字母加数字注脚。

组合较复杂的平面图中定位轴线可采用分区编号(附图 1.16),编号的注写形式应为"分区号-该分区定位轴线编号",分区号宜采用阿拉伯数字或大写英文字母表示;多子项的平面图中定位轴线可采用子项编号,编号的注写形式为"子项号-该子项定位轴线编号",子项号采用阿拉伯数字或大写英文字母表示,如"1-1""1-A"或"A-1""A-2"。当采用分区编号或子项编号,同一根轴线有不止 1 个编号时,相应编号应同时注明。

附加定位轴线的编号应以分数形式表示,并应符合下列规定:两根轴线的附加轴线,应以分母表示前一轴线的编号,分子表示附加轴线的编号,编号宜用阿拉伯数字顺序编写;1 号轴线或 A 号轴线之前的附加轴线的分母应以 01 或 0A 表示。

一个详图适用于几根轴线时,应同时注明各有关轴线的编号(附图 1.17)。

通用详图中的定位轴线,应只画圆,不注写轴线编号。圆形与弧形平面图中的定位轴线,其径向轴线应以角度进行定位,其编号宜用阿拉伯数字表示,从左下角或$-90°$(若径向轴线很密,角度间隔很小)开始,按逆时针顺序编写;其环向轴线宜用大写英文字母表示,从外向内顺序编写(附图 1.18、附图 1.19)。

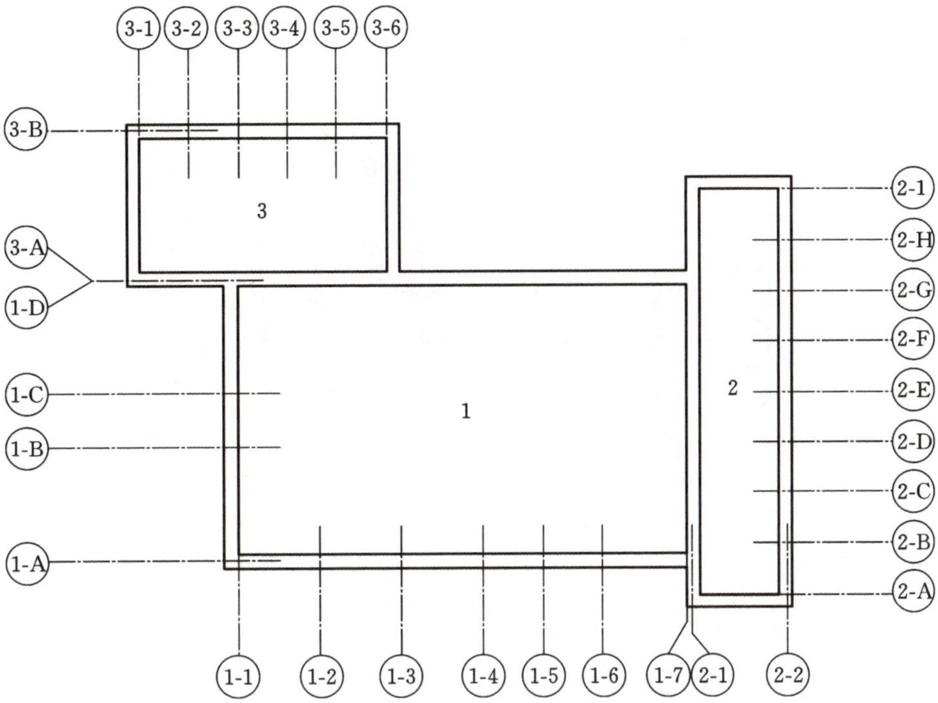

附图 1.16　定位轴线的分区编号

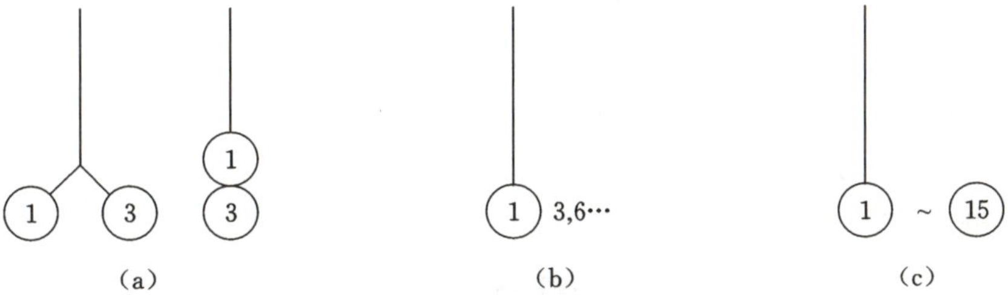

附图 1.17　详图的轴线编号

(a)用于 2 根轴线;(b)用于 3 根或以上轴线;(c)用于 3 根以上连续编号的轴线

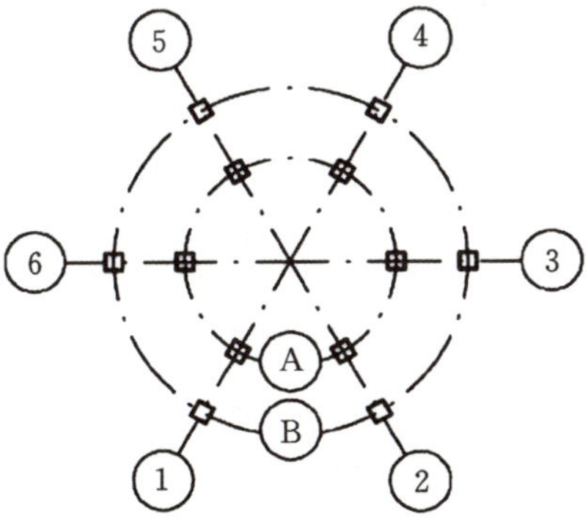

附图 1.18　圆形平面定位轴线的编号

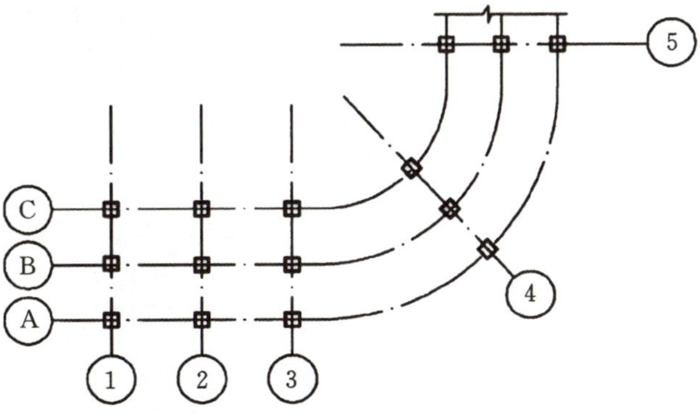

附图 1.19　弧形平面定位轴线的编号

圆形与弧形平面图的圆心宜选用大写英文字母编号(I、O、Z 除外),有不止 1 个圆心时,可在字母后加注阿拉伯数字进行区分,如 P1、P2、P3。

折线形平面图中定位轴线的编号可按附图 1.20 的形式编写。

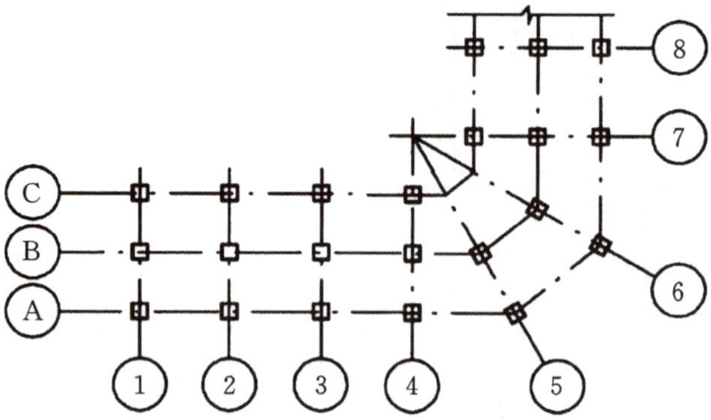

附图 1.20　折线形平面定位轴线的编号

7. 图例及代号

建筑制图中,常见图例及代号,如附表 1.10 所示。

附表 1.10　常见图例及代号

名称	图例	代号
窗	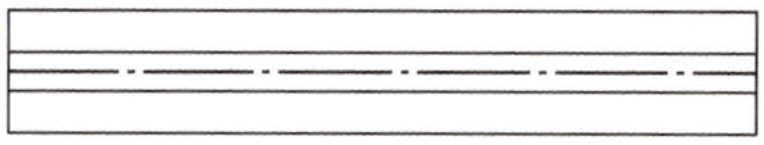	C
门	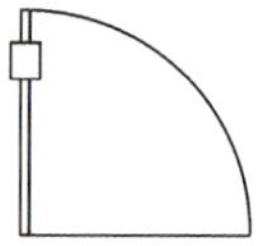	M
楼梯段	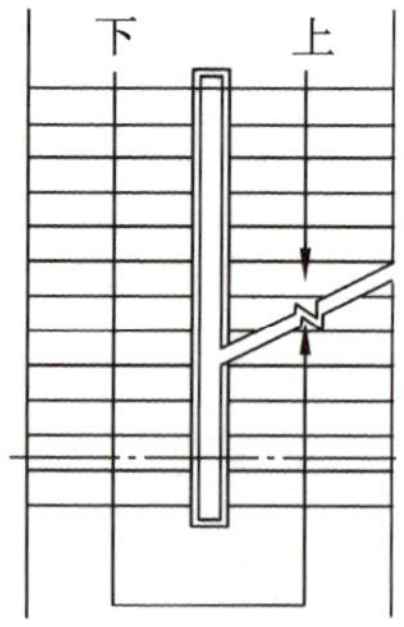	
柱子	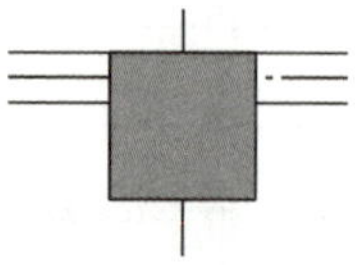	
折断线	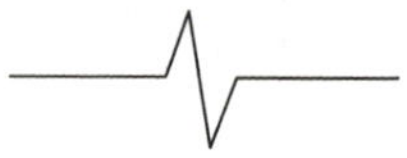	

续附表1.10

名称	图例	代号
标高	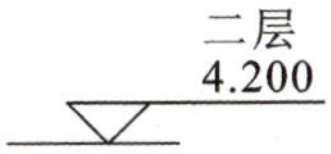	
轴标号	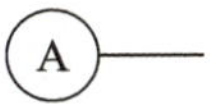	
蹲便器	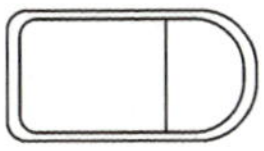	
盥洗台	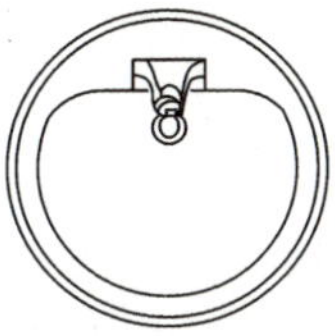	
成品拖把池	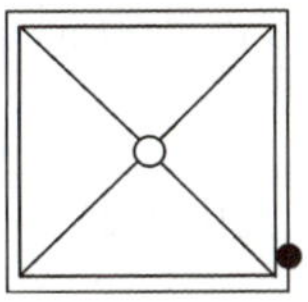	

8. 尺寸标注

（1）图样上的尺寸，包括尺寸界线、尺寸线、尺寸起止符号和尺寸数字四要素，如附图1.21所示。

（2）尺寸界线应用细实线绘制，应与被注长度垂直，其一端应离开图样轮廓线不小于2mm，另一端宜超出尺寸线2～3mm，图样轮廓线可用作尺寸界线，如附图1.22所示。

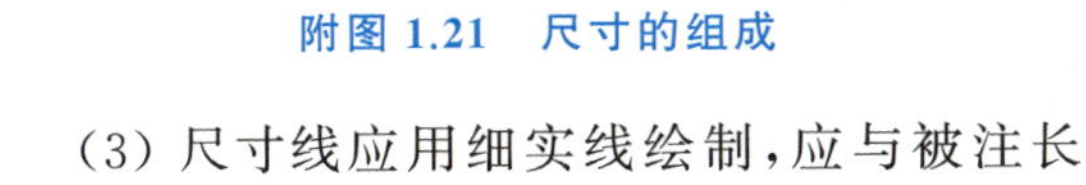

附图 1.21　尺寸的组成

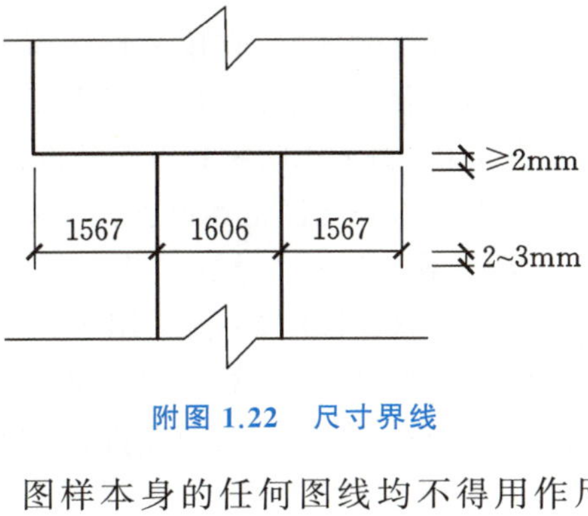

附图 1.22　尺寸界线

（3）尺寸线应用细实线绘制，应与被注长度平行。图样本身的任何图线均不得用作尺寸线。

（4）尺寸起止符号一般用中粗斜短线绘制，其倾斜方向应与尺寸界线成顺时针45°角，长度宜为2～3mm。半径、直径、角度与弧长的尺寸起止符号，宜用箭头表示。

（5）图样上所注写的尺寸数字是物体的实际尺寸，除标高和总平面图以米(m)为单位外，其他均以毫米(mm)为单位。

（6）图样轮廓线以外的尺寸界限，距图样最外轮廓之间的距离不宜小于10mm。平行排列的尺寸线的间距宜为 7～10mm，并保持一致。

平面尺寸标注效果如附图 1.23 所示。

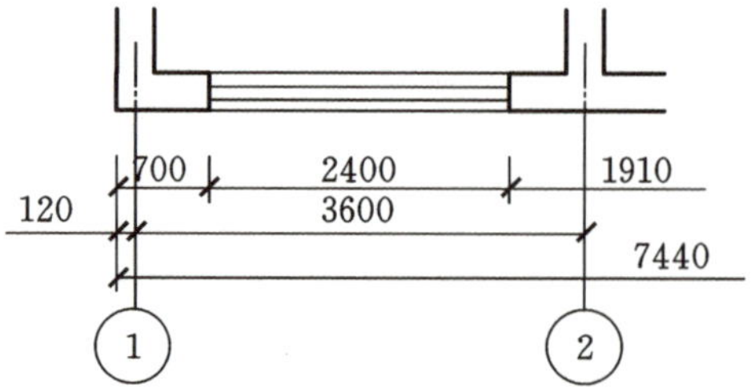

附图 1.23　平面尺寸标注示意图

9. 绘图一般原则

(1) 方向与指北针

① 平面图与总平面图的方向宜保持一致；

② 绘制正交平面图时，宜使定位轴线与图框边线平行；

③ 绘制由几个局部正交区域组成且各区域相互斜交的平面图时，可选择其中任意一个正交区域的定位轴线与图框边线平行；

④ 指北针应指向绘图区的顶部，在整套图纸中保持一致。

(2) 坐标系与原点

① 计算机绘图时，可以选择世界坐标系或用户定义坐标系；

② 绘制总平面图工程中有特殊要求的图样时，也可使用大地坐标系；

③ 坐标原点的选择，应使绘制的图样位于横向坐标轴的上方和纵向坐标轴的右侧并紧邻坐标原点；

④ 在同一工程中，各专业宜采用相同的坐标系与坐标原点。

(3) 布局

① 计算机制图时，宜按照自下而上、自左至右的顺序排列图样；宜优先布置主要图样(如平面图、立面图、剖面图)，再布置次要图样(如大样图、详图)。

② 表格、图纸说明宜布置在绘图区的右侧。

③ 图框不要和图形绘制在一个图层上。

(4) 比例

① 计算机绘图时，一般采用 1∶1 的比例绘制图样，最后在布局中控制输出比例；

② 计算机绘图时，说明、表格及标注等处的文字可采用字号乘以出图比例倒数的方法，输出时控制出图比例打印出图即符合制图标准规定。

(5) 样板文件

设定图形界限、单位和图层，常用的设置如图层、文字样式、标注样式、多线样式等应保存为样板文件。新建图形文件时，直接利用样板生成初始绘图环境。

附录 2 CAD常用快捷命令

1 一键快捷键在键盘上的分布

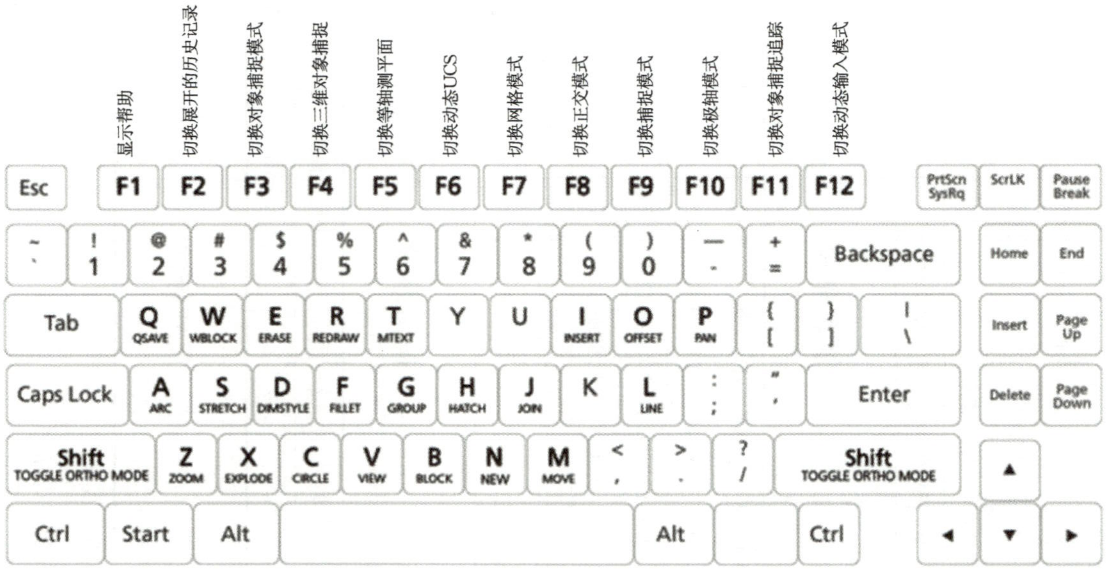

Q QSAVE / 保存当前图形。

A ARC / 创建圆弧。

Z ZOOM / 增大或减小当前视口中视图的比例。

W WBLOCK / 将对象或块写入新图形文件。

S STRETCH / 拉伸与选择窗口或多边形交叉的对象。

X EXPLODE / 将复合对象分解为其组件对象。

E ERASE / 从图形中删除对象。

D DIMSTYLE / 创建和修改标注样式。

C CIRCLE / 创建圆。

R REDRAW/刷新当前视口中的显示。

F FILLET / 为对象的边加圆角和倒角。

V VIEW / 保存和恢复命名视图、相机视图、布局视图和预设视图。

T MTEXT / 创建多行文字对象。

G GROUP / 创建和管理已保存的对象集（称为组）。

B BLOCK / 根据选定的对象创建块定义。

H HATCH / 使用填充图案，实体填充或渐变填充来填充封闭区域或选定对象。

J JOIN / 合并多个相似对象以形成一个完整对象。

M MOVE / 在指定方向上按指定距离移动对象。

I INSERT / 将块或图形插入当前图形。

O OFFSET / 创建同心圆，平行线和等距曲线。

L LINE / 创建直线段。

P PAN / 向动态块定义中添加带有夹点的参数。

2　绘图命令

PO	POINT(点)	EL	ELLIPSE(椭圆)	REC	RECTANGLE(矩形)
L	LINE(直线)	REG	REGION(面域)	C	CIRCLE(圆)
XL	XLINE(射线)	MT	MTEXT(多行文本)	A	ARC(圆弧)
PL	PLINE(多段线)	T	MTEXT(多行文本)	DO	DONUT(圆环)
ML	MLINE(多线)	B	BLOCK(块定义)	DIV	DIVIDE(等分)
SPL	SPLINE(样条曲线)	I	INSERT(插入块)	ME	MEASURE(定距等分)
POL	POLYGON(正多边形)	W	WBLOCK(定义块文件)	H	BHATCH(填充)

3　修改命令

CO	COPY(复制)	EX	EXTEND(延伸)	E	DEL 键 ERASE(删除)
MI	MIRROR(镜像)	S	STRETCH(拉伸)	X	EXPLODE(分解)
AR	ARRAY(阵列)	LEN	LENGTHEN(直线拉长)	TR	TRIM(修剪)
O	OFFSET(偏移)	SC	SCALE(比例缩放)	F	FILLET(倒圆角)
RO	ROTATE(旋转)	BR	BREAK(打断)	PE	PEDIT(多段线编辑)
M	MOVE(移动)	CHA	CHAMFER(倒角)	ED	DDEDIT(修改文本)

4　视窗缩放

P	PAN(平移)	Z+P	返回上一视图	Z	局部放大
Z+空格+空格	实时缩放	Z+E	显示全图	Z+W	显示窗选部分

5　尺寸标注

DLI	DIMLINEAR(直线标注)	DBA	DIMBASELINE(基线标注)
DAL	DIMALIGNED(对齐标注)	DCO	DIMCONTINUE(连续标注)
DRA	DIMRADIUS(半径标注)	D	DIMSTYLE(标注样式)
DDI	DIMDIAMETER(直径标注)	DED	DIMEDIT(编辑标注)
DAN	DIMANGULAR(角度标注)	DOV	DIMOVERRIDE(替换标注系统变量)
DCE	DIMCENTER(中心标注)	DAR	(弧度标注,CAD2006)
DOR	DIMORDINATE(点标注)	DJO	(折弯标注,CAD2006)
LE	QLEADER(快速引出标注)		

6　对象特性

ADC	ADCENTER(设计中心"Ctrl+2")	RE	REDRAW(重新生成)
CH	MO PROPERTIES(修改特性"Ctrl+1")	REN	RENAME(重命名)
MA	MATCHPROP(属性匹配)	SN	SNAP(捕捉栅格)
ST	STYLE(文字样式)	DS	DSETTINGS(设置极轴追踪)
COL	COLOR(设置颜色)	OS	OSNAP(设置捕捉模式)
LA	LAYER(图层操作)	PRE	PREVIEW(打印预览)
LT	LINETYPE(线形)	TO	TOOLBAR(工具栏)
LTS	LTSCALE(线形比例)	V	VIEW(命名视图)
LW	LWEIGHT(线宽)	AA	AREA(面积)
UN	UNITS(图形单位)	DI	DIST(距离)
ATT	ATTDEF(属性定义)	LI	LIST(显示图形数据信息)
ATE	ATTEDIT(编辑属性)	IMP	IMPORT(输入文件)
BO	BOUNDARY(边界创建，包括创建闭合多段线和面域)	OP	PR OPTIONS(自定义 CAD 设置)
AL	ALIGN(对齐)	PRINT	PLOT(打印)
EXIT	QUIT(退出)	PU	PURGE(清除垃圾)
EXP	EXPORT(输出其他格式文件)		

7　常用 CTRL 快捷键

【CTRL】+1	PROPERTIES(修改特性)	【CTRL】+C	COPYCLIP(复制)
【CTRL】+2	ADCENTER(设计中心)	【CTRL】+V	PASTECLIP(粘贴)
【CTRL】+O	OPEN(打开文件)	【CTRL】+B	SNAP(栅格捕捉)
【CTRL】+N	NEW(新建文件)	【CTRL】+F	OSNAP(对象捕捉)
【CTRL】+P	PRINT(打印文件)	【CTRL】+G	GRID(栅格)
【CTRL】+S	SAVE(保存文件)	【CTRL】+L	ORTHO(正交)
【CTRL】+Z	UNDO(放弃)	【CTRL】+W	(选择循环开关)
【CTRL】+X	CUTCLIP(剪切)	【CTRL】+U	(极轴)

8　常用功能键

【F1】	HELP(帮助)	【F7】	GRIP(栅格)
【F2】	(文本窗口)	【F8】	正交
【F3】	OSNAP(对象捕捉)		

附录3　某别墅建筑施工图

专业	签名	日期	给排水		
建筑			电气		
结构			暖通		

建筑施工设计总说明

一、本工程为XX别墅，室内±0.00相当于绝对标高另定，室内外高差为1.00M。

二、地下室做法：

1、地下室底板部分：素土夯实，200厚大片，100厚C10混凝土垫层，20厚1:2.5水泥砂浆找平层，特种氰凝防水涂料一底二涂，40厚C20细石混凝土保护层，钢筋混凝土底板，20厚1:2水泥砂浆面层。

2、地下室侧板外侧部分：钢筋混凝土墙体，20厚1:2.5水泥砂浆找平层，特种氰凝防水涂料一底二涂，黄泥回填分层压实。

3、地下室侧板内侧部分：钢筋混凝土墙体，12厚1:1:6水泥石灰砂浆分层抹平，6厚1:1:6水泥石灰砂浆光面，内墙乳胶漆。

4、地下室顶板部分：钢筋混凝土顶板，5厚1:3水泥砂浆打底扫毛，5厚1:2.5水泥砂浆罩面，内墙乳胶漆。

三、地坪做法：

1、车库部分：素土夯实，200厚大片，80厚碎石，150厚C25混凝土随捣随抹，上撒1:1水泥砂子压实赶光。

2、其他部分：素土夯实，200厚大片，80厚碎石，70厚C10混凝土随捣随抹，20厚1:2水泥砂浆面层。

四、楼面做法：现浇钢筋混凝土楼面板，20厚1:2水泥砂浆面层。

五、屋面做法：

1、屋面一（建筑找坡）：现浇钢筋混凝土屋面板，最薄处20厚1:2.5水泥砂浆找（2%）坡层，改性沥青防水卷材，25厚挤塑泡沫保温隔热板，20厚1:2.5水泥砂浆保护层，40厚C20混凝土，内配ø4@200双向。

2、屋面二：现浇钢筋混凝土斜屋面板，20厚1:2.5水泥砂浆找平层，改性沥青防水卷材，25厚挤塑泡沫保温隔热板嵌在40X25@640纵向分格木，镀锌钢丝网用骑马钉（@300）钉在分格木上，上粉20厚1:2水泥砂浆，铺贴玻纤瓦（颜色由设计师和甲方另定）。

六、内墙做法：

1、卫生间及厨房：12厚1:3水泥砂浆分层抹平，6厚1:2水泥砂浆光面。

2、车库部分：12厚1:1:6水泥石灰砂浆分层抹平，6厚1:1:6水泥石灰砂浆光面，内墙乳胶漆。

3、其余房间：12厚1:1:6水泥石灰砂浆分层抹平，6厚1:1:6水泥石灰砂浆光面。

4、车库部分设暗踢脚，高150，12厚1:3水泥砂浆抹灰，8厚1:2水泥砂浆抹面。

七、三色面砖外墙（颜色另定）：12厚1:3水泥砂浆打底，1:1水泥砂浆粘贴。

八、顶棚：车库部分为5厚1:3水泥砂浆打底扫毛，5厚1:25水泥砂浆罩面，内墙乳胶漆。其余为5厚1:3水泥砂浆打底扫毛，5厚1:2.5水泥砂浆罩面。

九、其它：

1、窗均为白色塑钢窗，门除注明外均只留门洞，所有金属外露构件均为防锈漆二度，深色调和漆二度，所有预埋木件均需满涂柏油二度。

2、落水管采用ø100PVC管，每个落水管下做一砖半窨井一个。

3、砖标号：±0.00以上除户内分户墙采用Mu7.5粘土大孔空心砖外，其余均采用Mu7.5粘土多孔空心砖，M5混合砂浆砌筑，±0.00以下采用Mu7.5标准机制砖，M5水泥砂浆砌筑。在−0.06M处设墙身防潮层一道，30厚1:3水泥砂浆，内掺5%防水剂。

4、宅院内道路做法：200厚大片，50厚碎石，180厚C25混凝土面层，缩缝及伸缝做法见浙J18-95，道牙做法见浙J18-95第12页节点2。

5、建筑物四周均设散水，散水、台阶及坡道详见浙J18-95图集第3页。

6、卫生间、厨房比卧室的标高低30，进门平台，二层阳台比室内的标高低50。

7、客厅和餐厅之间楼梯用户自理。住宅楼梯栏杆详见2001浙J43第26页，栏杆扶手刷深亮色聚氨脂清漆二道。

8、厨房垂直烟道均选用G型（ZRF-U-4）二层楼面以上预留300x350洞口，其做法详见浙J16-94，烟气道及厨卫管道落地处均需做防水套管。

9、厨卫地面四周墙均需从墙身底侧用C20细石砼掺3%防水剂上翻120，厨卫地面找平层均需用1:2水泥砂浆掺3%防水剂做0.5%坡度坡向地漏。

10、外墙装饰材料和屋面材料须设计人员参与选定，色彩选用须经现场试涂决定。

11、窗台及檐沟底均做白色抹灰，滴水采用黑色成品件。

号		图纸目录		设计号
		建设单位		
		工程项目	XX别墅	
序号	图纸图号	图名	图纸尺寸	日期
1	JS-01	门窗表 建筑施工设计总说明	A2	
2	JS-02	地下室平面图	A2	
3	JS-03	一层平面图	A2	
4	JS-04	二层平面图	A2	
5	JS-05	三层平面图	A2	
6	JS-06	屋顶平面图	A2	
7	JS-07	①-⑩立面图	A2	
8	JS-08	⑩-①立面图	A2	
9	JS-09	Ⓐ-Ⓓ立面图	A2	
10	JS-10	Ⓓ-Ⓐ立面图	A2	
11	JS-11	1-1剖面图(楼梯2-2剖面)	A2	
12	JS-12	节点大样	A2	

主管人： 工程负责人： 制表人：

本工程采用90系列白色塑钢门，80系列白色塑钢窗。

型号	洞口尺寸（宽X高）	A楼数量	备注
C0914	900X1400	4	塑钢窗
C0916	900X1600	2	塑钢窗
C0918	900X1800	1	塑钢窗
C0921	900X2100	3	塑钢窗
C0927	900X2700	3	塑钢窗
C1204	1200X400	1	塑钢窗
C1209	1200X900	4	塑钢窗
C1214	1200X1400	4	塑钢窗
C1218	1200X1800	1	塑钢窗
C1233	1200X3300	2	塑钢窗
C1242	1200X4200	1	塑钢窗
C1508	1500X800	1	塑钢窗
C1514	1500X1400	4	塑钢窗
C1533	1500X3300	1	塑钢窗
C2114	2100X1400	1	塑钢窗
C2433	2400X3300	1	塑钢窗
C3919	3900X1900	1	塑钢窗
C3933	3900X3300	1	塑钢窗
HC1	5290X1450	1	塑钢窗
HC2	5290X2050	1	塑钢窗
M0821	800X2100	6	只留门洞
M0921	900X2100	8	只留门洞
M0927	900X2700	1	塑钢门
M1221	1200X2100	1	塑钢门
M1222	1200X2200	3	塑钢门
M1521	1500X2100	1	塑钢门
TM1024	1000X2400	1	电子防盗门具体由甲方定
TM1224	1200X2400	1	电子防盗门具体由甲方定
TM1524	1500X2400	1	电子防盗门具体由甲方定
JM5423	5400X2300	1	防盗卷帘门具体由甲方定

专业	签名	日期	给排水	
建筑			电气	
结构			暖通	

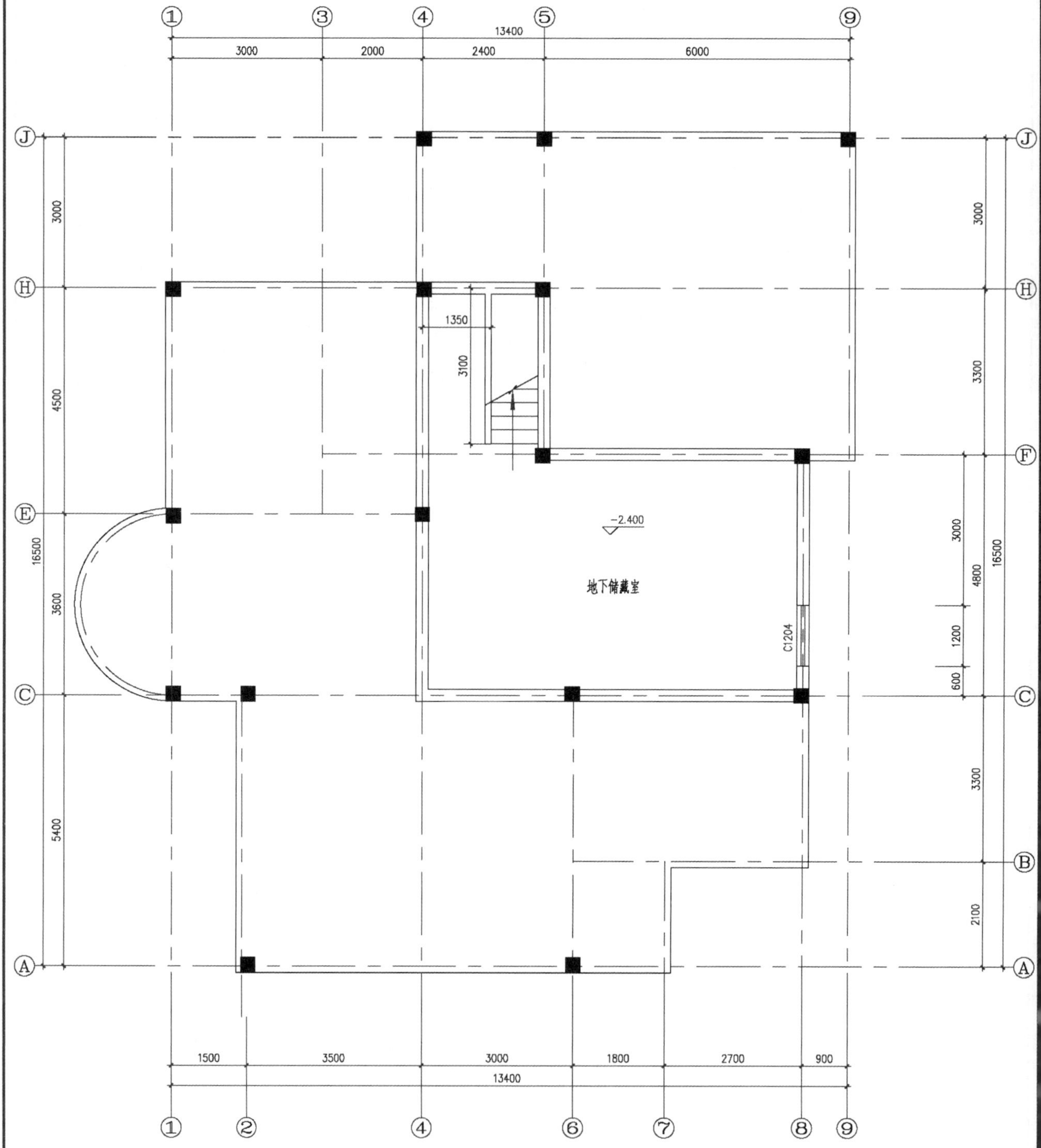

地下室平面图 1:50

专业	签名	日期	给排水		
建筑			电气		
结构			暖通		

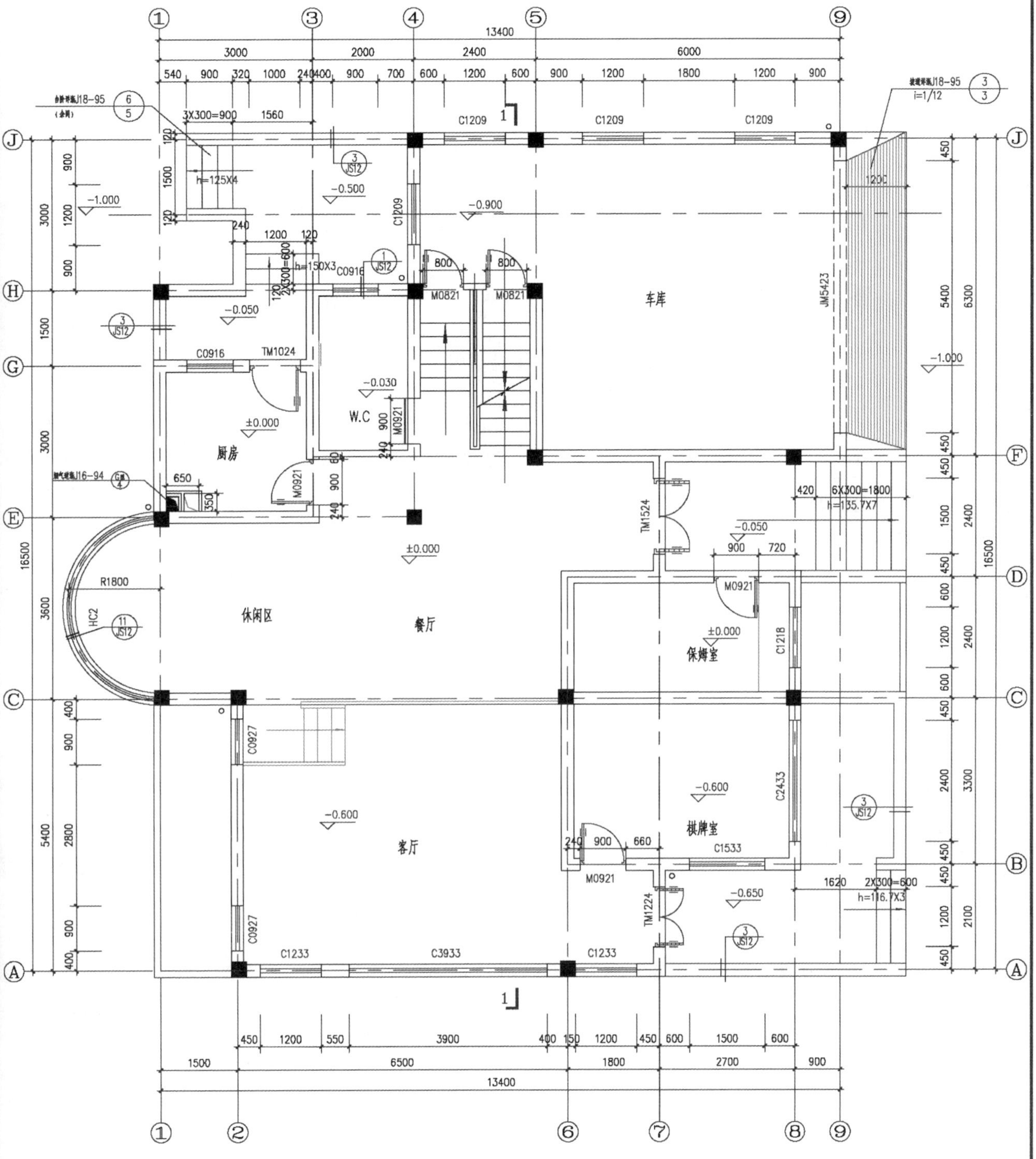

一层平面图 1:50

专业	签名	日期	给排水	
建筑			电气	
结构			暖通	

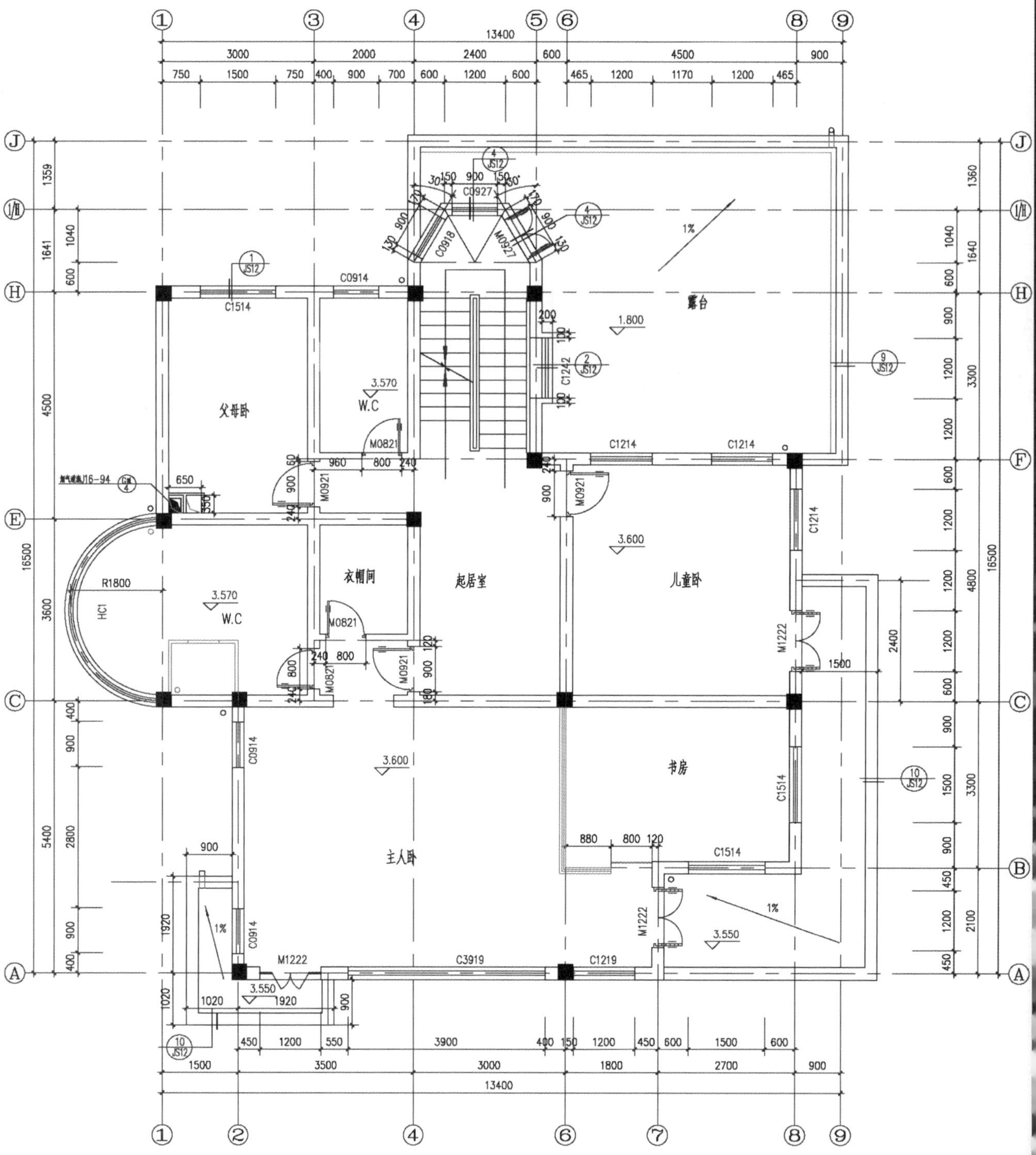

二层平面图 1:50

专业	签名	日期	给排水		
建筑			电气		
结构			暖通		

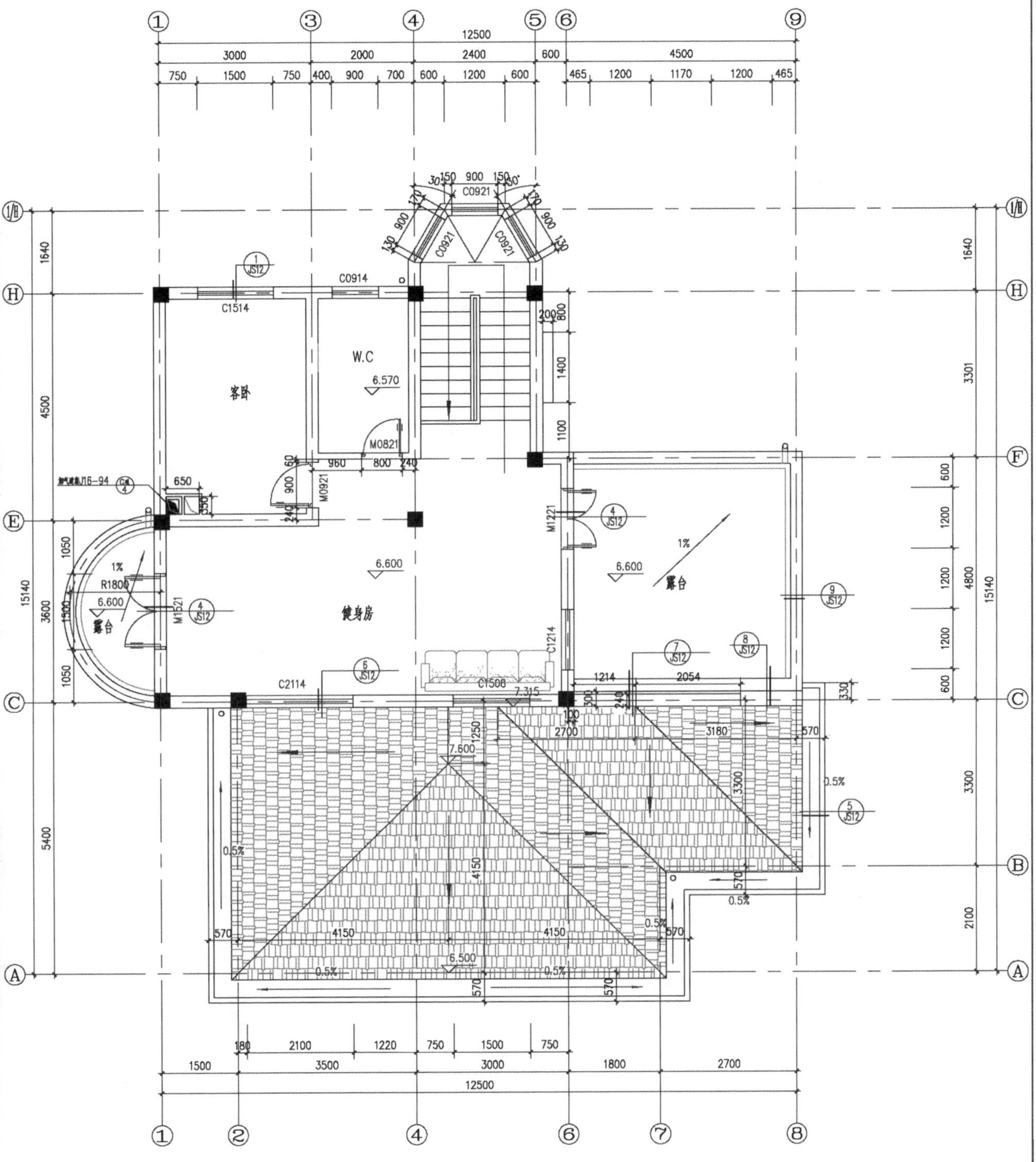

三层平面图 1:50

专业	签名	日期	给排水		
建筑			电气		
结构			暖通		

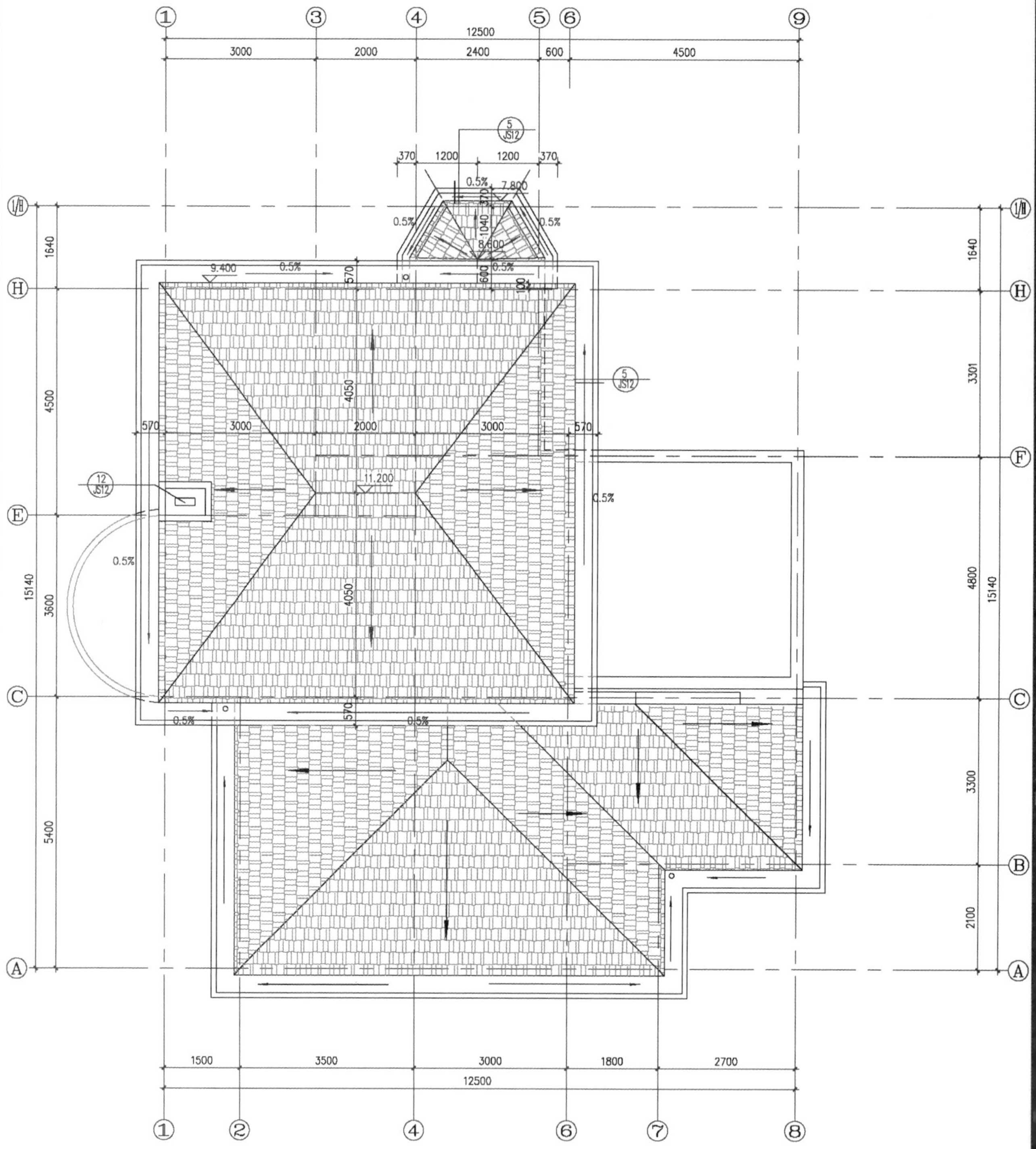

屋顶平面图 1:50

专业	签名	日期	给排水		
建筑			电气		
结构			暖通		

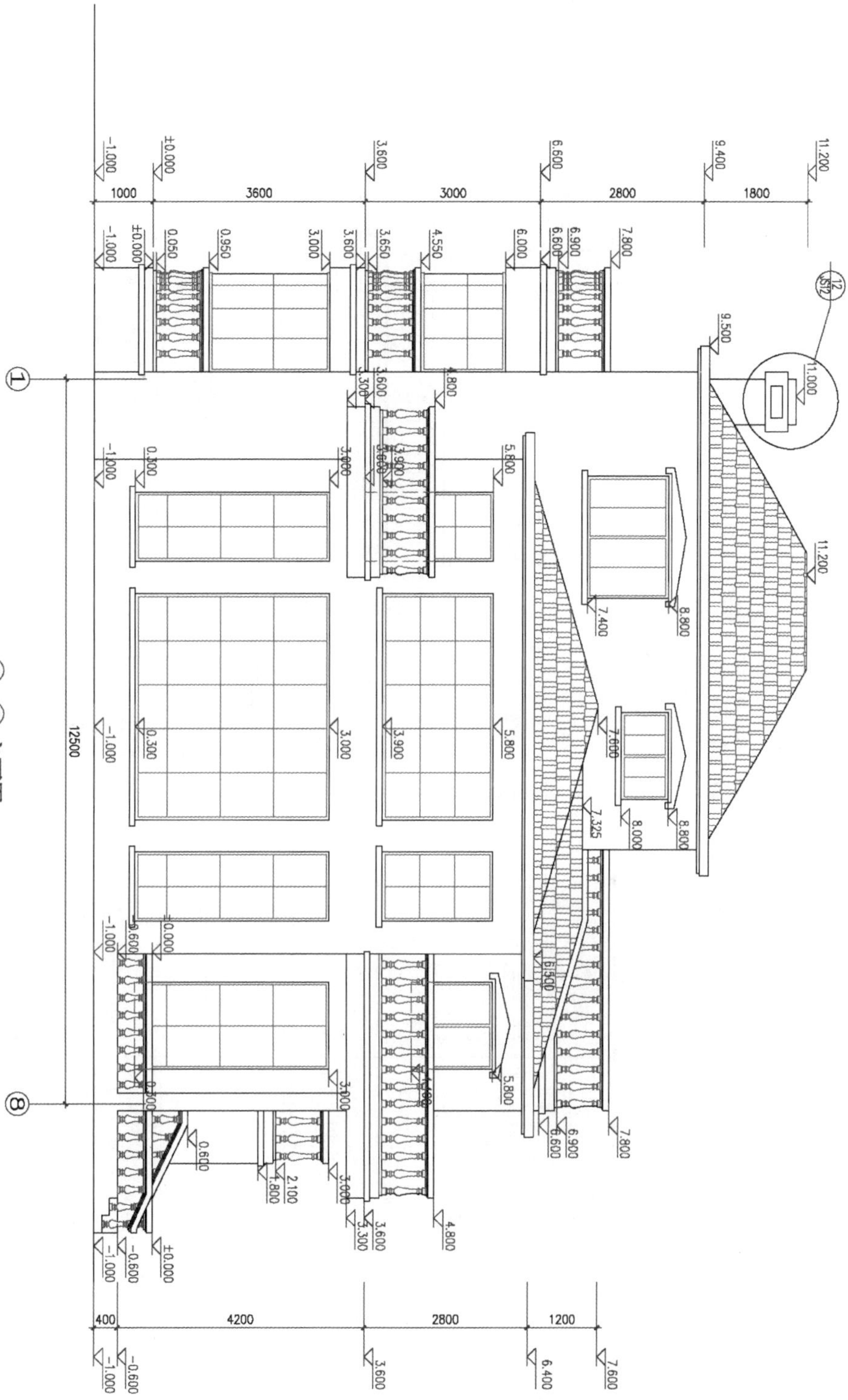

①-⑧ 立面图 1:50

专业	签名	日期	给排水		
建筑			电气		
结构			暖通		

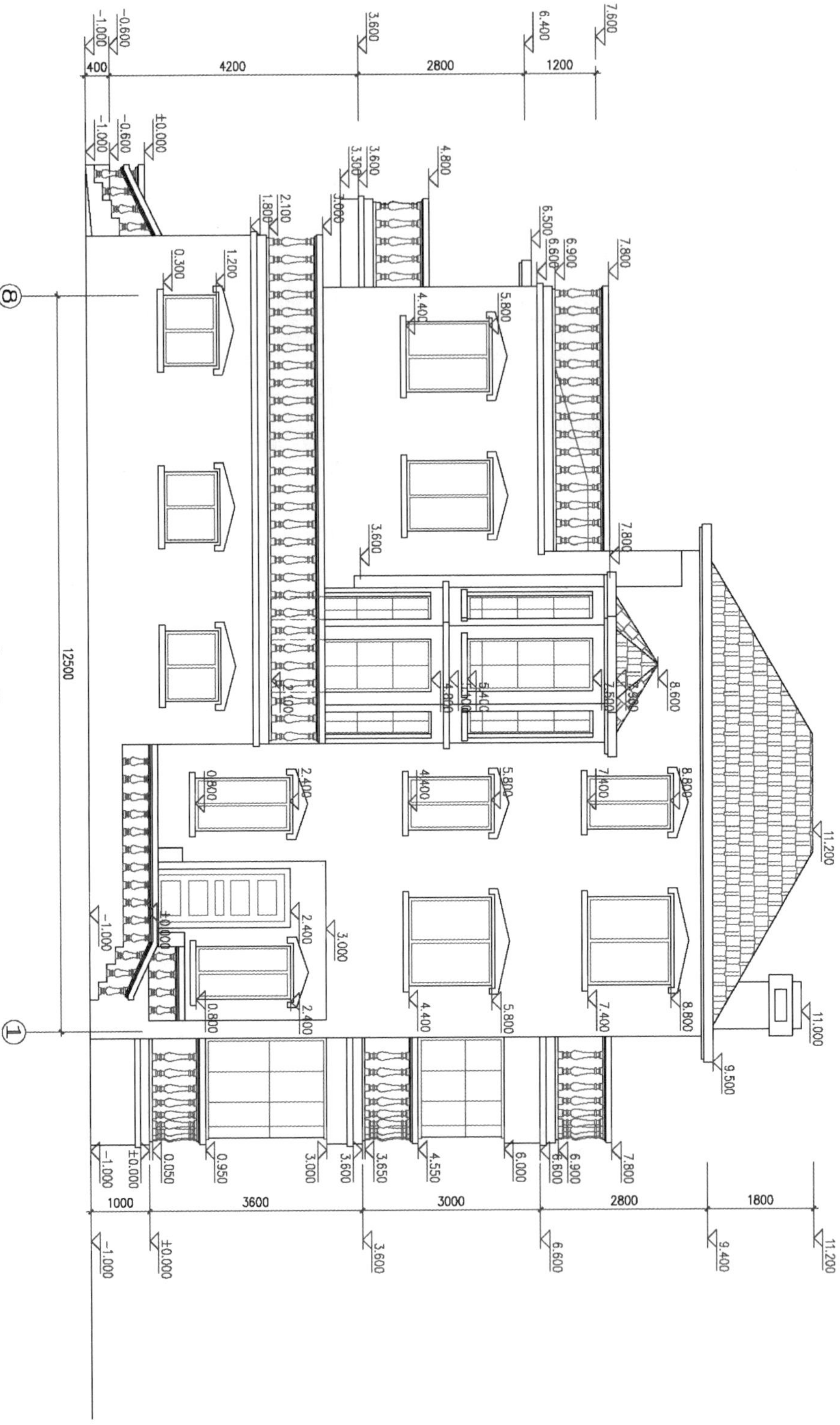

⑧-① 立面图 1:50

专业	签名	日期	给排水		
建筑			电气		
结构			暖通		

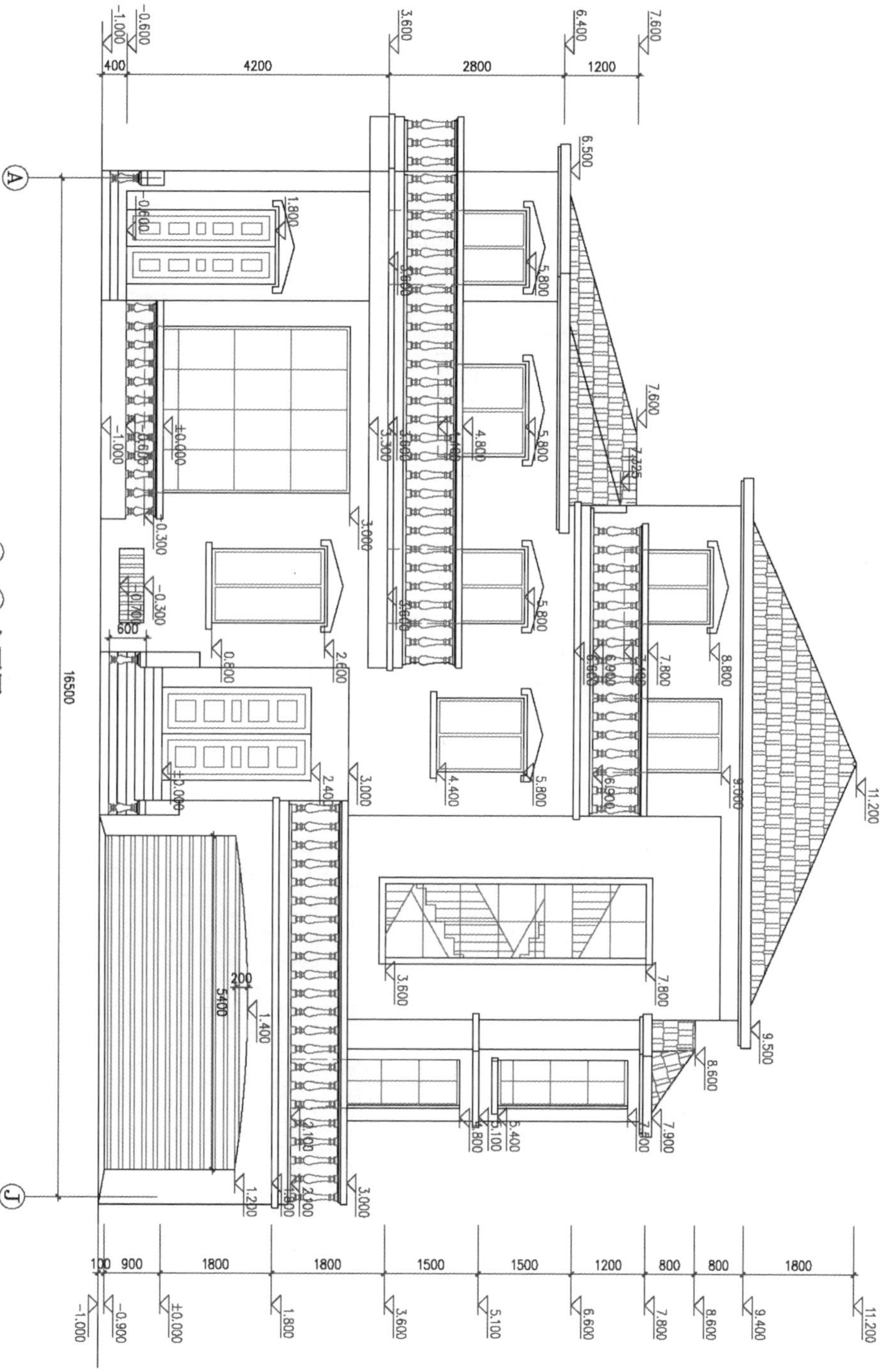

Ⓐ-Ⓙ立面图 1:50

专业	签名	日期	给排水		
建筑			电气		
结构			暖通		

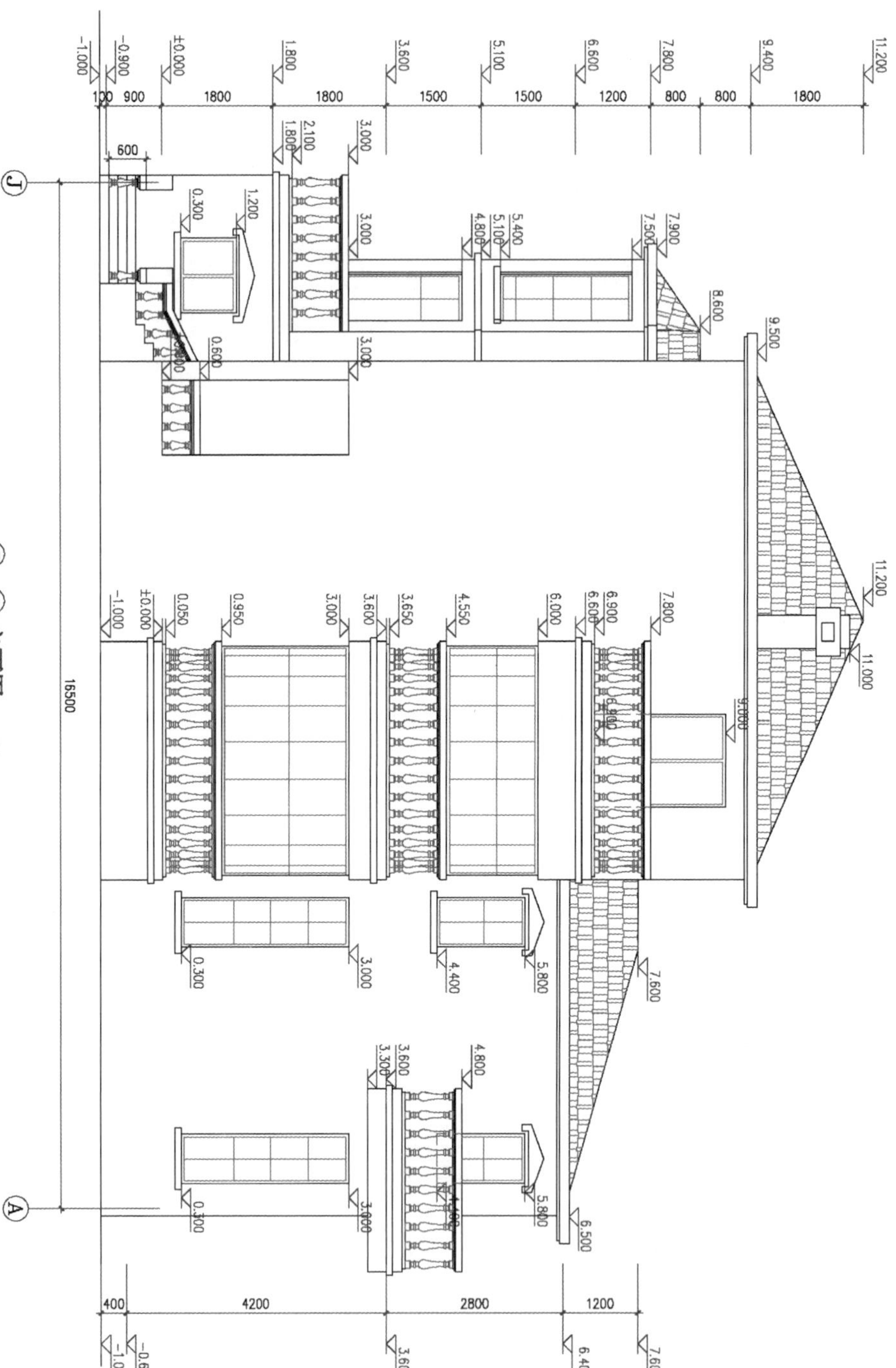

Ⓙ-Ⓐ立面图 1:50

专业	签名	日期	给排水		
建筑			电气		
结构			暖通		

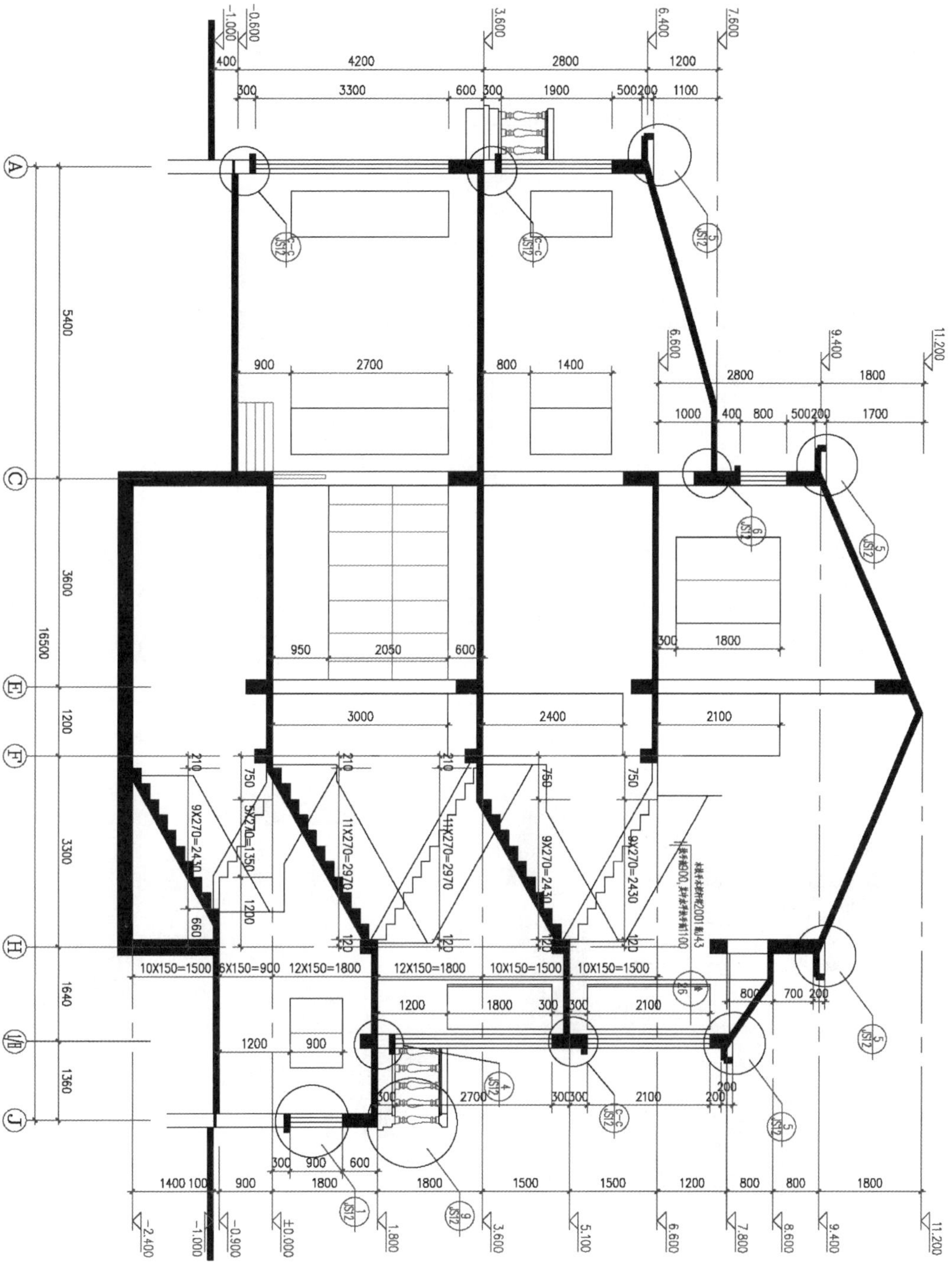

1-1剖面图（楼梯2-2剖面）1:50

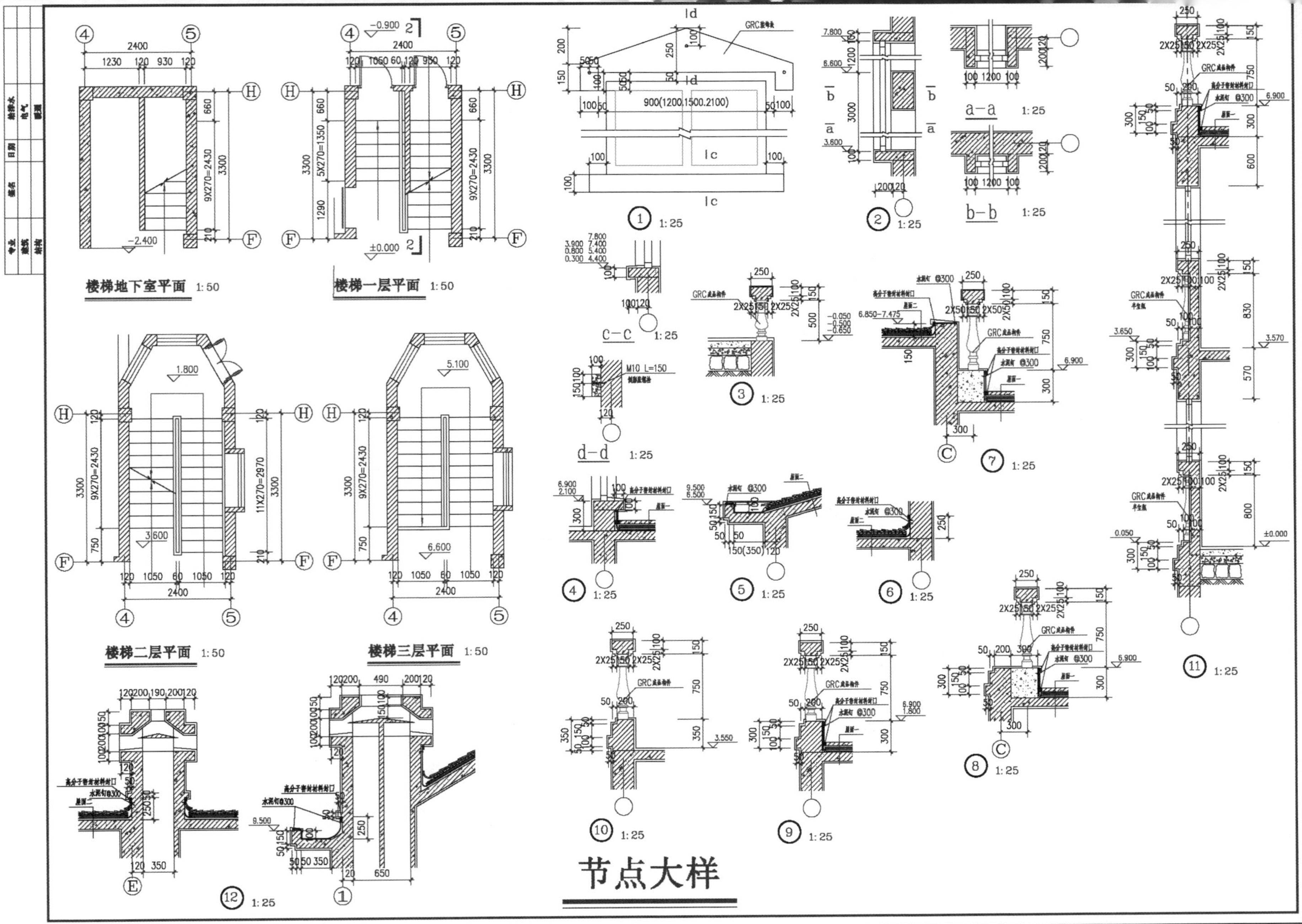
专业
建筑
结构
签名
日期
给排水
电气
暖通
楼梯地下室平面 1:50
楼梯一层平面 1:50
楼梯二层平面 1:50
楼梯三层平面 1:50
节点大样
1 1:25
2 1:25
3 1:25
4 1:25
5 1:25
6 1:25
7 1:25
8 1:25
9 1:25
10 1:25
11 1:25
12 1:25
a-a 1:25
b-b 1:25
c-c 1:25
d-d 1:25
GRC成品构件
900(1200.1500.2100)
9X270=2430
11X270=2970
5X270=1350
M10 L=150

附录 4　参考课时安排

模块	项目	学时分配
模块 1　AutoCAD 基础知识	项目 1.1　AutoCAD 用户界面与视图调整	2
	项目 1.2　命令使用与对象选择	2
	项目 1.3　坐标定位与辅助绘图工具	2
模块 2　二维图形的绘制与编辑	项目 2.1　二维图形的绘制	4
	项目 2.2　二维图形的编辑	4
	项目 2.3　参数化绘图	2
模块 3　图形注释	项目 3.1　文字与表格	2
	项目 3.2　引线与标注	2
模块 4　图形的重复利用	项目 4.1　图块	2
	项目 4.2　外部参照及资源管理	2
	项目 4.3　图层与创建样板图	2
模块 5　三视图及轴测图	项目 5.1　三视图的绘制	2
	项目 5.2　轴测图的绘制	2
	项目 5.3　坡屋顶的绘制	2
模块 6　绘制建筑施工图	项目 6.1　建立样板文件	2
	项目 6.2　绘制建筑平面图	4
	项目 6.3　绘制建筑立面图	4
	项目 6.4　绘制建筑剖面图	4
	项目 6.5　绘制建筑详图	2
	项目 6.6　布局与出图	2
模块 7　三维建筑建模	项目 7.1　三维坐标系与三维查看工具	2
	项目 7.2　创建三维实体	3
	项目 7.3　编辑三维实体	3
	项目 7.4　操作三维实体	4
	项目 7.5　三维建筑建模实例	6

参 考 文 献

[1] 谭敏,周艳华.建筑CAD[M].长沙:中南大学出版社,2022.
[2] 陈晓东.AutoCAD2024建筑设计从入门到精通(升级版)[M].北京:电子工业出版社,2023.
[3] 文华.建筑CAD[M].北京:中国建筑工业出版社,2023.
[4] 郑绍江.建筑CAD教程[M].北京:中国建筑工业出版社,2023.
[5] 天工在线.AutoCAD2023从入门到精通(实战案例版)[M].北京:中国水利水电出版社,2023.
[6] CAD/CAM/CAE技术联盟.AutoCAD2022中文版从入门到精通(标准版)[M].北京:清华大学出版社,2022.
[7] 吴春梅,韩祖丽.建筑识图与CAD[M].北京:中国建筑工业出版社,2023.
[8] 张雷.建筑CAD实训(含赛题剖析)[M].北京:中国建筑工业出版社,2022.
[9] 马飞,马斌.中文版AutoCAD2022基础教程[M].北京:北京大学出版社,2023.
[10] 胡勇,孙明中.天正建筑T20V7.0建筑设计[M].北京:清华大学出版社,2022.